城市设计（上）

——设计方案

（原著第七版）

［德］迪特尔·普林茨　著
吴志强译制组　译

中国建筑工业出版社

著作权合同登记图字：01-2002-4823号

图书在版编目（CIP）数据

城市设计（上）——设计方案（原著第七版）/（德）普林茨著；吴志强译制组译．—北京：中国建筑工业出版社，2009(2023.3重印)
ISBN 978-7-112-11056-8

Ⅰ．城…　Ⅱ．①普…②吴…　Ⅲ．城市规划－建筑设计
Ⅳ．TU984

中国版本图书馆 CIP 数据核字（2009）第 099183 号

责任编辑：董苏华
责任设计：郑秋菊
责任校对：李志立　兰曼利

吴志强译制组
翻译：吴志强　干靓　朱嵘　易海贝　董一平
校核：吴志强　干靓　冯一平
审定：吴志强
顾问：Bernd SEEGERS
文稿助理：申硕璞　田丹

城市设计（上）
——设计方案
（原著第七版）
［德］迪特尔·普林茨　著
吴志强译制组　译

*
中国建筑工业出版社出版、发行（北京西郊百万庄）
各地新华书店、建筑书店经销
北京嘉泰利德公司制版
廊坊市海涛印刷有限公司印刷
*
开本：880×1230毫米　1/16　印张：14¼　字数：456 千字
2010 年 1月第一版　　2023 年 3 月第八次印刷
定价：46.00 元
ISBN 978-7-112-11056-8
(18305)

目 录

中文版序

“城市设计”，在国内高校中逐步发展成为建筑与城市规划学院的一门兼容各个专业的综合性课程，成为一个专业的教师和学生进入和理解相邻专业的桥梁，故也为高校国际教学交流和国内跨校联合设计的首选项目。不管是建筑学的学生、城市规划的学生，还是风景园林和景观设计的学生，通过“城市设计”课程，可以在一个共同的平台上展现各自的专业才华，补充相邻专业的知识，成为能理解多学科的人才。“城市设计”重要，此为一。

“城市设计”除上述兼容性构成其破除相邻专业间隔膜的重要性外，发展成为连接人居环境规划设计学科下各个子学科的强烈胶粘剂。观世界各大建筑规划设计学院，或独立建系，以连接规划建筑地景园林；或课程建制，以形成跨越各系之间的交集。当今世界两千余所建筑规划院校，凡在意“城市设计”课程者，居前。凡重推“城市设计”课程者，学院各系互动，人居环境学科聚气。“城市设计”重要，此为二。

然，“城市设计”在国内的发展，我看到在其大辉煌的过程中，需要补回理性的研究基础；在其强调设计创意的炫耀下，需要培养扎实的技术手段。

为什么许多人有这样的感受，接触了德国，发现城市设计不够炫耀，但城市设计的建成环境处处令人安心？这就是遴选这套德文《城市设计》译成中文的动机，为国内的城市设计同行和学生，破解德国的城市设计极具特点的理性哲学基础和扎实技术手段。

本书是为德国高校建筑学专业/城市规划专业/园林景观专业的学生专门撰写的《城市设计》教科书，分上、下两册。上册“设计方案”主要讨论城市设计的基本方法，包括现状调查、目标设定、方案设计，及道路交通、噪声防护、道路照明、开放空间、住区住房、配套设施等方面的设计手法。下册“设计建构”主要讨论城市设计造型，包括城市形象现状调查与分析、造型设计的原则与基本手法以及居住区、供应服务区，混合区与产业区的细部造型设计。

早在20世纪90年代初，在全国城市规划会议上老先生就已经高瞻远瞩地提出：“90年代要把城市设计工作尽快建立起来”。回顾过去的20年，城市设计的工程项目涵盖城市中心设计、城市新区设计、开发区设计、城市旧城改造、城市滨水区开发、城市广场、城市步行街、体育博览区、科技园区、大学校园等各个领域。“尽快”做到了，“建立起来”还是要扎实的理性基础。

此书，可以让“城市设计”不再炫耀，理性分析基础上的扎实基本功夫，才是现在亟需补充的内涵。让我们的城市更加美好，热潮中需要理性，激进中需要安全，设计中需要研究，繁华中需要基石。

2008年仲夏于都江堰

前　言

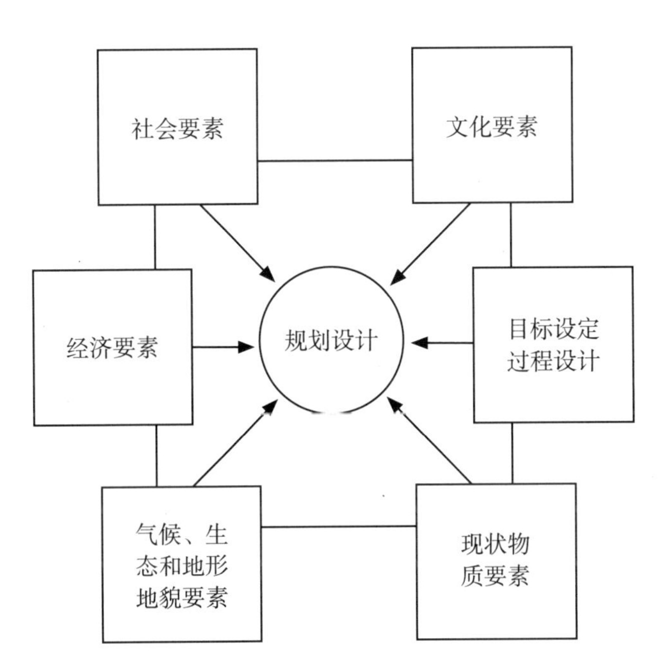

注：与下册有关的城市设计内容请看《城市设计（下）——设计建构》

城市设计，即以功能良好和尊重人性的生活空间为目标进行的环境空间建设，有两个基本的前提要求：首先是扎实的专业知识，这相当于规划师的手头工具；而另一方面是对于道德的基本态度和价值观，当我们对环境的形式和内容给予足够的尊重和考虑时，这些价值观就会发生作用。

在这种情况下，专业知识不仅要求精通规划的技术和物质手段，同时也要求对于社会、经济和法律的现实和发展趋势的把握。这两个方面组成了一个非常严密的、相互依赖的关系网络。这份共同创造宜人环境的工作，只有当面对每一个决策步骤都非常自觉地促成角色的转换时，才能够真正有效地完成工作；只有当我们对于技术、法律、经济、美学等所有服务于我们的工具充分理解时，才能够促成整体想法的实施。

城市建设的规划是一个非常庞杂的题目，要求我们必须对于自己的任务进行界定，对每一个工作的重点进行梳理。从我们的肩负的期望，从我们研究的专业信息和辅助手段，从解决日常规划任务的实际建议中挑选和描述我们的专题领域。

因此《城市设计（上）——设计方案》主要集中讨论以下问题：

1. 关于城市设计方法的知识，如基地现状的调查；

2. 如何从规划功能的视角进行说明，以及局部和全局性问题的可能解决方案。这些都是设计的“基石”。

《城市设计（下）——设计建构》的中心内容是关于城市设计形态方面的问题，从城市的形象分析到各具体范围的设计建构。

迪特尔 · 普林茨

城市设计方案的发展、规划步骤的过程与内容

典型规划任务

A 基于现状的规划

嵌入、补充、更新

—地段规划

—村庄 / 城市更新

—以城乡片区的发展和 / 或改良为目标的小空间规划

B 城镇与城市开发

大手笔、综合性的规划

—村庄 / 城市扩展

—军事和工业用地的功能置换

—开发措施

工作和规划步骤	问题的提出
现状资料的调查和分析	现状情况如何？该地区的物质和精神特征是什么？ 现状中哪些是需要保护或有保护价值的，哪些是必须保留的，或是只允许微小改变，或是应当在规划中作为预设规定加以考虑？
现状要素关联性	所调查地区满足哪些功能，如何在狭义和广义关系上对其作用进行评价？其开发、修正或保护的必要性如何？ 哪些程序上的步骤必须在规划过程中加以考虑？
缺失 / 冲突	现状中哪些是无序，因此必须进行改变和完善？ 导致缺失与冲突的原因是什么？从狭义和广义影响来看，它们之间存在哪些相互关系和相互依赖性？ 考虑到纲领性规定，必须认识到哪些目标冲突？
规划目标和对策	如何确保没有问题的部分得到保护和支持，而缺失的部分被弥补？ 存在哪些发展空间和改变余地，也就是说必须考虑哪些边界条件和限制条件？
影响	存在哪些方面的发展潜力（定量和定性层面）？ 在规划实施中，应预计到哪些后果（例如社会的、经济的、艺术上的影响）？ 哪些工具和措施值得推荐？由谁来主管？
规划	如何分解规划目标和措施理念？
概念设计战略	如何设定解决方案？借助何种可能性？ 有哪些设计战略工具可供用来解决问题？ 规划会产生哪些影响（例如对基础实施、生态、交通）？怎样达到平衡？ 有哪些示范性经验可供参考或值得推荐？ 规划（规划阶段）中需要哪些分解的时间段？ 估算的成本有多高？

城市设计方案的发展

典型规划任务

A 基于现状的规划
调查层面和
描述层面
M 1:2500（2000）–1：1000–1：500

现状调查
统计与分析标准
– 实例 –
参见下册第 2 章

B 城填与城市发展
调查层面和
描述层面
M 1:5000–1：2500（1：2000）–1：1000

A	现状调查		B
现状复述	**规划场地** 地形、水域、土壤（质量、承载力）、植被、生态价值、残污（嫌疑）		现状复述
	用途 建筑和土地使用、使用冲突、使用方式与范围	土地使用、使用冲突	
对现状要素关联性的描述、预先确定或推荐的现状要素	**建造** 历史、现状、保存/更新的需要、造型、保护、特殊特征	建筑结构、密度分配、保存与改造的需要	对现状要素关联性的描述、预先确定或推荐的现状要素
	道路开发 功能（绩效、缺失）有害物质排放、安全性、造型	路网结构（绩效能力/绩效缺失）有害物质排放	
对现状缺失和冲突的描述、针对解决问题的需求	**开放空间** 规模、现状、土地使用、社会与生态功能、定性与定量的适当性、设施配置、造型	开放空间的结构、规模、用途、社会、生态、气候功能、空间连接、空间整合	对现状缺失和冲突的描述、针对解决问题的需求
	形态 乡村和城市形象的特征、空间形象/空间序列、比例、建筑韵律、空间形式和和序列、古迹/标志	景观、乡村或城市形象的特征、空间结构、轮廓、广域空间标志、视线关系	
	社会–经济形态 主要为街坊层面上的数据	城市或城区层面上的数据	

城市设计方案的发展

A 基于现状的规划

例：城市更新

M 1∶2500–1∶1000–1∶2500

规划实例

B 城镇与城市发展

例：军事用地再利用的居住区

M 1∶5000–1∶2500–1∶1000

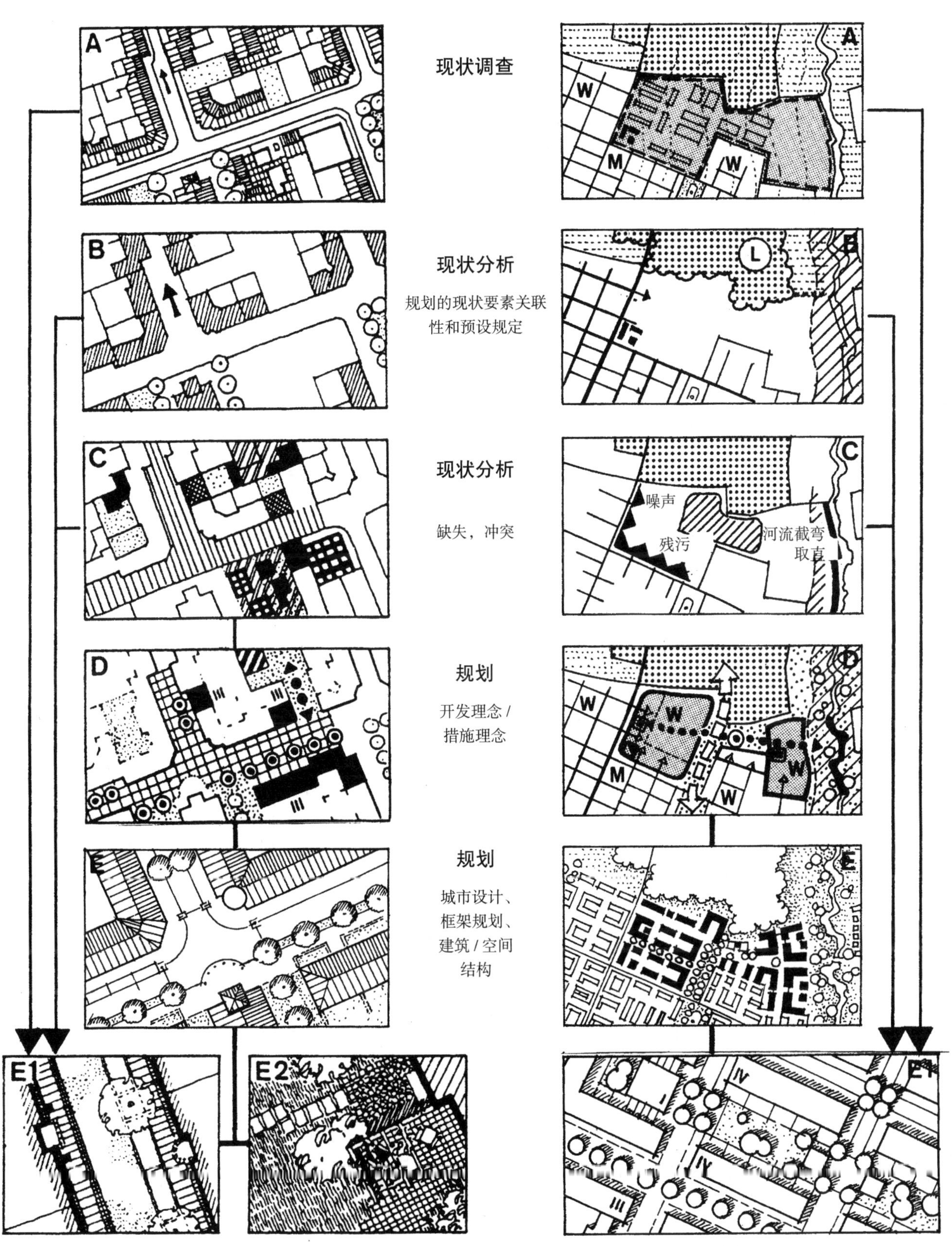

细部规划或者专项规划

城市设计方案

（参见下册第1章）

第1章　城市设计现状调查

规划把我们要在城市中的一个地区或一个空间带入有序发展的需求和愿望，与现状的物质和精神状况联系在一起，并最好地服务于未来的发展需要。

规划也可以被视为对于一个发展过程的指导，这就需要规划师对该地区的现状情况、存在问题及其内在原因，该地区的各种发展可能性以及相关人群的愿望把握充分的信息。

这就是规划设计现状调查的目的。作为客观因素和各种基地特征的总和，都将被作为规划设计的基本条件，并成为规划师思考和设计概念过程中的重要环节。

一个场地的基本情况——结构、形式和土地使用、建筑使用状况，以及社会的、生态的、文化的和经济的要素——都将决定规划的考虑内容和范围。深入的和负责的现状调查，是未来保障的决定性前提条件。

针对现状的未来发展仔细认真的思考，将对一个地段的特色和社会秩序的维护产生至关重要的作用。这一点同样也适用于开敞型环境的设计，一个高密度城市住区及其居民的环境和物质的思虑和愿望。

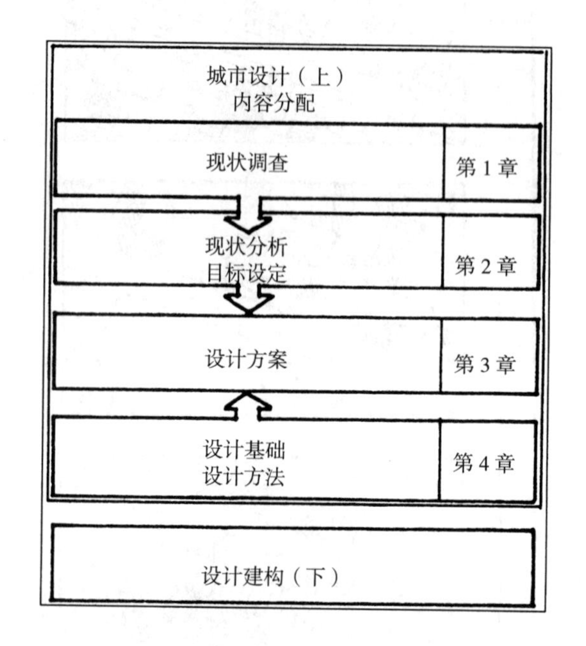

1.1 关于规划区的规划指标

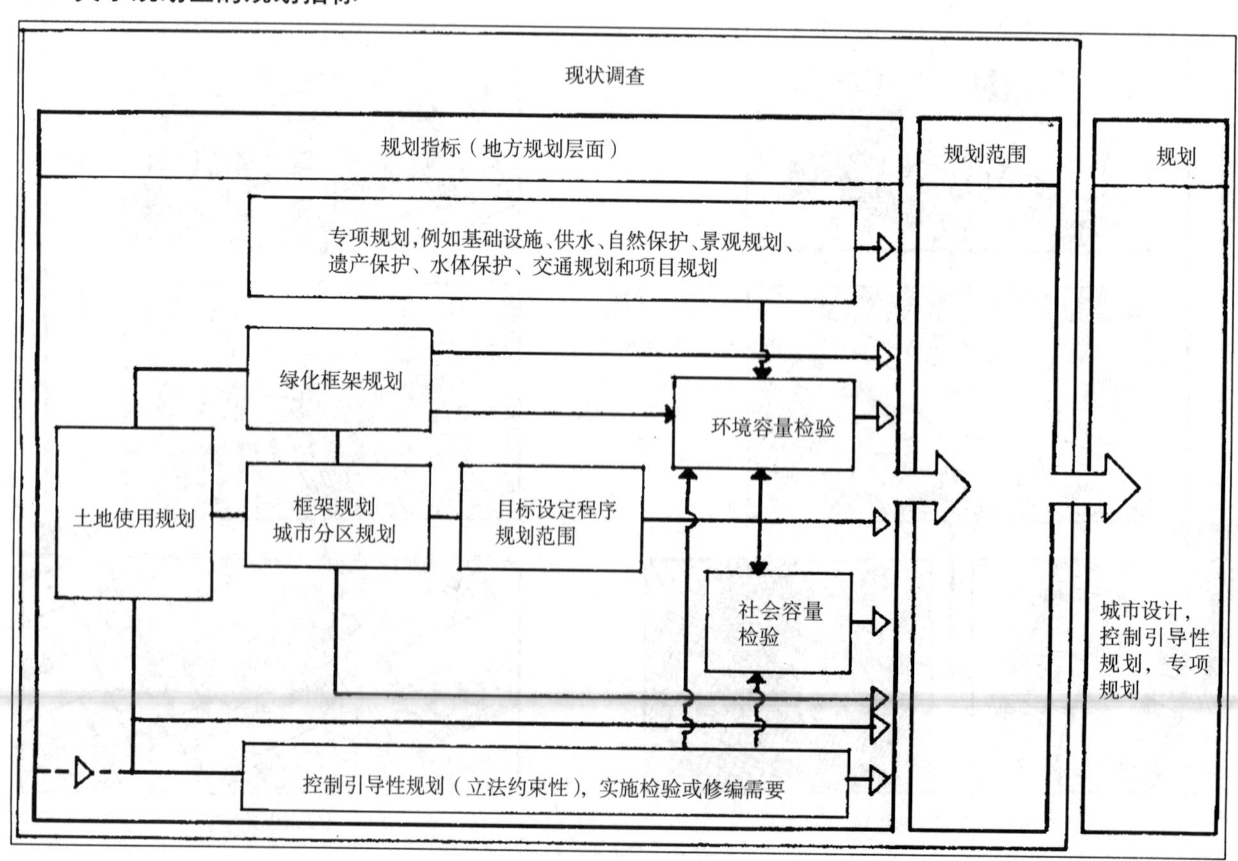

1.2 地图资料

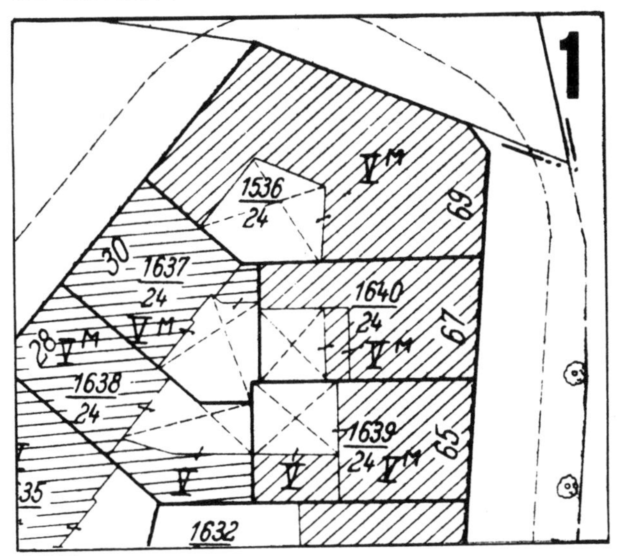

地籍图 M 1∶500

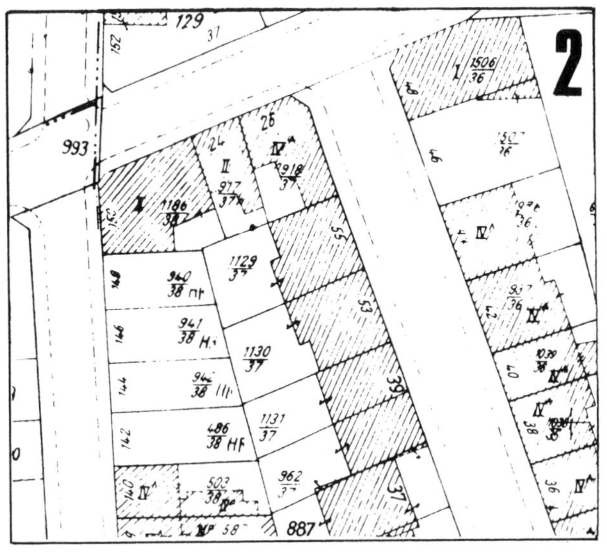

地籍图 M 1∶1000

适用于：

1 M 1∶500	细部设计的基本手法、技术性描述、 具有法律约束性的控制引导性图则
2 M 1∶1000	设计基本手法、城市设计方案、 具有法律约束性的控制引导性图则、 开发计划图、小型空间和框架规划
3 M 1∶2500 （或 1∶2000）	框架规划、城市设计总平面、规划理念
4/5 M 1∶5000	土地使用规划、框架规划的总平面

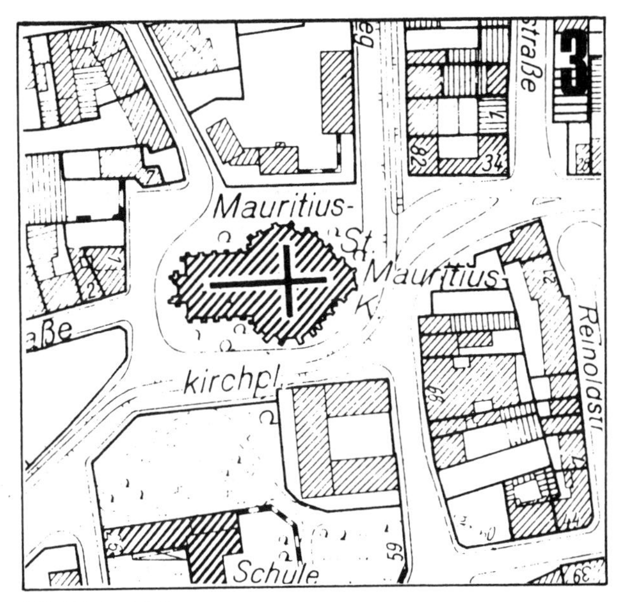

场地图 M 1∶2500

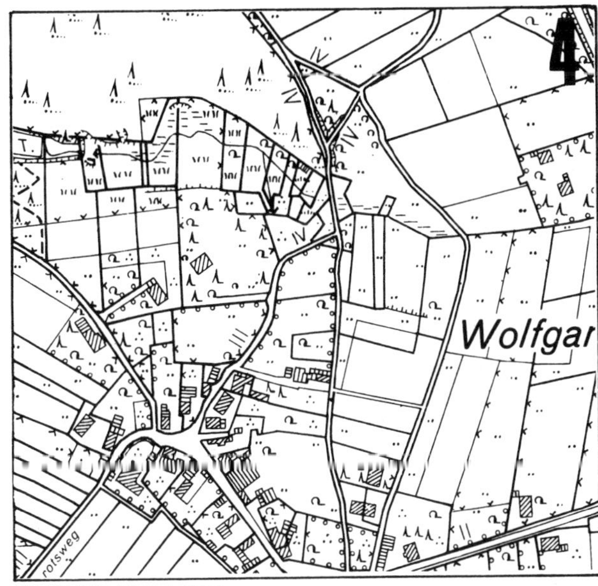

德国的场地图 M 1∶5000

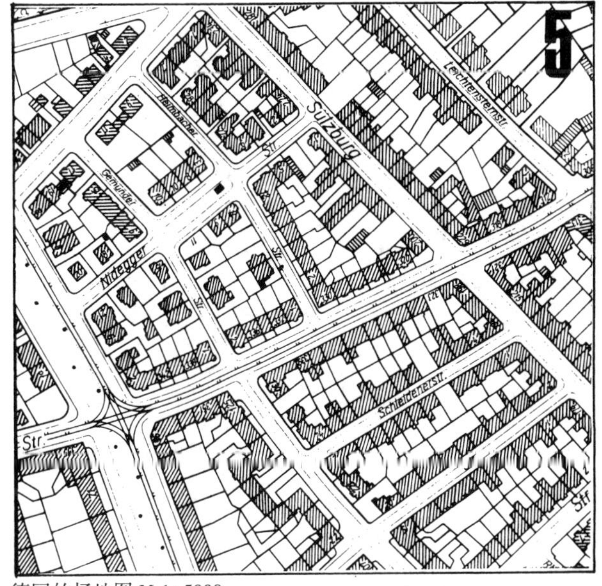

德国的场地图 M 1∶5000

1.3 规划区

大范围城市设计的规划任务不仅要研究大尺度的包括抽象的偏重结构的观点和论点，还需要全面考虑规划相关问题下较小尺度的、非常具体的现状细节。

对于一个城市规划设计而言，除了具有结构性要素的通盘作为规划的大前提外，还有单个规划（块面和线条）的要素（如建筑、树木、道路等）形状分析，各方的利益也不可忽视。

例

一个原工业基地以功能改造为目标的规划

这个规划的主题为确定发展的结构方案（涉及城市地段乃至整个城市）。这需要获取的有关资料包括了该地区的调查和分析、规划结构特点及其周边地区的环境特点。

（如轴线、土地使用、建筑状况和开放空间结构）

M 1：10000/1：5000，1：2500（1：2000）

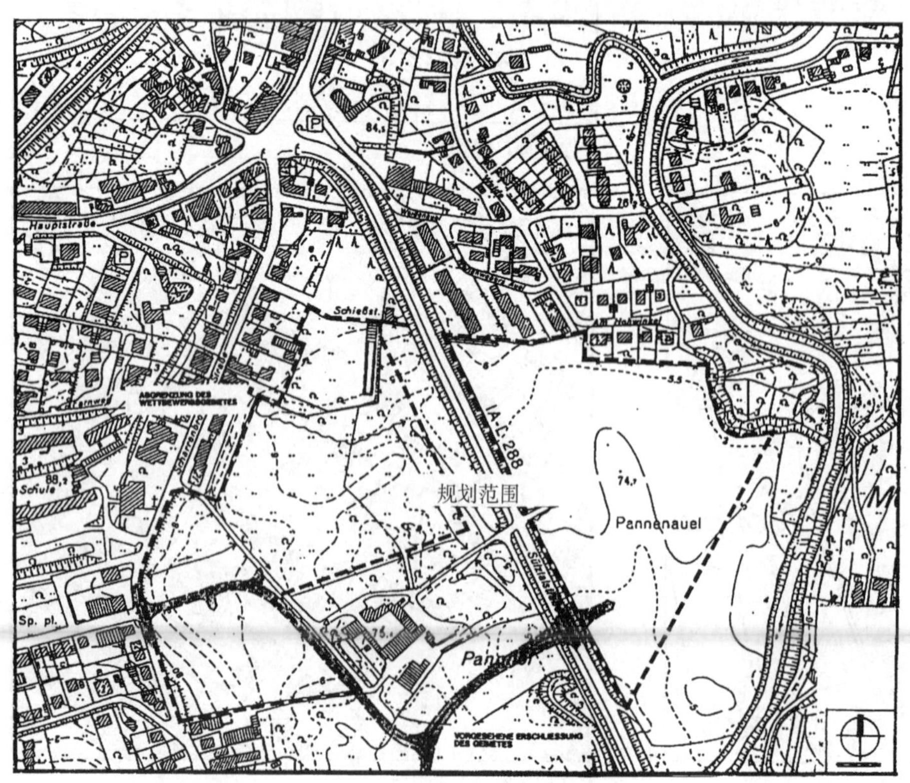

例

一个新居住区的城市设计（某设计竞赛）

该规划的任务在于提出针对建筑、开发和开放空间塑造的观点。

对于该地块的评述和分析必须不仅需要框架性的指标/联系（规划地块在空间层面的、功能层面的关联问题）；同时，对于内部单个建筑单体以及规划范围以外的环境（周边建筑、植被、道路、街道等等）也必须能做到有效的掌控。

M 1：10000/1：5000，1：2500（1：2000）

根据不同的情况，有意义的现状把握必须将注意力对准相应重点的尺度或者议题。问题的提出和将制定的解决方案都必须在一开始就被区别对待：哪些可以比较粗略，哪些则必须进行细致的调查。

不合格的规划基本手法将带来非常表面或模糊的统计调查，从而使一个错误的“精确性”不仅意味着多余的工作浪费，也阻碍了对于规划任务明确问题的关注。

例

地区中心的框架规划

规划的议题是对该地区的发展可能性进行研究。同时起草针对改善地区中心功能和设施的建议，推荐与发展的面积指标和项目有关的措施。该规划的关注点主要在于小尺度空间结构，以及单个项目或整体。

M 1 : 2500（1 : 2000），1 : 1000

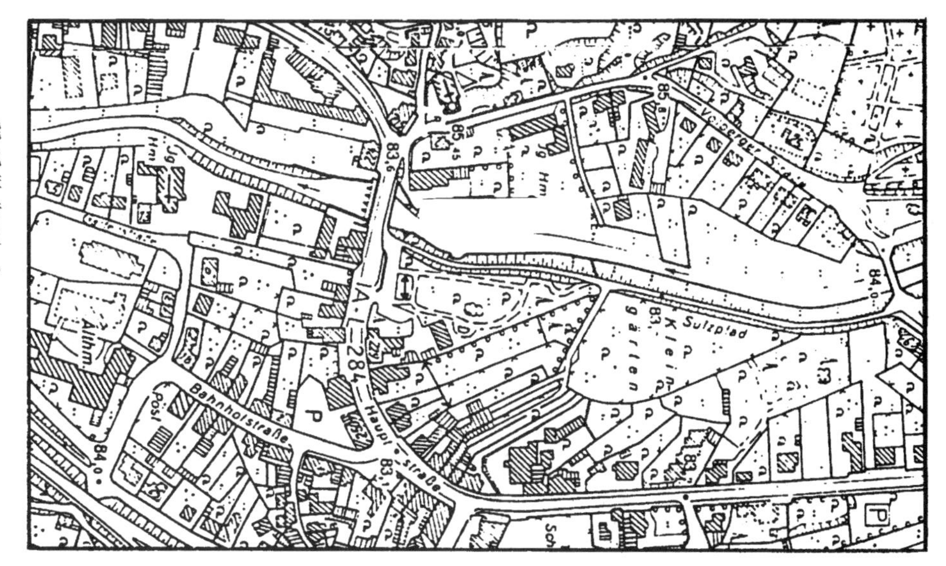

例

田园风光的场地（居住建筑）的地产整合

该项规划任务的特殊性在于场地的鲜明的地形特征、显著的自然景观要素以及既有建筑的尺度比例。地貌特征、植被、场地的生态价值，建筑的结构和形态，都要求精确的、与目标紧密关联的现状调查和评价。

M 1 : 1000（1 : 500）

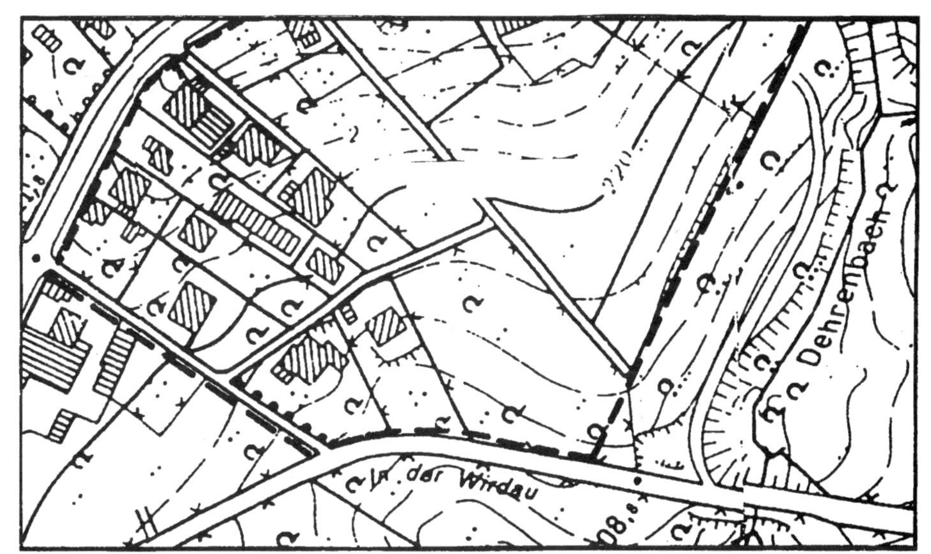

例

道路和开放空间改造

改造的目标在于通过详细的改建规划，改善公共道路和广场的功能和形态。
尺度上、技术上的规定，以及周边建筑形态与功能上的特征，都是该项规划必要的基础信息。

M 1 : 500（1 : 250），1 : 50（细部）

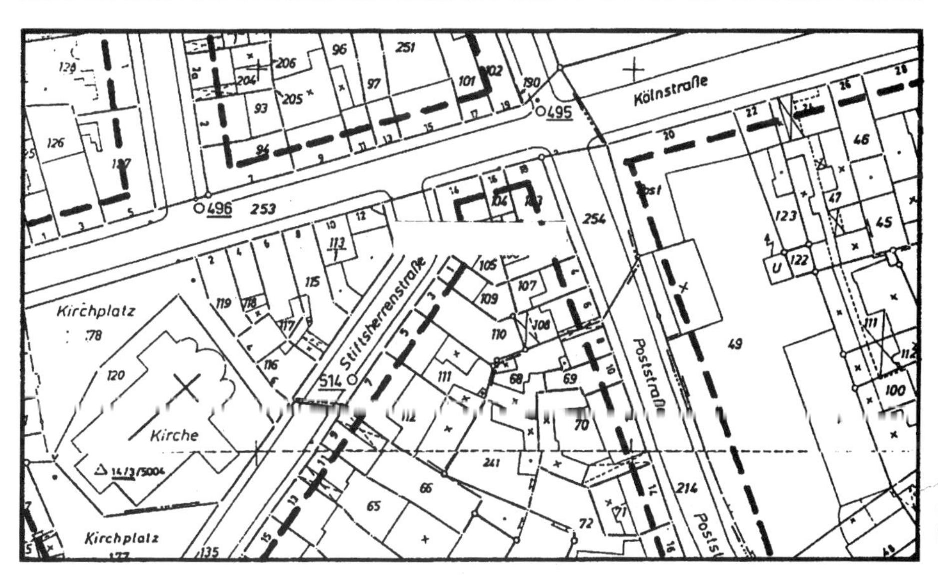

1.3.1 地形

场地的地形，是探讨一个规划区空间发展可能性，并且决定城市设计的结构和形态的基本出发点。

场地形式的起伏越明显，对于以下几个方面的影响也越大：

- 土地使用
- 空间划分
- 建造可能性
- 道路开发
- 自然景观及建筑个体和整体的造型
- 细部设计
- 与气侯的关系（风，冷空气）

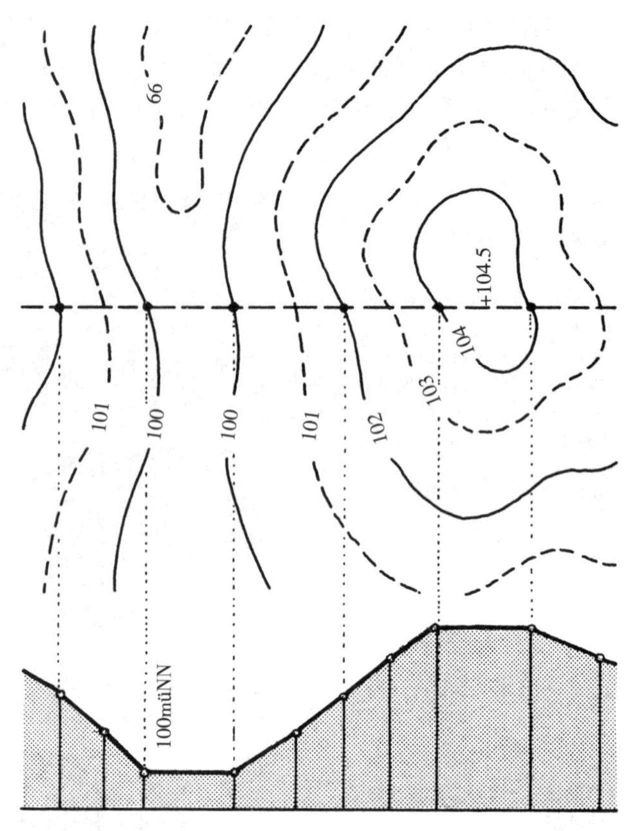

高程结构的描绘：
— 通过平面图上的等高线
— 通过场地截面图（场地剖面图）

场地起伏形态示意图（土地起伏的描绘）

一个场地的地形不仅取决于土地表面的"自然"形式,也可以通过"人工"变化获得独特的外形特征，例如：

- 人工挖土（采石场、开挖后的洞穴）
- 人工堆土（水坝、堤岸、废弃物堆积）

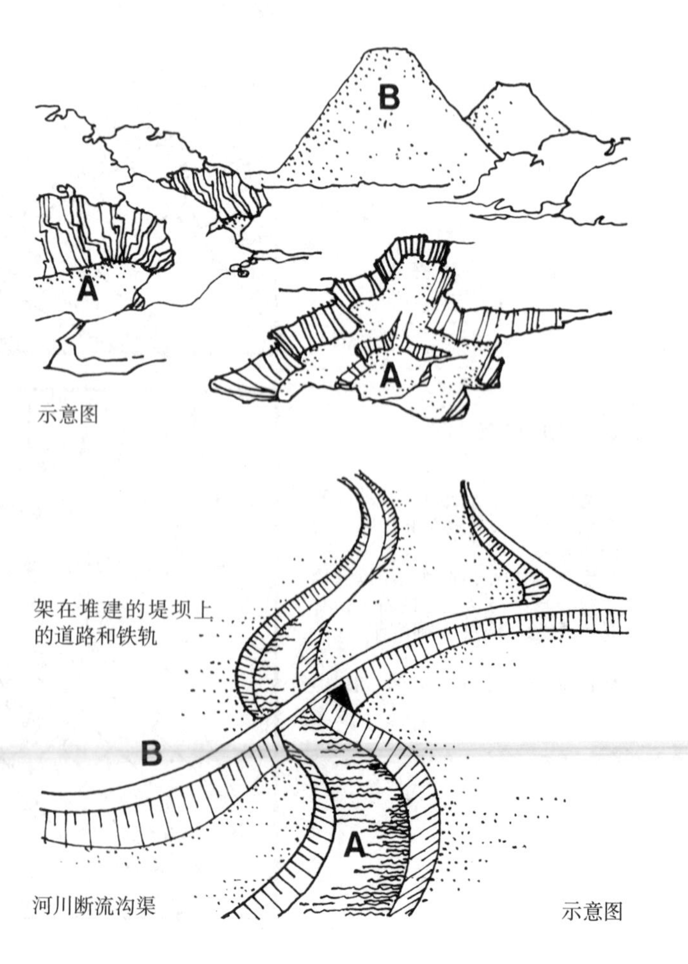

示意图

示意图

地图上的描绘：
A—土地的挖掘、削切
B—填土、高地

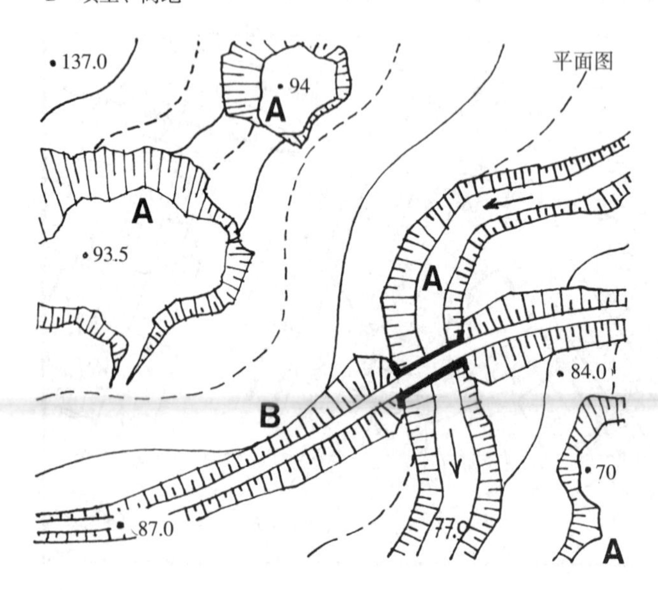

1.3.2 地基结构

场地的地质学构造可以通过土地承载能力、地下水水位和土质等土地的固有属性，作为前提条件来决定该场地的土地使用以及建设的可能性。

1.3.2.1 建筑基础的承载力

分为：

— 优质地基（比方岩石、砾石、干燥砂质黏土）
— 中等地基（细砂、潮湿砂质黏土）
— 不良地基（黄土、泥浆、堆土）

优质的、有较好承载能力的地基可以保障建筑物、道路和管道的安全稳固性。不良且承载能力较差的地基，建筑物基础的造价势必会很高（例如采用桩式基础或者筏式基础）。而道路和地下管线的施工，同样也会要求下部结构的加固（以免出现破损）。

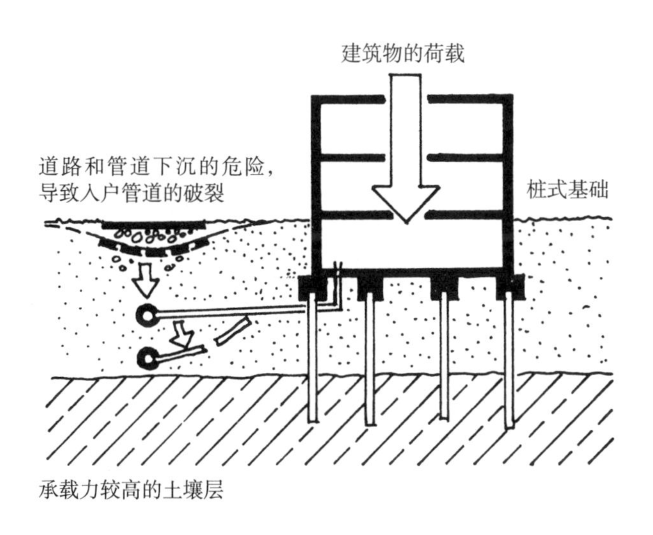

承载力较高的土壤层

1.3.2.2 地下水位

较高的地下水位降低了土壤的承载能力。这时，像地下室及车库等建筑部分就必须建在场地的标高平面以上。

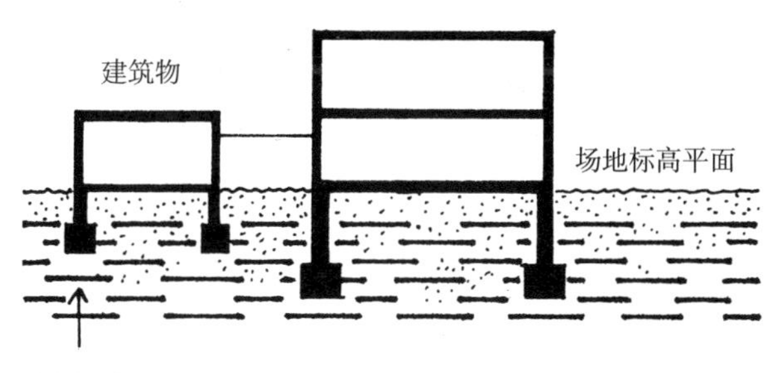

地下水位

在有较高地下水位的区域建设将导致建造费用的增加——只要可以——应该尽可能避免这样的情况。

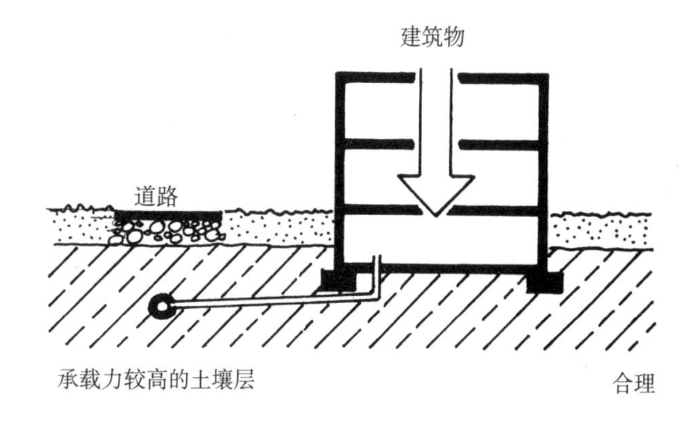

承载力较高的土壤层　　合理

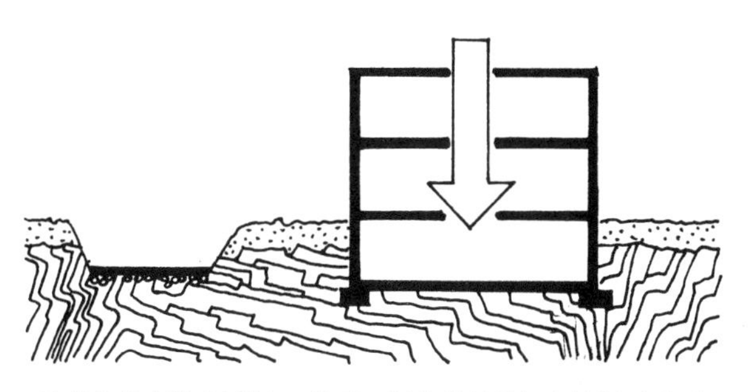

承载力较高的土壤层—岩石，但在进行削切和挖掘时遇到明显困难

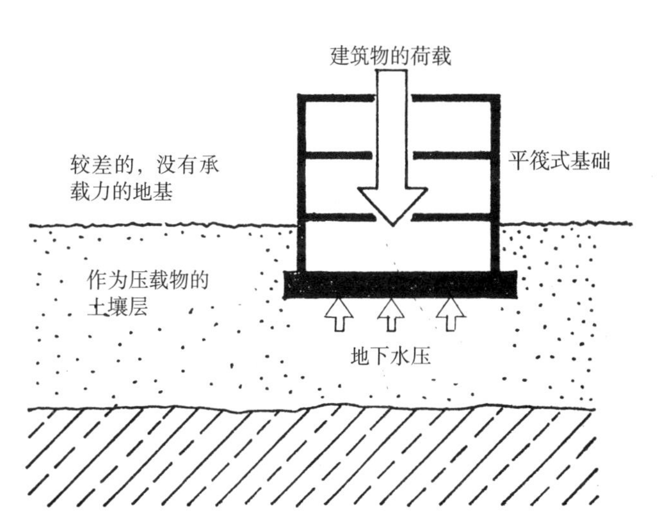

承载力较高的土壤层

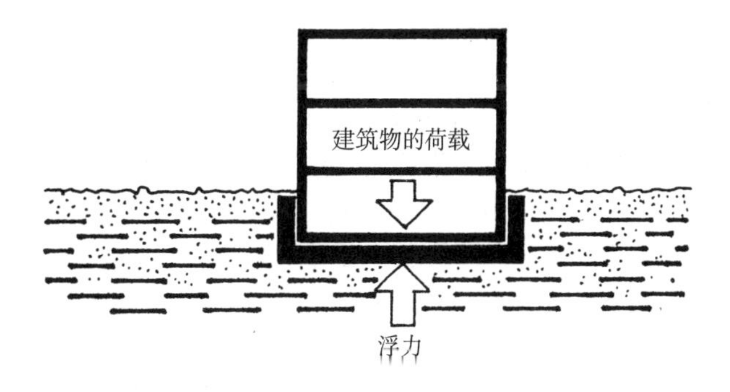

如果建筑物的一部分建造在地下水之中时，必须设“地下水防水盆”，从而达到密封防水和重量的平衡。

1.3.2.3 土质

根据土壤优良系数（从 0= 贫瘠到 100= 肥沃）作为识别标准。

如果根据土地使用安排规划区时，应尽可能对土壤质量加以考虑，例如

– 优质肥沃的土地：
  作为自然景观、小型花园、绿地使用
– 贫瘠的土地：
  用来建造房屋和体育设施

例：记载土壤优良系数的地图

1.3.2.4 有害物质在土壤中的沉积——残污

水和空气的污染问题很久以前就引起了公众的关注。相比之下，由有害物质沉积而导致的土壤污染直到近年来才因为一些惹人注目的事故引起人们的重视。一种由于有害物质在土壤中堆放沉积而导致的对自然和人类有害的污染——残污——可能是由不同的原因引起的，例如：

– 有害物质堆积在合法或非法的垃圾堆放场，或堆积在地面低洼地、矿井（例如采砂砾场）的填埋材料中——残污堆积地
– 有害物质堆积在（从前的）工业企业生产地——残污废弃地
– 由于事故、违反规定的垃圾清理程序或战争影响，导致的有害物质侵入土壤。

因其毒性、分解能力和扩散情况，这类土壤污染表现出一种潜在的危险（有害物质侵入地下水，有毒气体造成气味污染，爆炸危险，并危害健康）。

考虑到这些可能的后果，事先对可能存在有害物质堆积的地方进行土壤调查是重中之重。这些调查的结果将在一份残污地籍图中记载（也记载在残污堆放规划和疑似污染用地地籍图中）。它们为必要的污染修复措施提供基础资料，或为城市规划提供关于土地使用适宜性的重要依据。

调查的方式和方法，对其的评价和图纸表述至今尚未统一。

对存在问题的残污的整顿和管辖权因州而异。国家层面统一的法律法规和管辖权一直处于缺位状态。

M 1：25000/1：50000

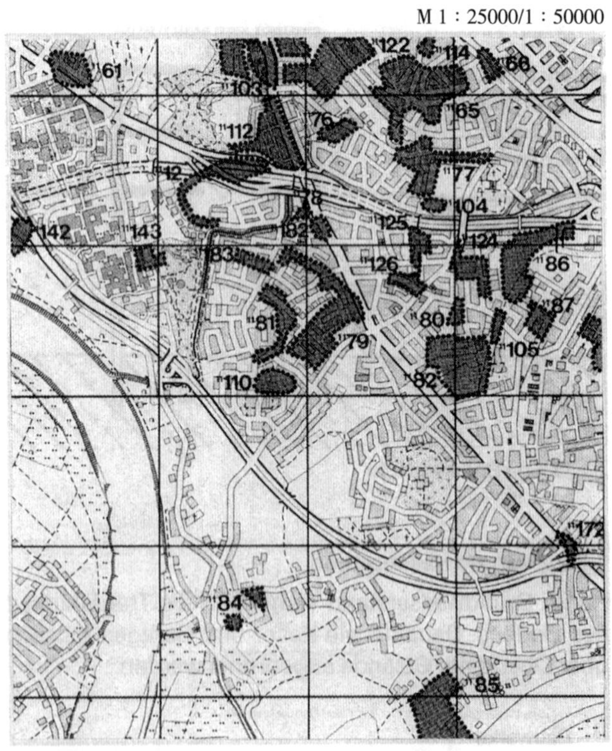

图例（例）
水资源保护区 Ⅱ
水资源保护区 Ⅲ
残污堆积地
残污废弃地
地下水污染
残污

目前无危害
现状存在负担
现状存在危害

编号表示
残污用地场所

1.3.3 水体

分为：

— 流动的自然水：溪流、河流（第 1、2、3 种规定）；

— 静态的自然水：池塘、湖泊、水库等。

河流和湖泊都是自然景观形象和体验的显著地貌特征。同时它们在自然界本身的活动中也具有重要的意义（植被和气候）。

示意图：
沿岸植物繁茂的河道

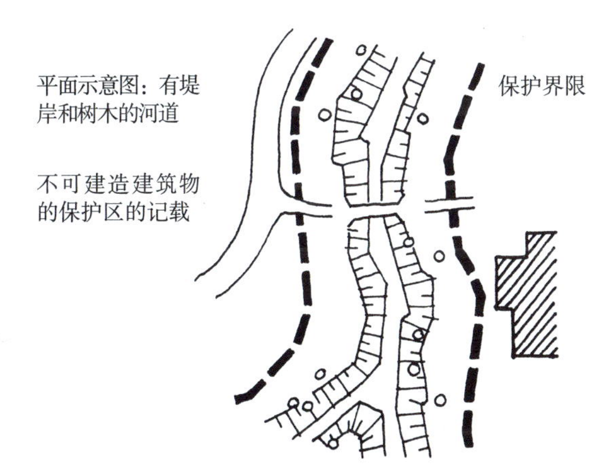

平面示意图：有堤岸和树木的河道

不可建造建筑物的保护区的记载

水域的面积并不仅仅局限于——记载在上述平面图中的——水和土地的界限之间的区域，同时对于形成典型植物和动物（群落生境）的“生活空间”的周边区域，同样需要保护，因此在这个周边区域，在现状调查中，必须作为一个整体加以考虑。

问题举例：

因建筑或道路造成地表面的硬化，将导致下述后果：地表的水不能渗透到地下补充地下水，而是直接排入运河（造成地下水位的下降，以及对气候的负面影响等等）。

（参考右下图）

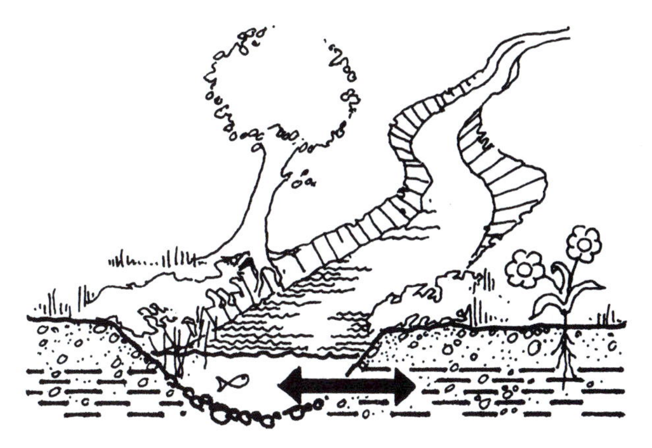

拥有“自然”走向和河床的河流，河水和地下水之间进行无阻碍的交换，对植被生长和气候产生正面的影响

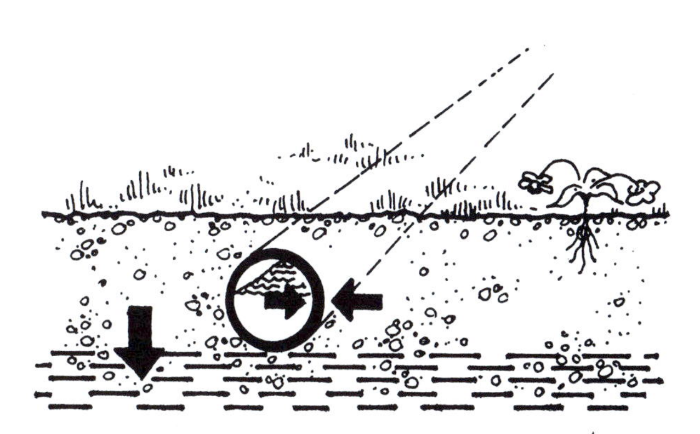

当自然水通过管道之中时，河水和地下水之间无法进行交换。这样以下，地下水位就会下降，对于植被生长和气候带来负面影响

若将流水和河床以“人工”方式建造成运河时，就会阻碍河水和地下水之间的交换，后果同上

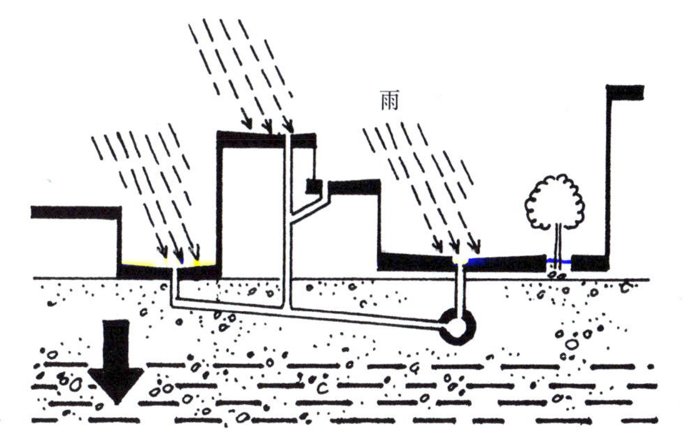

1.3.4 植被

丰富且多种多样的植被系统的维持和保护，与舒适健康的生活环境息息相关（包括自然景观、自然体验、气候、空气净化等等）。

在进行现状调查时，必须对植被现状给予高度的重视。一份精确、切合实际的调查报告，是细致认真的考虑自然要素的规划的重要前提（例如不为了建设道路而砍掉一棵树，而是为了避开树木改变道路的方向）。

植被的种类和多样性是其价值的体现。这也是我们在制定规划的时候必须加以考虑或协调的一个方面（参见第 28 页，环境容量检验）。

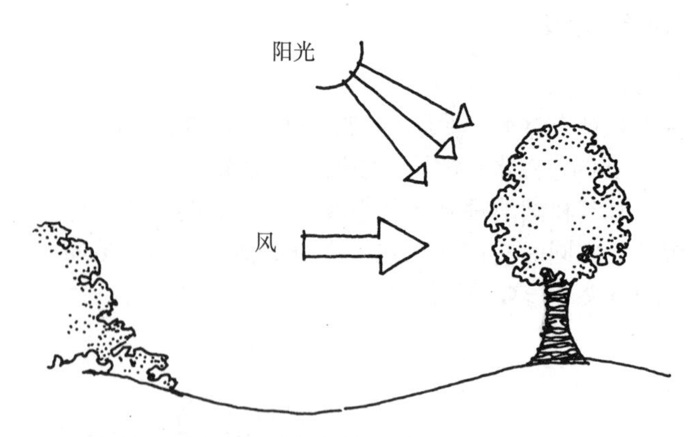

独立的树木，对于风和太阳辐射具有抵抗力

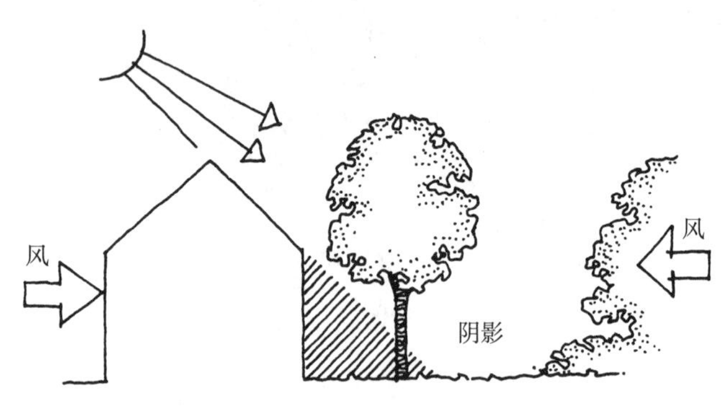

独立的树木，会与来自风和日照辐射获得保护的环境融合，但若是没有保护就无法生长

位于恶劣环境中的树木，其生存尤其会受到威胁。

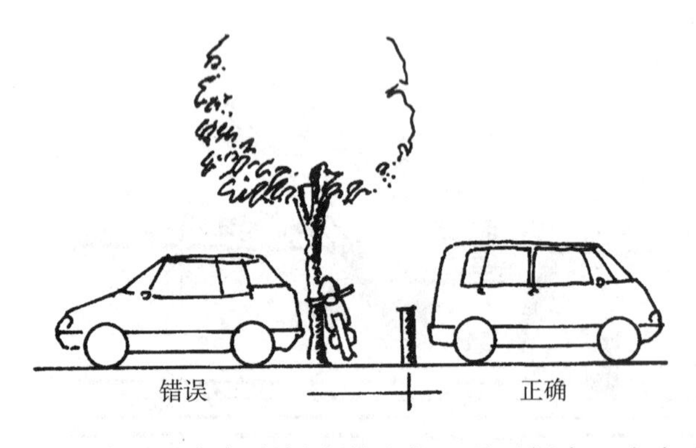

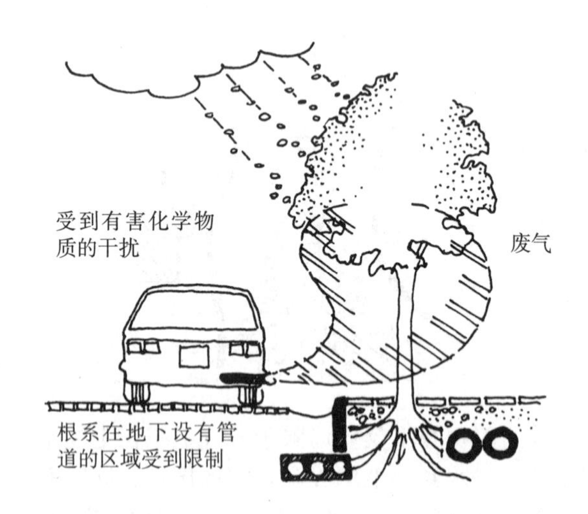

为了避免危害树木的生长，需要划定一个安全保护范围，这个范围的直径至少应该和树木的树冠直径相称，并且在这个范围内，所有的建筑构筑物都不允许出现。

如何划分树木的大小（对应于安全保护范围的大小）

树木

第一类（比方说悬铃木属）树冠直径为 7~10m；

第二类（比方说刺槐）树冠直径为 5~7m；

第三类（比方说槭树）树冠直径为 2~4m。

这里的安全保护范围在 3~5m 之间。第二和第三类树也可以种植在地下车库的上方。

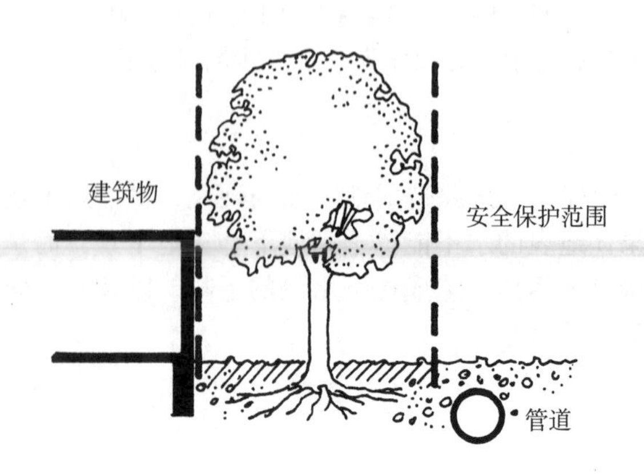

在对现状植被价值较高的地区进行人工规划干预时，应该注意：

树群——控制较大的建造间距，在这种情况下，通过树木下方种植茂密的低矮植物提高树木的存活率。规划区中的树群可以作为一项极具特点的限制条件，来创造形态不易混淆的空间整体和场所。

森林边缘——在森林和平地的过渡地带，种植有树木和低矮植物，使其对风与日照辐射具有抵抗力。

从森林边缘到建设地之间的距离——根据森林的生长层次——最小 30m。

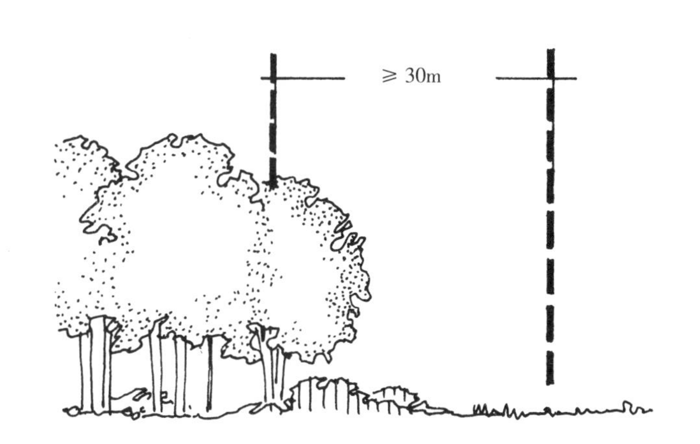

来自森林外部的空间干扰，会形成破坏森林边缘“成长”过渡地带的原因。对于这种干扰没有风和日照辐射防备的树木，将遭受生存的威胁。

安全保护范围的树木测绘图补充登记（例）

根据自然保护和景观保护的法规确定：

1. 自然古迹 D
2. 自然保护地区 N
3. 景观保护地区 L

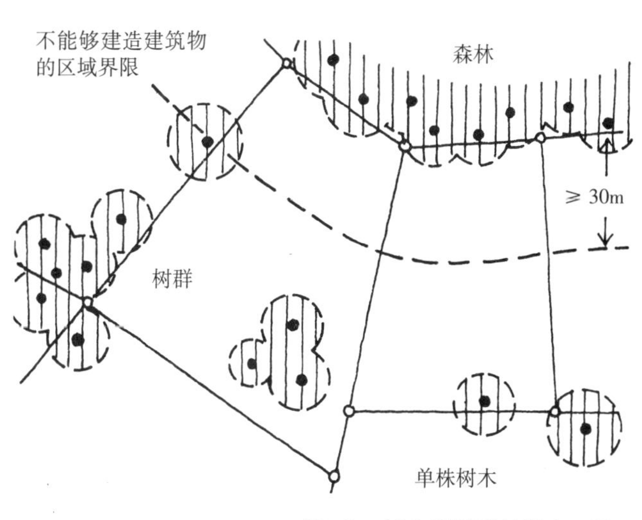

1.3.5 气候与环境影响

1.3.5.1 对小气候的影响——城市气候

a. 土壤表面的“石化”，会缩短日间最高气温和最低气温之间的差距，导致了平均气温的上升，进而引发雾的产生，以及地下水位的下降和空气流动的减少。

例：

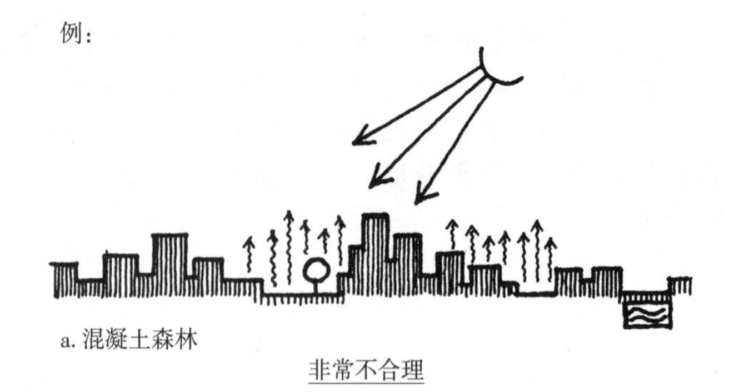

a. 混凝土森林

非常不合理

b. 在广阔的绿地中建造的建筑：能够获得更合理的气温变化，更适度的水分蒸发和通风，空气的交换防止了有害气体的集聚。

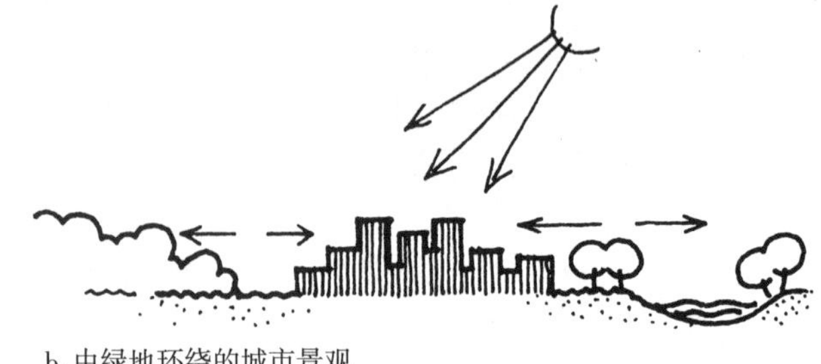

b. 由绿地环绕的城市景观

合理

例：各月平均气温的年度变化

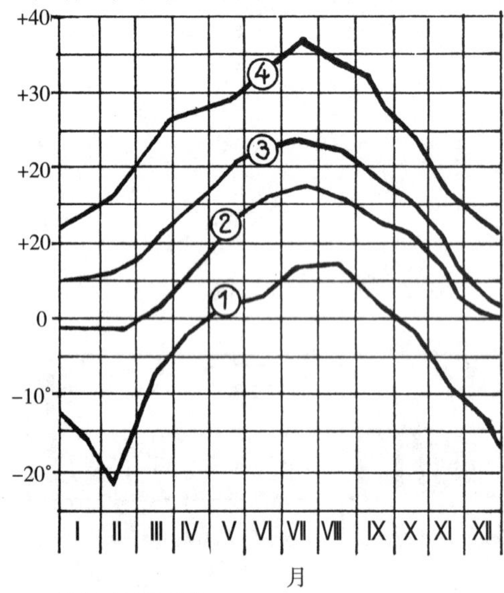

①绝对最低气温
②日平均最低气温
③日平均最高气温
④绝对最高气温

比较：

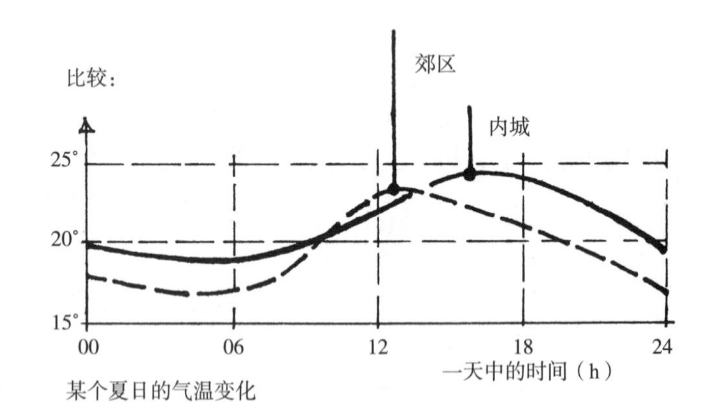

某个夏日的气温变化

c. 空气污染的主要成因：

- 交通废气排放
- 家用燃料废气排放
- 工业废气排放
- 农林经济（主要是集中放牧的形式）

逆温层（烟雾）的形成，会阻碍与上层大气层之间的空气流通，减少日照辐射。

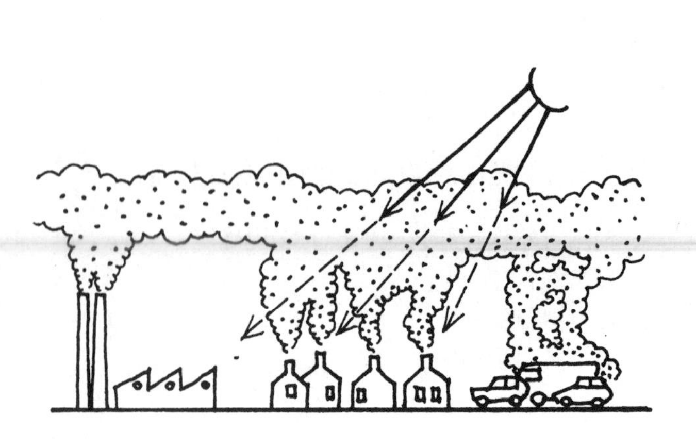

1.3.5.2 场地的日照采光和阴影

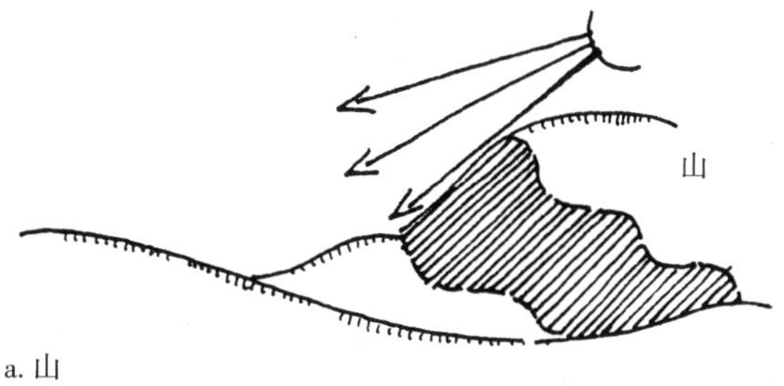

a. 山

会长期构成阴影——不适宜作为住宅用地建设

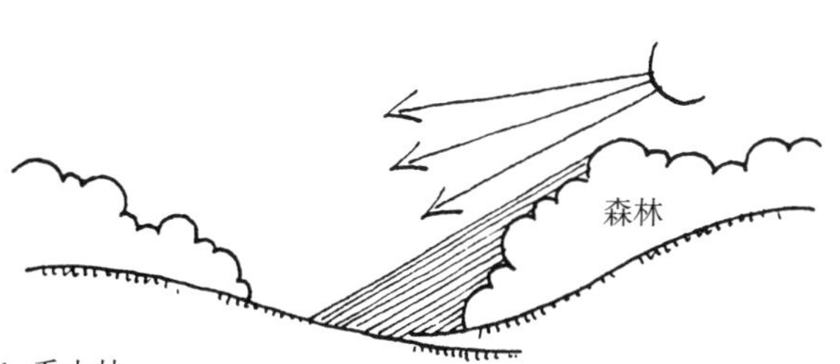

b. 乔木林

会对周边区域产生阴影，尤其是会吹送凉湿的风——不适宜作为住宅建设用地

1.3.5.3 风的影响

因自然地貌的广义结构和狭义人为影响（场地形式、建筑物、树木状况等），不同地区的风的状态就会有完全不同的变现（参考下图）。风力和风向，能够明显有助于排放物（污染物、噪声、恶臭）的传送，对于居住区的健康环境，道路广场以及建筑物的能耗带来恶劣影响。

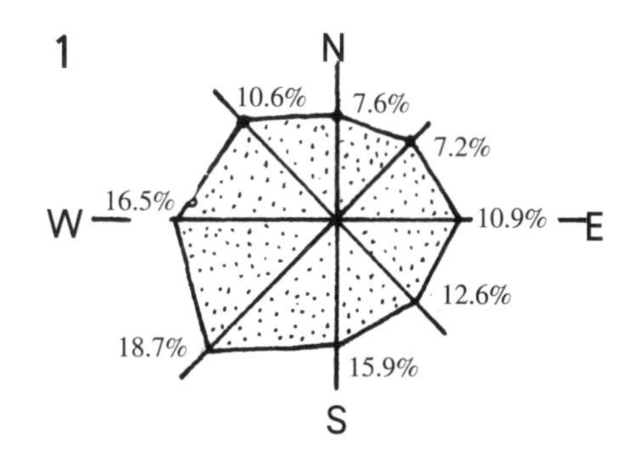

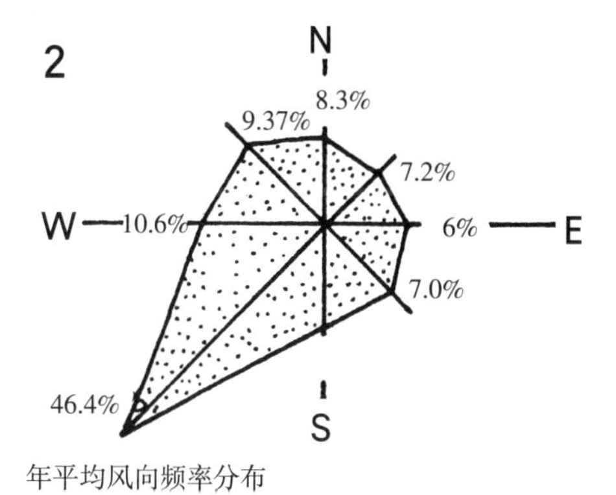

年平均风向频率分布

例如：

1. 风向频率均衡分布的情况
2. 具有明显主导风向的情况

不受阻碍而通畅的风

由于障碍物而使风势减弱（风速降低）

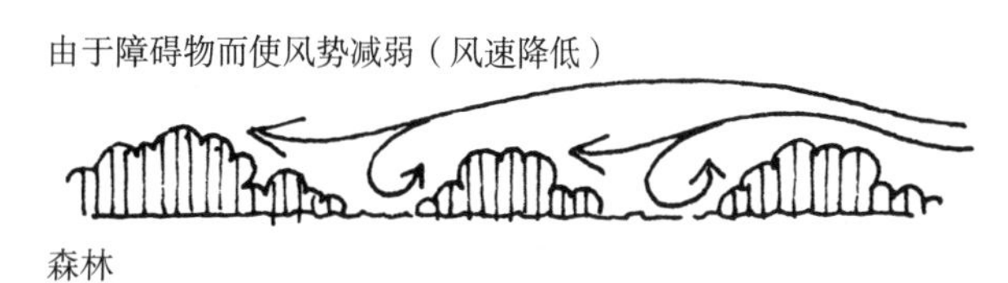

森林

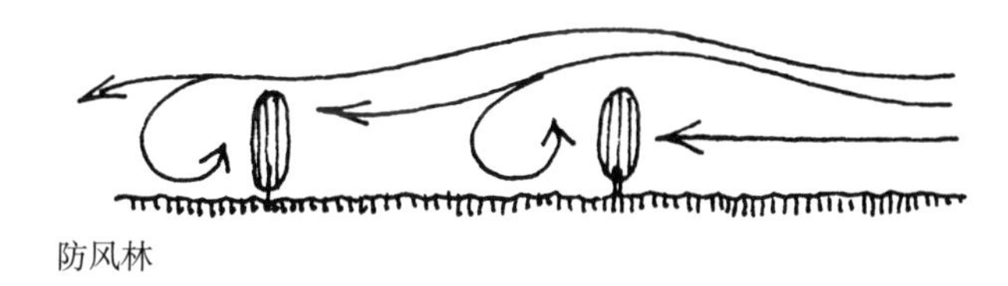

防风林

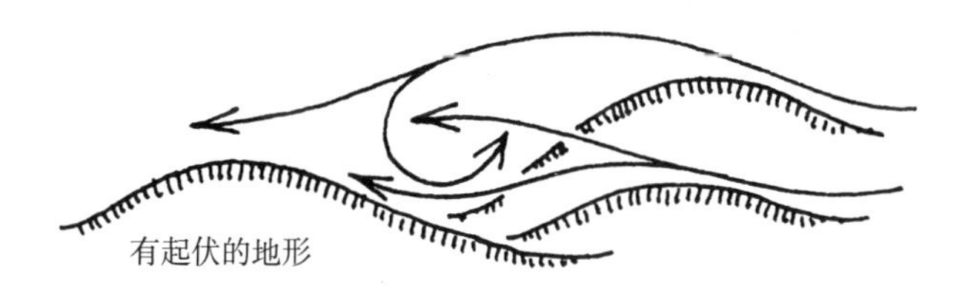

有起伏的地形

1.3.5.4 受气候影响的规划区的适宜性

想在空旷的大自然中露营的人，会很自然地寻找一处能避风、防潮和抵御寒冷的地方。

同样，在几乎没有任何技术工具和能源的很久以前，人们很可能也需要选择合适的建造地点。直到可应用的建造技术和可替代的舒适能源的出现，人们才能够在气候条件不适宜的地方居住。

鉴于建筑用途的场地现状对于小气候的影响

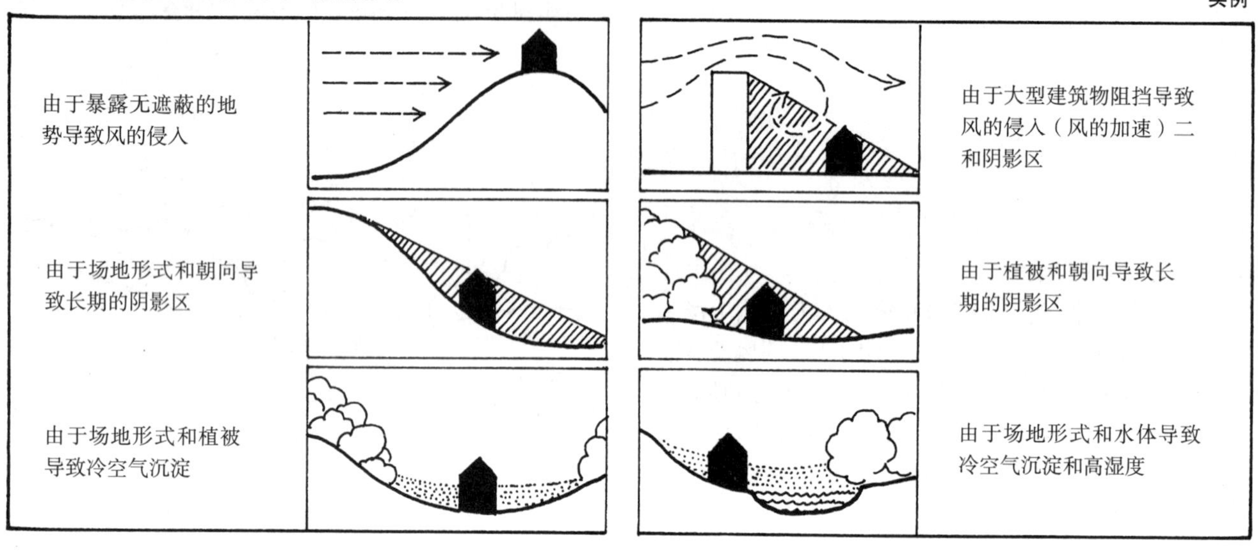

关于合理/不合理气候影响的不同场地现状适宜性对比

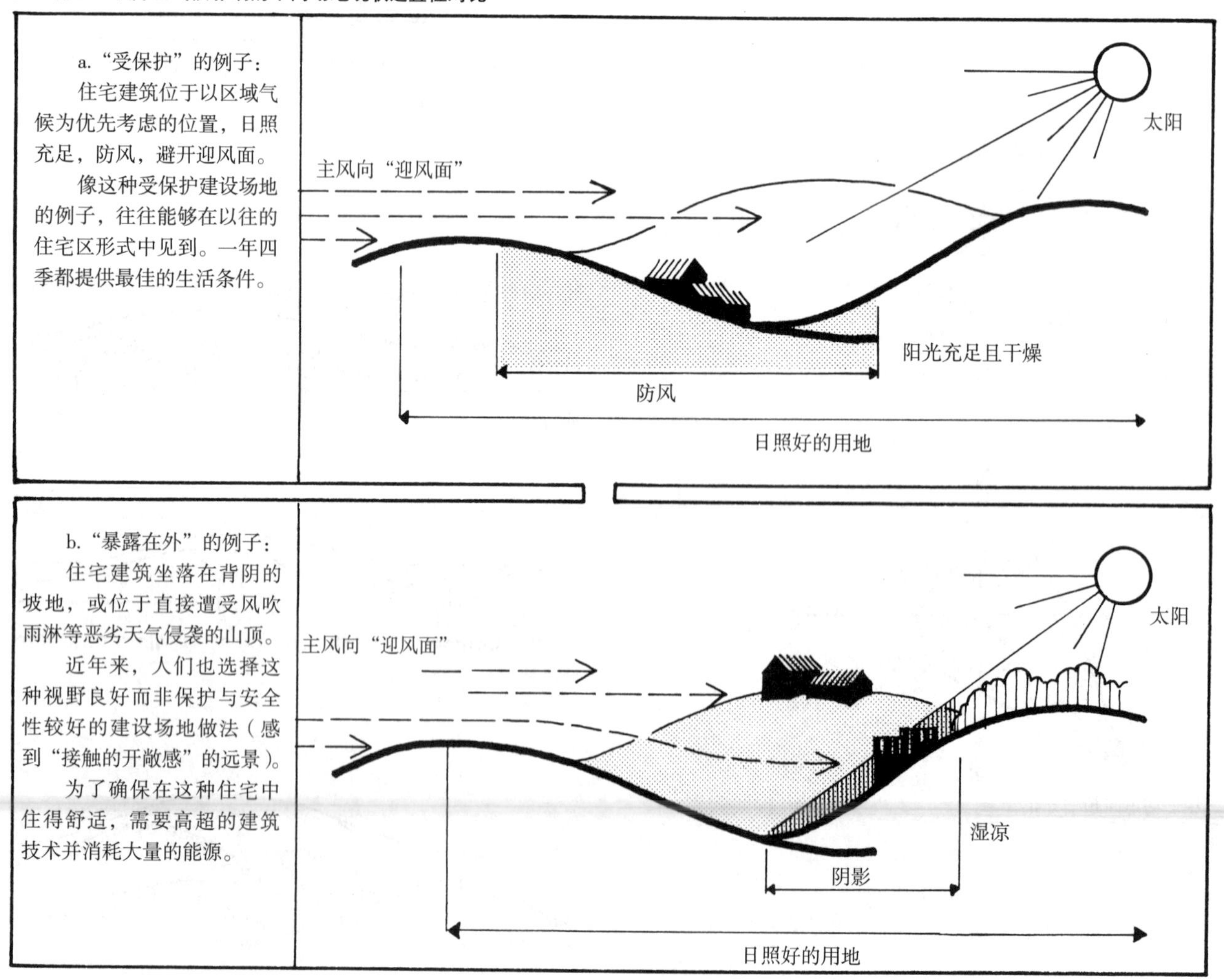

今天，出于对建造成本和能源消耗的必要节约，人们又重新意识到自然条件的重要性。因此，气候适宜标准在决策空间所处位置，应在场地分析和选择时受到关注。气候条件并不单单涉及建造和能源成本是否合理，也是确保户外活动健康和舒适的重要前提条件。

不合理　　合理

能源消耗—废气—气候危害

管理一栋建筑或一个居民区所必需的能源消耗越小，有害物质排放量就越小，因此对气候危害也越小

1.3.5.5 环境污染

环境质量——或相反的环境污染的方式和范围——对那些作为或者应当作为人们持续留驻的场所而言，是区位评价的重要标准。环境污染以各种存在方式，威胁着自然界和人类的身心健康。因此，必须通过现状调查，全面掌握并且明确罗列现状问题或将来可能发生的问题。

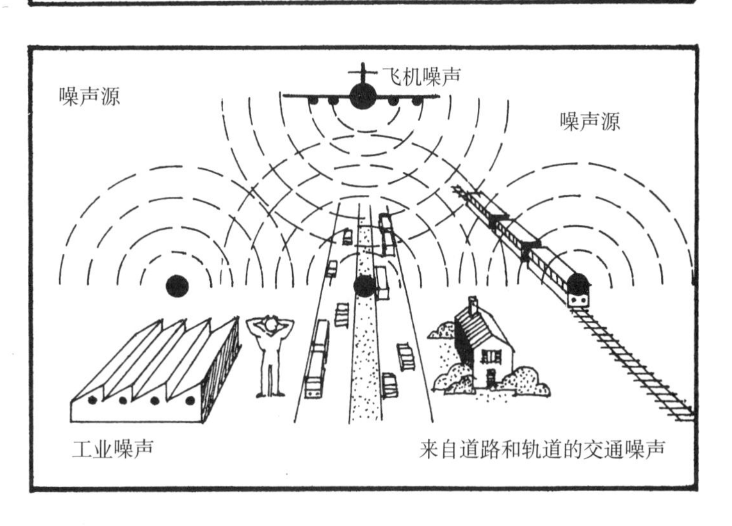

环境污染及其污染源可能包括：
噪声污染：交通线路（水陆空交通）
大气污染：交通，工业
水域污染：日常生活污水和工业污水
粉尘、烟尘污染：工业，交通

根据国家和州的法律法规，确定了环境污染排放与侵入的容许极限值。其内容不但包括削减或限制环境污染的义务，也包括通过空间序列、建筑形态构成措施以及操控投资来减少负面影响的义务。

环境污染的影响范围，可以通过调查明确，并在地图上标明其边界，例如噪声区、恶臭区（“噪声防护”参见第 161~169 页）。

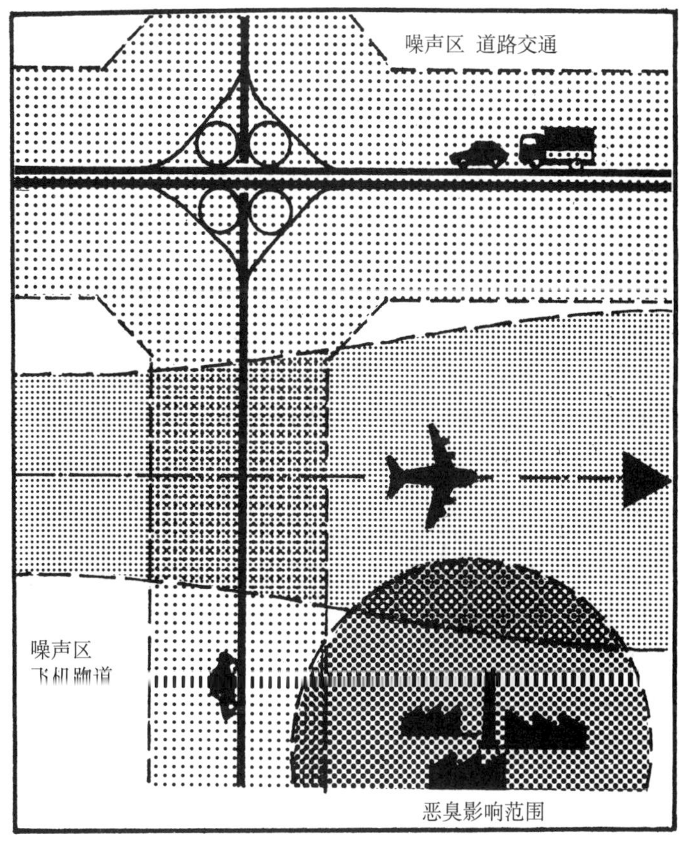

1.3.5.6 自然环境和景观环境的重要性

在德国联邦建设法（BauGB）的条款 § §1 和 1a 中，规定了一项可持续城市建设发展的规划准则，作为建设指导规划的基本原则：

– 建设指导规划应当……有助于确保建设宜人的环境，并保护和发展自然生存基础。
– 应当通过使用可再生能源重视环境保护，重视自然系统、水、空气以及土壤……并考虑气候的重要性。
– 本着节约和合理的原则使用土地和土壤。

对以上要求做具体说明是联邦自然保护法（BNatSchG）条款 § §8 和 8a 中规定的符合和自然保护法对干扰的调控，即搁置和弥补可避免的自然环境和景观环境的破坏，并接受建设法（条款 §1a）的建设指导规划权衡。建设和城市设计指标的许可，与对其进行的自然保护法所规定的干扰调控检验密切相关，以此来确保规划考虑了环境的重要性。

检验的内容和过程：
– 了解和评价自然环境和景观环境。（现状调查）
– 描述和评价规划指标对自然环境和景观环境的干扰。（干扰描述）
– 检验规划的质变或量变是否可以避免干扰。（提供避免干扰的可能性）
– 说明可能的平衡措施，在规划区内对规划造成的损害进行平衡。（平衡义务）
– 在规划区外确定必要的补偿措施，或若无法补偿，则交纳补偿金。（补偿义务）
– 从与规划相关的公共和私人不同利益的角度进行符合实际情况的权衡，考虑对环境（自然环境和景观环境）的影响。（提供衡量）

检验程序应用于单个项目（建设项目）和整体性的建设指导规划中，它应该确保：
– 提前并全面地对环境的影响进行调查，描述和评价。
– 在较早的规划阶段以及在官方和政府部门就是否批准项目的决策颁布之前，了解项目对环境的影响和危害。
– 鉴于规划的影响和更改规划的必要性，及时考虑其他方案。

检验可分两步完成：
– 环境关联性检验（Umwelterheblichkeitsprüfung, UEP)，原则性的粗略调查，确定单个项目或城市建设规划总体上是否对环境有重大影响，如果有，是否要求进一步的深入检验。
– 环境容量检验（Umweltverträeglichkeitsprüfung, UVP)，全面调查具体的影响和规划的后果（参见流程图“对干扰的调控”）。

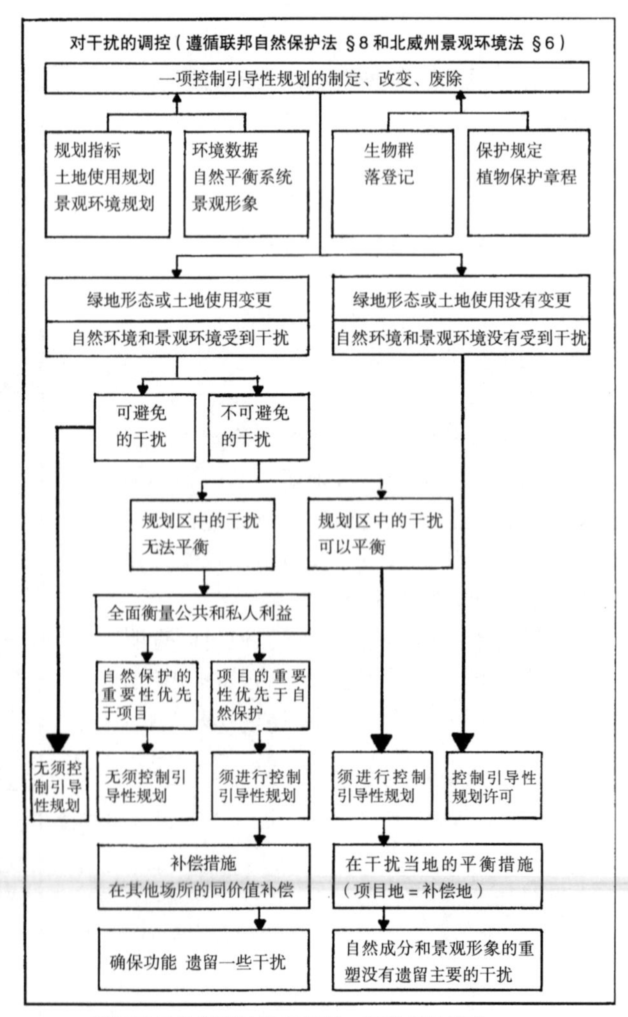

控制引导性规划的检验程序－环境容量检验

1.3.6 土地使用

有关于土地使用类型的现状调查（根据建筑使用条例 §1的识别标准，从功能上的分类来记载使用类型）。

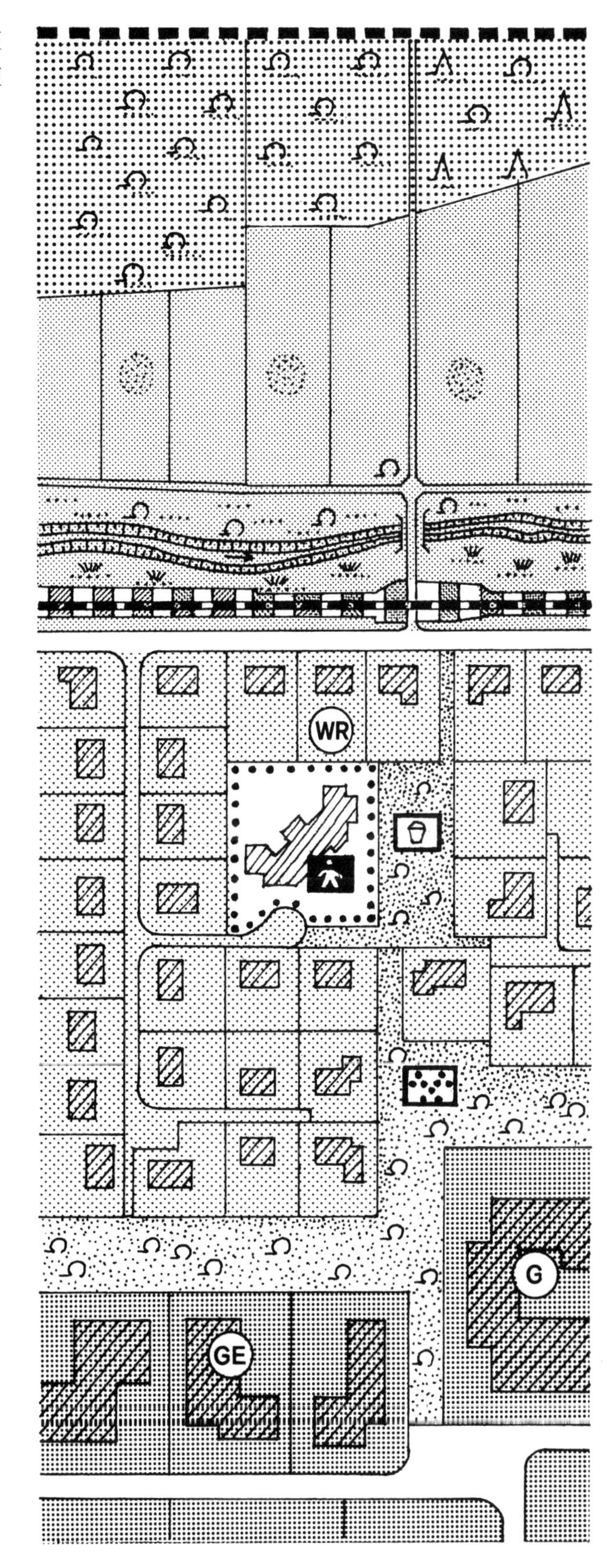

图例

- 规划区边界
- 住宅建筑用地或纯居住区，一般居住区
- 公共设施用地
- 工商业建筑用地、产业用地、工业用地
- 公共绿地
- 农业用地 牧场或耕地
- 山林用地 林业用地
- 交通用地、道路、广场、步道
- 铁路
- 幼儿园
- 游乐场
- 停车设施

1.3.7 建筑物

在以下观点为基础的既有建筑调查：

单栋建筑

独立建造，与其他建筑物之间没有直接关系
- 层数
- 屋顶的形式

建筑群

集中于一处形成封闭组群的住宅建筑形成一体的中庭。

建造形式

a. 开敞的建筑形式
单栋独立式建筑的布局

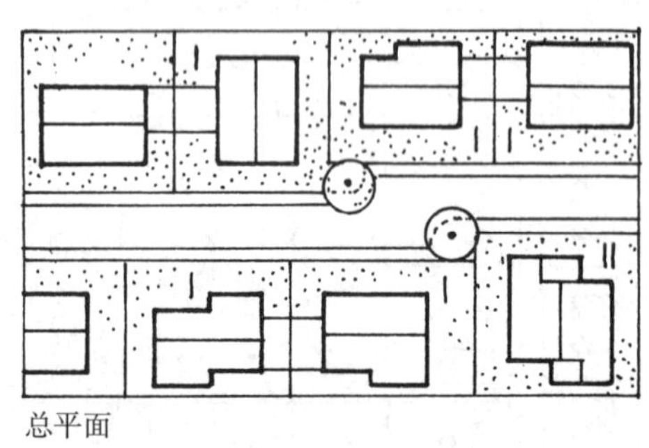

总平面

b. 封闭的建造形式
沿着道路一边或者两边建造
- 层数
- 典型的正立面宽度
- 山墙形态
（山墙或檐口连续）

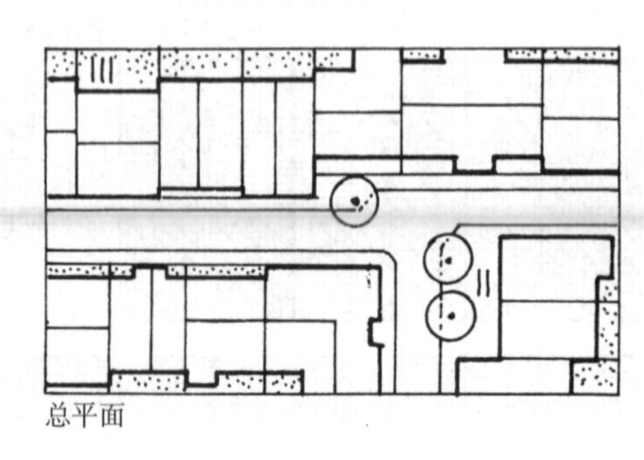

总平面

实例

单栋建筑

农庄

村庄

居民区

村庄

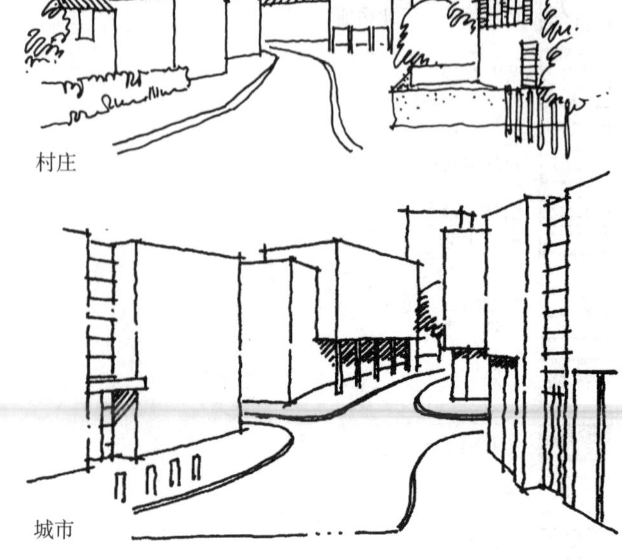

城市

在以下观点为基础的既有建筑调查：

建筑物的用途

例：

- 独户住宅或集合住宅
- 仓库或工厂
- 小学、幼儿园
- 污水处理厂

建筑物的形状

例：

- 新建
- 整体状况良好
- 待修状态
- 待拆除

补充记载建造的年代

与用途有关的建筑形式

- 建筑形式的演变（建造时的用途）以及目前的使用状态。
- 建筑形式与使用状态，以及和目前使用方式的比较。

建筑造型的特征

- 单栋建筑
  尺度、划分、细部特征、建筑历史价值
- 建筑群
  一致的造型特征，例如比例、尺度、韵律、材料、色彩、细部或不统一的形态特征

1.3.8 道路开发

1.3.8.1 基于步行交通与自行车交通的规划区道路开发

a. 步行道和自行车道仅以断续状态出现，没有续穿的系统，安全性极低

b. 步行道和自行车专用道根据独立的道路系统开发，交通安全性高

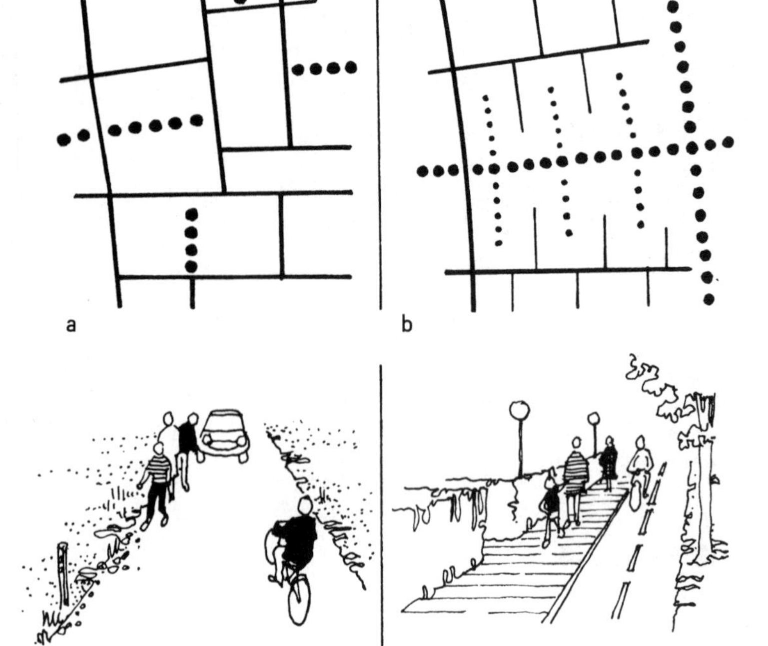

步行道和自行车道的整备状况

a. 现状步行道和自行车道缺乏安全性

b. 现状步行道和自行车道整备充分、划分合理

危险地点

a. 人行道上阻挡通行的突出物，或最小宽度不够通行，是易发事故地带

b. 畅通的、宽度足够的人行道

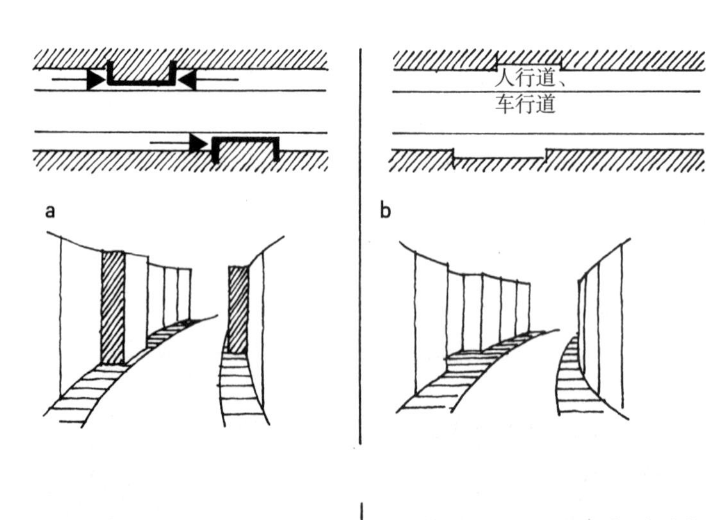

c. 机动车的停靠严重阻碍人行道的使用

d. 畅通无阻的人行道使用可能性

e. 步行和车行交通量都很大，两者交叉口的危险很大

f. 足够安全的人行横道，通往幼儿园、学校、养老院等设施的步行系统要保证这种特殊的安全需要

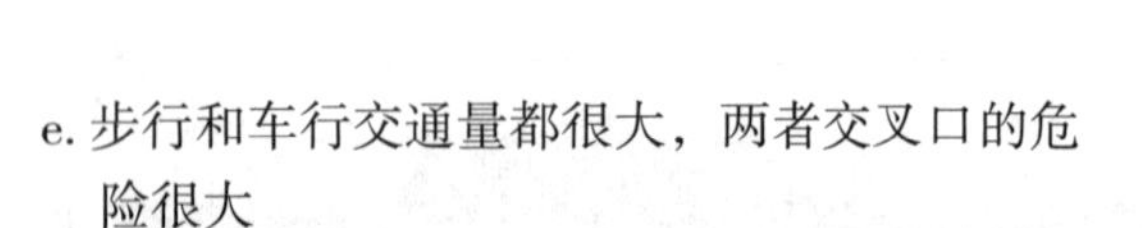

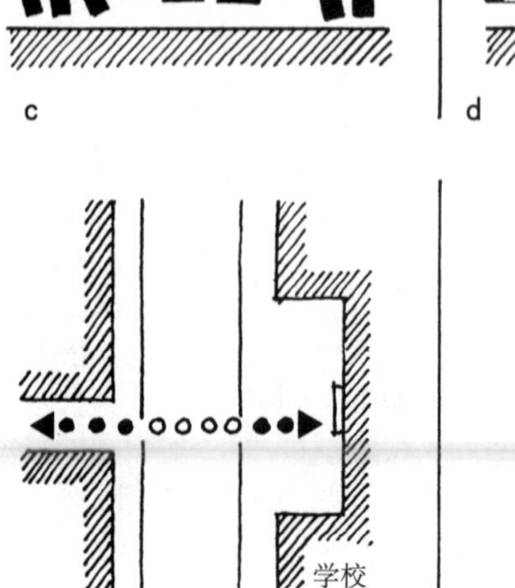

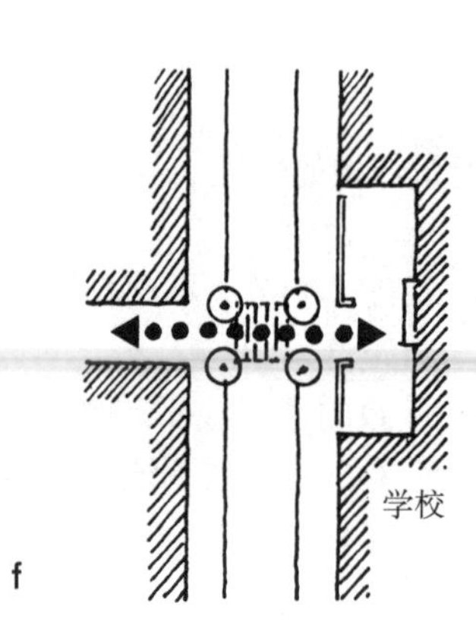

1.3.8.2 基于机动车交通的规划区道路开发

a. 现状建筑开发、布局、效率不充分，结构和容量无扩充能力。
b. 按照“交通法规”对道路进行的扩建，导致安全、环境和造型的问题；道路的原样重建力求按照适应当地现实条件的约束性规定。
c. 良好的布局和功能合理的开发

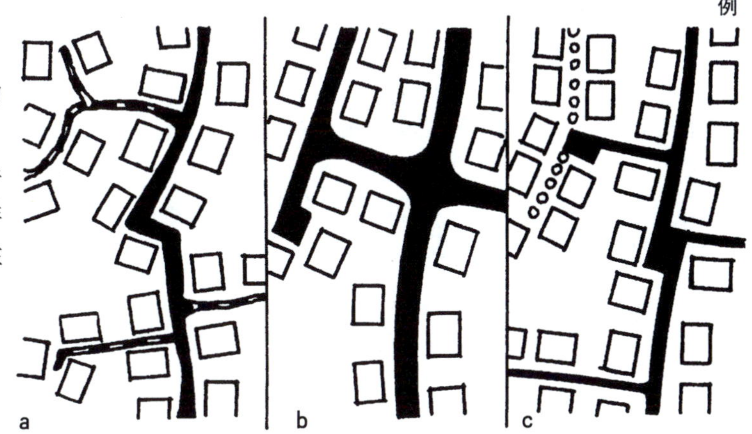

我们通过对现状开发结构的评价，认为居住和景观形态的特征是应当特别引起重视的，交通效率的优化并非是规划的目标。

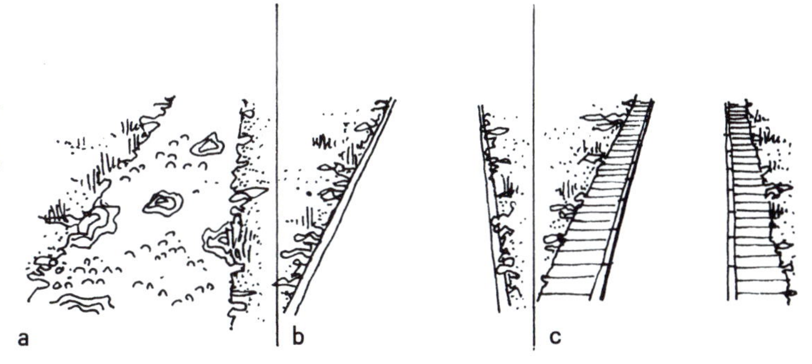

道路的整备状况

a. 整备不良，路面状况差
b. 整备不充分，路面状况良好
c. 整备充分，路面状况良好

危险地点

a. 视野不良的丁字交叉口
b. 道路接续错位和视野不良的十字交叉口
c. 视野良好的丁字交叉口
d. 符合交通法规的十字交叉口

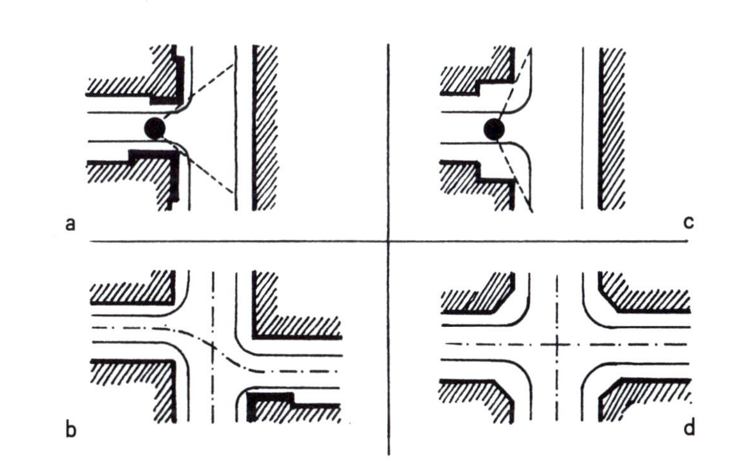

停车设施的配置和布局

a. 停车位不足，车辆停靠阻碍行驶车辆的通行
b. 充足的停车位，功能合理的配置

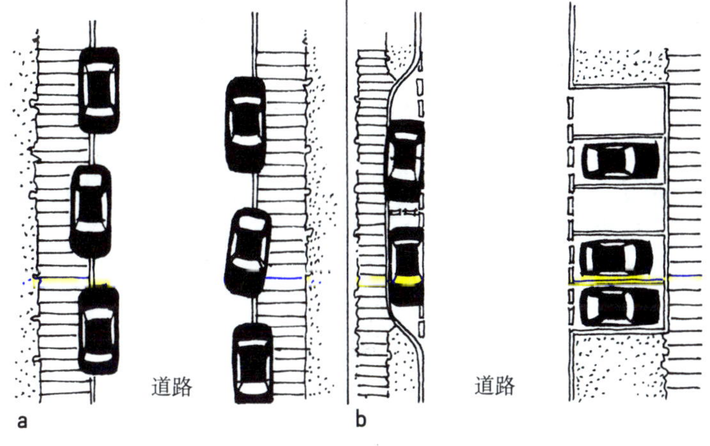

1.3.8.3 使用公共交通工具的规划区道路开发

a. 行驶于车行道内的有轨电车轨道，严重阻碍其他交通设施，且十分危险

b. 有轨电车（或公共汽车）有自己的专用铺设路线，能够毫无阻碍地安全行驶

实例

a　b

铁路与车行道或步行道和自行车道之间的交叉口

a. 有平交道的交叉，通行费时且危险

b. 立体交叉，各种交通方式顺畅无阻且安全

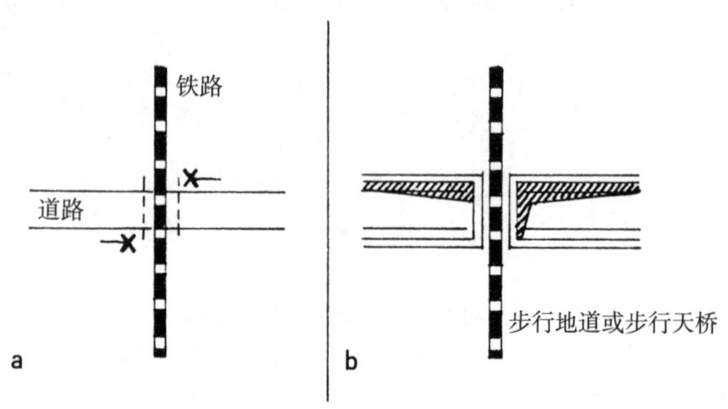

通往交通站点的步行交通开发

a. 交通站点位于车行道中央的孤立安全岛上，对于步行到站点的人来说非常危险

b. 对于步行到站点的人来说安全可达

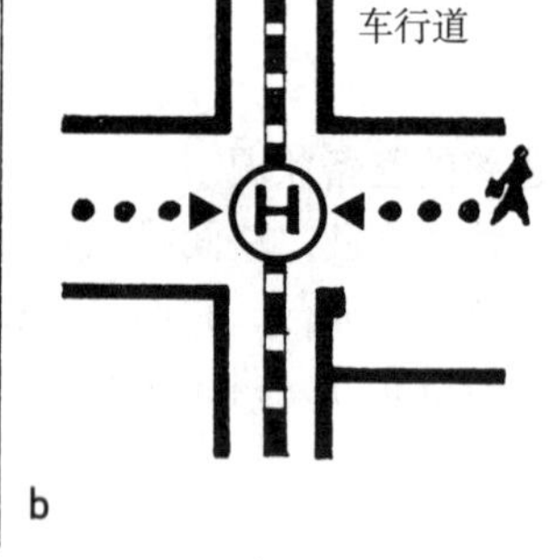

a. 私人小汽车与短途公共客运交通之间的换乘站点，但停车空间不足

b. 换乘站点有足够的小汽车和自行车的停车空间

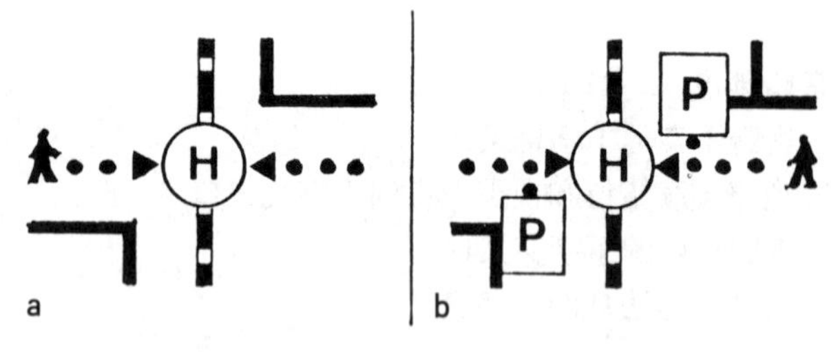

1.3.8.4 规划区内的街道负荷

- 步行交通的通行频率
- 小汽车交通
- 货车交通
- 高峰小时负荷
- 一般负荷
- 事故频发地

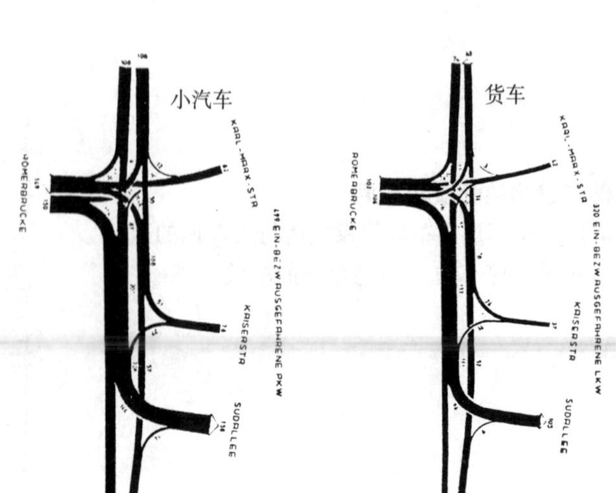

1.3.9 规划区范围内的社会基础设施和市政基础设施

1.3.9.1 社会基础设施

在规划区范围内或其周边区域内的设施

设施分为

a. 青少年和老年人所需设施

b. 保健卫生所需设施

c. 教育和研究所需设施

d. 宗教设施

e. 文化和娱乐设施

f. 会晤场所（比方说市民之家）（所有设施的分项列举请参见第 217~219 页）

1.3.9.2 供应和服务设施

a. 每日生活所需的供应和服务设施

b. 每隔一段时间间隔定期使用所需的供应和服务设施

c. 每隔一段长期的时间间隔使用的供应和服务设施（所有设施的分项列举请参见第 220 页）

注：规划区的景观意象、场所意象和城市意象的系统性分析在下册第 1 章中将进行详细的论述。

1.3.9.3 市政基础设施

a. 地区级的供应设施

— 供水管
— 排水沟（混合水沟）或
— 污水沟
— 雨水沟（雨污分流系统）
— 电力线（中压输电）
— 燃气管
— 电话管
— 有线电视管
— 数据传输管
— 远距离供暖管
— 变电站
— 配电房
— 取水井
— 泵房
— 电话配电箱
— 交通信号配电箱

b. 服务于若干地区的设施，包括必要的防护区域

— 废水收集沟
— 远距离燃气管
— 高压配电线
— 输油管
— 化学物质输送管

1.3.10 土地产权和土地调查

与土地所有权有关的事项，记载在土地登记册中。土地的划分记载在地籍图中，其中测量面积和号码也要一并记载。（第……区 / 第……号地块）

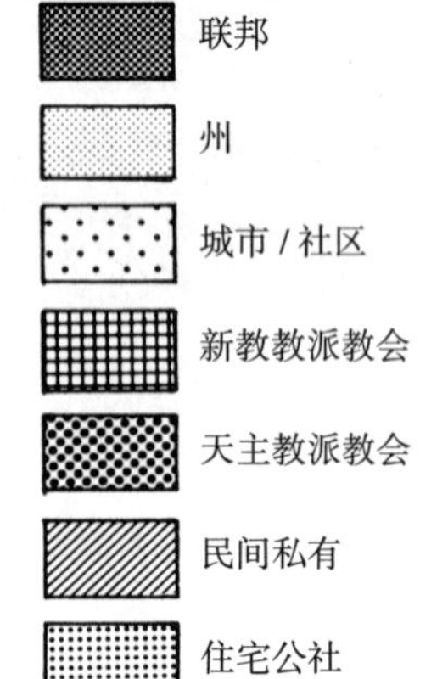

土地产权图 - 局部 -

土地调查

各块土地的面积调查，可以土地登记册上的记载事项（分块土地的面积）为基础，或者以实际测量面积为准。

土地测绘 - 局部 -

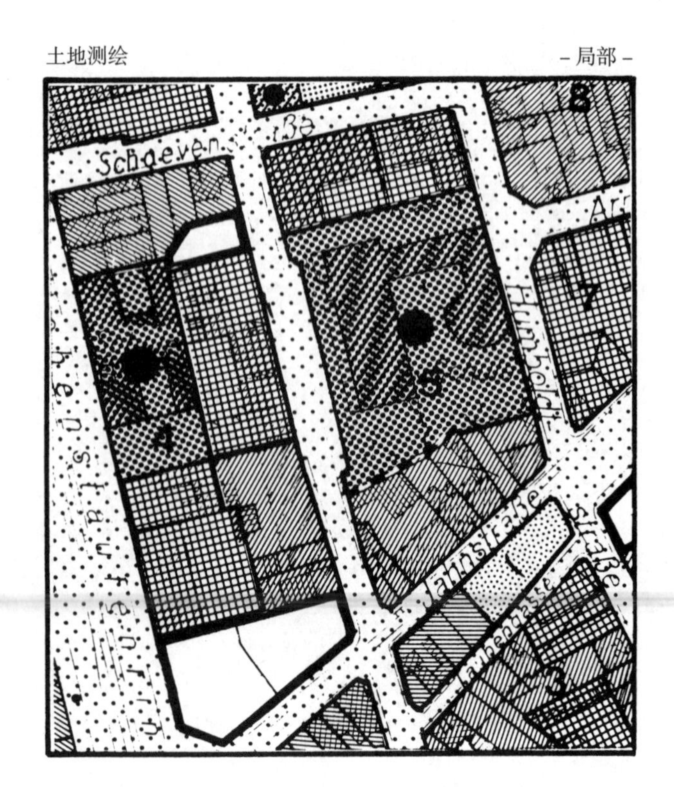

例：土地一览表

土地使用	5 号地块 m^2	7 号地块 m^2	Σm^2
交通用地	3500	1800	5300
公共设施用地	5300		5300
绿地	—	—	—
其他公共用地	—	—	—
住宅用地	2100	760	2860
产业用地	1960	4300	6260
未建设 / 未使用的空地	—	250	250
总计 Σ	12860	7110	19970

1.4 控制引导性规划的社会—经济标准

城市规划的目的，并非仅限于单一针对建设的目标本身。规划的错误，往往都是由于缺少对于现状调查、现状分析以及措施转换的再三考虑而造成的。对惯例经验数据加以分析利用的可能性，在不同的建筑街坊层面之间，以自 1987 年人口统计以来的现实数据作为基础，为规划师提供了更好的决策可能性。

直接利益的信息和城市规划对于“消费者”的重视在建筑街坊层面及其周边住区中无疑具有比在城市行政区层面更为重要的意义。

为了满足这一要求，社会—经济因素的现状调查和分析就成为必要的前提条件。明确地认识到为谁建设，就能够降低因“试错”所造成的危险。

由于这个缘故，在小型空间层面也纳入社会学和经济学考虑近几年成为惯例。早期错误百出的规划分析，也推动了规划向跨学科发展。当然，城市设计框架建构的变化仍然由规划主管部门慢吞吞地进行，因而措施的转换仍然无法成功。

这类规划问题在原东德地区的“城市—乡镇修复”中特别突出。除了城市建设的经济社会方面，例如人口的新结构和规划的官僚作风等，也可能伴随着数据采集和数据分析为了城市设计目标摈除这些缺失。

从社会—经济的角度来看，控制引导性规划包含了一个相对小的空间概念。而基本上从地区发展规划或者土地使用规划中得到的功能以及结构指标，通常都是大空间指向的方向性框架。

执行控制引导性规划时，所必需的信息多半都是依据政府机构的统计资料。经由这些资料，至少能节省实际前往现场收集资料的时间。而且，即使仅以一次调查无法获得的详细资料，都能够在该政府机构的资料中获得（例如，有关住宅卫生设施方面的资料）。

城市设计相关数据分析利用的可能性，主要以 1987 年人口、建筑、工作场所统计的综合成果为基础。

这些数据资料在小型空间层面进行了整理，在大中型城市通常可以非常容易地从其统计部门获得。这适用于建筑街坊层面。隶属于县的镇的规划，若要获取州统计部门的数据，常常需要艰难的历程。

1987 年总体统计的可支配数据的社会—经济、规划内容，概略叙述如下。

人口数据

居住人口的规划相关数据，可以根据上述列举的空间区分可能性加以分析利用。

这些信息包括：

— 人口数
— 户数
— 家庭规模
— 年龄结构
— 国籍
— 教育
— 职业

从现状分析推导出的结论对于小型空间的基础设施规划（例如：儿童游乐场）而言，是非常重要的决策依据。同时对于细部空间的结构规划，或决定措施的社会承载能力，防止种族隔离区的建构，减少受社会结构限制的问题状况等，都是重要的辅助工具。

建筑和住宅数据

数据包括城市更新和城市现代化理念所首要必需的数据。规划准备所需的重要信息如下：

— 建筑和住宅的数量
— 建筑物的建造年限
— 住宅规模（面积和房间数）
— 住宅的设施（浴室、厕所、供暖方式）
— 每平方米的租金

工作场所和就业

这方面的信息资料在经济领域和经济部门被细分。根据经济部门对控制引导性规划相关信息的划分使用地的职业用途必须根据使用标准来进行表述说明。

- 加工业
- 商贸，特别是零售商业
- 交通运输与信息传播（比如说：铁路、邮政）
- 信贷和保险业
- 私人服务业（律师、医生、理发师等）
- 其他服务业，主要是公共机构（幼儿园、学校、养老院）

上述研究数据采用官方的统计，部分情况可能与实际不完全相符。

相应作过数据调整和补充统计的数据如下：

人口数据：人口数，年龄结构和不同国籍的人员组成

建筑和住宅：建筑的数量和建筑年限

工作地点和就业：工作地点的数量，根据经济部门的研究作了更进一步的细分。

数据调整和补充统计或许并不能令人完全满意。但是，这毕竟是一个对于我们试验“风险和错误”的重要决策辅助工具。

采用至今通行的社会经济的普遍标准，在控制引导性规划中也产生了特定的城市经济视角。

成本—利润—分析以及使用价值分析在这里有着其特殊的含义。不仅在城市设计的阶段，更重要的是在设计前研究，我们都应当对成本—利润—分析作非常认真的研究。这一研究的成果将被作为形态方案评价的重要决策依据。

最根本的还是用于检验我们的设计是否具有较高的可实施性。

伴随惯常经验信息出现的成本调查，其过程是非常困难的。例如，开发措施的成本标准值通常可以得出，但大部分情况下并没有与具体的实际情况相对应。难以解决的问题在于我们并不能掌握其实际用途，这一点将由针对“消费阶层”的规划措施来完成。

这些经验同时也表明：我们还没有充足的令人信服的可以提供规划决策的信息。

城市 / 乡镇： 地点 / 分区： 地块编号： 街道：	主管	表格编号 规划编号
6.0 社会学和生态学		
6.1 居住人口和人口变动	6.1.1 居住人口 – 老年人群 – 家庭状况 6.1.2 家庭家政 6.1.3 居委会 6.1.4 主要生活来源 – 来自工作收入 – 来自失业救济金、社会保险金、退休金 – 来自自身财产 6.1.5 工作者 – 老年人群 – 家庭状况 – 在居住地进行活动 – 经济分配	6.1.6 每日回家住宿的工作者 – 老年人群 – 家庭状况 – 居住地 – 经济分配 – 职务和职业 6.1.7 根据职务和职业分类的工作者 6.1.8 全民收入的分配 6.1.9 职业 6.1.10 小学生和大中学生 6.1.11 外国人 6.1.12 自然人口增减 – 出生、死亡 6.1.13 人口流动增减 – 迁入、迁出
6.2 经济	6.2.1 工作地点和活动 – 土地和森林经济 – 采矿、能源经济、水资源管理 – 加工业 – 建筑业 – 商贸业 – 信贷部门和保险业 – 服务业（企业和自由职业） – 地域团体和社会保障 – 旅游业 6.2.2 进城上班的工作者 – 老年人群 – 家庭状况 – 居住地 – 经济分配 – 职务和职业 – 交通工具	6.2.3 毛国内生产总值 总计 6.2.4 毛国内生产总值 根据经济分配 6.2.5 空缺职位 根据经济分配

社会和生态调查数据清单
– 实例 –

1.5 “图纸资料/信息来源”一览表

调查范围	图纸材料	主管单位（选择）	法律、条例（选择）	鉴定人、专家
1.3.1 地形	地形图（所有必需的比例）	土地管理局		测量工程师
1.3.2 土地结构－地质构造－残污	地质图，记载地下水位的地形图，土质评价图，残污地籍图，环境容量检验（UVP）	土地管理局，地质局，环境（保护）局		提供土地力学方面技术指导的事务所（地质水文鉴定专家） 土地钻探/调查专业的特殊专业人员，环境工程师
1.3.3 水体	地籍图纸，记载水负荷/水污染，环境容量检验	县和市（镇）的水利局，下属自然保护局，文化局（县），环境（保护）局	水利法	环境工程师
1.3.4 植被	地籍图纸（检验树木适宜性及完整性，也记载安全保护区），环境容量检验	土地管理局，下属自然保护局，以及林业局，以及自然景观局，绿化局	自然景观保护法	园林和景观建筑师（规划师）生态专家
1.3.5 气候/环境	气象学图纸和表格，记载环境污染区的地图，环境容量检验，声音鉴定	气象局，商贸监督局，环境（保护）局	联邦环境污染保护法、商贸条例（参见169页），联邦自然保护法（参见28页）	配合各项调查工作的专业人员
1.3.6 土地使用	地籍图，底图，土地使用图	土地管理局，市和镇属的规划局		
1.3.7 建筑物	地籍图，底图（或者是建设图），文物古迹清单	土地管理局，规划局，州－（市）文物管理部门，统计局	建造条例、古迹保护法	建筑师，乡土管理者，古迹保护者
1.3.8 道路开发	地籍图，底图，改建或扩建图	规划局，道路建设局，风景协会，公共交通局，邮政局，联邦铁路局，等等		交通工程专家
1.3.9 基础设施	地籍图，社会容量检验	规划局，经济局，手工业委员会，工业和手工业委员会，公共服务事务负责官员		专业人员或者有国民经济或社会科学领域资格证书的研究所
1.3.10 土地所有权	地籍图，土地登记册	地籍局，地产局		

1.6 现状调查所需的审查事项（各种调查项目的比例）

—例—

城市 / 乡镇： 场所 / 城市分区： 地块编号： 道路：		主管人				表格编号 图纸编号	
1.0 建筑物现状调查		房屋编号					
1.1 建筑物的用途（在建筑用地上）	居住（居住单位数量） 零售业（商店） 餐饮业 服务业、自由职业 （银行分行、诊所、公共管理） 产业和手工业 — 生产性行业 — 非生产性行业 土地经济行业 园林行业 工业 供应用途和清理用途的建筑物 （变压站、邮局） 车库、加油站、汽车修理点						
1.2 建筑形式	主楼和附楼 楼层总数 加建屋顶层 建筑高度 屋顶形式、屋脊方位 — 双坡屋顶（GD） — 单坡屋顶（PD） — 平屋顶（FD） 屋顶坡度						
1.3 年代和状况	建筑年龄 建设状况 — 新建 — 整体状况良好 — 需轻度维修 — 需重度维修 — 待拆除 — 值得保护的 — 古迹						
1.4 其他构筑物	墙、大门、台阶、特别的建筑特征（古迹、喷泉、墓穴）						

城市 / 乡镇： 场所 / 城市分区： 地块编号： 道路：	主管人	表格编号 图纸编号
2.0 土地使用 / 景观 / 基地结构 / 环境		
2.1 土地使用（不在建筑用地上）	屋前庭院 果蔬庭院 中庭 仓库 农地面积 森林面积 — 阔叶林 — 针叶林 — 混交林 休闲地	
2.2 植被	单棵树 — 阔叶林，分类 — 针叶林，分类 树林，林荫路 围篱，灌木群 特殊植物区	
2.3 水体	流水 静止水 桥、小桥、靠船场、堤坝 地下水位	
2.4 地形	水坝、堤防 挡土墙 等高线 填土	
2.5 气候 / 环境影响	主风向 地方气候特征 环境污染 — 调查区内的噪声源 — 调查区内产生垃圾污染的因素 — 调查区内产生空气污染的因素 — 调查区内产生恶臭污染的因素 — 调查区内产生水污染的因素 — 来自调查区外对环境的负面影响（方式和程度）	

城市 / 乡镇： 场所 / 城市分区： 地块编号： 道路：	主管人	表格编号 图纸编号
3.0 交通用地 / 交通设施		
3.1 步行和自行车交通	人行道（宽度） 步行道（宽度） 步行区 人行横道 — 不安全 — 安全（安全保障的方式） — 立体交叉（天桥或地道） 道路现状 自行车道（宽度） 交叉口的交通安全 道路现状	
3.2 短途公共客运交通	路线 交通工具 — 公共汽车 — 有轨电车 — 地铁 — 联邦铁路 站点 安全性、站点设施 冲突点（交叉口、铺在车道上的轨道）	
3.3 车行交通	交通性干道（道路剖面） 住区集散道路（道路剖面） 邻接道路（道路剖面） “生活性道路”（道路剖面） 紧急车辆可通行的宅间小路（道路剖面） 车行方向 十字交叉口 — 无管制的平面交叉 — 有管制的平面交叉 — 立体交叉（天桥或地道） 事故频发地 道路现状	
3.4 静态交通	公共停车场（数量、地点、排列、收费、免费 / 定时收费、免费） — 路面停车空间 — 停车场 — 户外停车库 — 户内停车库 私人停车场（数量、地点、建造形式） — 开敞式停车场 — 车库	

城市 / 乡镇： 场所 / 城市分区： 地块编号： 道路：	主管人	表格编号 图纸编号
4.0 土地所有 / 共同设施		
4.1 土地所有人	公有 — 联邦 — 州 — 市 / 镇 私有 — 个人所有 — 企业所有等等 — 教会所有 作为集体所有的地块（分售集合住宅） 永久租借地	
4.2 共同设施	私营设施 公营设施 — 设施列举一览表	
4.3 城市意象的特征	详尽内容参见下册“设计建构”第 1 章	
4.4 空间、功能上的相关项目 规划区与周边地区的结合	道路、小路 公共交通路线 供排管道 绿地、水体 周边地区的建设（建筑结构） 周边地区的用途 城市形态上的联系	
5.0 规划及规划法规的规定		
5.1 建设指导规划	城市发展规划（城市发展概念） 土地使用规划 控制引导性规划 专项规划（交通、景观、供排管网设施）	
5.2 规定保护区	水资源保护区 防洪边界 自然保护区和景观保护区 航线 设置保护区的干线道路 污染影响范围	

第2章　分析与目标设定

基础性的现状调查提供的丰富资料和信息，需要进行条理清晰、“随时可用”的整理和表述，以便于在下一阶段的规划步骤中能够快速、明确地加以利用。

下一个步骤将对现状调查的结果进行分析，评价现状的具体情况和特征，研究其中的原因、相关性和影响以及缺失和可能性。

在维护保存要点和缺失点的评价目录中，这一研究的结果可以被视为具有决定意义的差异性特征，并因此指出，现状中的哪些领域和内容是需要处理，哪些是不需要处理。此研究还可以进一步指出对于处理方案的不同紧迫性。

从现状分析的结果中可以得出结论，现状分析是目标设定和规划程序的基础。

分析阶段和目标设定阶段的关系，就如同论点和结论的关系那样，相互之间紧密联系。同样，规划的结果可以带来新的视角，在反馈中再次进行分析权衡，修正目标。

层出不穷的各种规划样本——作为单一分析的选择，为现状分析的内容和过程提供了案例。

2.1　评价和描述外部联系/关系

（主要应用于新建规划和扩建规划中）

这里的考察范围主要在于规划区与周围环境的结构性关系，并扩展到更大空间和功能关系的联系中。

2.2　场地的可支配性、建设阶段、实施进度

（应用于新建规划和扩建规划，也可能应用于村庄更新或城市更新）

为了达到实现规划措施的空间先决条件，不同的土地所有权关系，从土地征收、土地分摊直到土地没收，通常都会有的困难且冗长的手续。因此，划分规划区的建设进度（空间和时间的进度表），就是非常必要或适当的做法。

各个实施阶段的进度和范围对于后续设施设计和投资规划而言都是非常重要的。

2.3　规划区的用地适宜性评价

（对于应当扩展到景观领域的新建规划和扩建规划非常重要）

规划场地的地形、生态、地质现状，以及土地的使用方式，现存或者推测的残污，都要求规划区的重新分区以及（通过专家评估支持的）研究，研究涉及必要的保护措施，以及具有法定约束力的适宜性使用（建设）可能性。

2.4　现状要素关联性分析

（应用于所有规划）

对于各部分空间和单一因素的分析得出以下结果，即确定的现状指标作为必须或应当结合到规划的维护保存因素，也就是

– 不存在变化的动因；

– 即使想探究现实可能性，或权衡其后果，变化也不能实现；

– 因为共同或者场所特有的保护或者收获的原因，要求维护保存现状的现实情况或特征。

2.5　缺失点分析

（应用于所有规划）

与作为积极案例的现状要素关联性分析相反，规划区中也有作为消极特征的缺失和冲突，因此必须认识它们的原因，通过规划及其相关措施中摈除缺失和冲突。

2.6　措施分析

（应用于所有规划）

作为现状分析的结果，必要的或者是建议性的措施，或描绘在一份措施分析图上，或撰写在一份措施计划中。这是一种对于目标的设定，包括规划的内容、迫切性、程序、工具及其相关活动。

（参见第 11 页，城市设计方案的发展）

2.1 评价和描述外部联系/关系

规划区与周边地区的关系

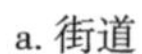

a. 街道
— 主要步行道
— 自行车道
— 短途公共客运交通线路
— 支路
— 给水排水管道和设施

b. 供应设施
— 商店、服务业
— 学校、日托幼儿园
— 教堂和文化设施
— 体育设施 / 业余活动设施

d. 规划区周边地区
的土地使用

c. 景观、绿地
— 公园，景观性绿地
— 水体
— 生态与形态特征

f. 结构线 / 结构组织
边界，过渡

e. 建筑与空间结构
— 建筑形式
— 建筑密度
— 空间形式

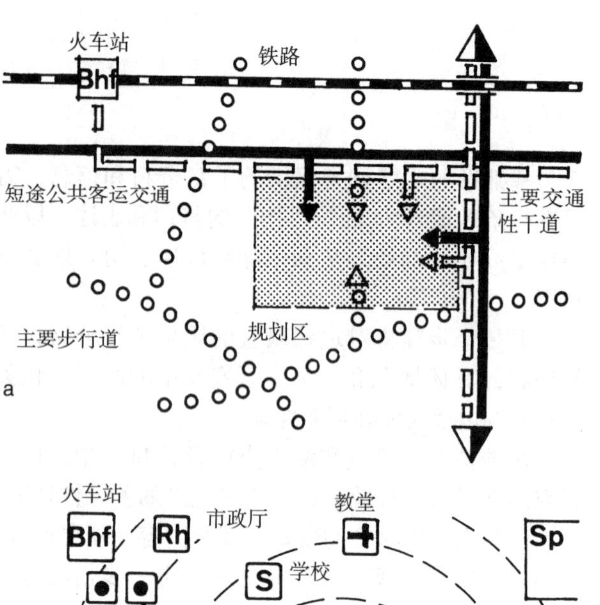

a

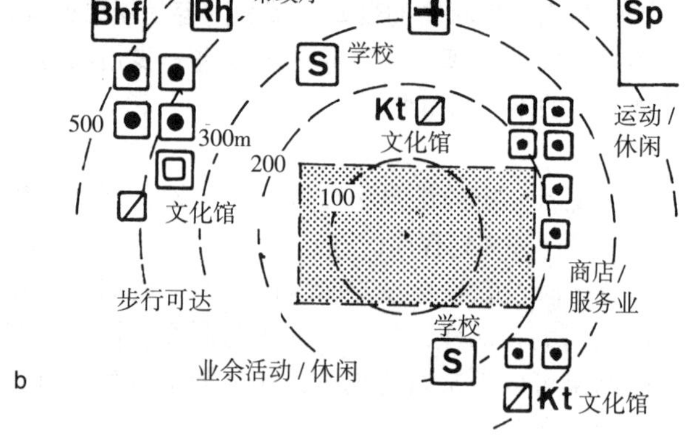

b

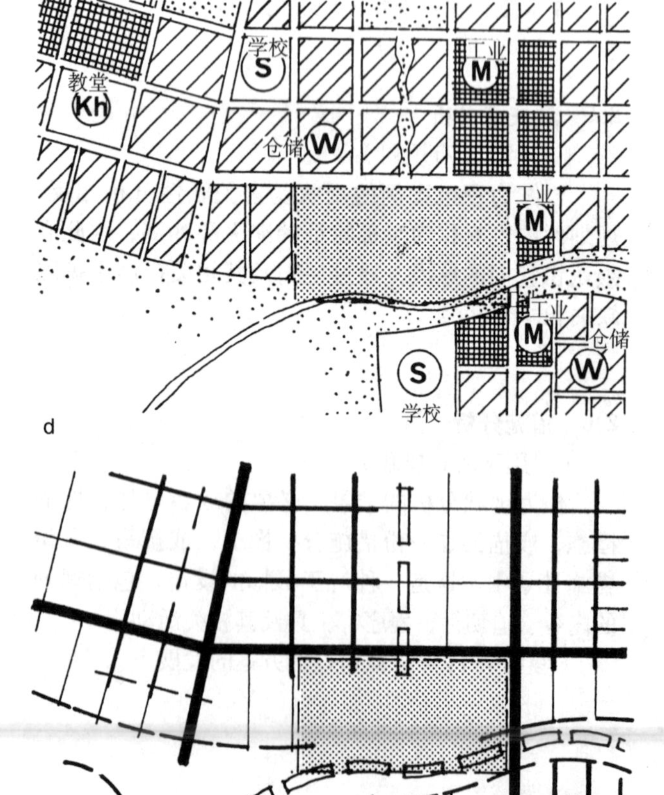

d

公园
体育设施
林荫道
河谷
绿带
森林

c

f

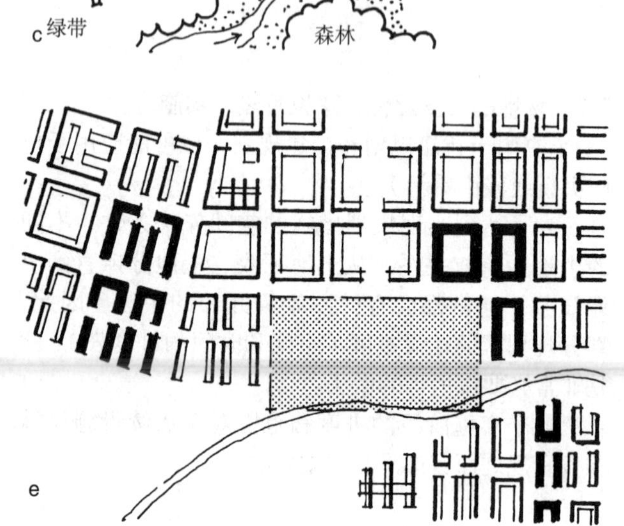

e

2.2 场地的可支配性、建设阶段、实施进度

场地可支配性	年份 到……年	各部分面积 1hm²	 2hm²	总面积 hm²
1 建设阶段	1982	17	22	39
2 建设阶段	1984	24	8	22
3 建设阶段	1985	9	14	23
4 建设阶段	1985 后	1.6		1.6
总面积				95.6

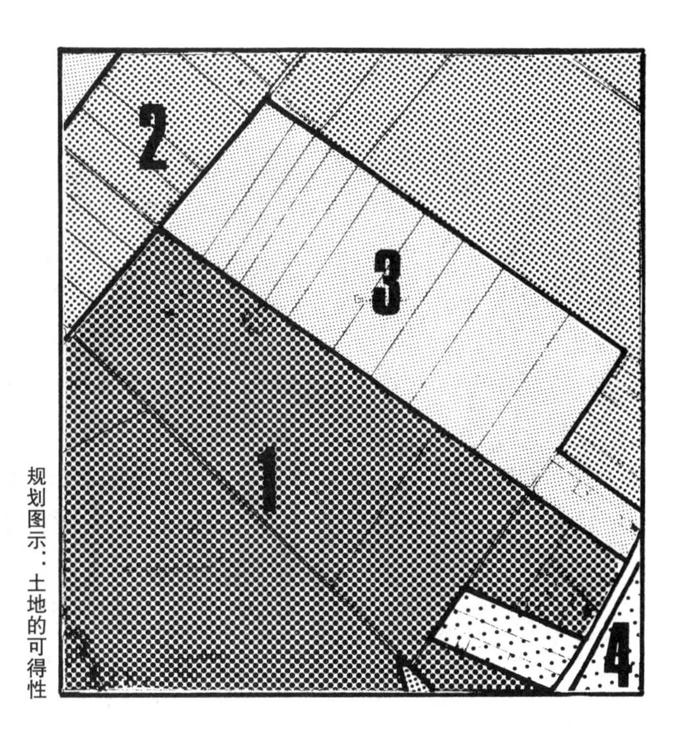

规划图示：土地的可得性

2.3 规划区的用地适宜性评价

编号	保护区—不允许建设 根据规划规定保护	建设用途的适宜性 不适宜建设 无条件地需要保护	 建议作为有保护价值的地区	 只在一定条件下适宜建设	 非常适宜建设
1	水域保护景观保护				
2		整体景观需要生态保护			
3			沼泽，对于自然环境的严重侵犯		
4				陡峭的倾斜位置，北斜坡	
5					向阳的，良好的场地形式

基于自然空间情况的规划，要求对于土地的承载力的自然现状进行研究和评价。这里不须像以往通常那样按照规划指标进行审核，而必须反过来审查建设的措施是否符合自然和景观要求，也就是说有没有打扰自然生活空间，即哪一些限制、平衡措施是必须考虑的。

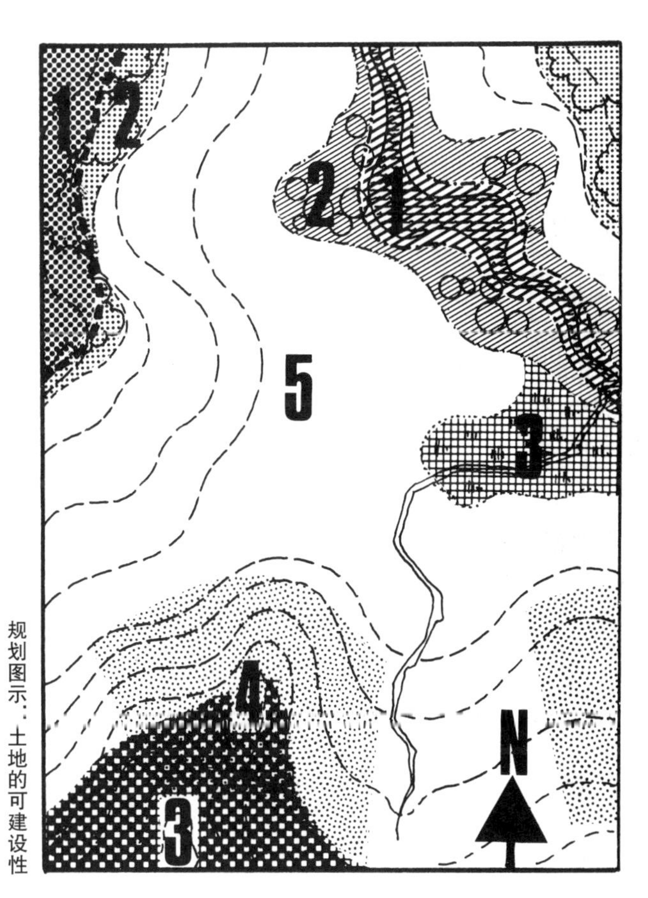

规划图示：土地的可建设性

2.4 现状要素关联性分析

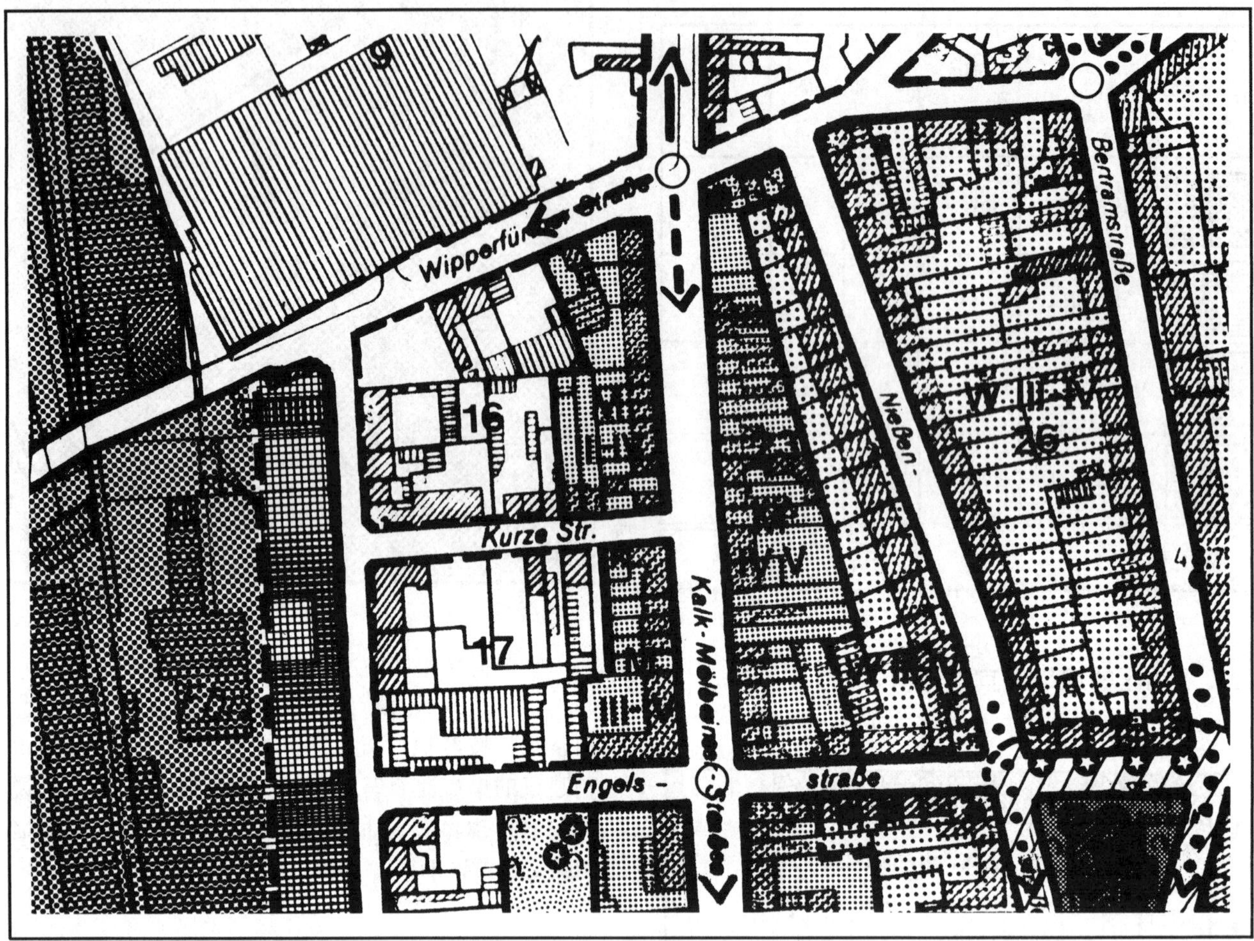

- 部分 -

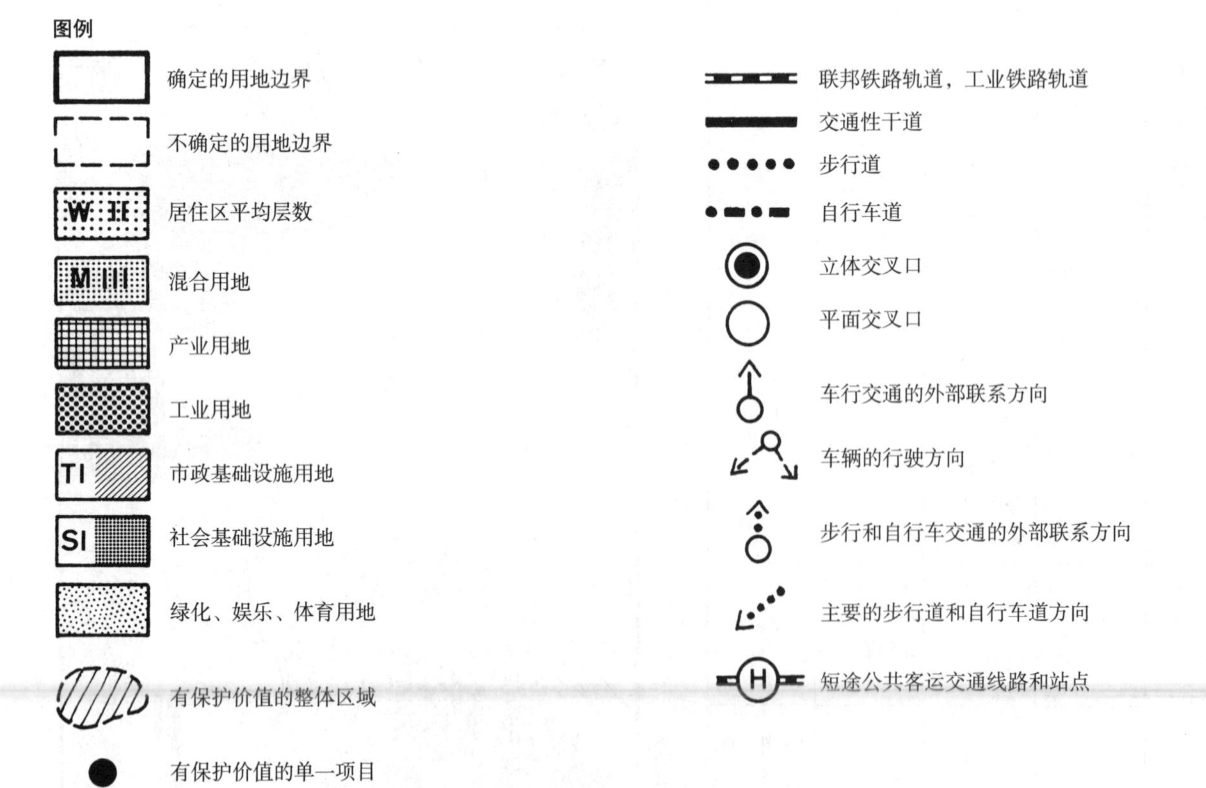

2.5 缺失点分析

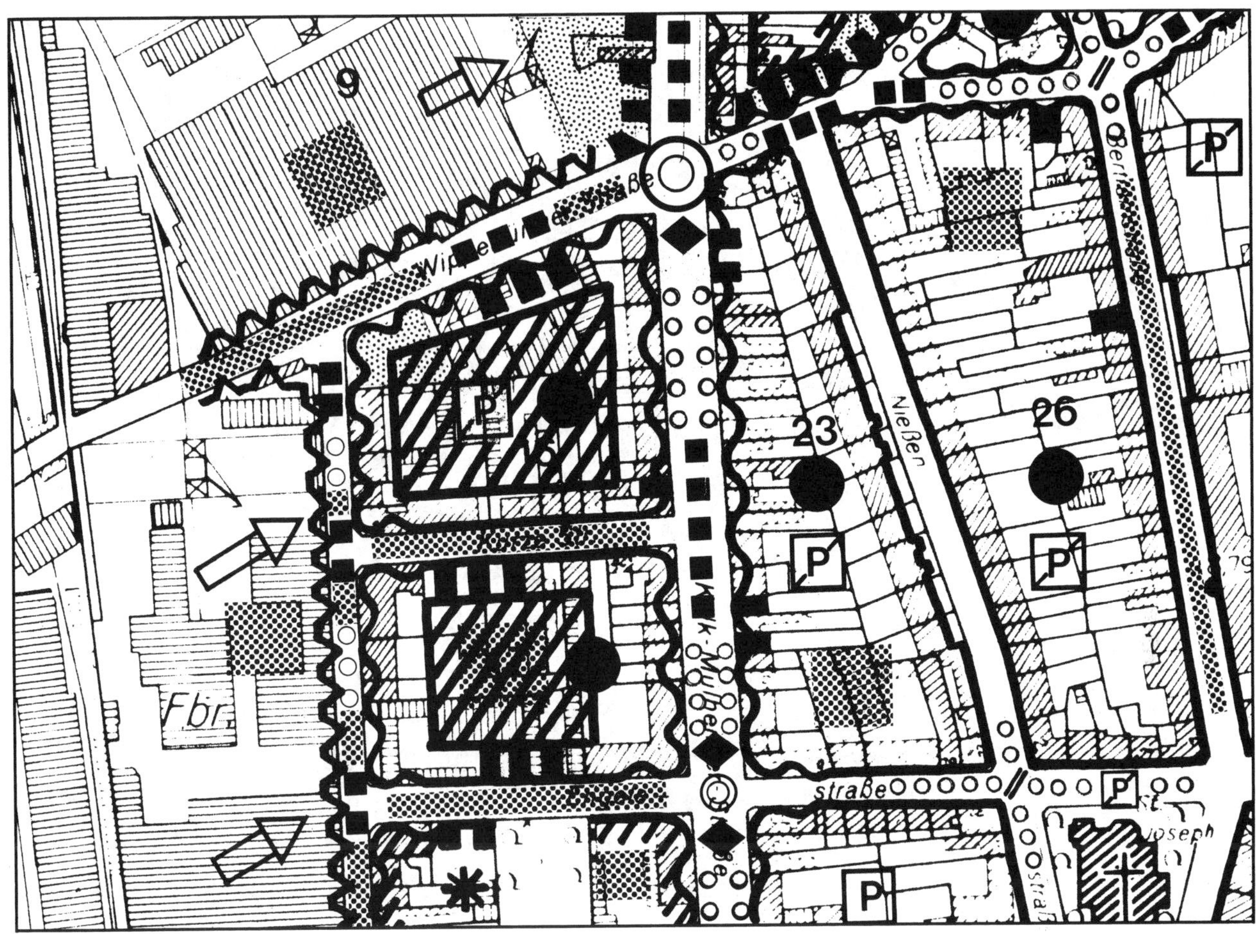

- 部分 -

图例

- 高度混合用地区域
- 不相容用地区域
- 高度受干扰区域
- 高度干扰外围的区域
- 未加利用的空地
- 功能分离，分隔
- 排放物主要来源方向
- 高度干扰的各种要素
- 建筑物之间的空隙地
- 住宅用空地不足
- 形象不足
- 有缺陷的交叉口
- 交通量超负荷的道路，尤其是区域之外进入的交通量大
- 危险的步行交叉口
- 步行道 / 自行车道的缺陷
- P 停车场的缺陷
- BL.NR. 街坊编号

2.6 措施分析

- 部分 -

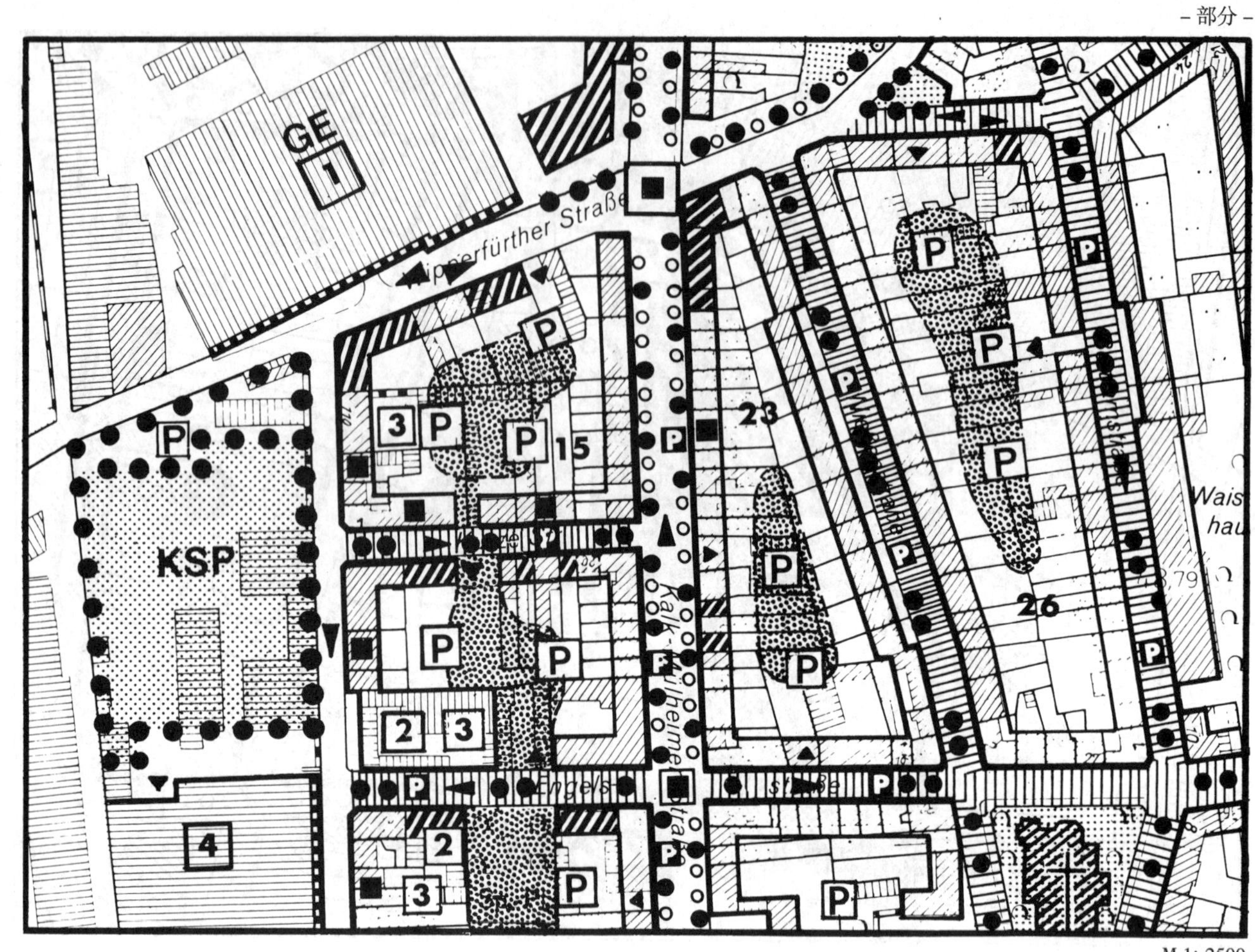

M 1: 2500

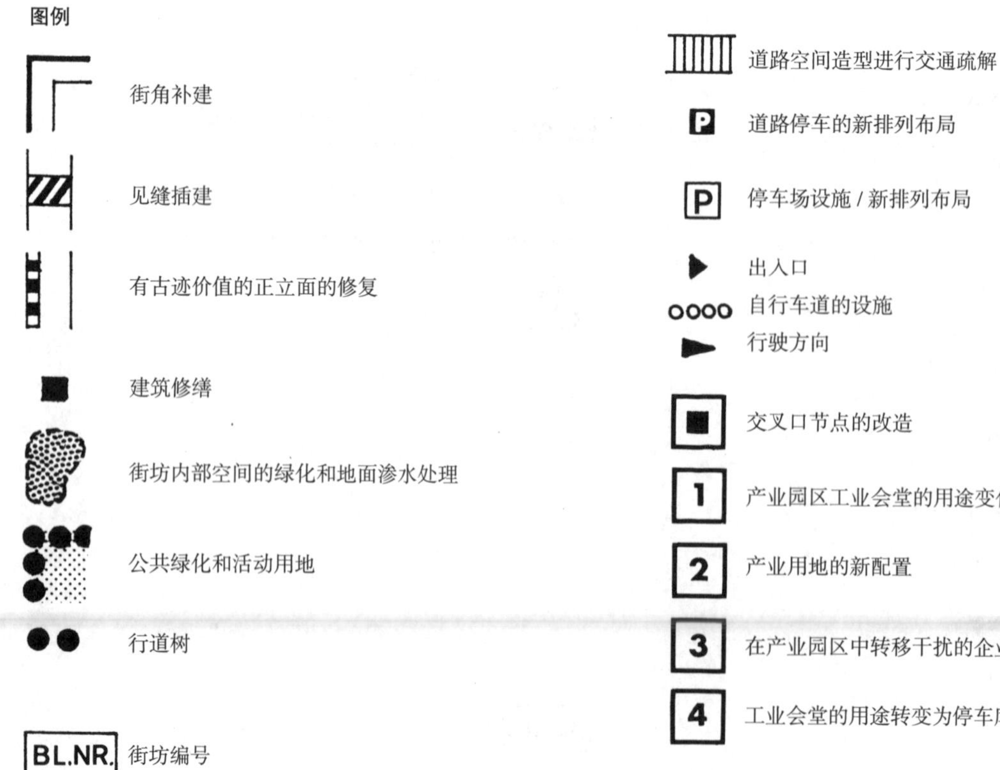

第3章　城市设计的构思

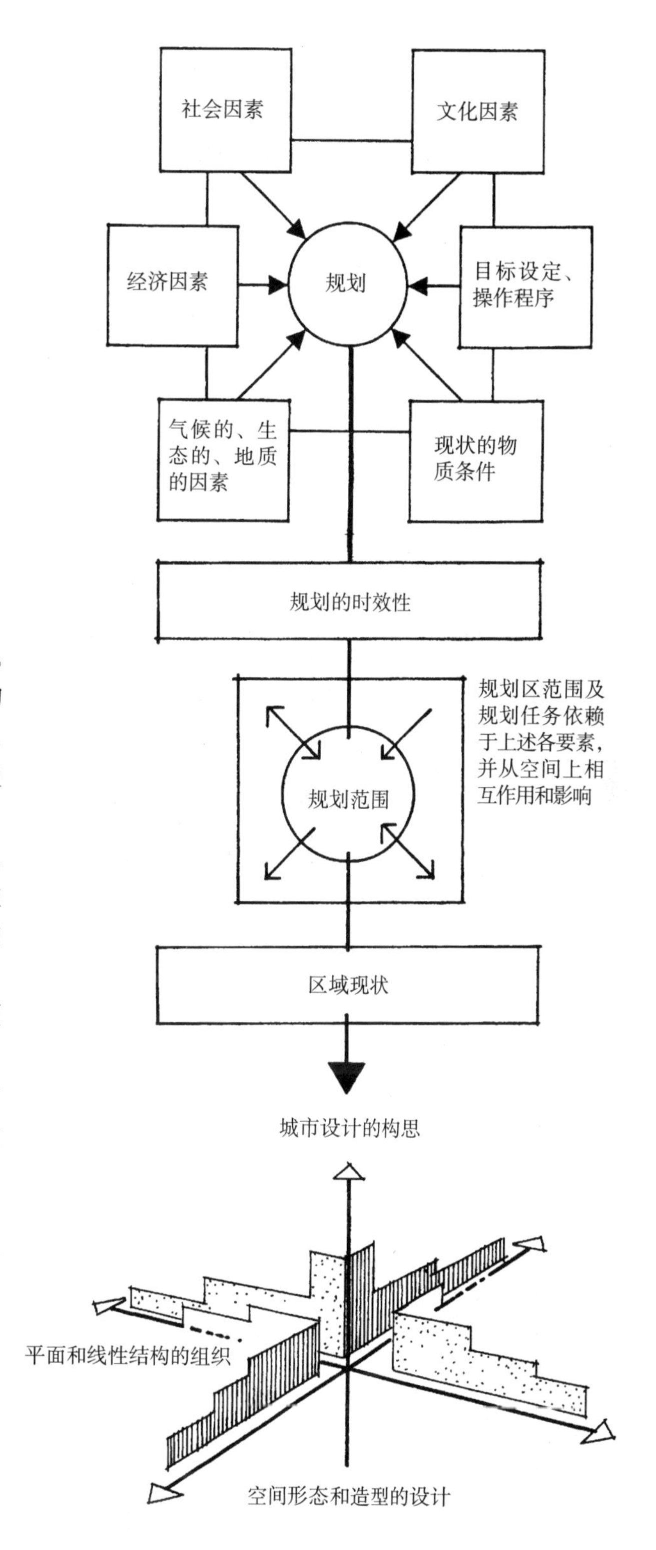

协调空间造型的设计——解读内涵、功能以及结构和形式所包含的物质和精神上的规定和目标

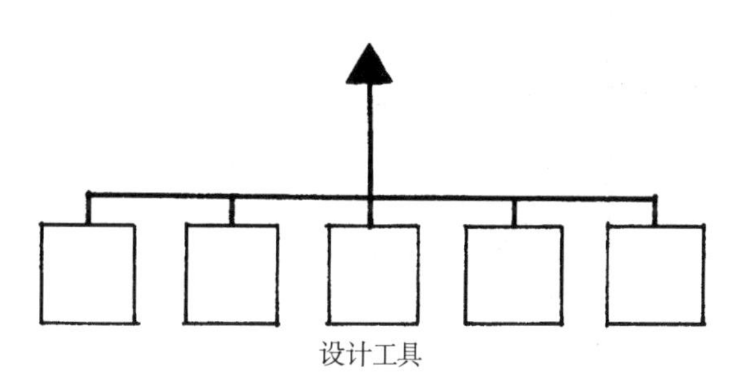

设计工具

3.1　设计方法论

设计过程可以用以下几个步骤加以描述：

— 对任务和问题的分析和研究；

— 制订解决途径和方法；

— 对设计实施手段的选取及推进。

设计是一个不断发现问题和加以解决的过程。这些问题也涉及各种具体、基本和有相当针对性的情况。这些问题可能是针对现实问题和解决方法，也可能具有前瞻性。这要求我们不仅可以看到历史的发展，也必须看到未来发展的趋势。

可描述的物质条件以及精神内涵亦或是社会、生态和经济手段间的相互关系及作用都应作为关注的目标。也可以利用各种专业知识或者依靠预测和假设。

在所有的设计中有一条不变的原则，就是问题问得越巧妙透彻，最终的答案也就越明确可信。

纵观纷繁复杂的城市设计任务，从旧区重建的高密度住区到城市的远景规划，我们可以清楚地意识到重要问题是：先解决每个时间和标准层面的问题，再给出适当的解决途径，最后选用合适的方法。

如果一个宏伟的、提纲挈领式的规划流于讨论一些细枝末节，就如同一个规划只关注整体而不重视结合地区特征与城市建设的意义，都无法完全适合规划任务。

城市设计方法及相应设计实例的论述主要涉及——按照本册的主体框架——空间的功能及技术方面的设计。而对于社会经济学和生态学的讨论在这里只是浅尝辄上。

设计的形态视觉方面将在下册“设计建构”中有详尽的论述，并对建筑结构造型、道路、广场、公共空间以及不同功能区域的特殊细节的形态作具体介绍。

城市设计要求将多样的、相似或相对的内涵和要求按秩序整合起来，使功能、形态和意义融合在一个整体中。这一秩序应当在可预见的时间内保证功能性和质量——当然还要考虑发展和变化的余地，使设计能够长时间有效。

这意味着这一有序的设计必须巧妙地分成两层。对于内容易懂、时间上可预见的设计，应当给出具体的、有联系的秩序设计；对于（还）不确定的、远期的设计，只能制订定向和组织的框架。

为了便于确定哪些情况需要明确的、有联系的设计，哪些情况又适合原则目标设计，必须分析任务以及相应的行为（设计）需求在时间层面和尺度等级的顺序。

设计时还应考虑哪些规定、联系、影响和效果更为重要（“粗略型”），如何将规划区域的情况、发展目标与组织结构联系起来，即规划区域由哪些单独的造型创造空间组成（“精细型”）。

“粗略型”——秩序目标作为城市发展方向的规定——短期和长期有效

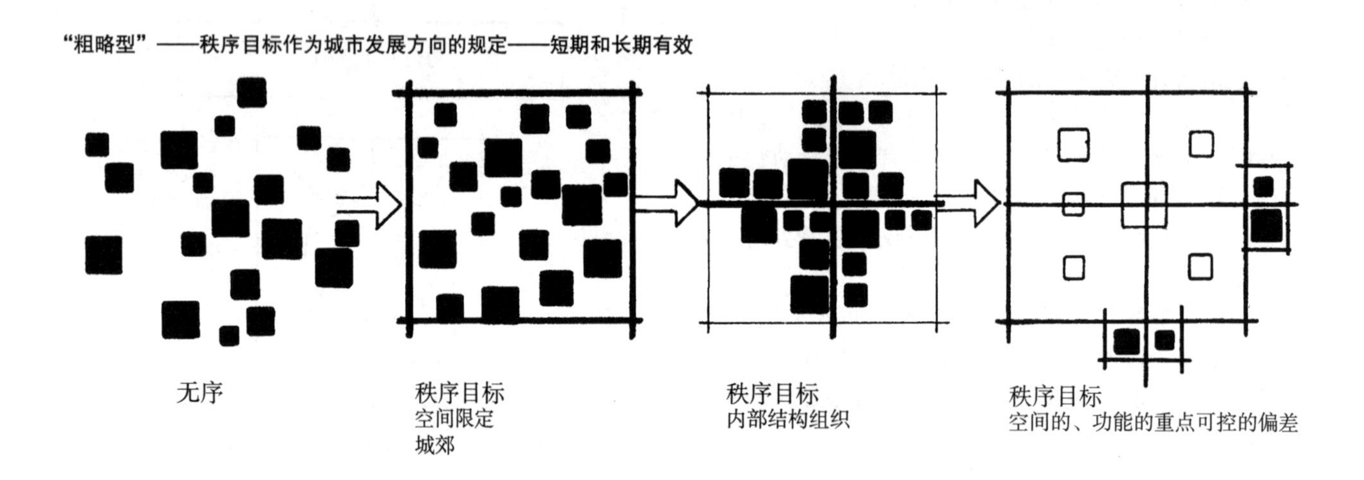

城市设计规划的尺度等级和时间层面——规划案例的排序

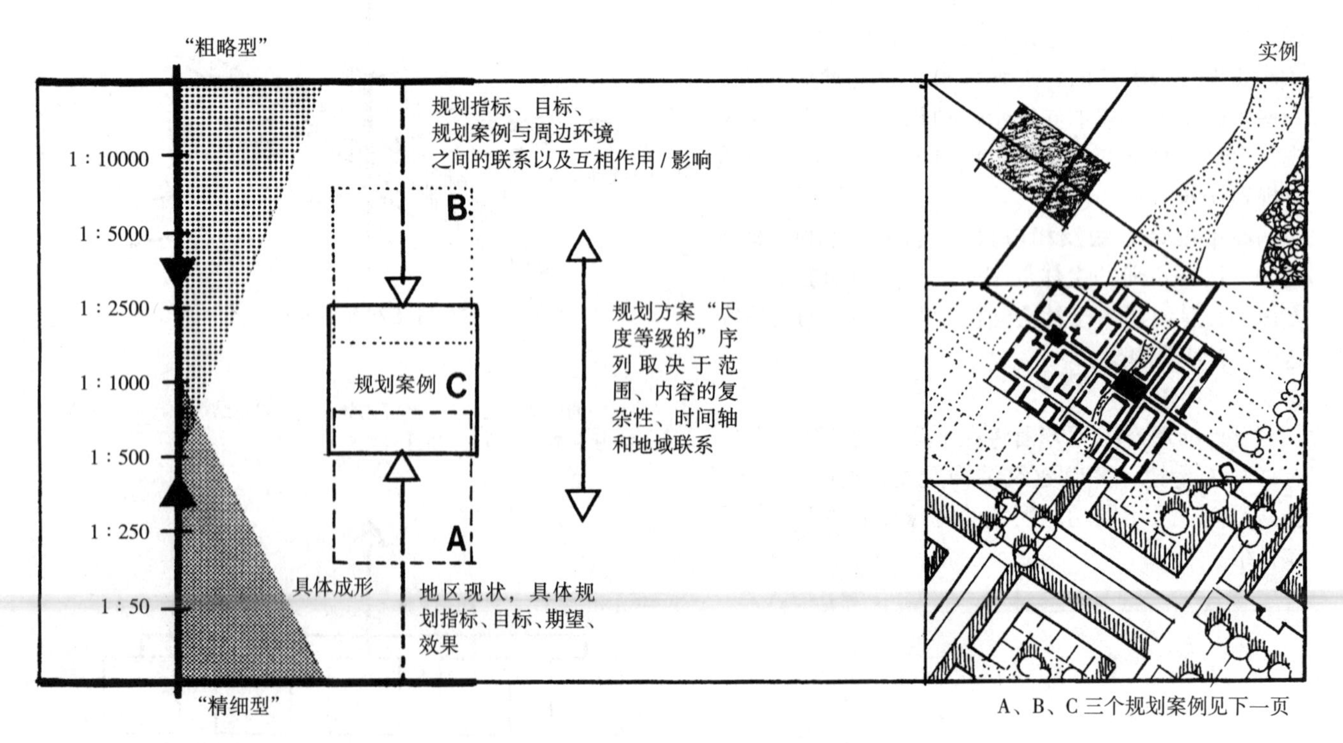

A、B、C 三个规划案例见下一页

3.1.1 规划案例、尺度等级

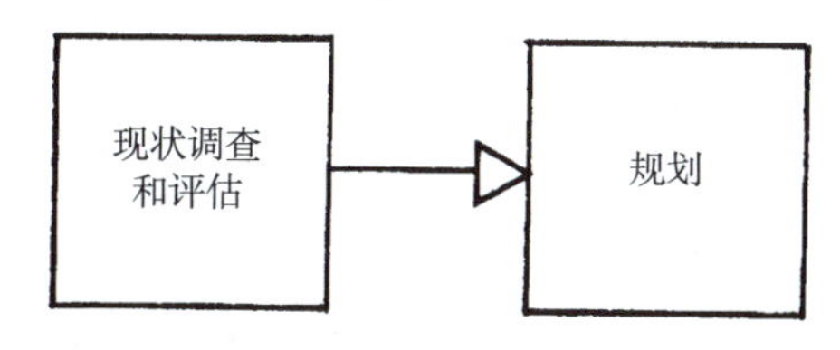

A. 规划案例：

有具体地区规定和规划内容的小空间地区，通过邻近地区在外形上清楚定义的规划区。

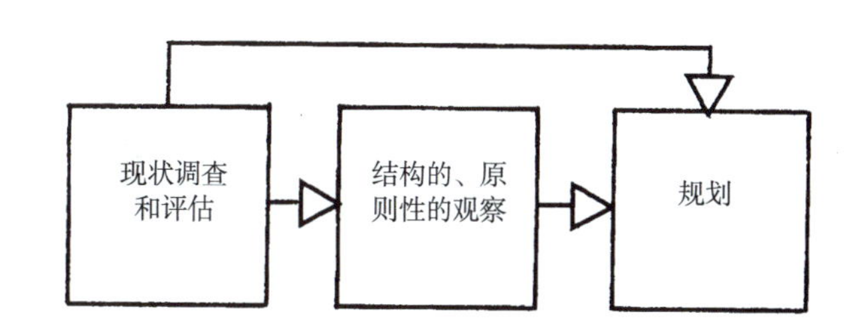

B. 规划案例：

规划地区，或者说空间辐射较大的、内容较复杂的或结构形式及内容还未确定的规划任务。

整体
“粗略”

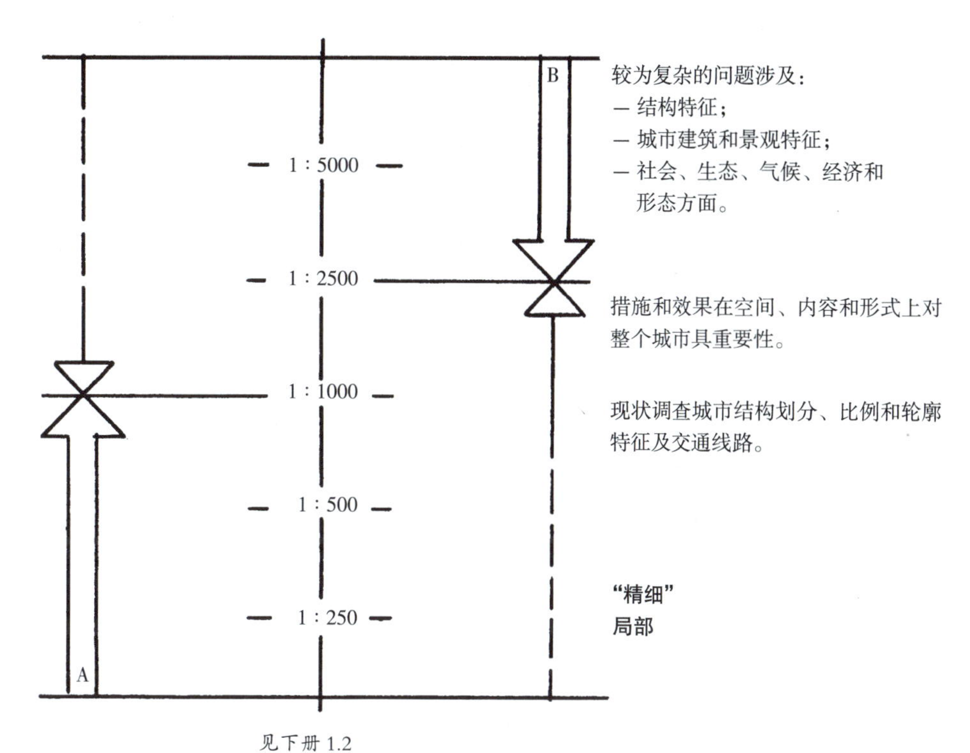

较为复杂的问题涉及：
- 结构特征；
- 城市建筑和景观特征；
- 社会、生态、气候、经济和形态方面。

措施和效果在空间、内容和形式上对整个城市具重要性。

现状调查城市结构划分、比例和轮廓特征及交通线路。

与主要目标在功能和建筑密度上要相一致；
要素关联性根据空间、内容和形式确定；
具体的使用方案；

形态应适应周边的空间和建筑形态；
解决地块自身问题及经济上的问题；
措施主要影响范围为该地区。

“精细”
局部

见下册 1.2

A

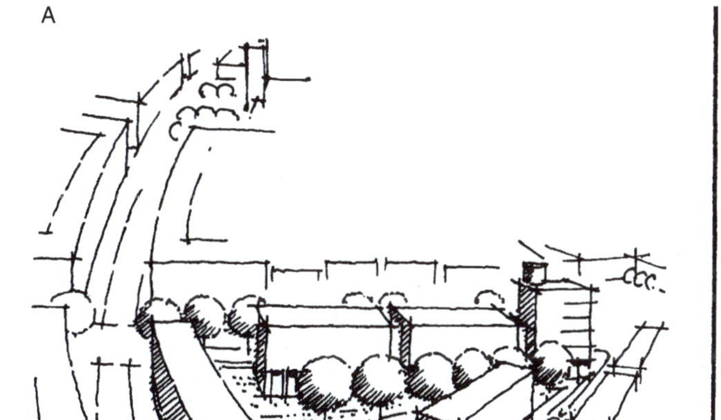

B

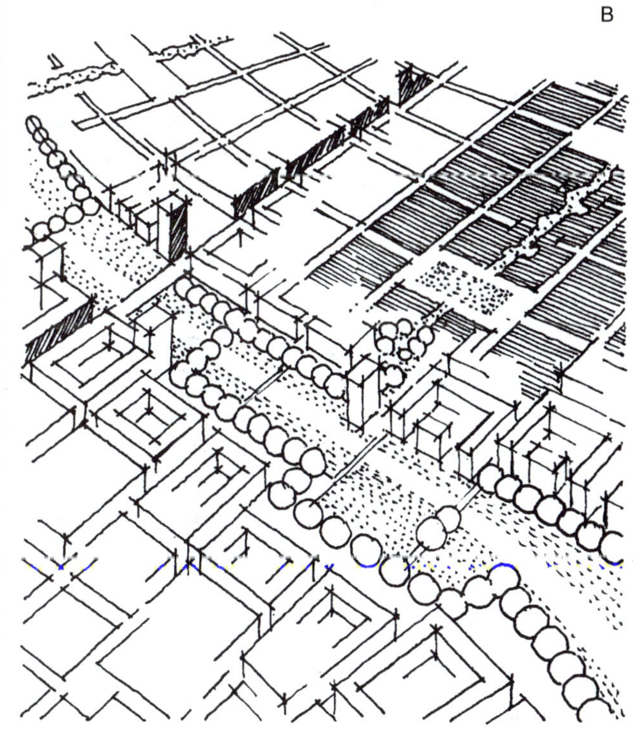

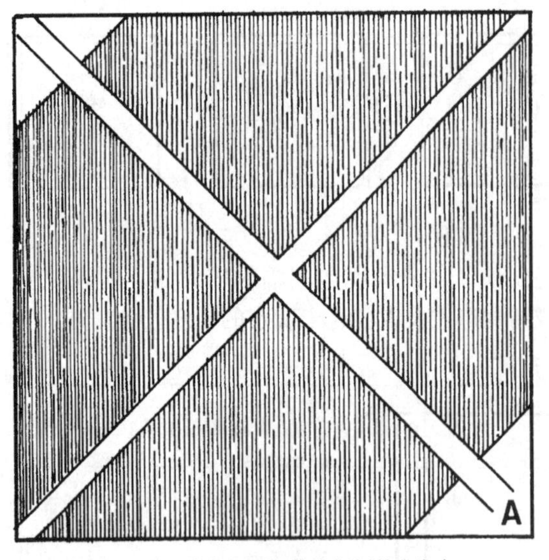

“粗略框架”：主要线条和面积作为规划的出发点

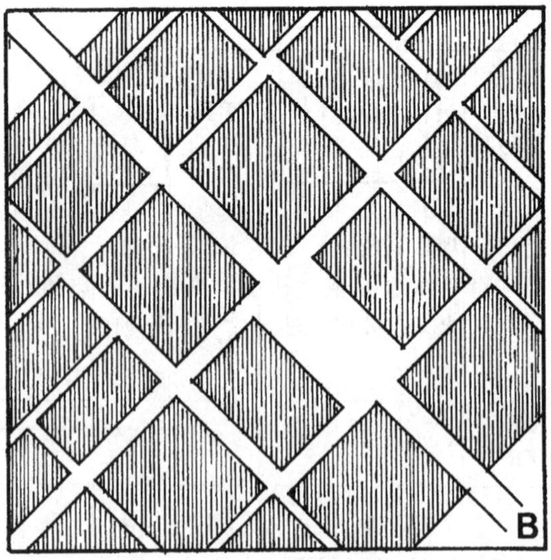

“精细框架”：空间的、功能的划分，按照功能和意义分层

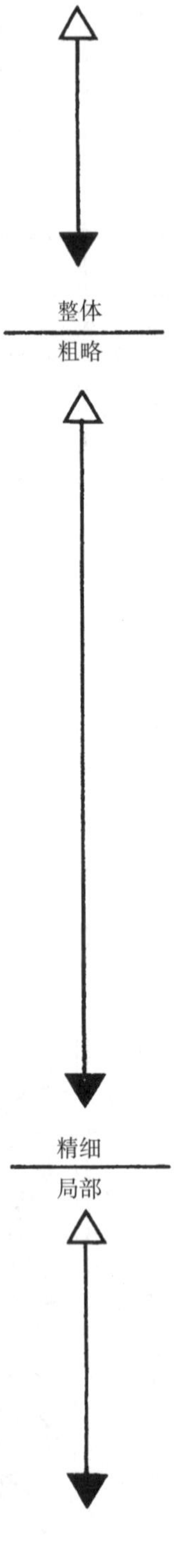

“粗略造型”：建筑密集及轮廓和空间形象的基础特征

用面积划分来确定建筑形式和形态构成

精细

局部

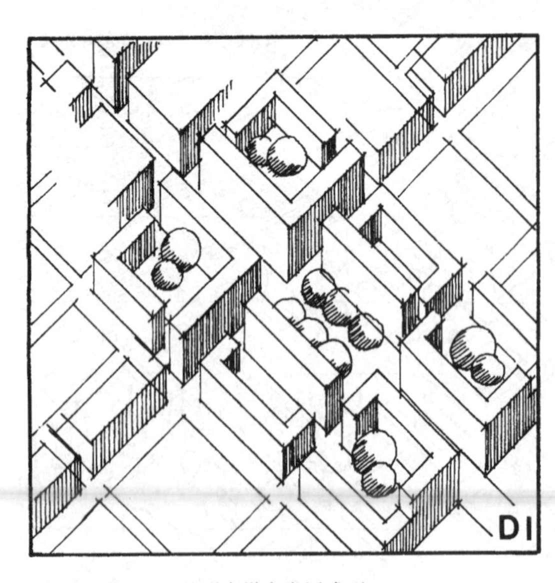

建筑和开放空间的形态纵向发展成型

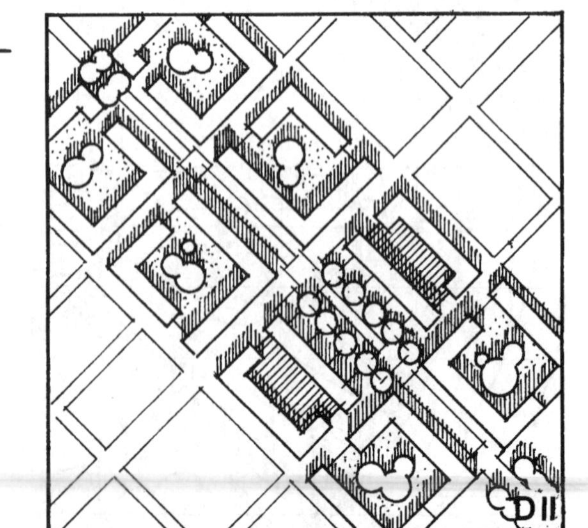

从功能和形态的方面确定公共空间

3.1.2 相应尺度和规划层等级的规划方案表达

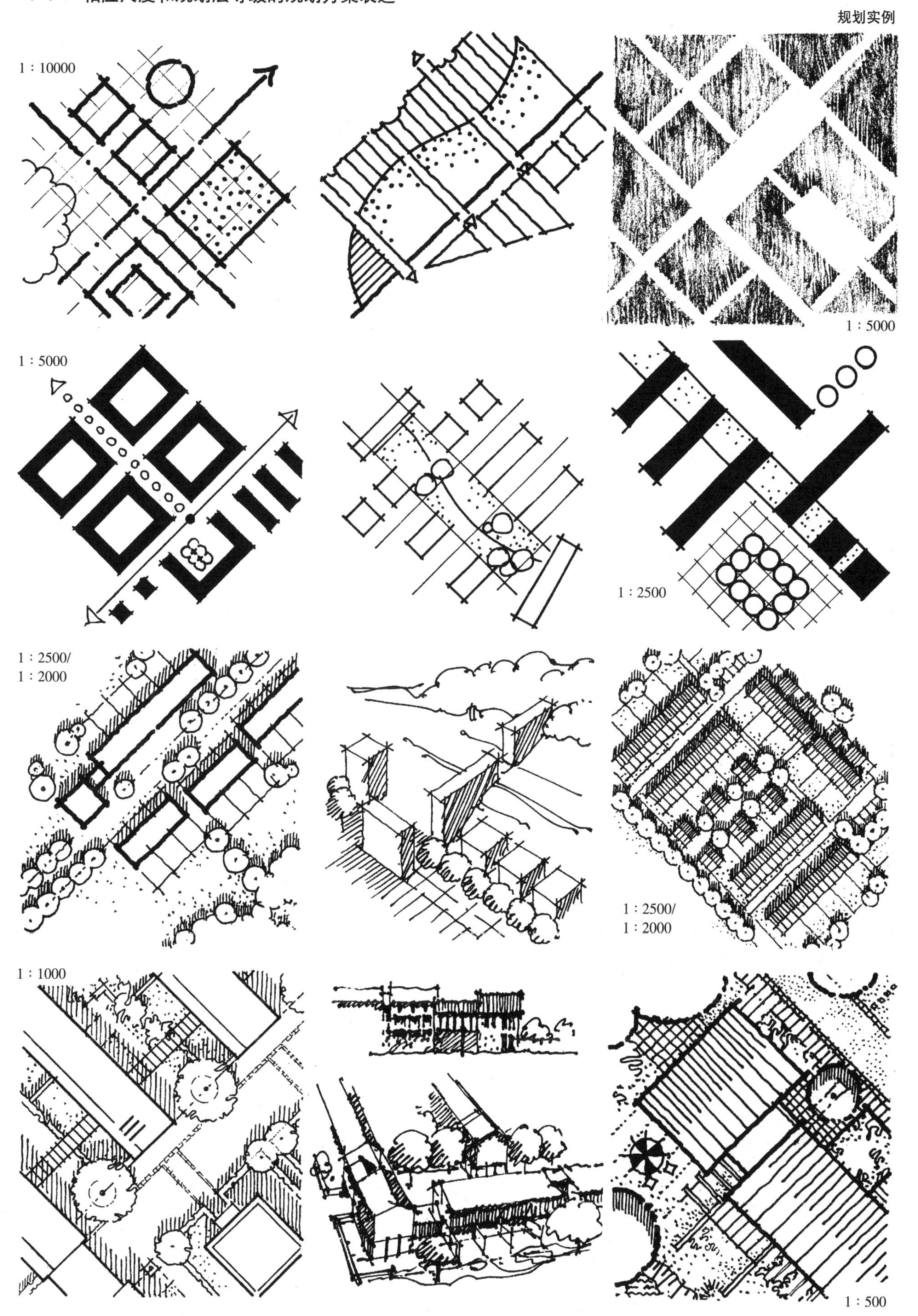

3.2 案例1 某一居住区的规划——村庄扩建

现状调查	规定 / 程序 / 概念性设计

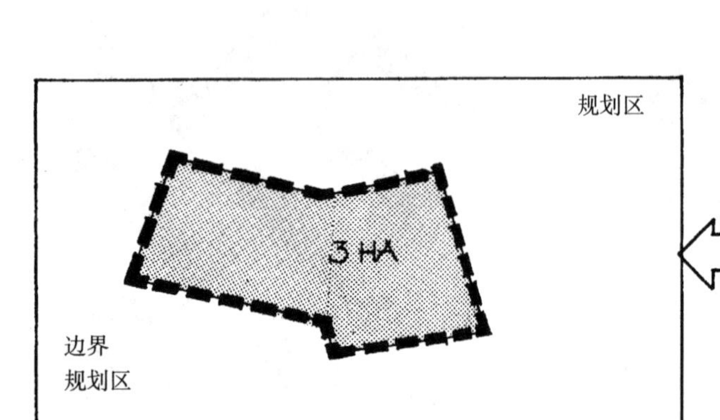

关于规划中的土地利用的设计要求：
- 用途类别
- 外部开发情况
- 周边面积的利用情况

对于该规划区空间和内容上的规定：
- 规划区边界
- 独户住宅建筑（最多 3 层）
- 经济密集和开发
- 措施的时间计划

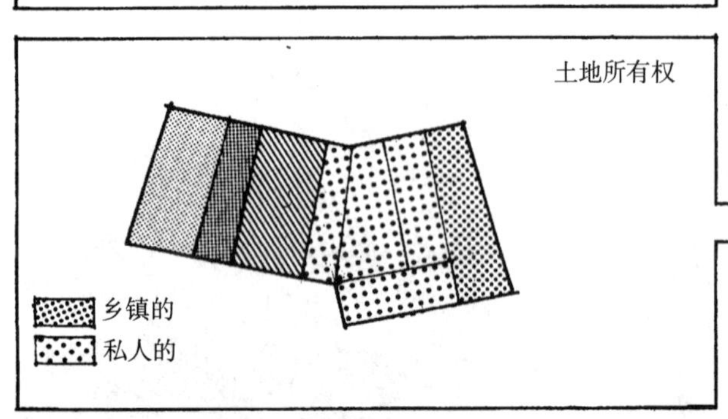

分析土地所属关系包括的必要步骤：
- 土地获得的必要性或可能性（购买、置换以及分配的方法）
- 土地获得的成本
- 土地获得的时间及进程
- 规划时应考虑将施工过程分成两个阶段的可能性

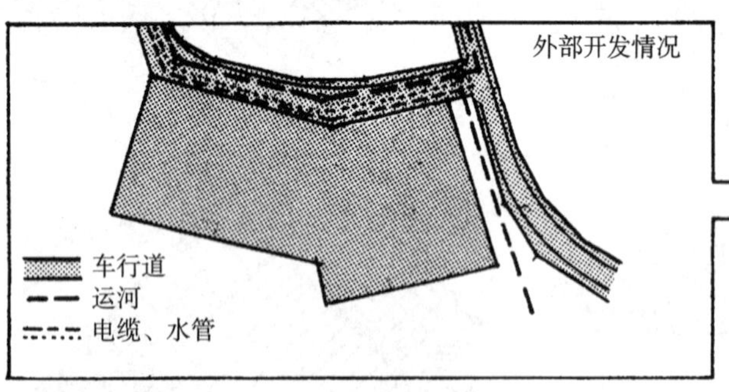

分析预先规定：
- 电缆、水管是否足够或者是否需要增加
- 排水道是否需要改建（混合或独立排放系统，成本与时间计划）
- 原则上保持现有交通，但改建（外形、照明）仍然是必须的（计划成本和时间）

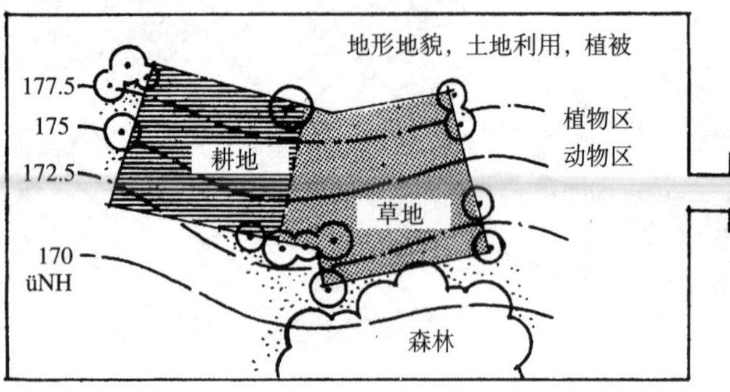

分析生态特征：
- 检验环境的关联性和容量
- 说明规划区的需保护的要素
- 确定必要的替代措施或弥补措施

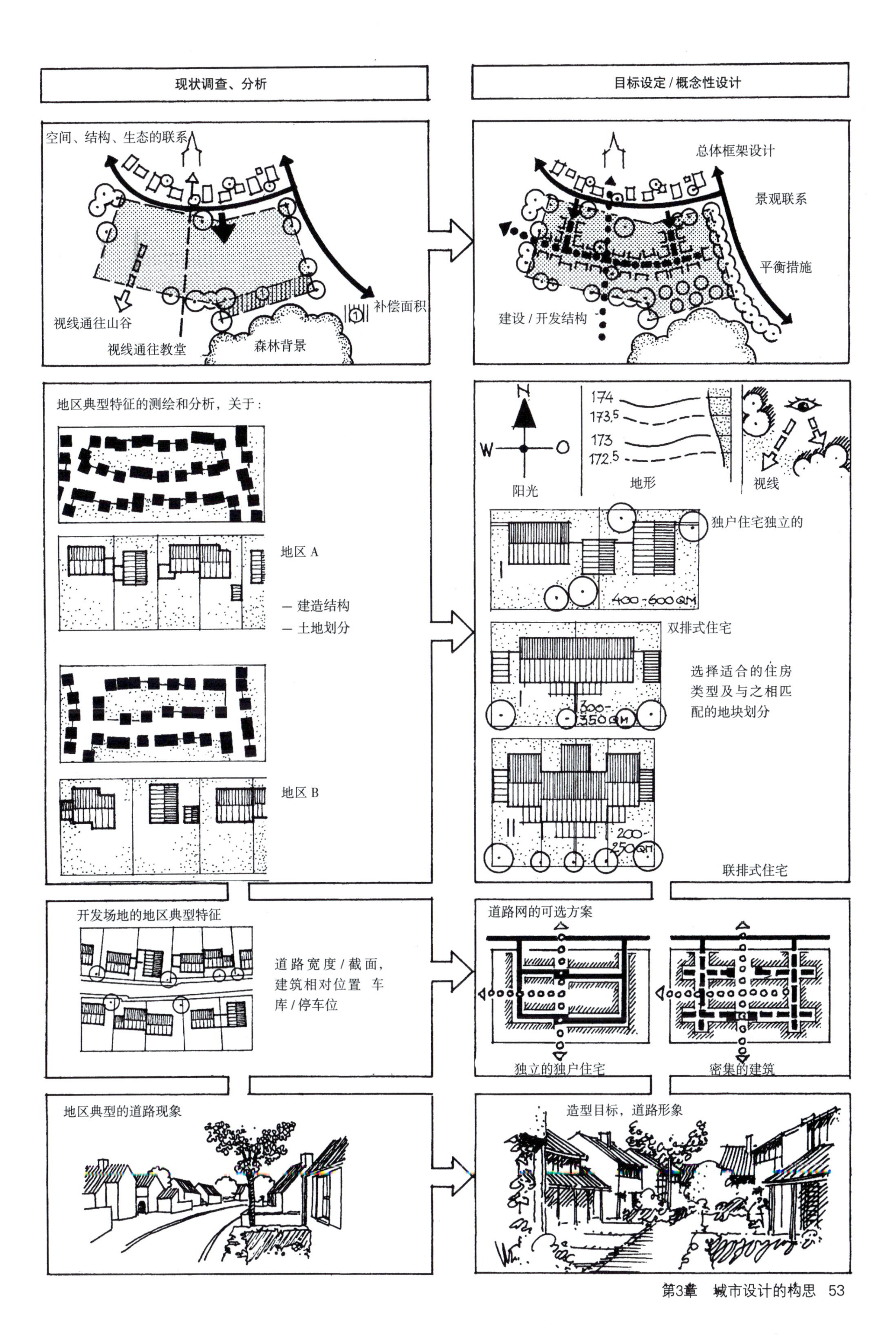
现状调查、分析
目标设定 / 概念性设计
空间、结构、生态的联系
视线通往山谷
视线通往教堂
森林背景
补偿面积
总体框架设计
景观联系
平衡措施
建设 / 开发结构
地区典型特征的测绘和分析，关于：
地区 A
— 建造结构
— 土地划分
地区 B
N
W
O
阳光
174
173.5
173
172.5
地形
视线
独户住宅独立的
400-600QM
双排式住宅
选择适合的住房类型及与之相匹配的地块划分
300-350QM
200-250QM
联排式住宅
开发场地的地区典型特征
道路宽度 / 截面，建筑相对位置 车库 / 停车位
道路网的可选方案
独立的独户住宅
密集的建筑
地区典型的道路现象
造型目标，道路形象

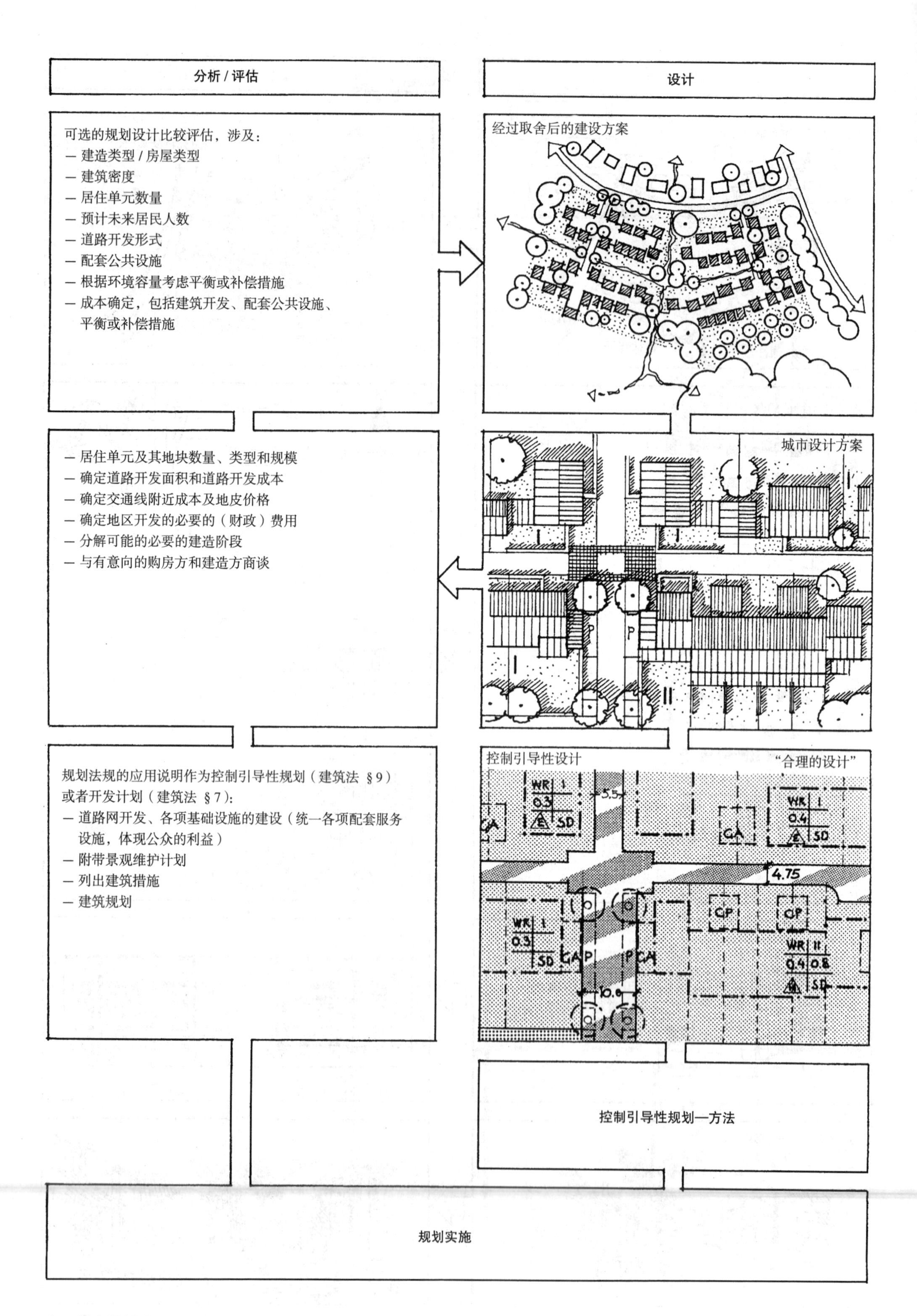

分析 / 评估
设计
可选的规划设计比较评估，涉及：
— 建造类型 / 房屋类型
— 建筑密度
— 居住单元数量
— 预计未来居民人数
— 道路开发形式
— 配套公共设施
— 根据环境容量考虑平衡或补偿措施
— 成本确定，包括建筑开发、配套公共设施、平衡或补偿措施
经过取舍后的建设方案
— 居住单元及其地块数量、类型和规模
— 确定道路开发面积和道路开发成本
— 确定交通线附近成本及地皮价格
— 确定地区开发的必要的（财政）费用
— 分解可能的必要的建造阶段
— 与有意向的购房方和建造方商谈
城市设计方案
规划法规的应用说明作为控制引导性规划（建筑法 §9）或者开发计划（建筑法 §7）：
— 道路网开发、各项基础设施的建设（统一各项配套服务设施，体现公众的利益）
— 附带景观维护计划
— 列出建筑措施
— 建筑规划
控制引导性设计
“合理的设计”
WR
0.3
SD
5.5
GA
0.4
4.75
GP
P
0.8
10.0
控制引导性规划—方法
规划实施

3.3 案例2 某一居住区的规划——城镇发展

规划指标、计划

城市设计概念竞赛的规定及要求：

- 规划范围面积约 $16hm^2$
- 设计要求考虑规划范围的环境，保证城市空间和生态质量
- 低层住宅（不超过 3 层）与独立式住宅混合的高密度住宅区
- 考虑地区中心既有供应设施的远近，在本设计中可以不新建诸如燃气、电、水等公用基础设施
- 规定一个设有三个年级的幼儿园的位置
- 按照设计招标的规定建构内部开发
- 停车位要求大致为低层住宅 1.5 个停车位 / 户，独户住宅 2 个停车位 / 户
- 考虑将居住区的庭院设施改为住房用途

地区中心的土地合并

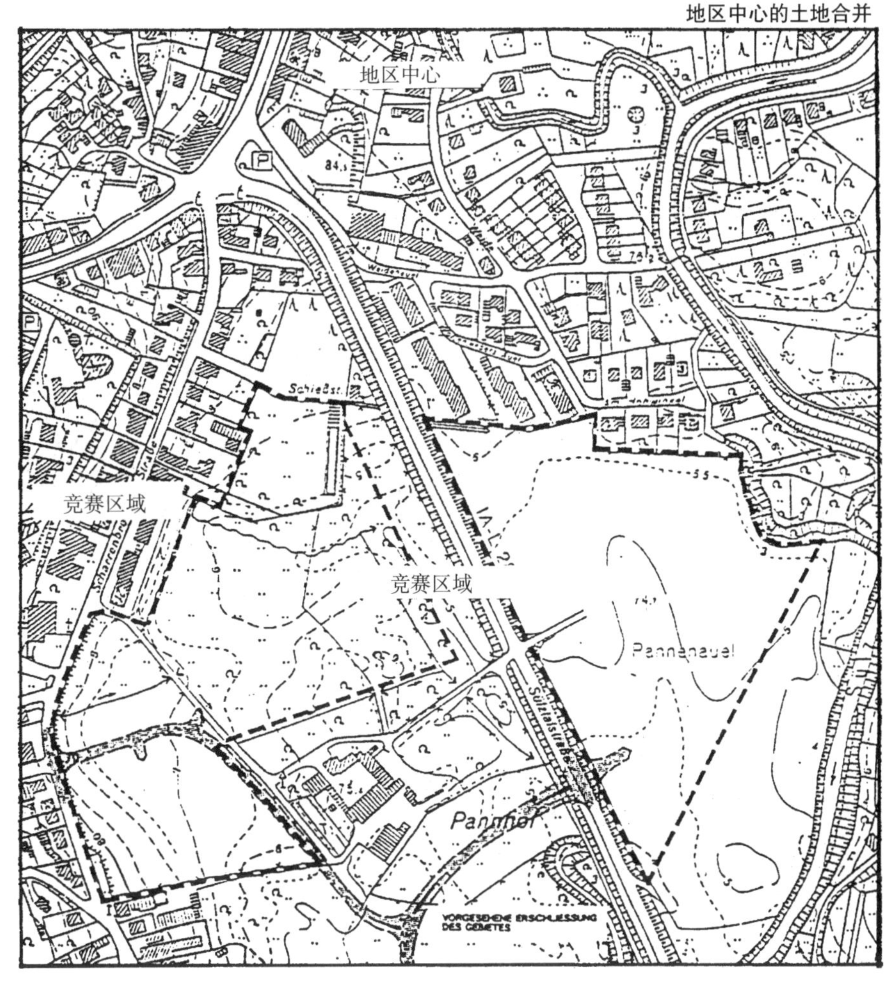

1. 设计步骤一

M 1：5000—1：2500

现状调查和场地规定的解读，大致考虑以下几个方面：

- 结构线条
- 地形地貌
- 空间界限
- 视觉焦点 / 视觉联系

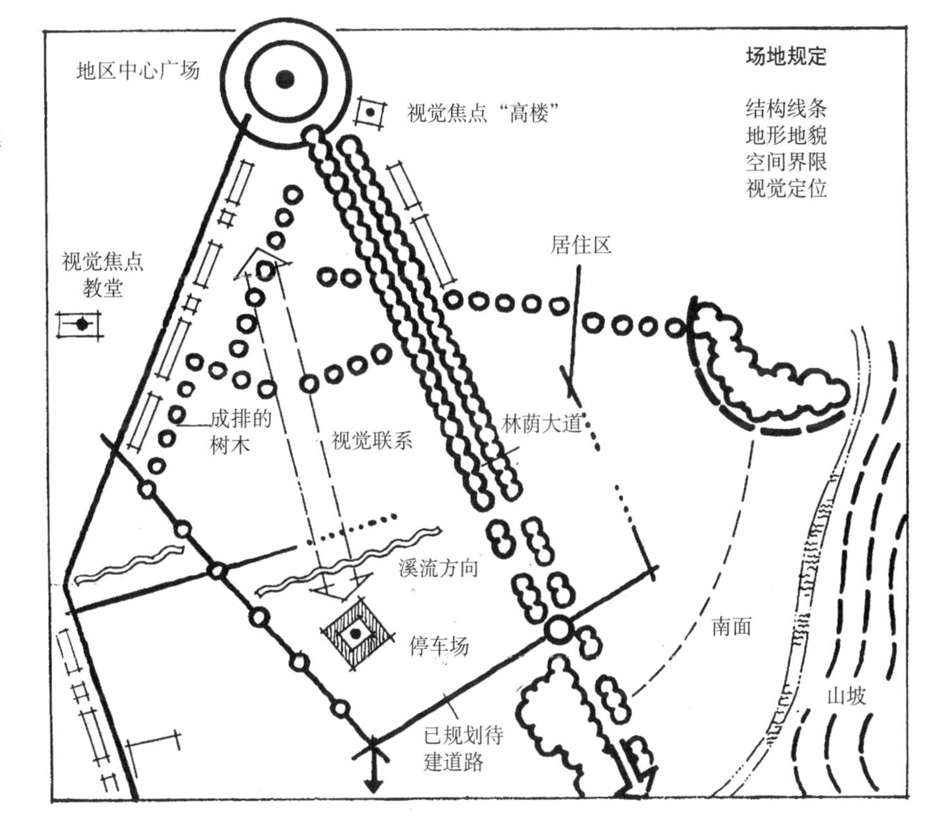

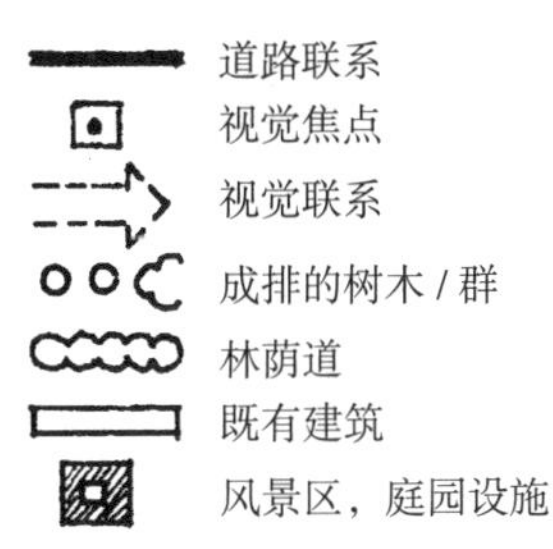

2. 设计步骤二

M 1 : 2500

将场地规定及其评价应用于城市设计的粗略构思，并作以下说明：

– 规划区的空间功能划分
– 城市设计和景观设计现状要素之间联系的现状分析
– 建设面积的具体分配

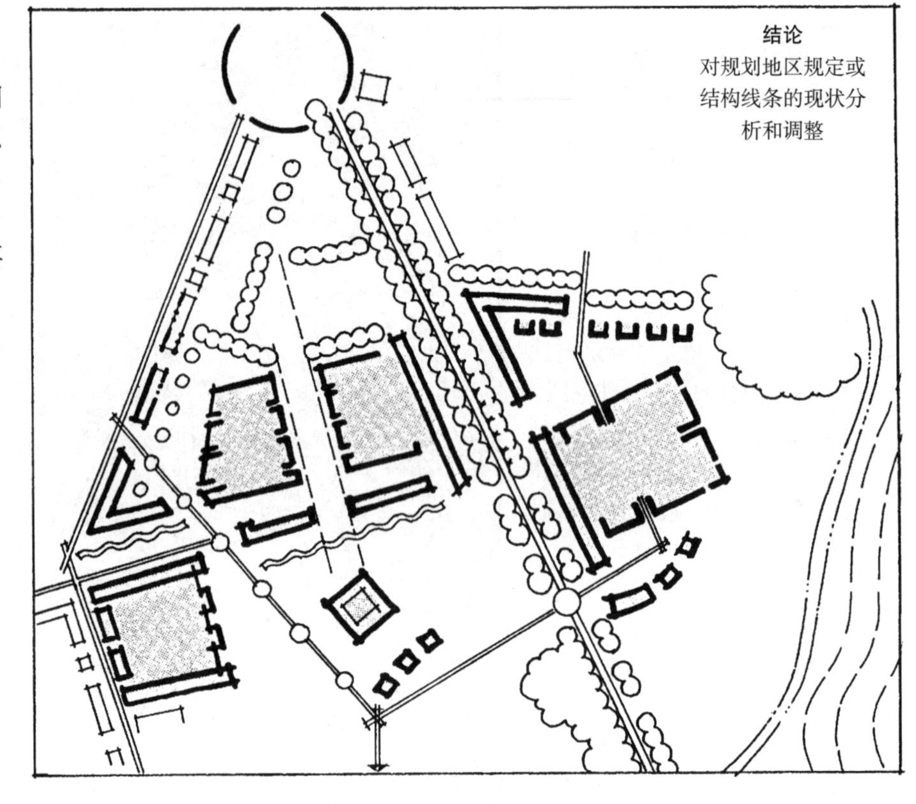

居住区

空间有限、封闭式的建筑形体或开敞式的建筑形体

用于界定空间的成排树木或林荫道（树木背景）

水沟

3. 设计步骤三

M 1 : 2500

开发开放空间结构时，考虑社会和生态功能的配置。将与住宅街区相关的开放空间（驻留区及游乐区）设施作为住宅庭院和宅旁绿地（设有游戏和休闲设施的小公园）。

通过简单清晰划分绿地、空间和建筑结构、延续该地区突出结构和形态限定。

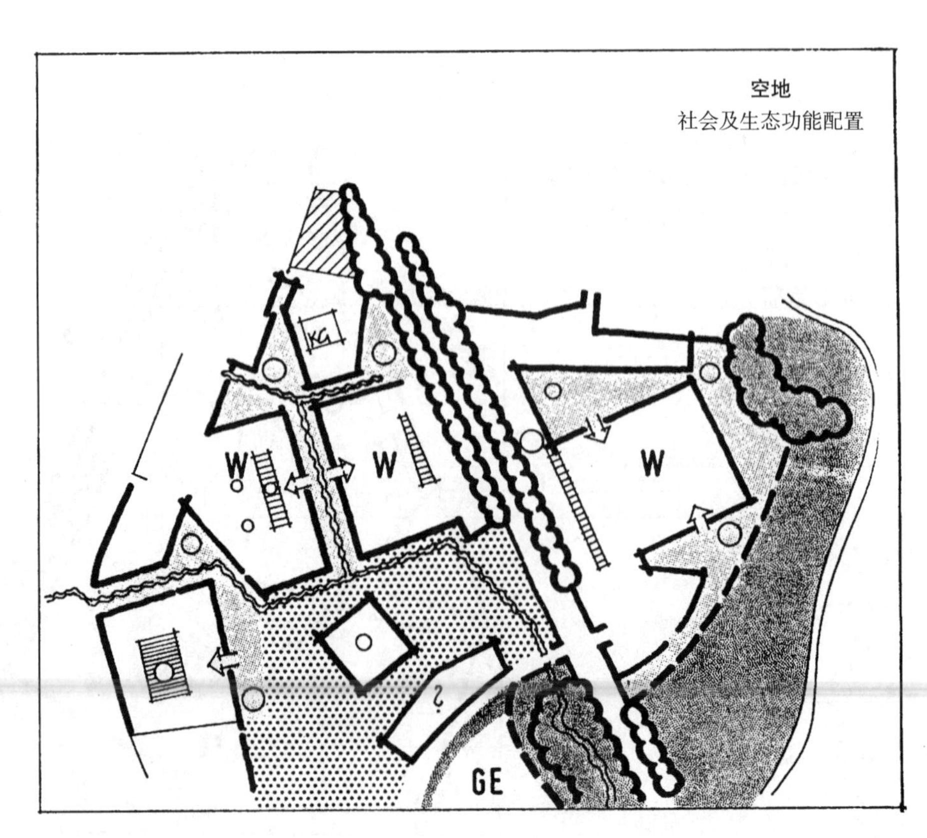

W 居住区

具社会功能的开放空间

草地、果林

河谷草地，贴近自然的场地

游憩、活动场地

市场、集会场地

KG 幼儿园

游乐场

河流

排水沟

密集高大的植被

4. 设计步骤四

M 1∶2500

设计道路网结构时，优先考虑住宅区和地区中心之间的人行和自行车道，周围景观以及南部规划的产业园区，开创大片的无车的住宅区。

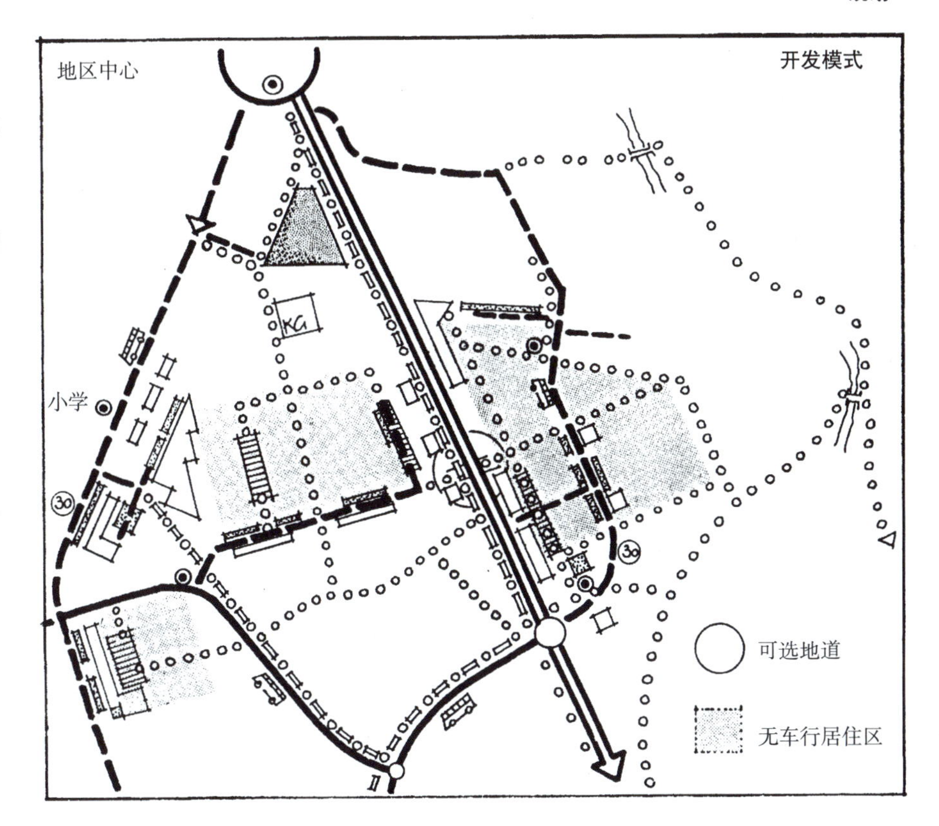

州属公路
集散道路
生活性道路
步行道
行人与自行车道
游憩、聚会场地
城区—公交车站
私人停车场
公共停车场
停车、市场、集会场地
幼儿园

5. 设计步骤五

M 1∶2500 或 1∶1000

将概念设计成果应用于建筑设计、建筑形态的描绘、房屋类型及开放空间和道路网的主要特征。

将概念性的设计特征通过一种标识性的简化表达来总结提炼。

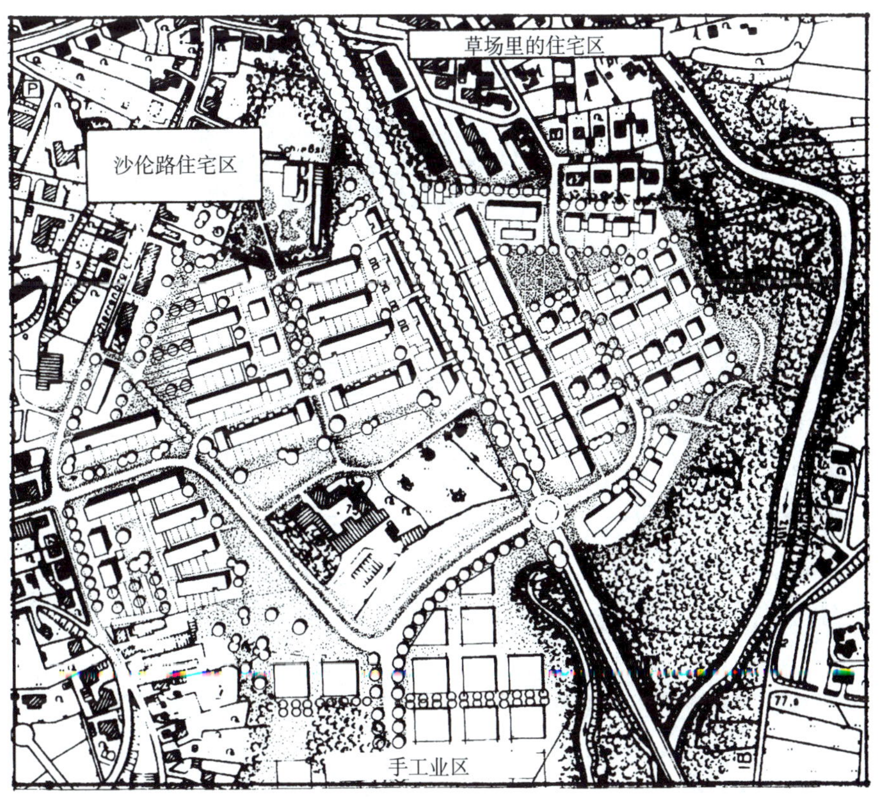

住宅庭园一瞥

东部居住区的生活道路

6. 设计步骤六

M 1：500

修改城市设计，具体说明建筑造型、住房周边地区、道路网及开放空间场地－局部。

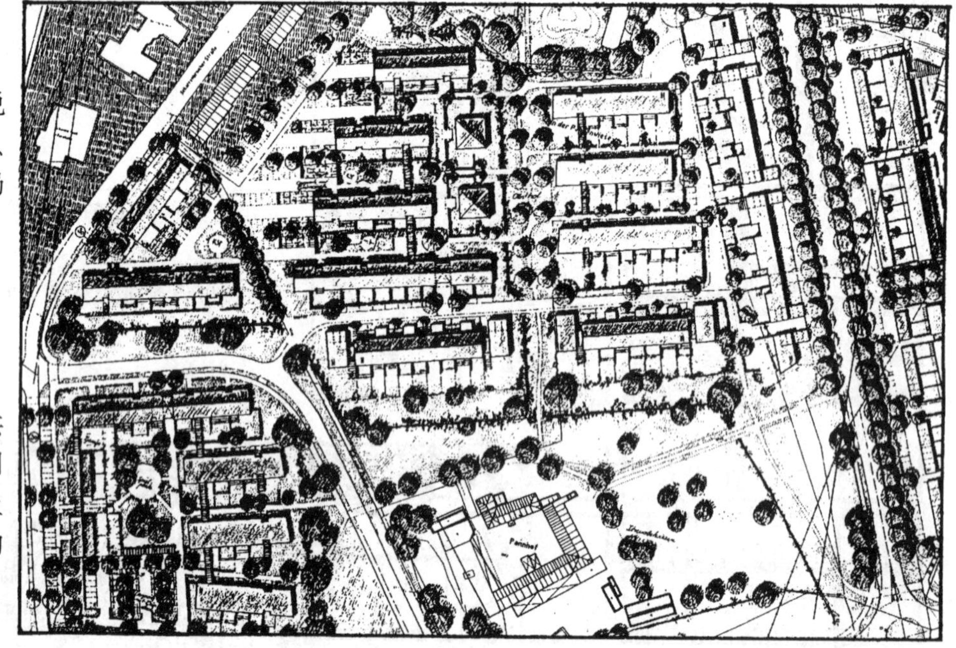

7. 设计步骤七

M 1：250

用实例说明并修改公共空间及私人宅内、宅前花园的设施和形态、空间草图上的建筑和居住环境的设计构想的图示。

公共－私人过渡用地或游憩场地的比例

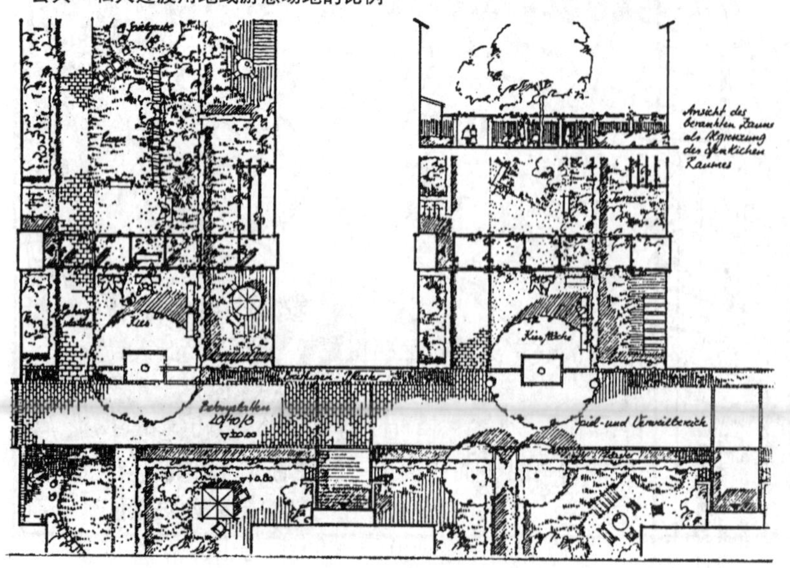

3.4 案例3 小城市的规划

建造指导规划阶段

土地使用规划和框架规划

作为控制引导性规划的规划指标

土地使用规划（局部）

框架规划

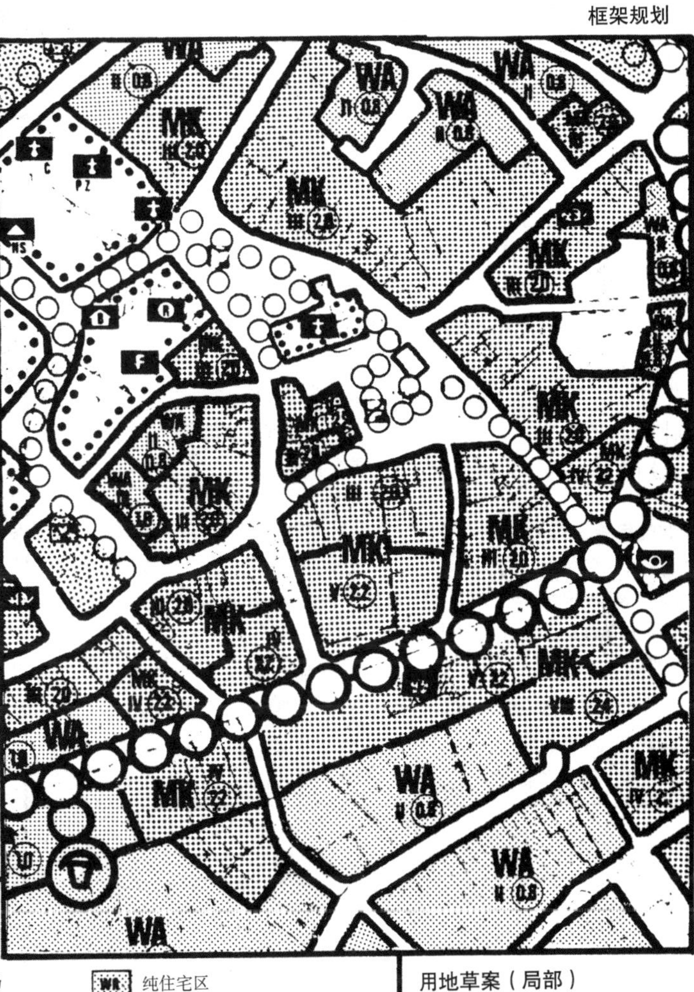

用地草案（局部）

框架规划常分为：

– 用地概念方案
– 建设概念方案
– 开放空间概念方案
– 形态概念方案

图例

公共设施

- 区域管理
- 市政厅
- 音乐厅
- 警察局
- 卫生局
- 法院
- 劳动局
- 财政局
- 财政建设局
- 海关
- 火车站
- 车站
- 消防队
- 邮局
- 电信局
- 牧师室
- 医院
- 修女院
- 书店
- 幼儿园
- 小学
- 中学
- 职业学校
- 健身房
- 游泳馆
- 城堡

- 网球场
- 竞技场
- 运动场
- 停车场
- 集会广场
- 绿地
- 游乐场
- 水域
- 基地
- 民政局
- 牧区中心

- 纯住宅区
- 一般住宅区
- 混合区
- 核心区
- 手工业区
- 公共区
- 绿地/水域
- 楼层数量
- 楼宇数量
- 林荫道
- 成排树木
- 游乐场

现状调查

图例

建筑特征

双坡顶建筑

单坡顶建筑

平屋顶

通道和顶棚

43 房屋门牌号

II 层数

A 改建过的顶层

D 文物古迹建筑

N 裙楼

所有权

所有权界线

德意志联邦政府所有

北莱茵－威斯特法伦州所有

埃尔克伦茨市所有

天主教区

基督教区

交通面积

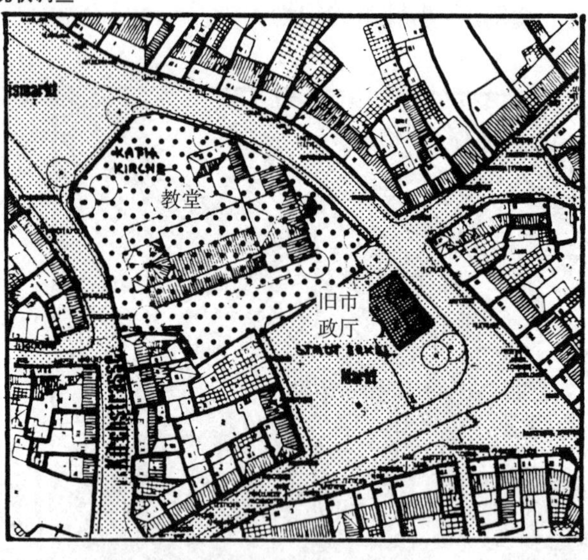

图例

建筑特征

双坡顶建筑

单坡顶建筑

平屋顶

通道和顶棚

43 房屋门牌号

II 层数

A 改过的顶层

D 文物古迹建筑

N 裙楼

建筑使用

公共设施

居住

零售商业

服务性行业和自由职业

餐饮和酒店业

手工业和产业

× 裙楼

附加在顶层

W 住宅

G 餐饮业酒店

DL 服务性行业

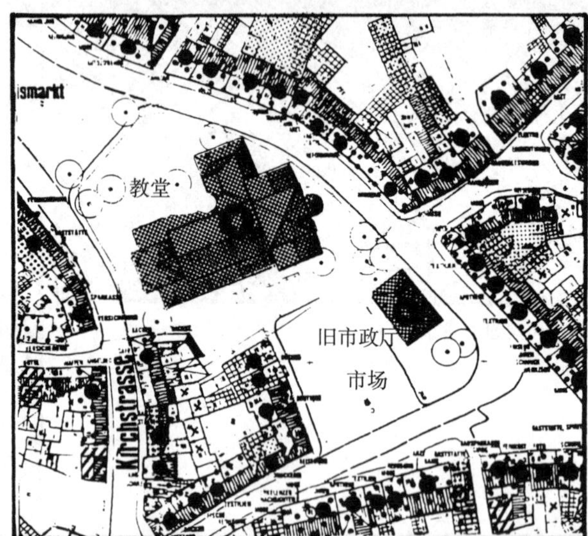

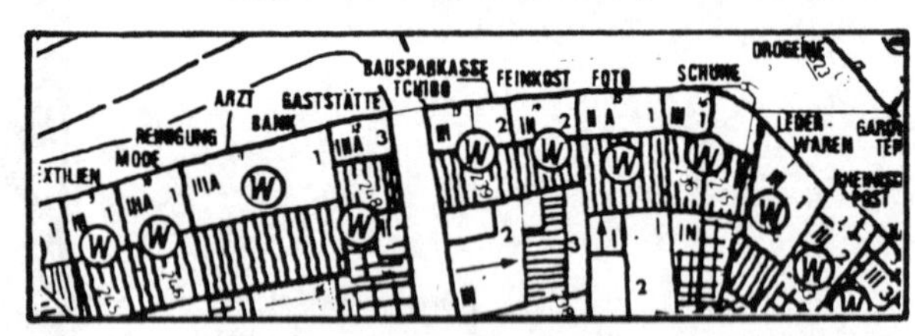

图例

建筑特征

双坡顶建筑

单坡顶建筑

平屋顶

通道和顶棚

43 房屋门牌号

II 层数

A 改建过的顶层

D 文物古迹建筑

N 裙楼

建筑层数

公共设施

1层

2层

3层

4层

5层或更多

改建过的屋顶层

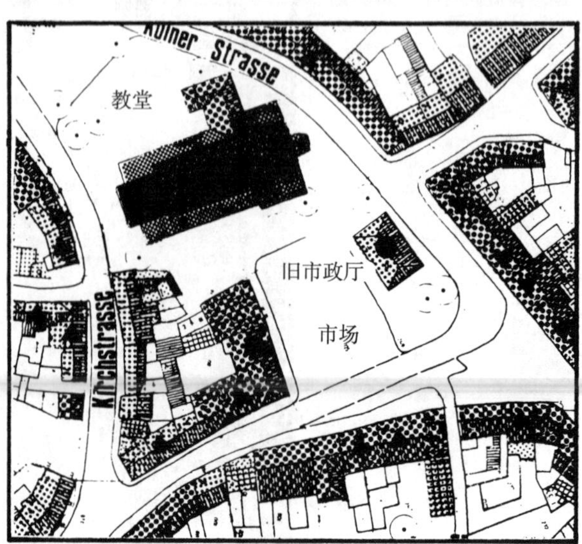

图例

建筑建造年代

- 公共设施
- 1900 年前
- 1901—1918 年
- 1919—1948 年
- 1949—1957 年
- 1958—1968 年
- 1968 年及以后
- 纪念性建筑

建筑特征

- 双坡顶建筑
- 单坡顶建筑
- 平屋顶
- 通道和顶棚

现状调查

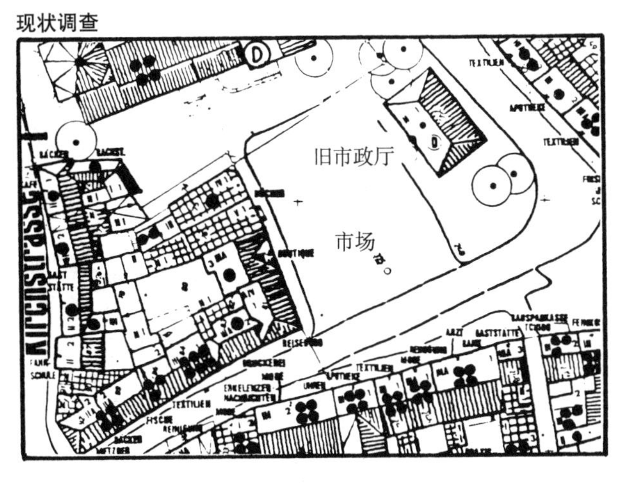

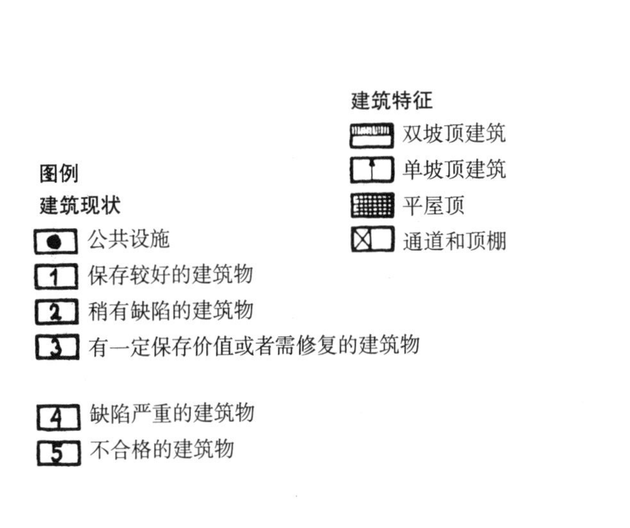

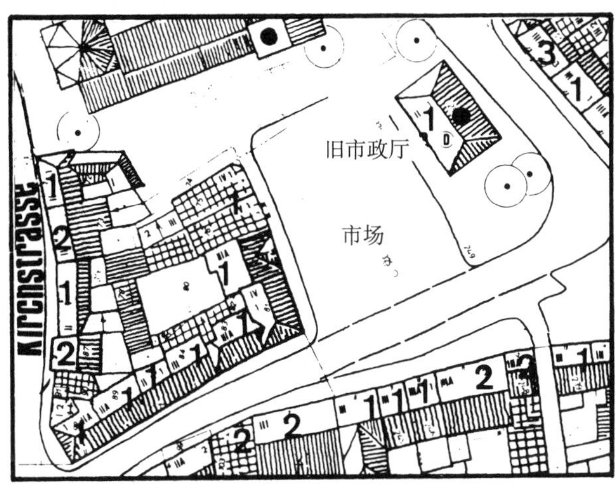

图例

城市形象

- 城市典型道路空间
- 道路空间绿化带
- 城市标志性建筑
- 建筑古迹
- 历史建筑群
- 视觉联系
- 具远程影响力的建筑
- 屋顶形状
- 屋前树木

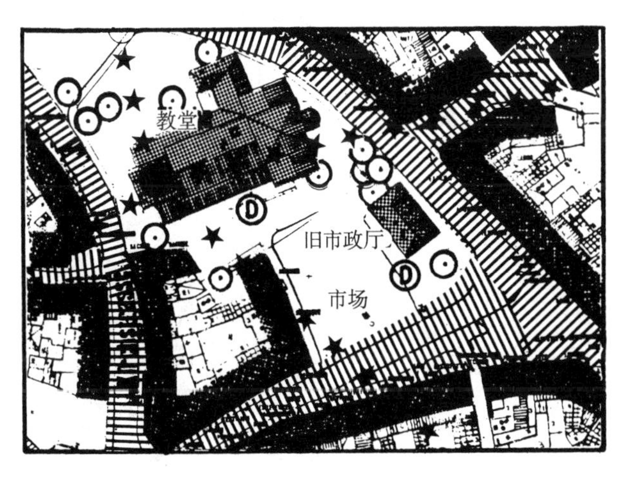

图例

交通用地

- 车行道用地
- 静态交通用地
- 步行者用地
- 停车场 数量
- 停车道 数量

绿地

- 公共绿地

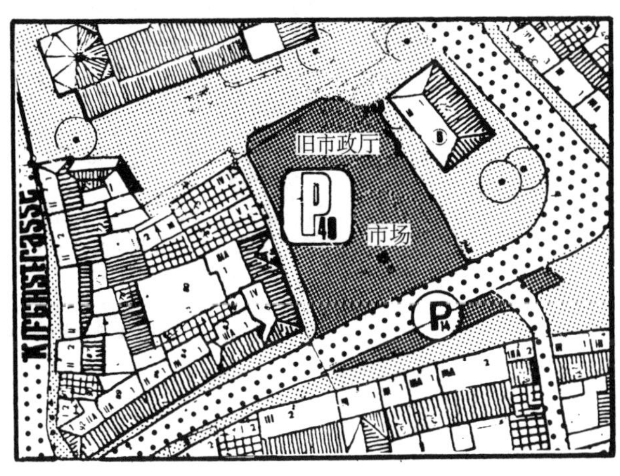

构思（局部）

规划

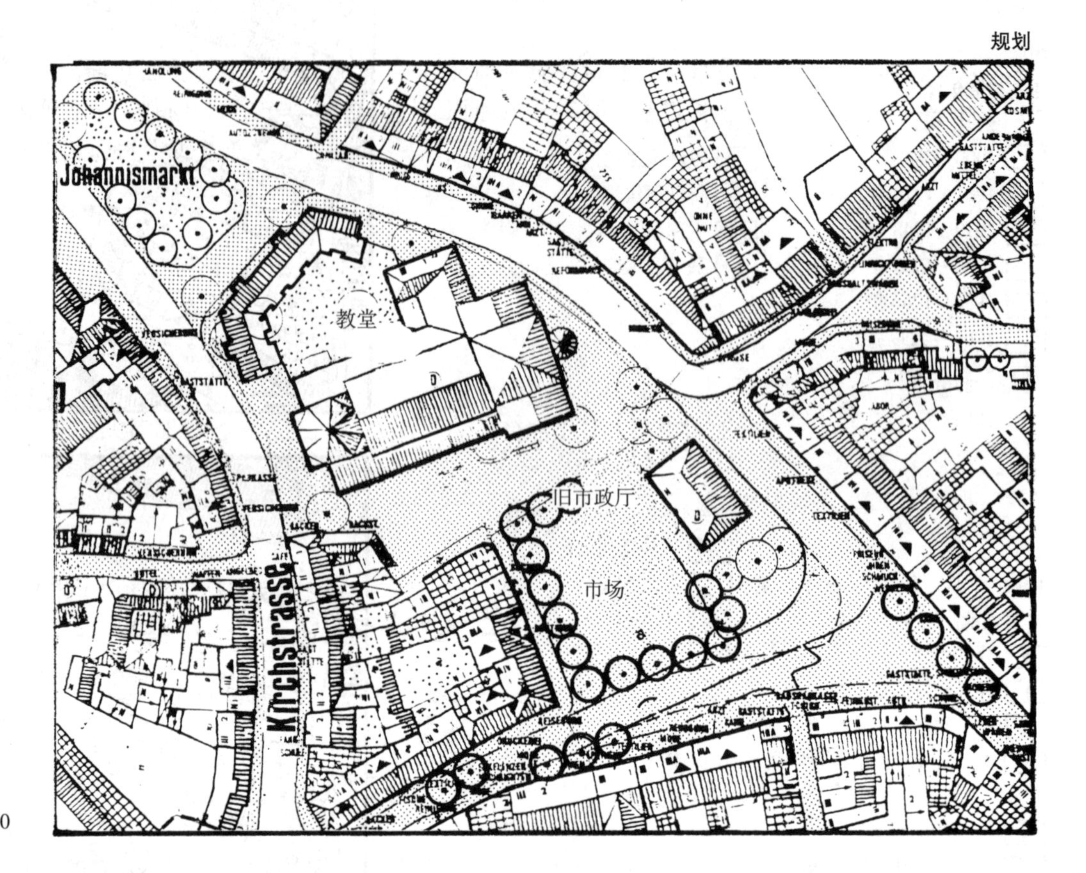

原始比例 1：1000

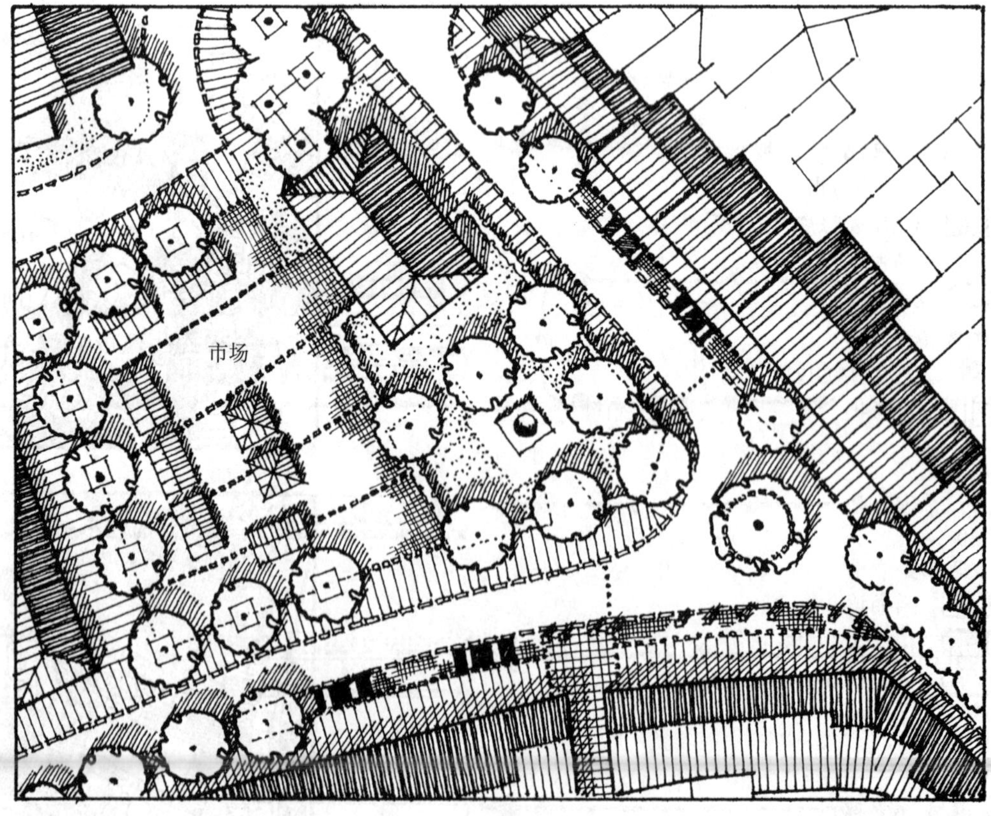

细部规划（城市中心区道路及广场的新规划）

规划比例：1：500
1：250
1：200

3.5 城市设计中的生态规划目标

城市设计过程中，场所不可避免地会受到影响，不断的变化形成了最终效果。不论能否被环境承受，建设成果都将随着使用过程影响该地区。对生态负责的设计是一回事，使用者与周围环境和谐相处又是另一回事。但是从长期效果来看，后者甚至更加重要。

住宅区面积的扩大、基础设施的建设使景观“生态区”丧失，气候、空气、水体、植物区和动物区也受到影响。另一方面，也可以通过场地改造重新改善那些环境遭到破坏的区域（如工业区的停车场）。

任何情况下，都应当尽一切可能在环境可承受的范围内规划设计，并避免对景观区影响范围的扩大。不应将“一般”规划和“生态”规划对立起来，因为这是愚蠢的。

规划时，不可避免地要决定，哪些生态损失在权衡规划目标时是可兼顾的，如何在质和量上实现平衡。完成生态可持续的规划必须以调查现状为基础。这类专业评估的结果却常常与规划要求相悖，这就需要规划者权衡并作出决策。

城市设计的生态规划目标

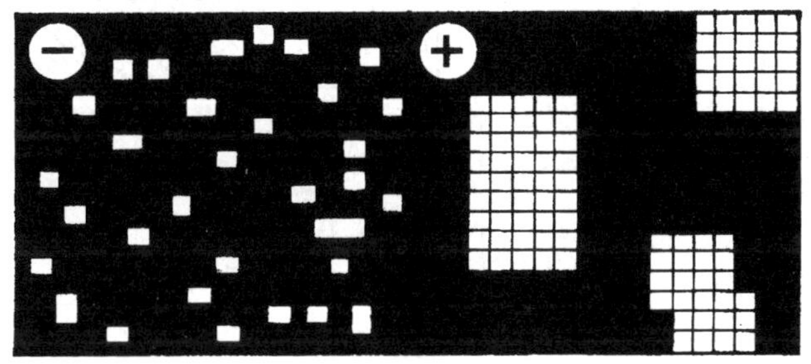

目标：通过高密度的住宅形状和建筑来节约土地

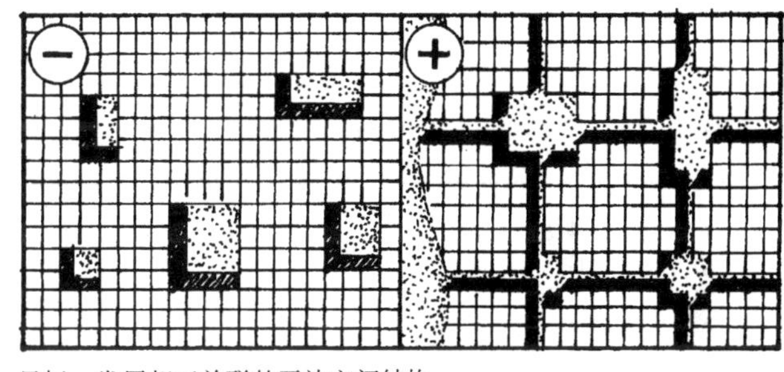

目标：发展相互关联的开放空间结构

目标：根据环境所能承载的交通形式来设计道路网结构

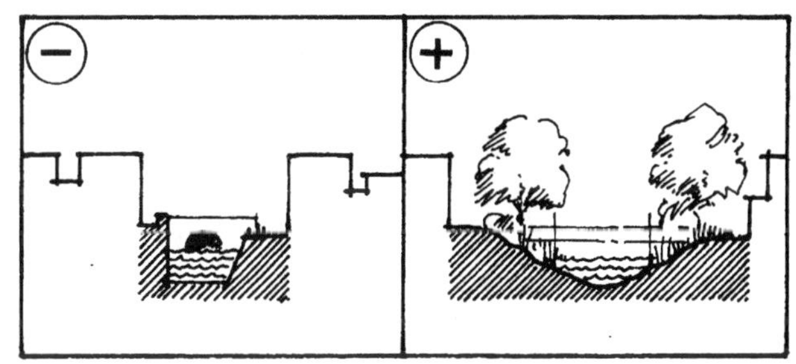

目标：确保开敞水体及周围伴随的生态空间

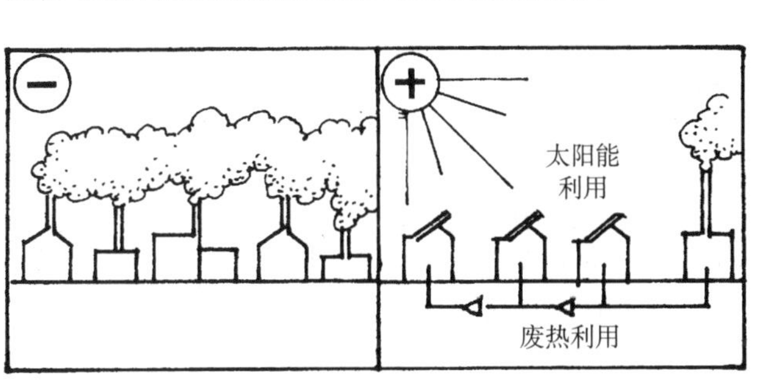

目标：在环境可承受的范围内开采能源，减少能源使用和环境污染

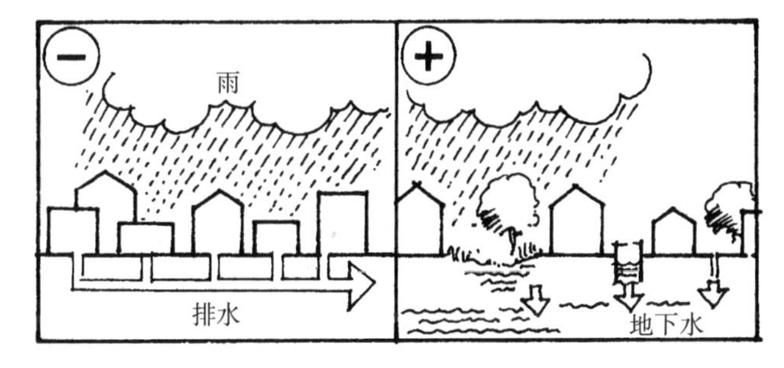

目标：降水引入地下和地下水

城市设计的生态规划目标

实例：居住区

规划区

a. 规划边界和土地使用可能性的分析
b. 当地气候状况
c. 日照情况－遮阳设施

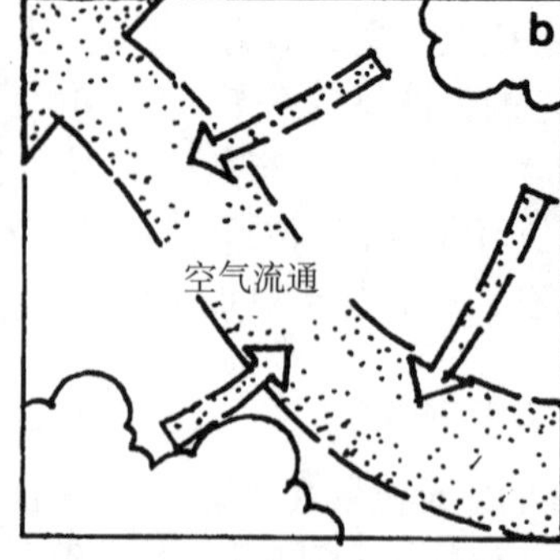

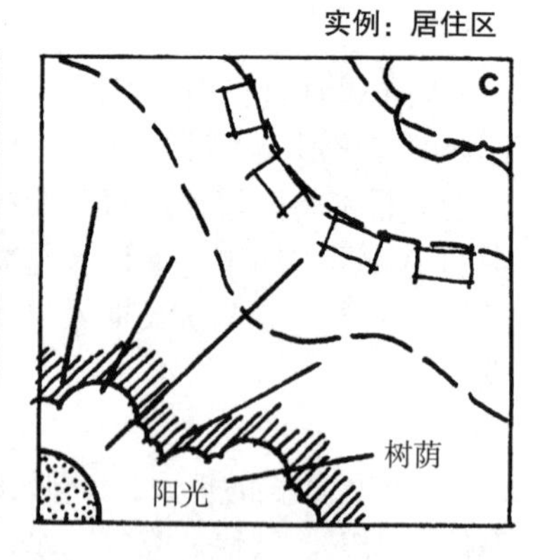

建筑

d. 建筑的朝向
e. 建筑的结构
f. 建筑规划

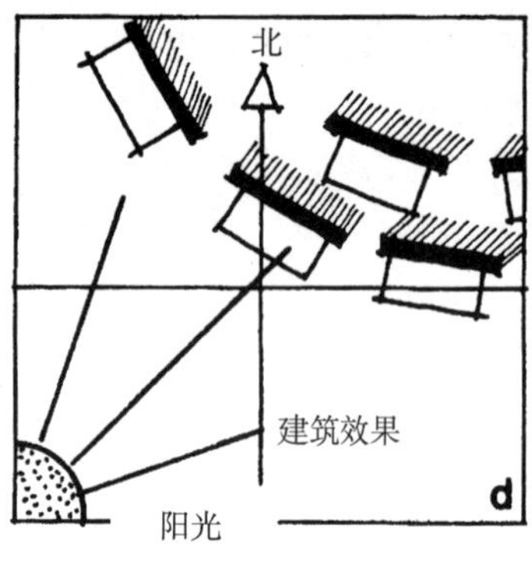

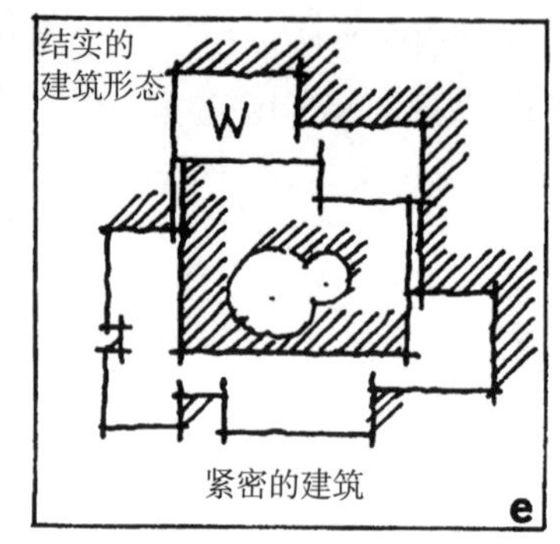

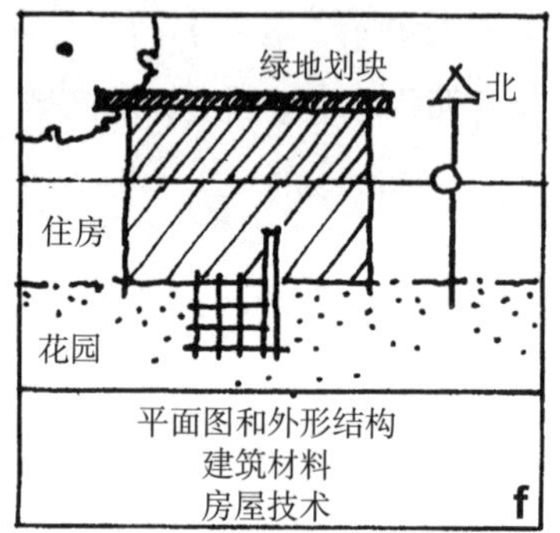

空地／气候

g. 社会和生态的开放空间—生物群落
h. 小生物群落
j. 小空间的气候及空气流通
k. 挡风，能源节约
l. 土地和植被的关联

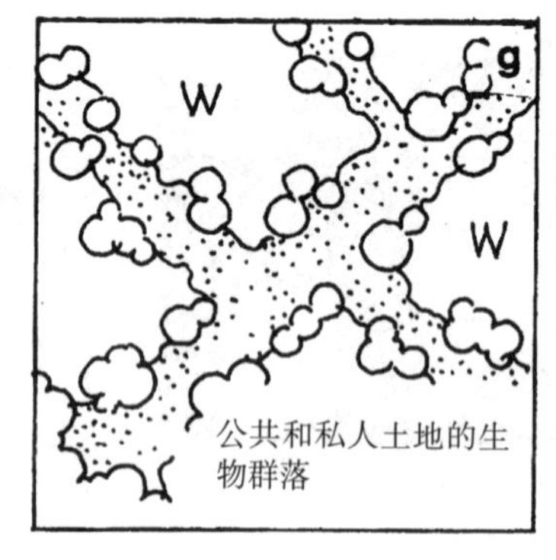

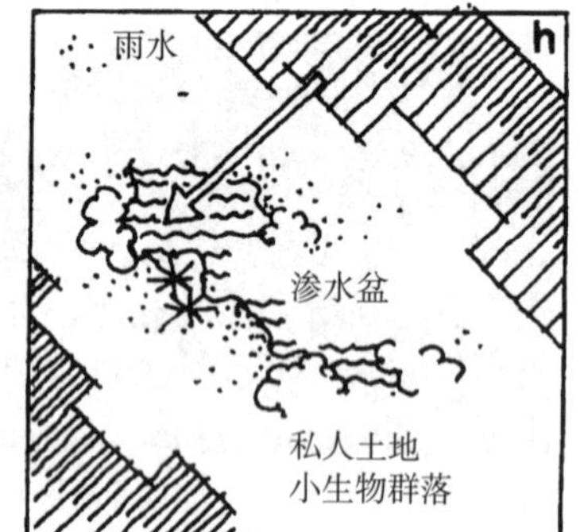

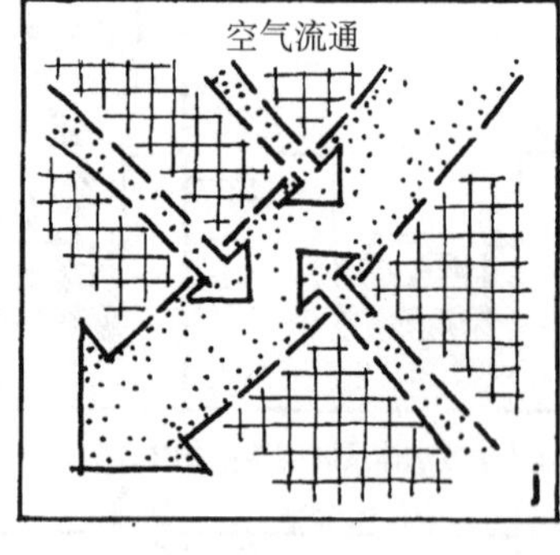

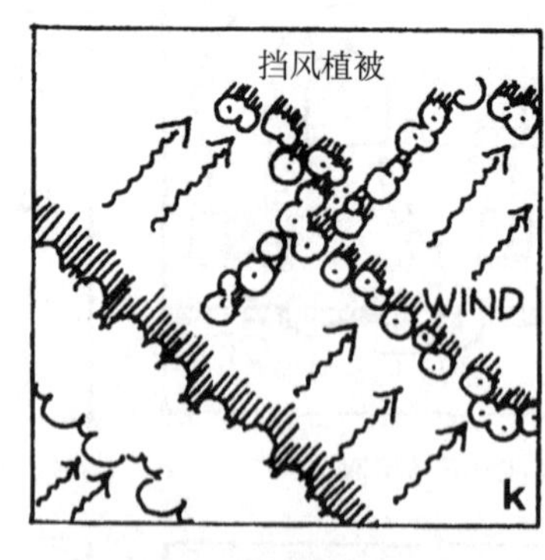

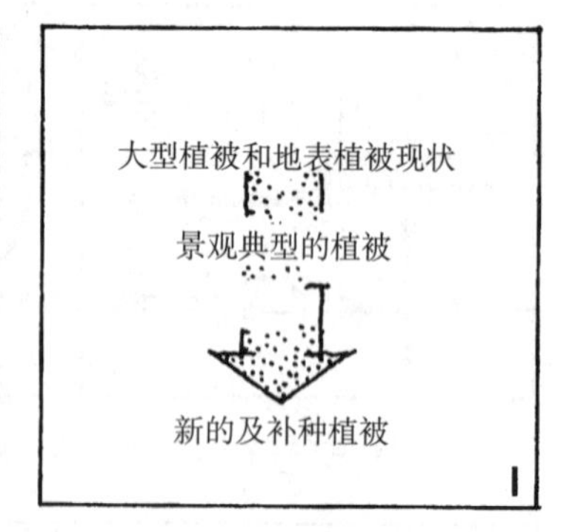

开发方式

m. 保护环境的交通方式在结构上优先
n. 交通结构划块
o. 表面形态塑造

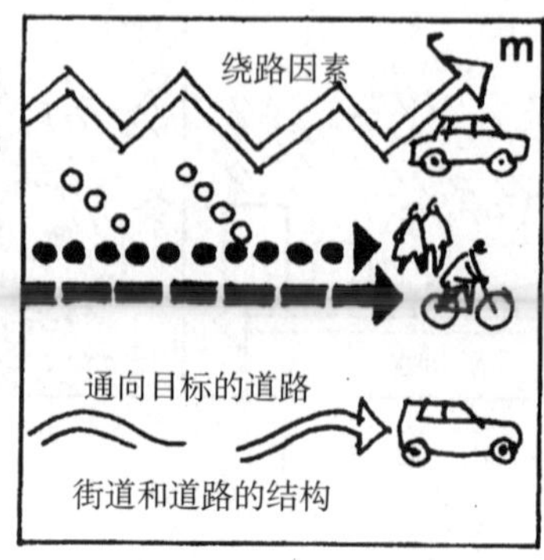

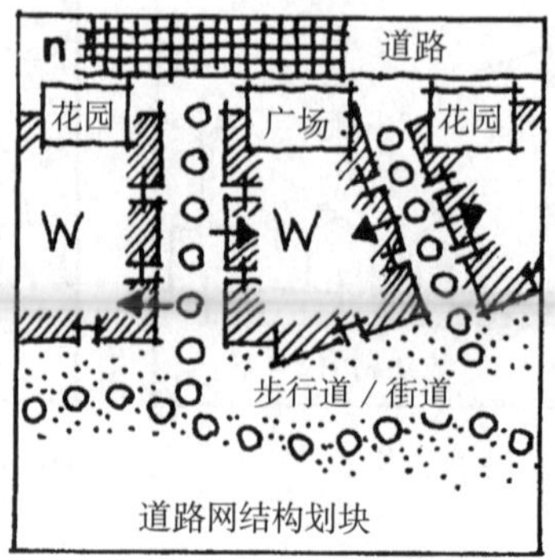

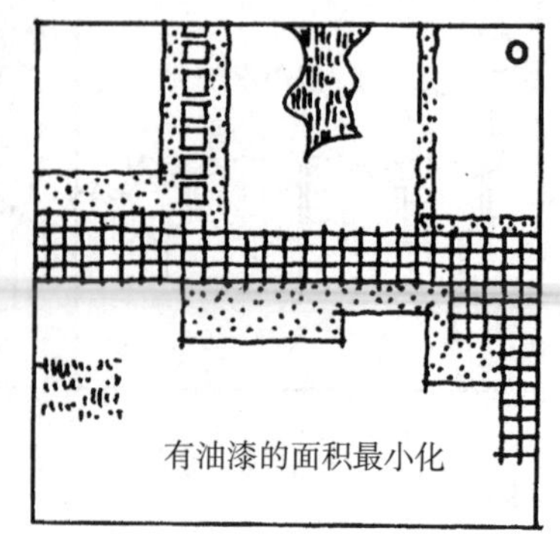

第4章　设计的基本手法

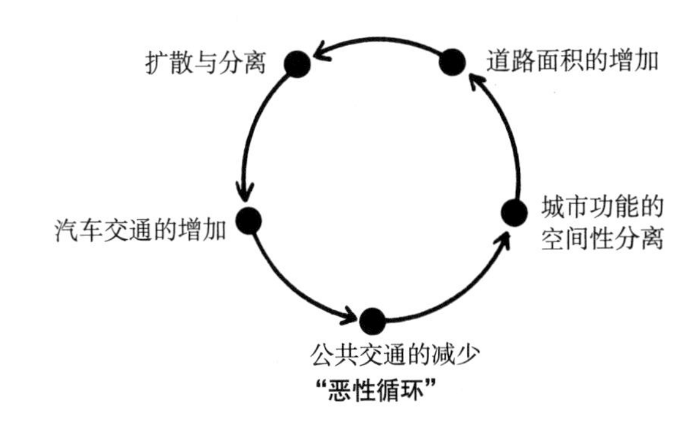

4.1　道路与设施开发、问题提出、原因与影响

"从小径到高速公路"——交通道路和交通工具在文明的进化中占有重要的地位。交通使那些"原始的"居民区和居住方式发生转变，为那些原始聚落走向现代的、空间开阔的、功能分区的居住社区结构和经济结构提供了先决条件。因此，人类的社会、文化、经济和政治的发展都和交通的发展紧密相关。

交通是否能够通过完全的机动化实现最大限度的可达性，成为判断生活富裕程度的标准。然而，如今在很多领域都超过了这种时期——即追求提高幸福的时期——的全盛期。

从消耗和利用的关系，以及生活空间的限制和负担与机动性受益之间的关系来看，所谓必须遵循交通所拥有的社会需求及与国民经济的可能性原则，早已变得不再适用了。这一现象在高密度的居住地区中尤为明显。这一对于基本原则的认识转变，意味着交通在社会生活中的角色应该重新认定为服务功能，在范围和形式中考虑整体需求与可能性，采取符合目的且有意义的交通布局。

因此，城市规划——无论是控制引导性规划还是空间范围较大的概念性规划——都必须满足以下前提条件：

- 维持绝对必需量的交通。
- 当分配交通流量时，就以所有的交通方式——按照相应的特定特征（优点或缺点）——作为对象，这时，尤其应促进非机动化的私人交通以及公共的客运交通。
- 公平考虑所有居民所拥有的交通机动化需求和可能性。
- 对必要的交通流进行引导，从而尽量减少交通问题对于生活质量的侵害。
- 充分考虑环境保护、能源节约与国民经济方面的可能性。

有关想要将上述目标设定转化到实际规划设计过程中所涉及的基本观点和决策，将在后文中详细论述。

（另外需在此限定的是——在本册的主题框架之内——论述的对象仅限于短途交通）

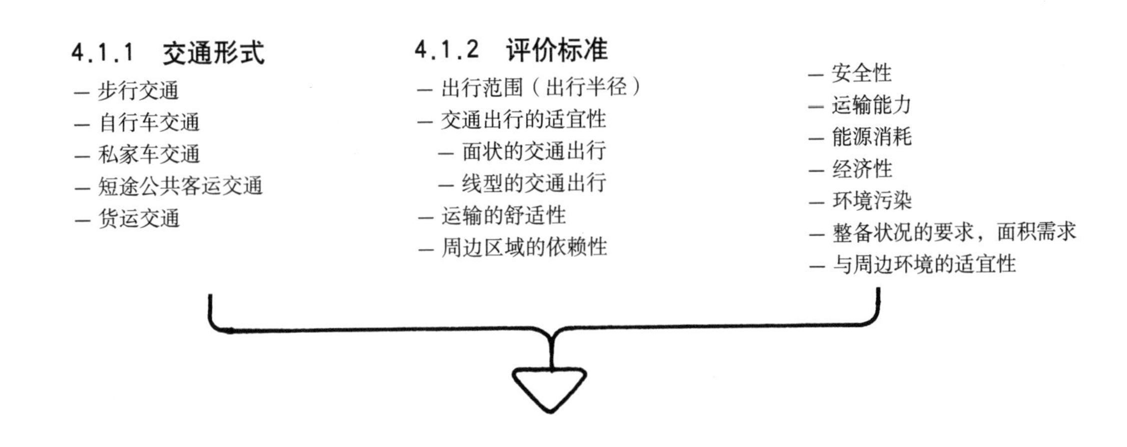

4.1.3　评价

通过将上述评价标准应用于不同交通方式，我们可以推断出与不同的周边现实情况和需求相关的各种交通工具的特征（参见第97页的评价表）。

4.1.4 交通关系之外的评价标准的影响

根据交通标准所做的评价，必须从地域特有的视角进行审核和修正。

例：一个居住区的道路网开发

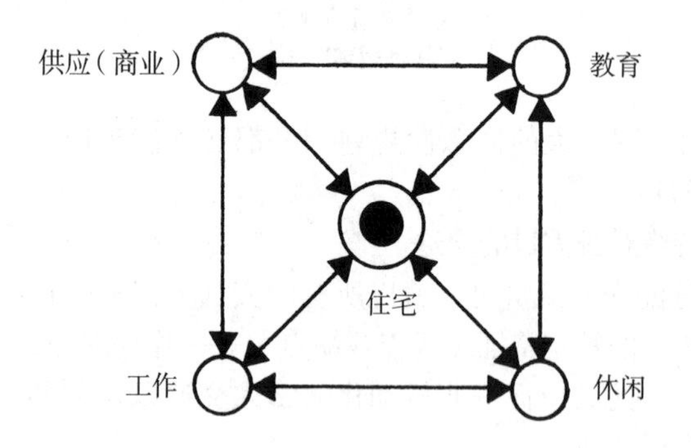

a）具有优先权的机动化需求关系到生活保障所必需的各种设施是否可达。

b）各类居住者中：

儿童、青少年

— 不使用机动车

成年人

— 每天约有 60% 的时间不使用机动车

老年人

— 绝大多数不使用机动车

统计结果：平均 60%—70% 的居民没有机动化的交通工具。

c）研究结果标明：居住区的道路开发必须保证居民可以不依赖于机动车的使用。

d）为了能使步行交通和自行车交通安全且无障碍地通行，必须有特别的前提条件（有关这一方面，参见第 70~78 页）。

4.1.5 交通与建筑之间的相互关系

充分利用的建筑不仅是出发地建筑同时也是目的地建筑——是交通的发生源。此时，人们使用交通的形式和程度决定了产生的交通范围，以及每日的使用时间分配和交通形式（步行、自行车、小汽车、大货车或公共客运交通）。

例 A：具有充分开放空间的独户住宅居住区

— 相对较低的交通量，较少的交通峰值，白天寂静，相对而言步行和自行车交通占较大比例的交通方式

例 B：高层办公楼

— 早晨和傍晚上下班交通时间会产生大量交通量（峰值点），上下班时间以外只有访客产生的少量交通量，交通方式分配明显依赖于建设地点和道路开发情况，有大量自驾车使用

举例 C：作为郊外购物中心的百货商店

— 整个白天都有较大的交通量（峰值出现在特定工作日），因地点不同，有时会出现非常多的自驾车。

举例 D：剧院，演奏厅等

— 集中在晚间特定时间段的交通量，交通形式根据不同的地点和道路开发情况而异，主要是小汽车或短途公共客运交通

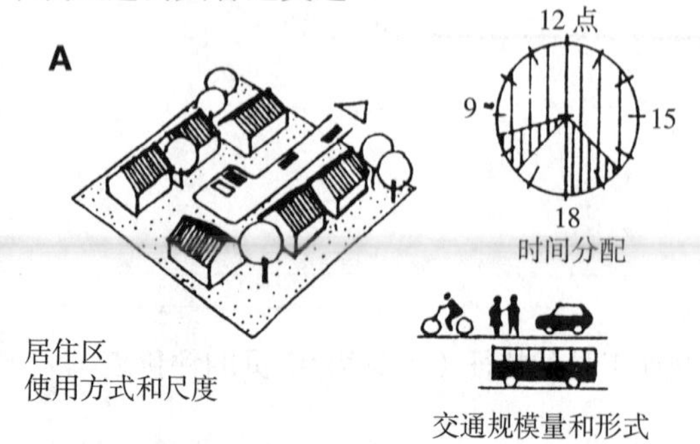

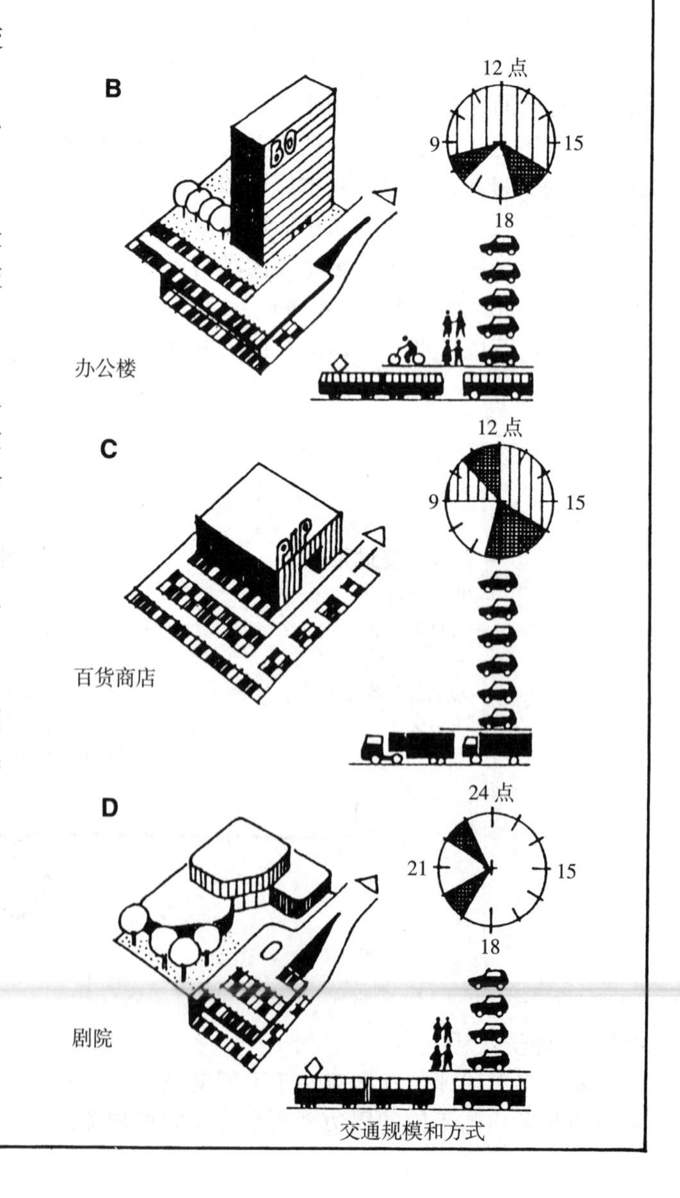

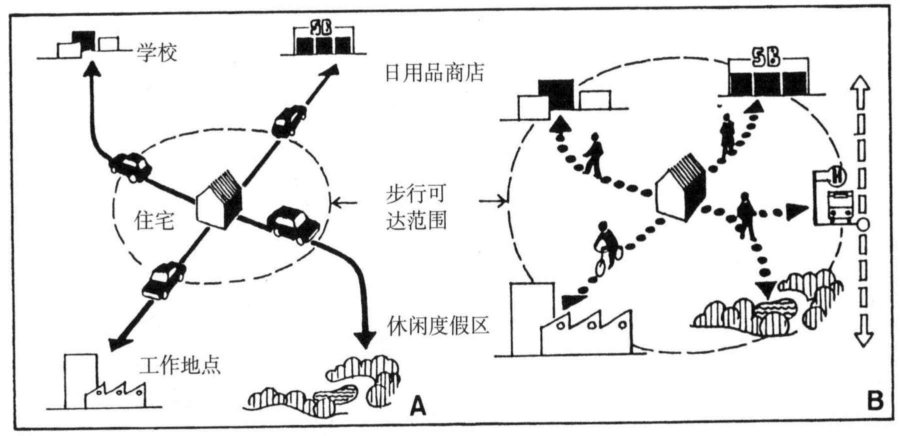

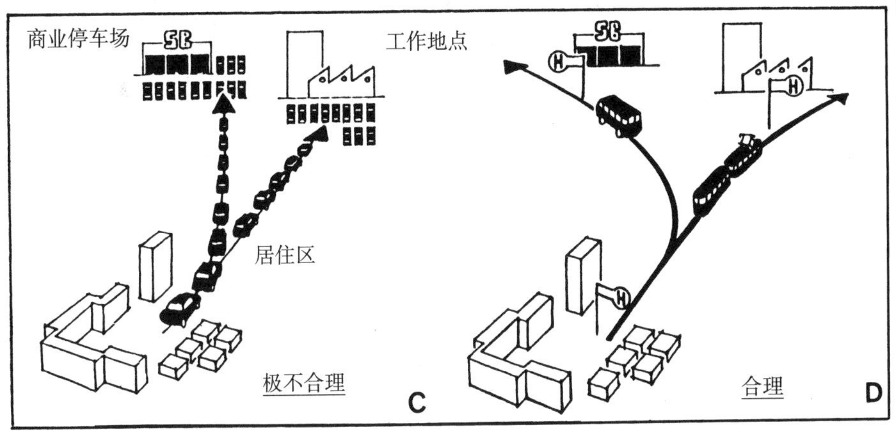

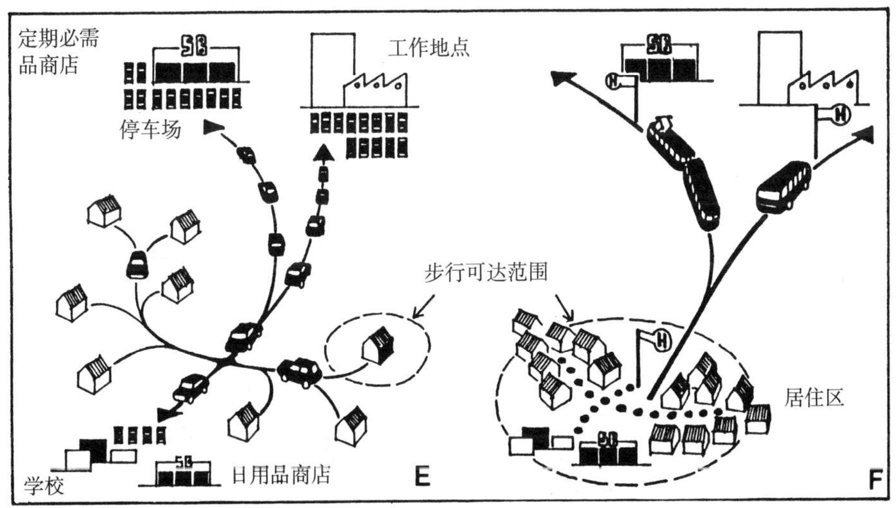

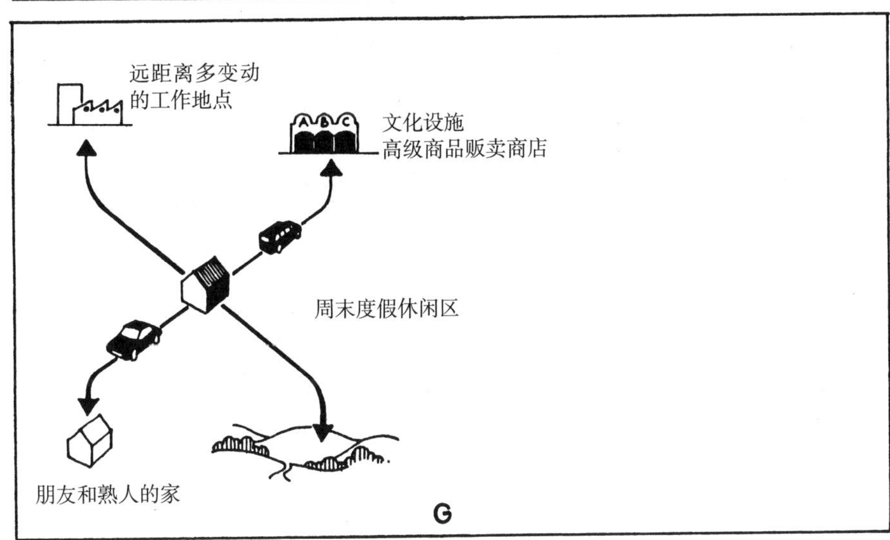

4.1.6 目的地的空间配置及其相关的交通方式和交通流范围

A. 功能上的空间分离

所有日常生活不可缺的设施和定期使用的设施（目的地），都距离住宅较远，以至于人们不能依靠步行，而必须使用小汽车才能到达（强制性的机动化）。

B. 功能上的空间混和

日常生活必需的设施位于住宅附近，人们可以通过步行或者自行车抵达。汽车交通在人们的生活中基本不需要。

大量的人群必须在同一个时间段从同一个居住地赶往同一个目的地工作（峰值交通）。

C. 每个人都使用自己的私家车

必须扩大交通用地，大量的能源消耗和严重的环境污染。

D. 大多数人采用公共交通工具

交通用地的布局可以限制在一般的范围之内，较少的能源消耗和环境污染。

E. “错落分散的居民点”

无论是日常生活必需的设施还是定期使用的设施，都无法徒步或自行车交通到达。因此，前述情况绝对有必要使用汽车交通。

结果：对于没有小汽车的居民不便，需要大面积的交通用地，能源消耗较大，环境污染严重。

非常不合理

F. “集中布置的居民点”

建筑在空间上相对集中布置，日常生活必需的设施在步行范围内。远距离的目的地与住宅间通过公共交通工具联系。

结果：大大限制了机动车交通，只需要较少的交通用地。能源消耗较小，环境污染也较轻。

合理

G. 地点和设施，对应的个人目的地和时间段选择，根据位置和距离最有效地使用小汽车到达。

4.1.7 交通与用地结构之间的相互关系

如何在居住区中进行空间分配和功能配置，对于必需的交通优先的范围以及交通方式的分配来说是决定性的因素。

例 A 大范围的功能空间分离的居民点结构

— 与日常生活必需的事务必须走较远的路才能执行。各个功能区之间的不同距离,必然增加交通量，同时减少步行和自行车交通的比例。

结果：为动态交通和静态交通提供的设施建设会增加费用，同时也造成沉重的环境污染。

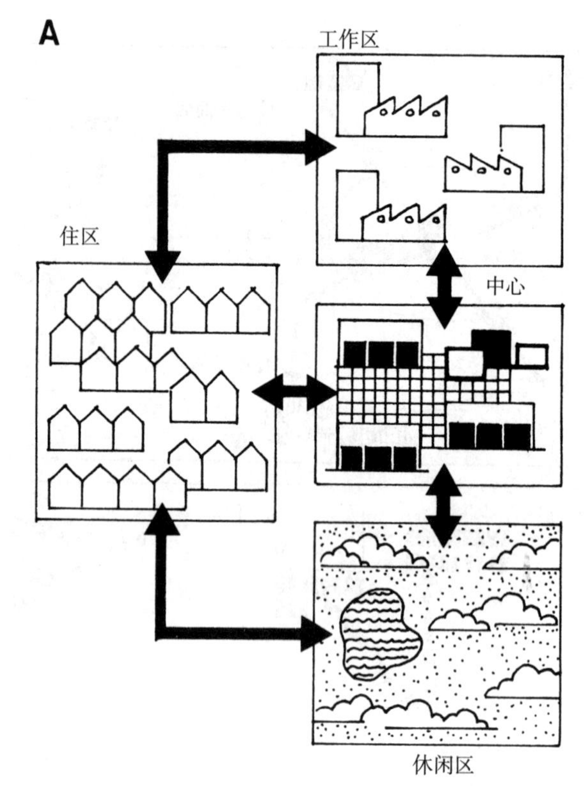

不合理

例 B 与需求相适应的功能混合的居民点结构

— 大部分的日常生活目的地都位于近距离——可以通过步行或者自行车到达。

必须使用汽车的数量大大减少，相应的，所需的交通设施面积和成本也大大减少，对环境造成的影响也变得很小。

“短距离的城市”

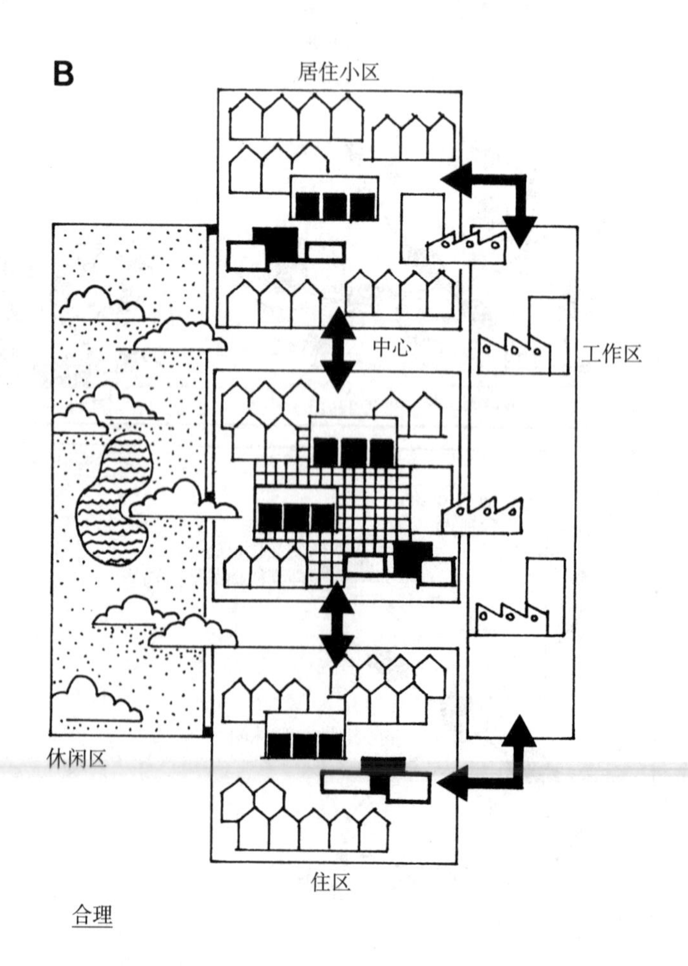

合理

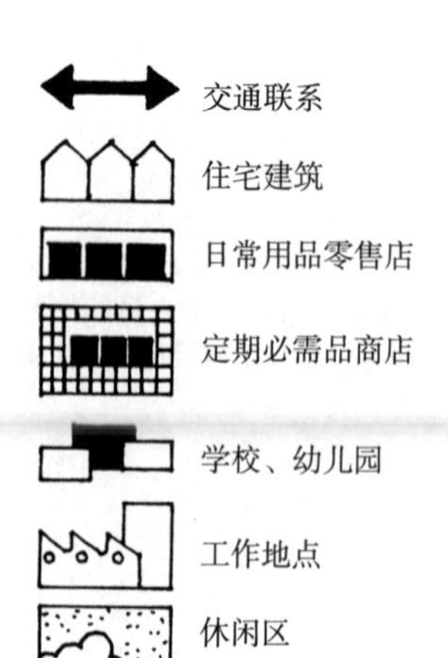

4.2 步行交通

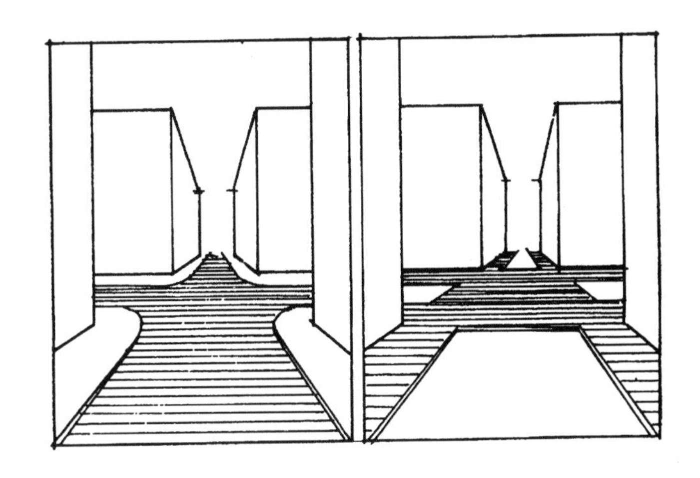

“愚者疾行，
敏者驾车，
智者步行。”

车行道路应该是各地点之间通行无阻的联系，并且拥有自成体系的路网系统，这一点是毫无疑问的要求。

然而不可避免的是，步行道路在交通流线中不断被分隔，步行者在每个交叉口都必须服从于车行交通，并因此存在着很大的危险性。

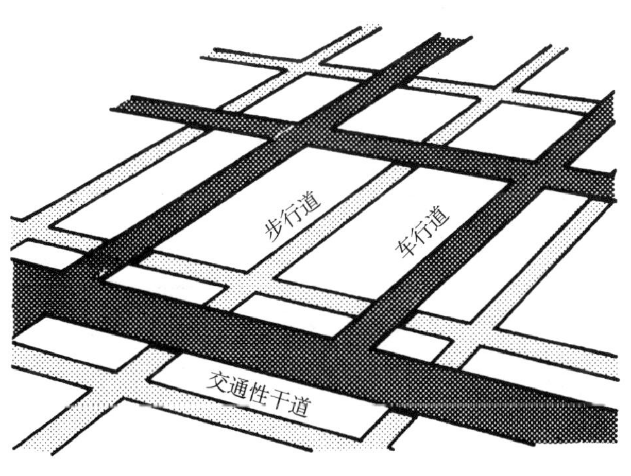

“车行交通优先”

我们都认为步行者机警，所以才能够轻易地躲过车辆。然而在另一方面，步行者对于周边的路况、天气状况的影响、坡道、污秽以及噪声污染问题等敏感的事实却没有太多考虑。

这些步行者所面对的危害和阻碍的大小，不可避免地只能导致步行，除此之外别无选择——形成这种想法的智慧和勇气强于感性认识。

我们的目标是，促进步行交通，显著提高步行交通在整个交通体系中的比例，因此也必须在规划中坚持执行相应措施。

在规划中，必须满足以下要求：

- 步行道必须是连贯并且有着明确的目的地指示的道路结构；
- 比起“畅通无阻”的车行交通，步行者的安全和活动灵活性必须优先考虑；
- 在所有步行交通（以及自行车交通）作为重要且必不可少交通方式的区域，并且给予坚定不移的优先权考虑；
- 步行道与交通性干道的交叉口必须给予最佳的安全性考虑，同时还应该做好适宜的安排，以确保步行者不必经由令人不舒适的绕行就能穿越；
- 步行不仅意味着步行通过一定距离，同时也赋予我们与环境之间精神和心灵上的接触。同时也是可能与人进行交流的唯一交通方式。

也就是说，在一个非常细致的详细规划中，我们对于造型、设施和体验价值的充实，都应该给予极其用心的处理。

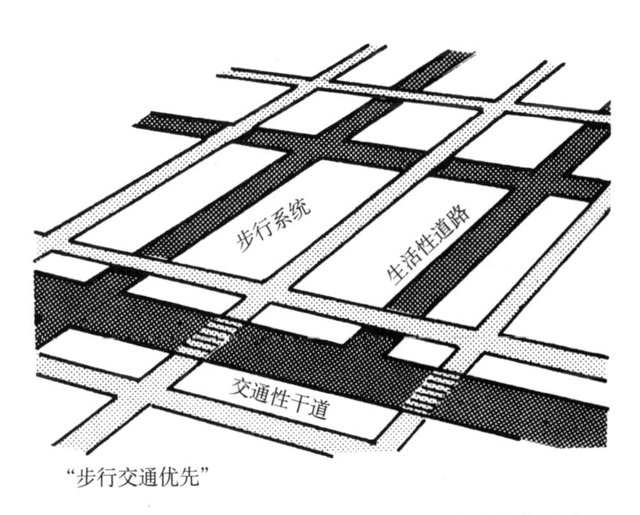

“步行交通优先”

4.2.1 步行道系统开发规划的设计标准

4.2.1.1 步行道规划所需的功能和空间的出行点

住宅作为具有空间和功能关系的出行点（图 1）

图 1

步行者的出行半径受到以下因素的影响：

a）目的地与个人之间的关系

b）可达的步行距离和时间取决于：

— 个人条件（年龄、体力、时间预算）

— 道路频度

— 阻碍（危险、弯道、坡道等）（图 2）

图 2

居住环境之中的活动和体验范围

举例来说，空间上的关系因年龄而异（图 3）

 位于出行点上的住宅

 儿童活动和体验的范围

 老人活动和体验的范围

（图 3）

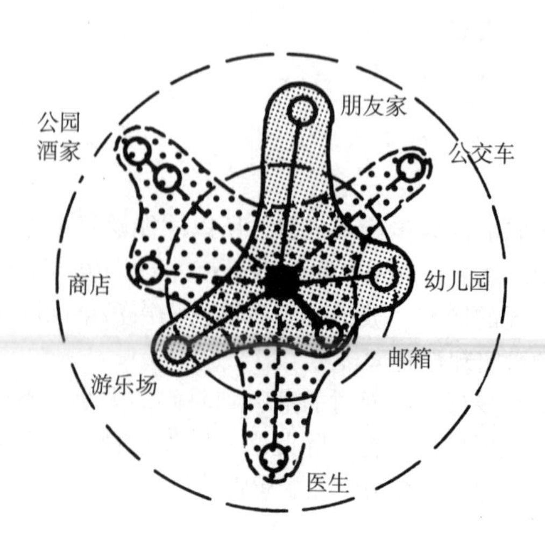

图 3

住宅周边的步行道距离和步行所需时间（图 4）

A 住宅周围
— 游戏、与邻里会面

B 街区（提供日常生活所需的服务与交往的范围）
— 商店、幼儿园、小学、社会和医疗机构、短途公共客运交通的停靠站点

C 城区（更远的范围，即“提供定期服务的范围”）
— 商业中心、文化设施、继续教育学校、工作地点

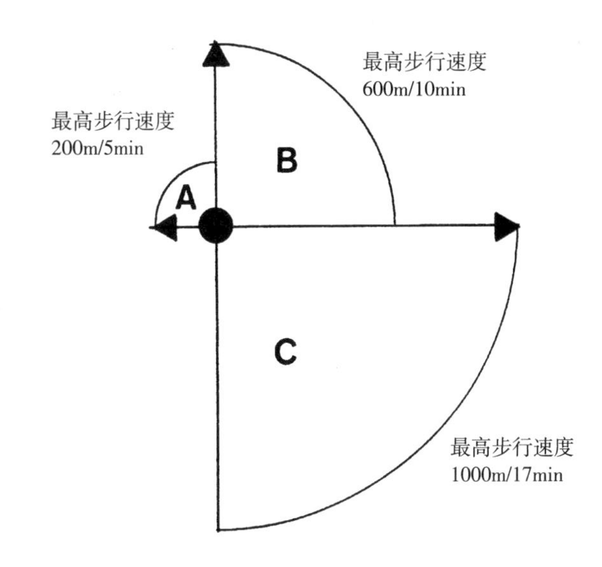

图 4

目的地的空间 - 功能配置（图 5）
规划层面实例
— 住宅周围
出行点：住宅
目的地：幼儿园、小学、绿地、游乐场、商店

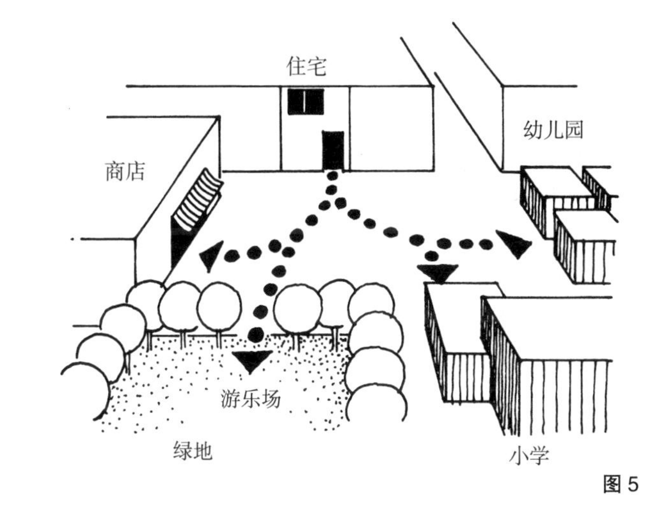

图 5

未被车行道分离的步行道与目的地之间的连接（图 6）
规划层面实例
—住宅周围

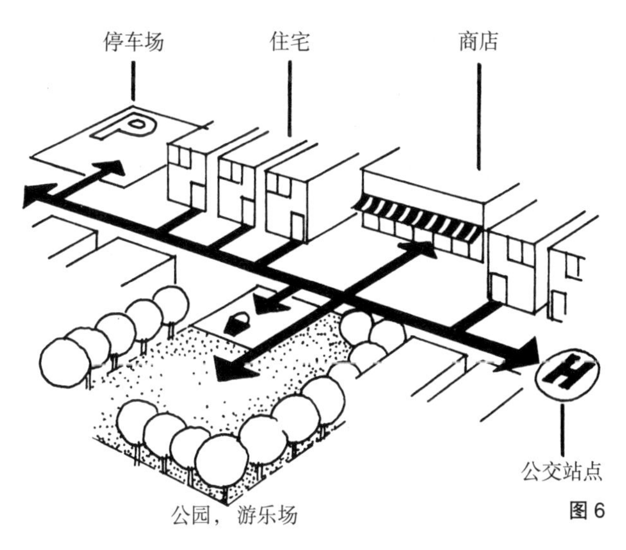

图 6

各种领域的空间—功能配置（图 7）

规划层面实例
— 住宅街区

居住领域
— 供应
— 休闲
— 工作

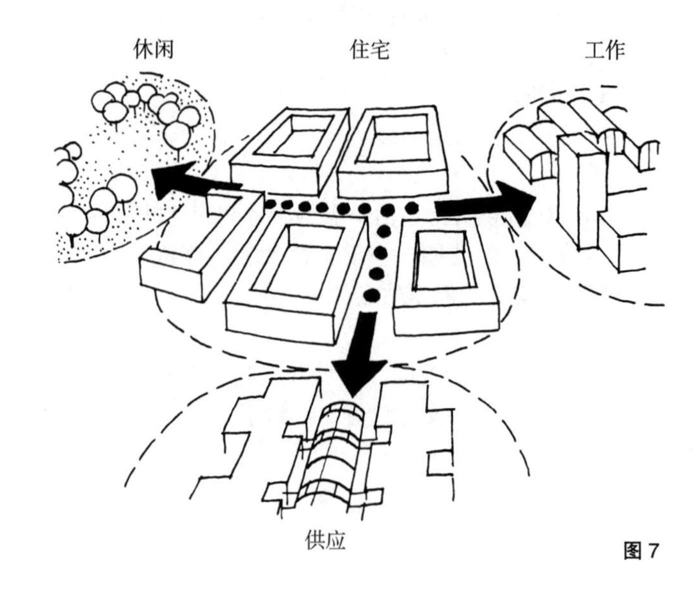

图 7

通过穿越道路，联系起主要的目的地，组成了区域联系的空间配置（图 8）

规划层面实例
— 城市中心

规划层面实例
— 城区

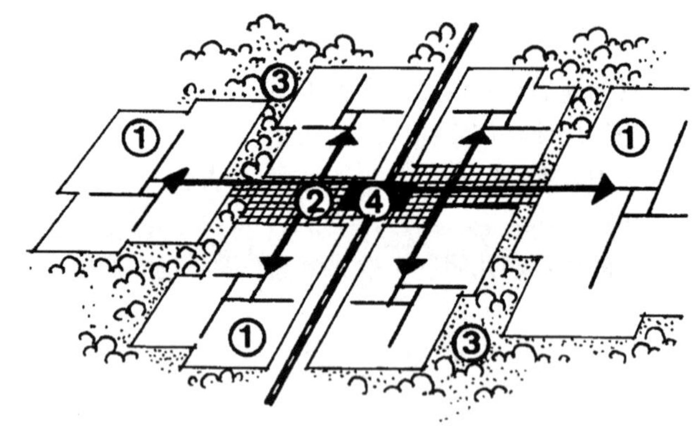

① 居住街区
② 城区中心
③ 城区公园
④ 短途公共客运站点

图 8

沿城市的发展轴连接城区，同时连接城区与整个城市之中的重要目的地（图 9）

规划层面实例
— 整个城市

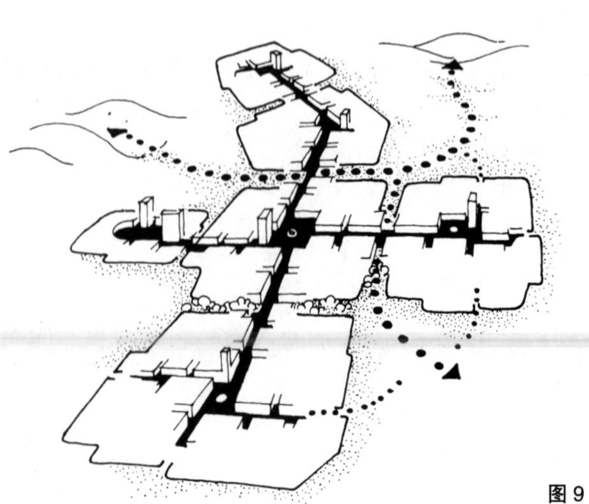

图 9

4.2.1.2 步行交通的安全性

步行者在所有的交通参与者中最受忽视，使他们在现代城市交通中处于非常危险的境地。因此步行者所需的城市开发建设，必须以步行者的安全性为重点。

特别需要保护的人群：

- 婴儿
- 小学生
- 老人

以下道路的安全性需要优先考虑：

- 步行者来往频繁的道路
- 不以车辆通行为首要用途的道路，例如游憩道路和购物街道。

需要设置保护设施的目的地

- 游乐场所
- 游乐场和运动场
- 幼儿园、学校
- 商店、社会设施
- 停车场

	失败的例子	成功的例子
交通分流		
交叉口横道线		
社会监控		

图 8

4.2.1.3 舒适性

步行交通所特有的可能性和优点大多会遇到显著的阻碍，例如：步行道没有连接、绕道、建筑上的障碍或者天气的影响等。这些阻碍使步行者的行动范围相比其他交通方式缩小，成为明显的不利因素。

因此，想要刺激步行交通，并且在步行交通空间功能配置中赋予步行交通优先权，无论在何种情况下，都保障机会的平等性，这是非常重要的。

	失败的例子	成功的例子
步行道绕行	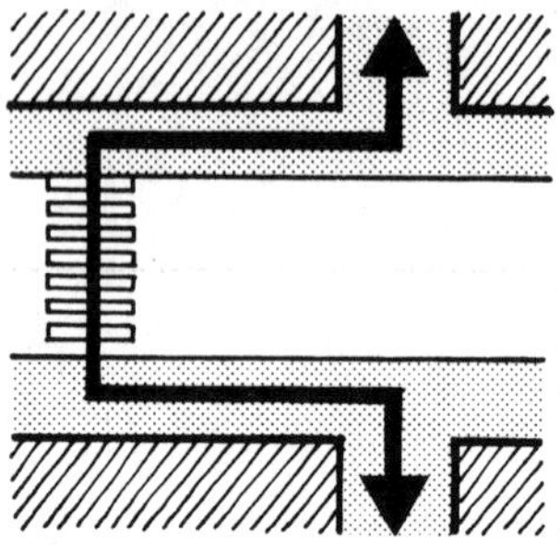	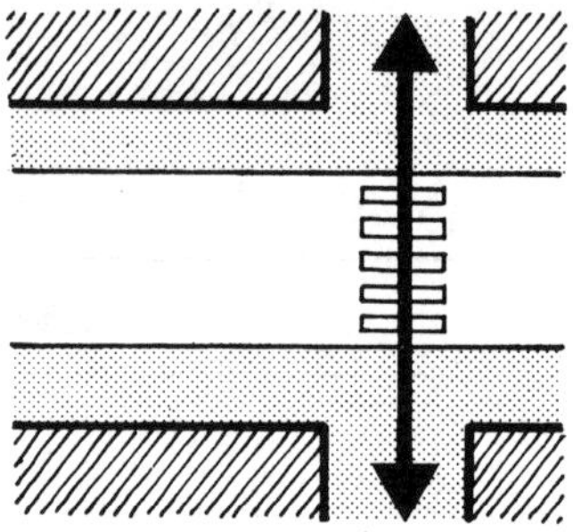
坡道	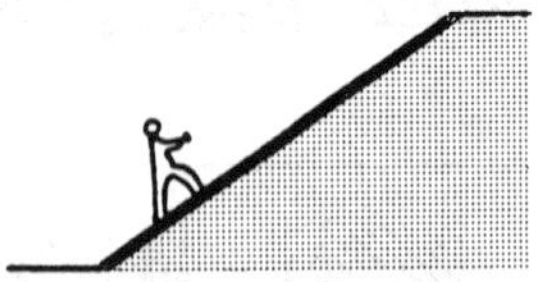	
天桥 地道	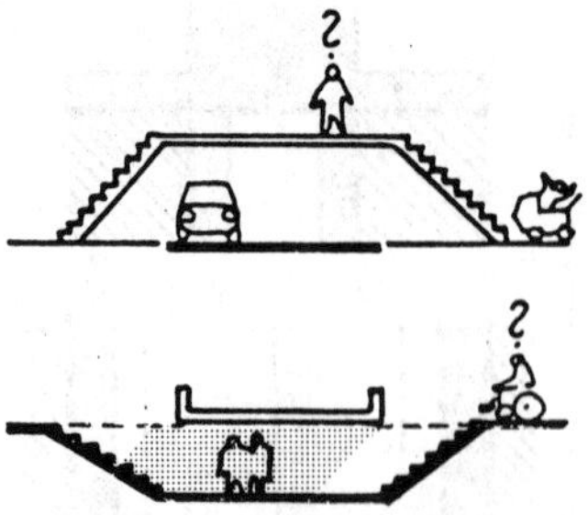	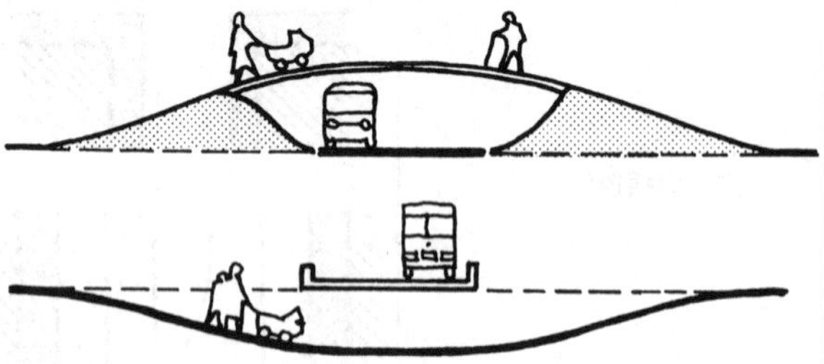
天气情况防护		

4.2.1.4 道路走向/道路与目的地之间的关系

a. 道路联系及使用频率

（a）每日必经道路

— 目的地：例如幼儿园、学校、商店、公交站

— 使用者的年龄层：儿童、成人

— 使用特征：急用、随身携带物品、呈现疲劳状态（图 1）

（b）偶然使用的道路

— 目的地：例如业余休闲设施、体育设施

— 使用特征：悠闲、有意识的体验（图 2）

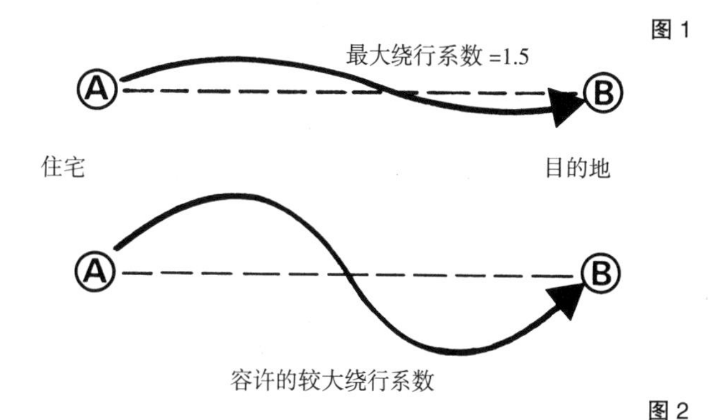

图 1

图 2

b. 主次步道之间的区别

主要步道：绕行系数必须最低

次要步道：允许较大的绕行系数（图 3）

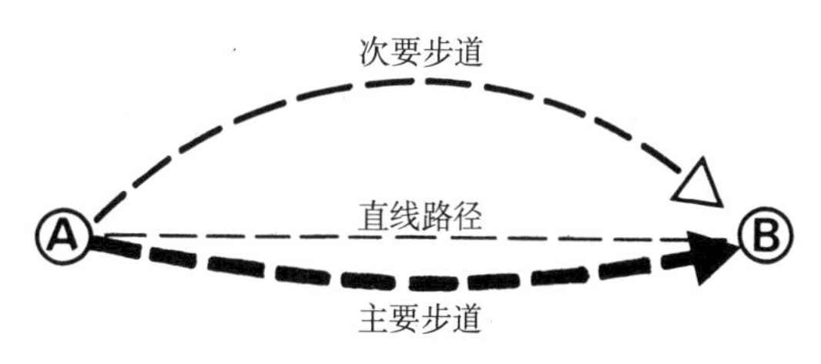

图 3

c. 步行道的汇集

（步行道联系）根据道路不同等级重要性和尺度对道路结构进行分配组合（图 4）

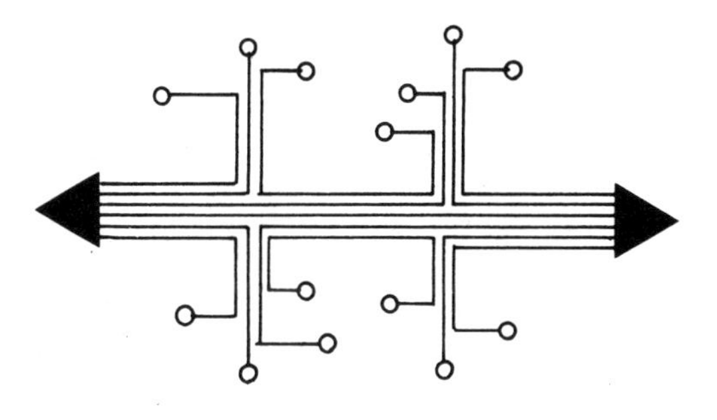

图 4

d. 对作为居住区形态结构构成要素的步行道等级进行划分（图 5）

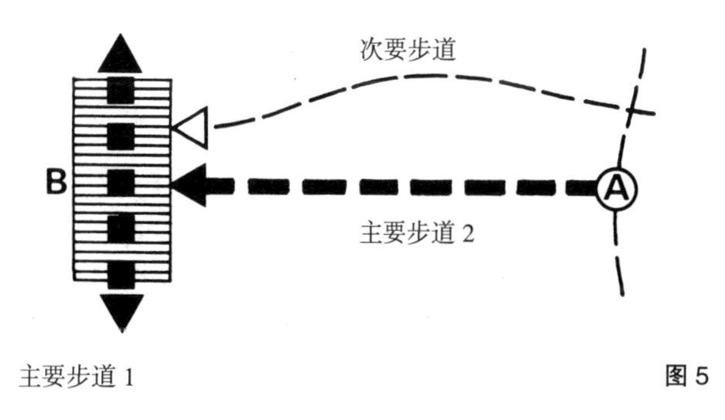

图 5

e. 穿越道路及其周边目的地之间的连接通过步行道路网络联系一个供应区中的设施

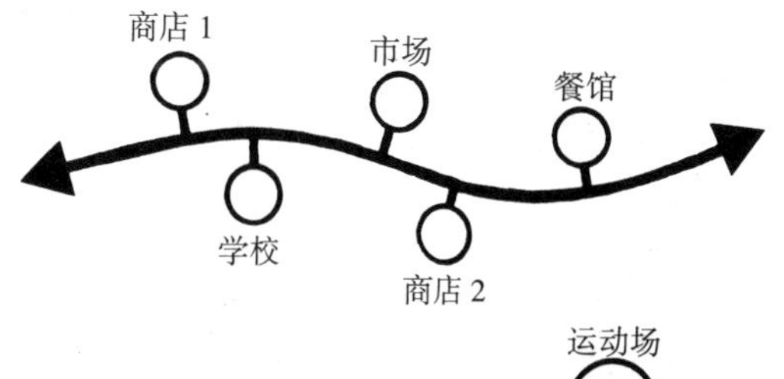

沿着道路走向的业余活动设施和休闲设施（图 6）

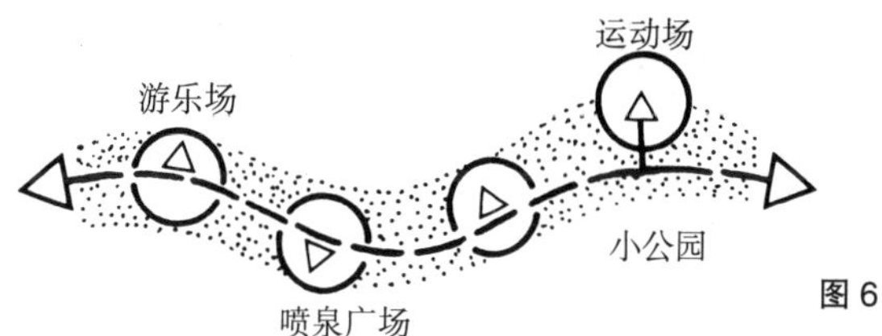

图 6

f. 面向城市发展轴的道路汇集和目的地的连接（图 7）

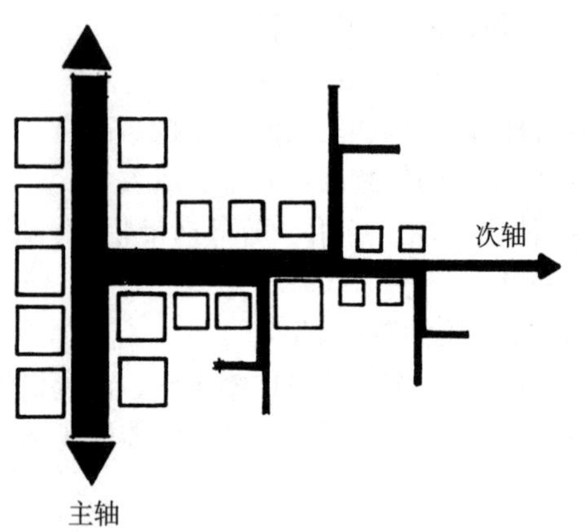

图 7

4.2.1.5 步行道的造型

a. 步行环境的多样化

步行道和步行区域

穿过城市的道路，作为城市体验

环境特点：
- 富于变化
- 多姿多彩的印象
- 刺激性
- 多种体验

"人工建造的" 建筑所创造的环境

活跃环境中的道路

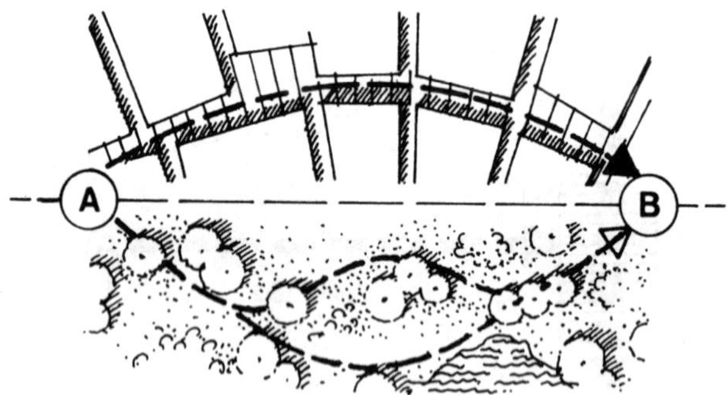

绿地空间、"自然" 环境中的道路

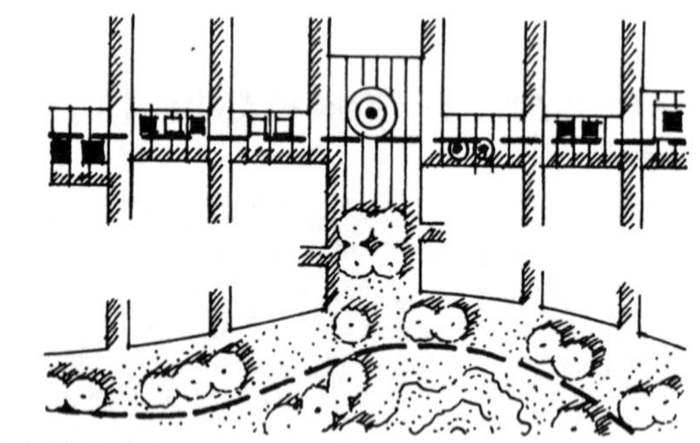
安静环境中的道路

不同环境中的道路多样性为规划提供了各种可能性，以步行为目标的 "可选择道路" 系统，与自然结合的休闲道路，或者 "具有城市生命力" 的道路

环境特点：
- 休闲
- 放松
- 自然体验

b. 一座城市的“精神参照物”体验

历史和城市特色的参照物可作为其经济、社会、文化和政治重要性的视觉见证。

处于城市步行系统开发建设中的此类历史遗迹对于体验城市独特的个性非常重要。（图 8）（参见第 172~178 页）

图示：

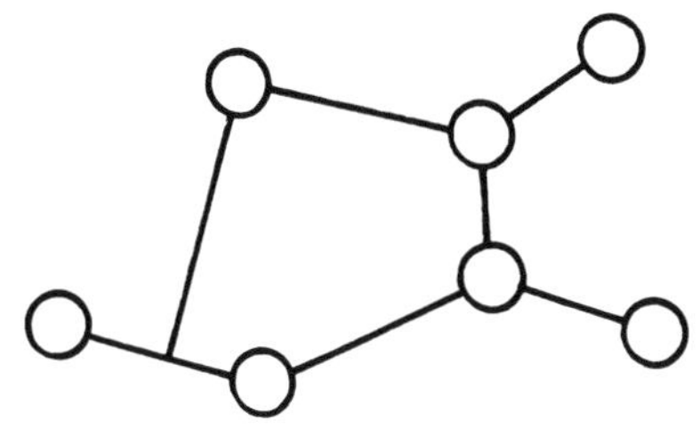

参照物之间的道路联系

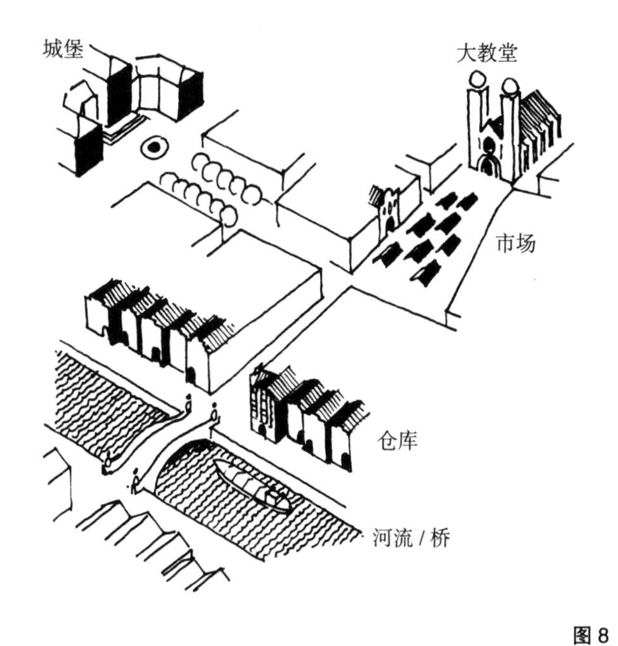

图 8

c. 城市形态的体验

城市意象的特殊性在于城市经验的显著参照物。城市的一个局部或者整体都可以折射出城市的独特个性。

小尺度的步行区——不论是驻留还是通过——能够让人们体验到城市形态的细节，以及建筑的形式和空间序列。步行者也能够拥有城市意象之中引人注目特征的体验。

（a）一个村庄或者城市片断及其周边自然环境和地形的形态特征（图 9）。

图 9

（b）小巷、道路和广场空间，尺度、材料和色彩都表现着乡镇及城市特有的造型特征（图 10~图 12）。

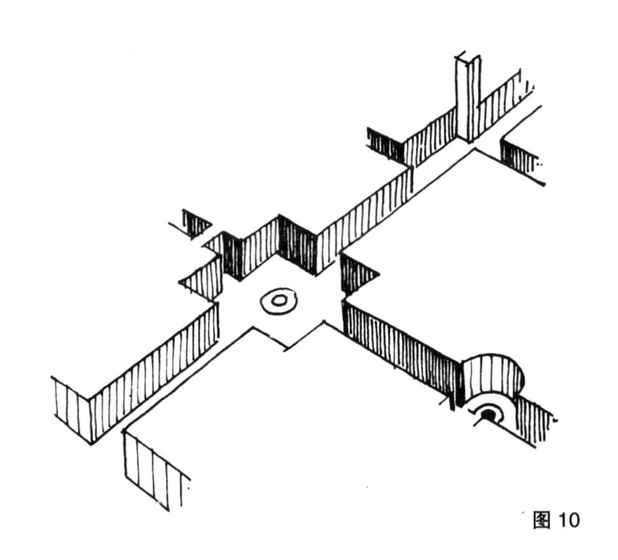

图 10

图 11

图 12

d. 景观空间，空间序列和整体，公园，水体，植被

自然风景和城市景观、“自然”和建筑形态的相互协调。（图 13）

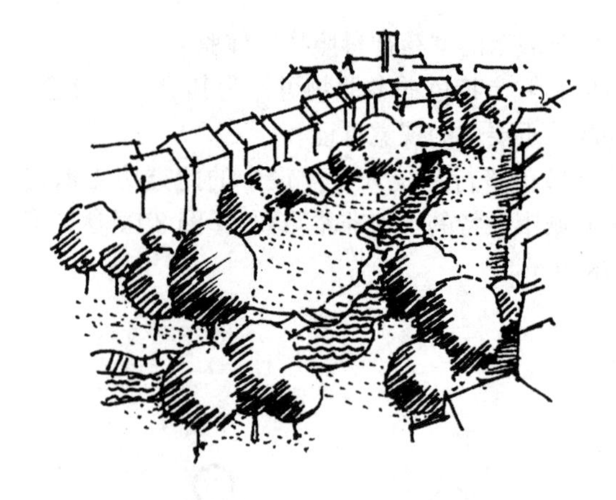

图 13

e. 城市形态的细部要素如喷泉、纪念物、单体建筑、建筑群、桥、树木、林荫大道等。（图 14）

图 14

f. 城市的形象，如正立面、广场、巷道、庭院和公园——都是历史建筑或具有场所和景观特色的标志——是行人辨认方向和城市独特个性的参照物。他们由此获得丰富的城市体验。

因此可以推断出以下结论：在不断成长的城市形态中对步行道和步行系统规划应当以谨慎的城市形象分析为基础。

在作出选择之前，我们应当优先考虑最优美且与周边环境最接近的道路，而不是优先保证最短距离的道路。

（图 15）（参见第 172~178 页）

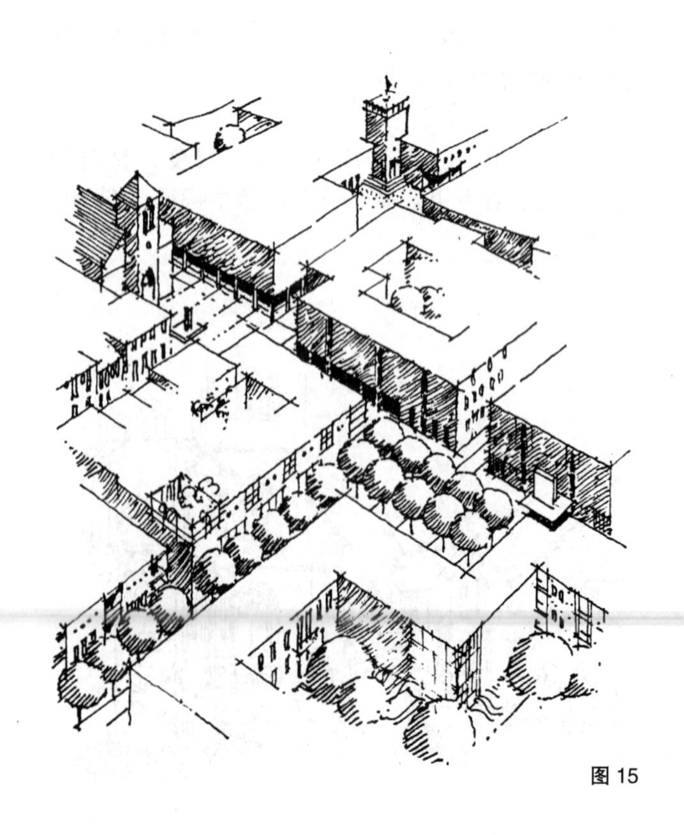

图 15

4.2.1.6 城市步行系统开发的结构图式

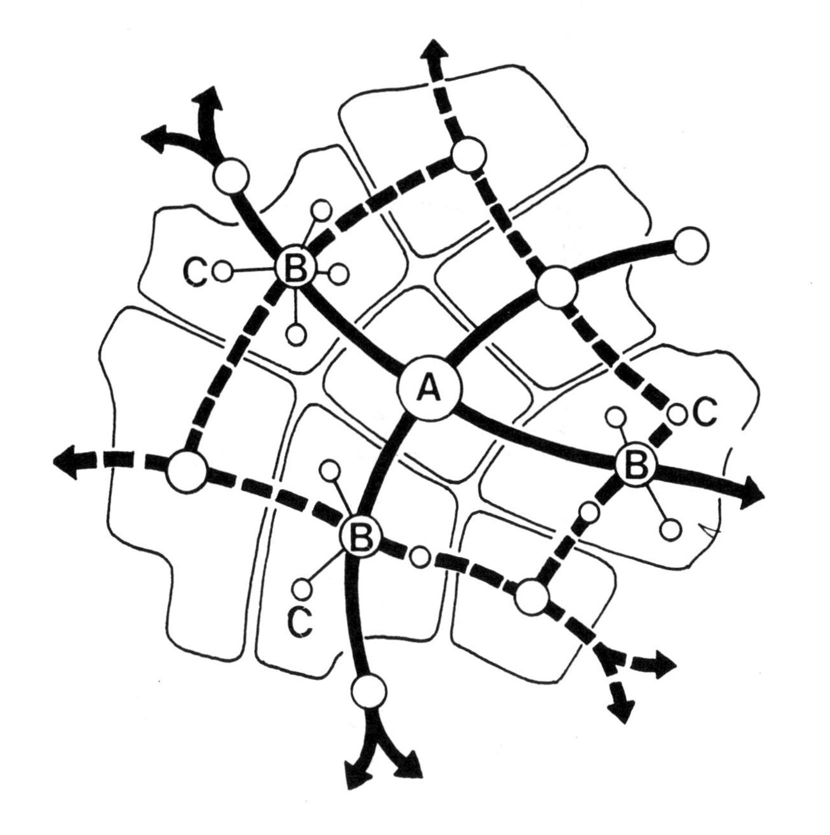

a. 链接各目的地的穿越步行道连接结构

城市按步行交通范围划分成细胞组团

由自然景观环绕的全城步行路线分布

Ⓐ— 城市中心
Ⓑ— 城区中心
Ⓒ— 街区中心

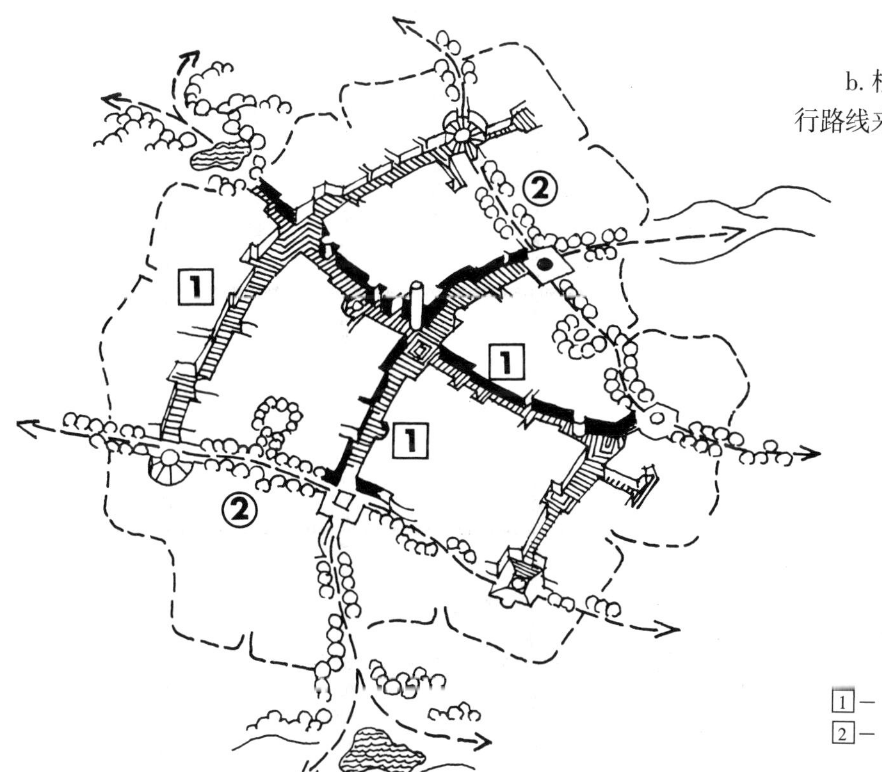

b. 根据造型和体验内容的差异所做的步行路线来区分路线分布

1 — “建成环境”中的步行道，“城市环境”
2 — “景观环境”中的步行道，“自然环境”

4.2.1.7 道路系统开发结构（例）

a. 方格网结构

车行和步行交通在同一道路空间，车行道和人行道平行。行车者和步行者拥有同样的环境体验。

步行者的安全性低（图 16）

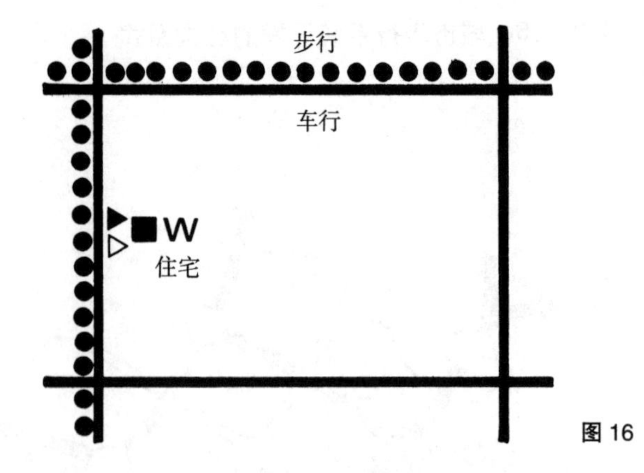

图 16

b. 错位方格网结构

车行道和人行道相互独立的系统，两种交通方式的联系仅限于交叉口考虑交通安全性的合理系统（图 17）

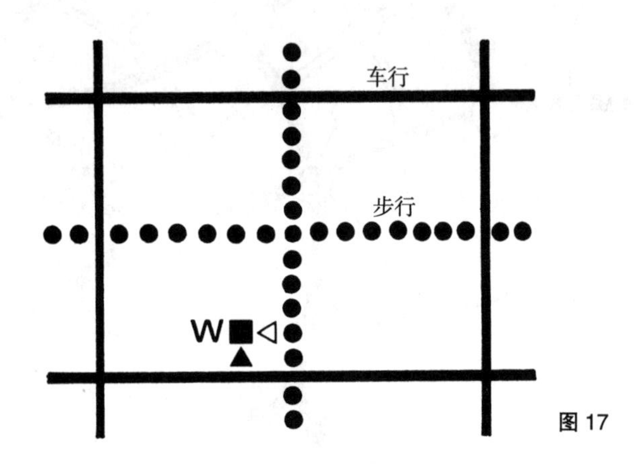

图 17

c. “梳状结构”

车行道和人行道相互独立的系统
两种交通方式之间没有接触点（冲突点）
没有同样的环境体验
交通安全性非常高（图 18）

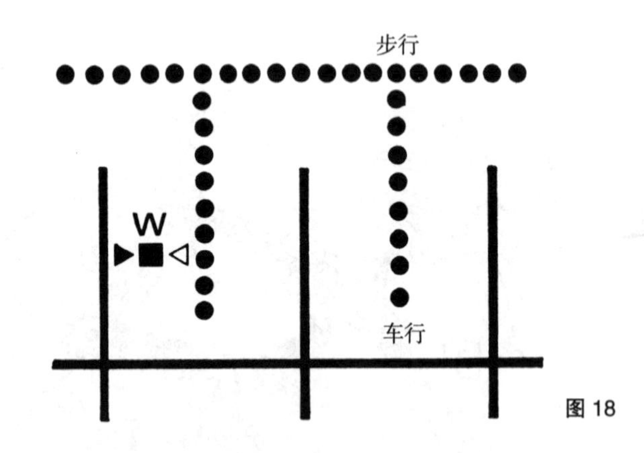

图 18

d. 组合式开发系统

车行道
独立的步行专用道
人车混行道路

根据交通负载量的大小所做的道路划分能够彻底解决交通安全性问题（图 19）

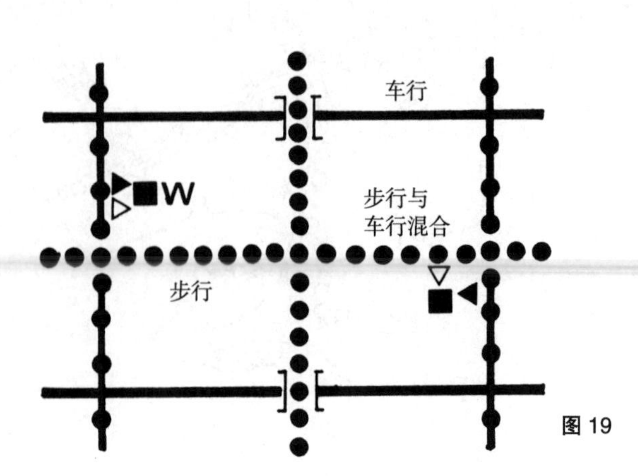

图 19

e. 为了实现“交通疏解”，对方格网状的路网开发进行结构变形

通过阻止穿越交通，限制速度和设置“生活性道路”或步行区，来限制车行交通（图 20）

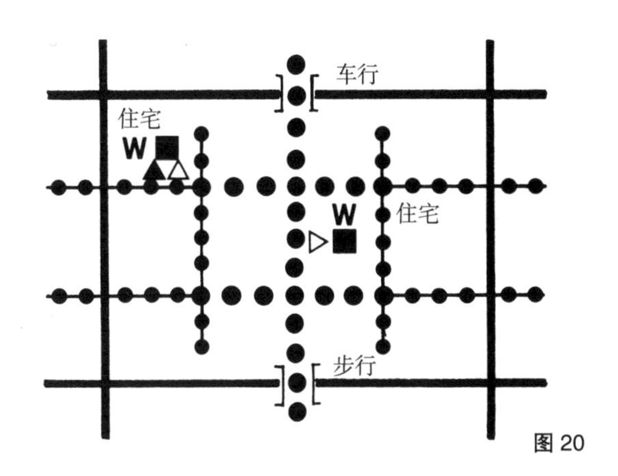

图 20

f. 通过不同平面上的疏导分离车行交通和步行交通

两种交通方式之间没有接触点（冲突点）
两者有全然不同的环境体验
交通安全性非常高
造价高（图 21）

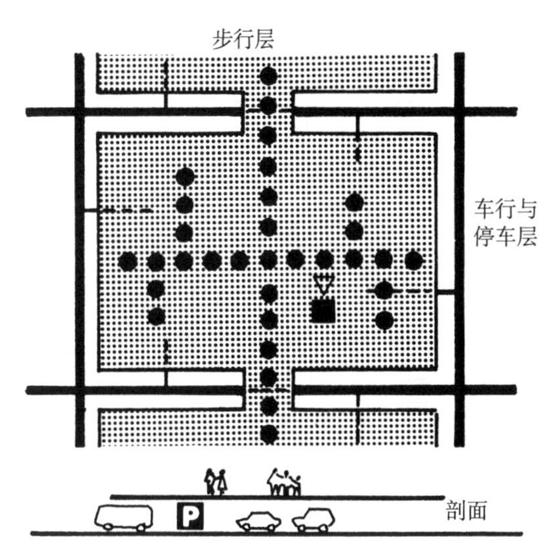

图 21

g. 不同步行道结构对比（图示）

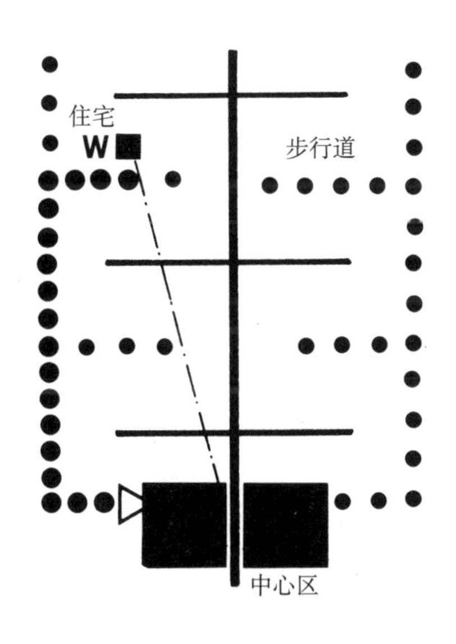

不合理

居住区的中间设车行道，两侧设步行道
住宅与主要步行道之间的关系——步行前往中心区需要绕道
绕行系数 1.5

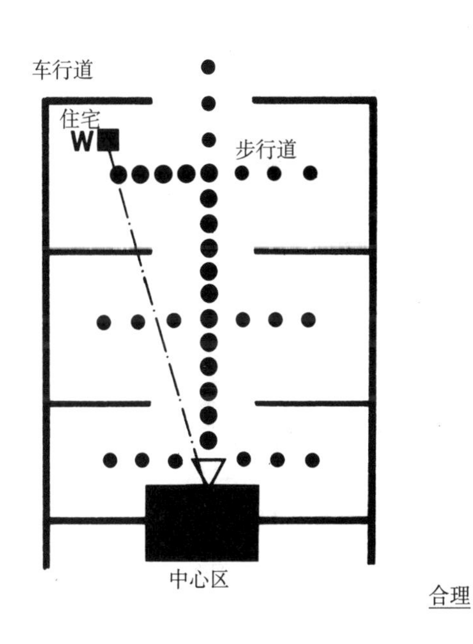

合理

居住区的两侧设车行道，中间设步行道
住宅与主要步行道之间的关系——有直接通往中心区的步行道绕行系数 1.2

4.2.1.8 步行道规划的设计标准

走向和配置标准 / 步行道使用目的地	每日往返多次	每日往返一次	定期往返	偶然往返	最大容许步行距离（m）	尤其强调交通安全性	需要社会监控	为了避免迷失目的地要求最小的绕行系数	可以接受较大的绕行系数	期望参与活动	期待自然体验	功能上的联系（商店、公交站点等）
幼儿园	○	●			600	●	●	●		○	○	
小学		●			600	●	●	●		●	○	
中学	○	●			1000	○	●	●		●		●
购物（每日需求）		●	○		600	○	●	●		●		●
购物（每周需求）			●		1000		○	○		○		●
老年人设施		○	●	○	600	●	●	●		○	○	○
短途公交客运交通站点（根据建筑密度的需求设置）	○	●	○	○	600	○	●	●		○	○	○
火车站		○	○	●	1000		●	●		○		●
3~6 岁用的游乐场	●				50~100	●	○					
7~12 岁用的游乐场		○	●		300	●	○		○	○	○	
13~17 岁用的游乐场			●		500~1000	○	○					
业余时间休闲设施、疗养地			●		200	●	●					
住宅周围的停车设施			●		200~400	●	●		○		●	
小区公园			●	○	750							
城市公园、运动设施				●	1000~1500							
工作地点		●			1000~1500		○	○			○	●

●主要需求或紧急必需的标准

○偶然需要或追求及期望的标准

4.2.2 步行道的布局、尺寸和细部造型

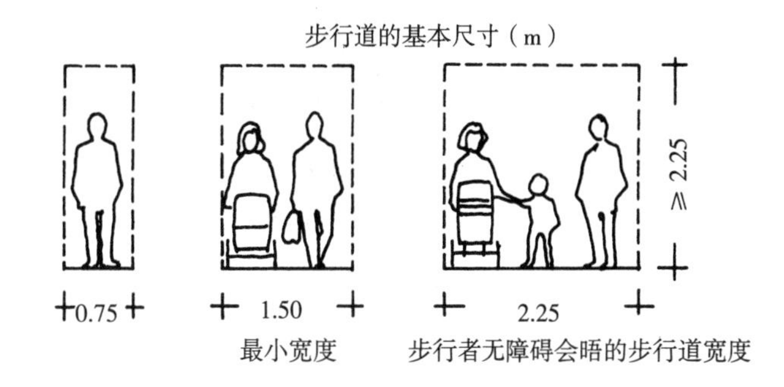

4.2.2.1 步行道和宅间小路的剖面宽度（m）

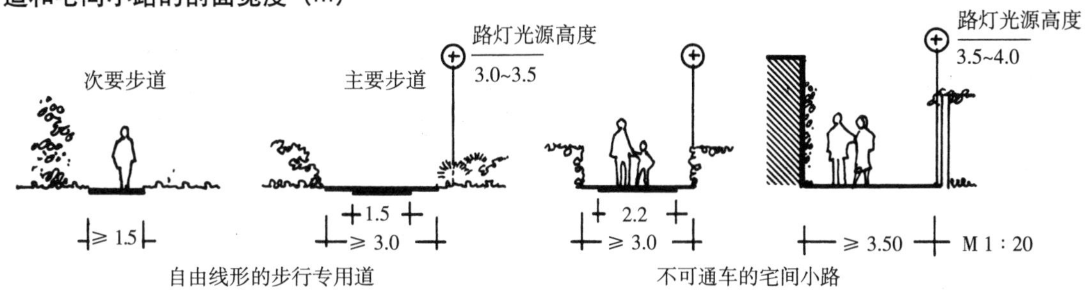

人行道

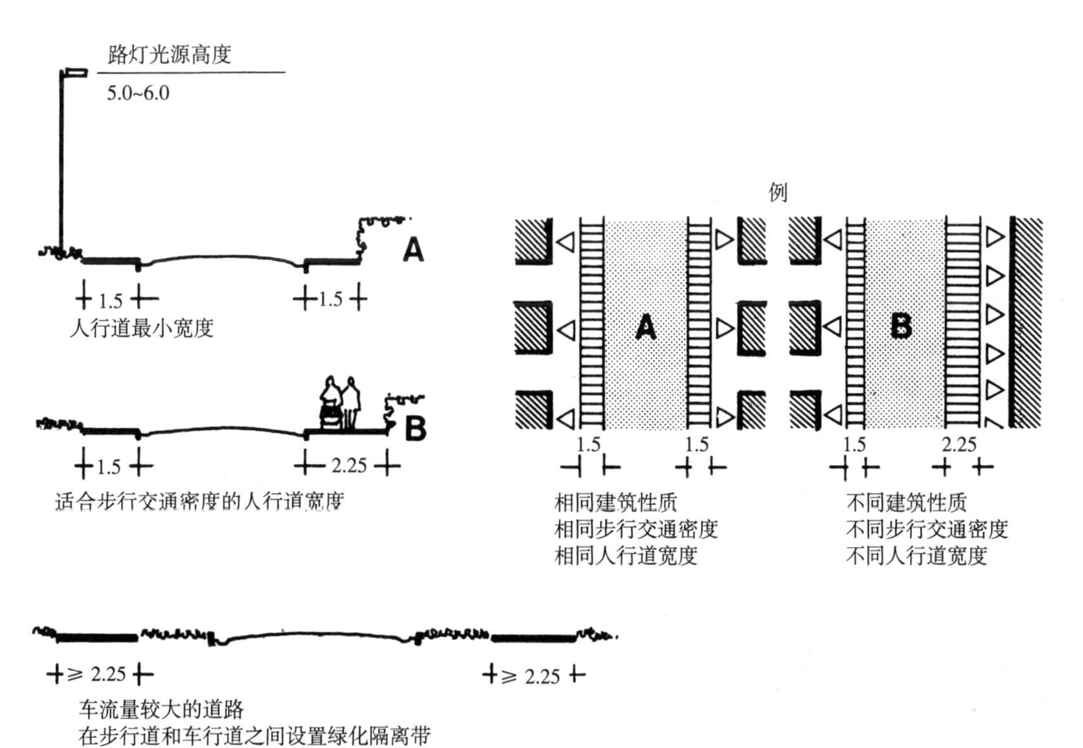

4.2.2.2 步行道的容许坡度

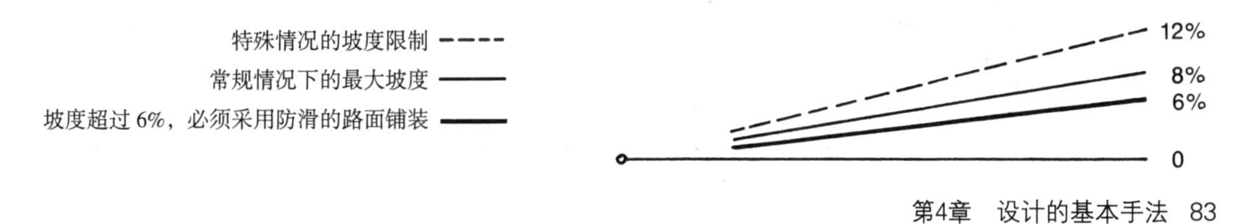

4.2.2.3 **步行道上的附加物宽度(m)**

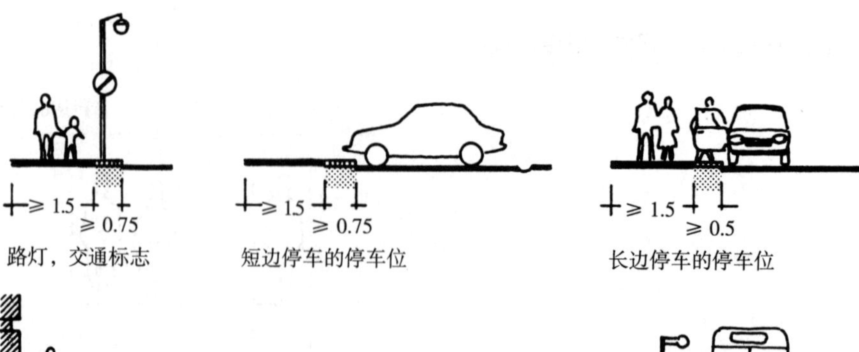

路灯，交通标志　短边停车的停车位　长边停车的停车位

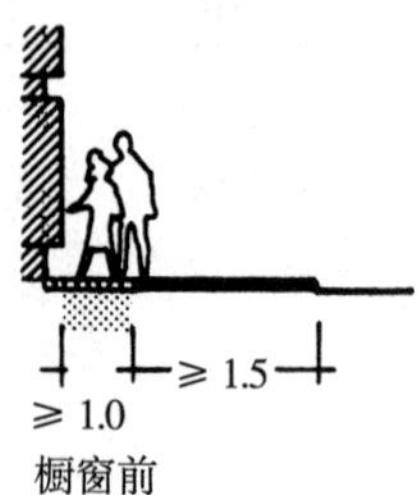

橱窗前

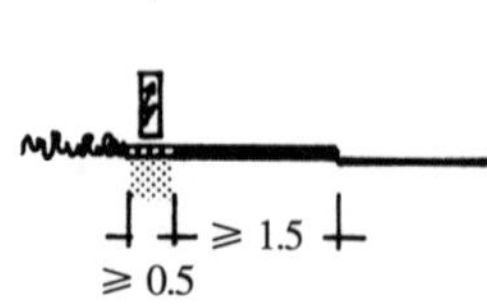

配电箱

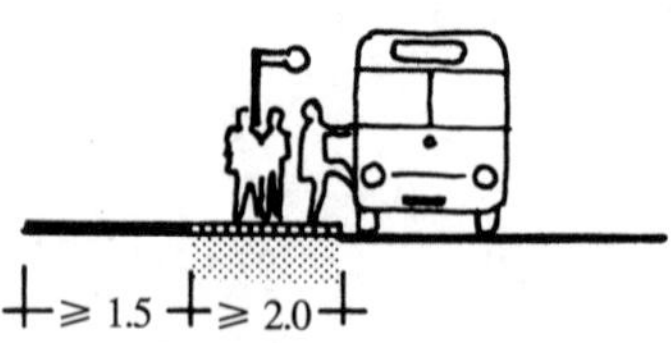

公共汽车站

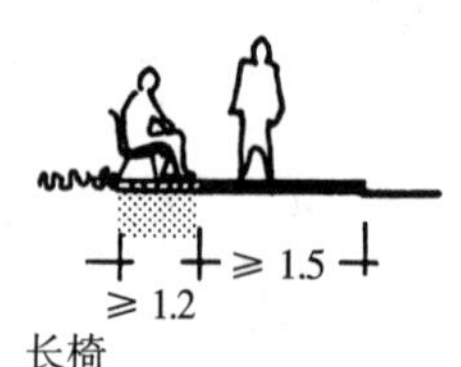

长椅

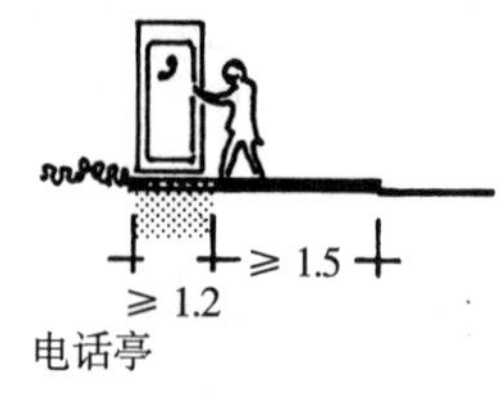

电话亭

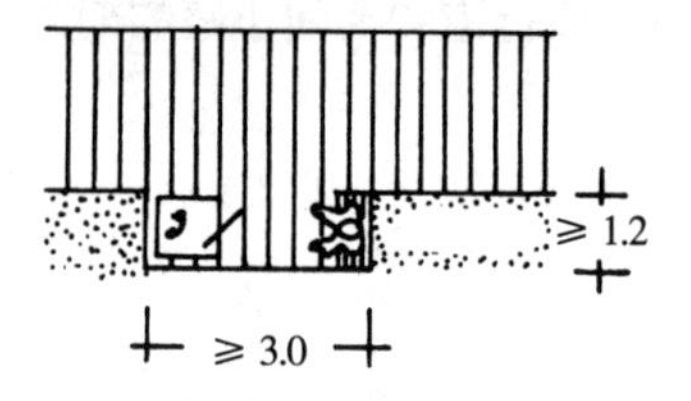

电话亭前的等候场所

M 1 : 200

4.2.2.4 **楼梯**

公共楼梯的最小宽度

步行道 1.50m

最佳 2.50m

必须照明

平缓的“两步台阶”

0.8—0.9

普通楼梯

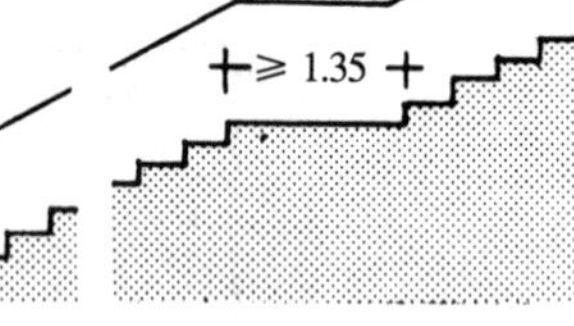

设有平台（每隔 15—18 级踏步）的普通楼梯

4.2.2.5 **附属于楼梯的坡道**

最大高差 4.0m

必须防滑的路面铺装和照明

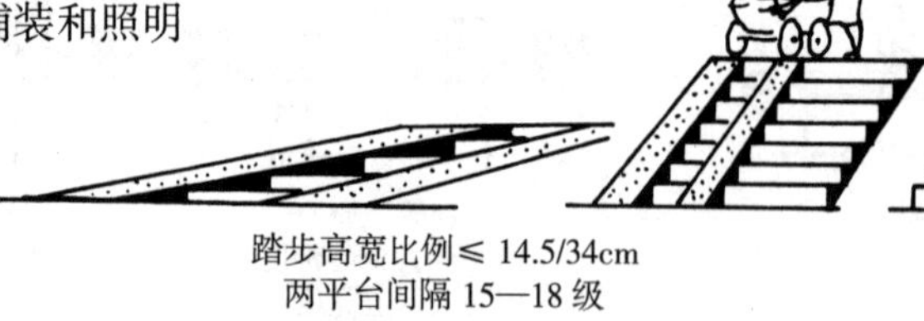

踏步高宽比例≤ 14.5/34cm

两平台间隔 15—18 级

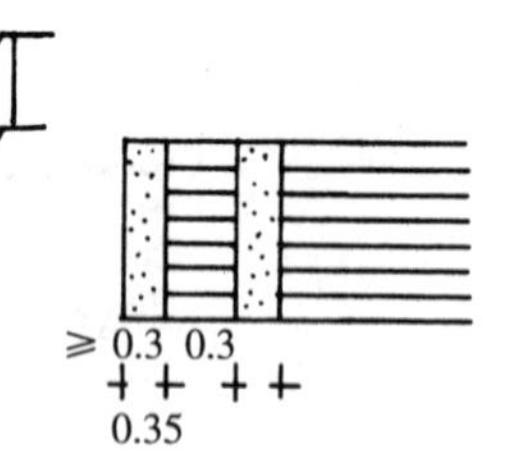

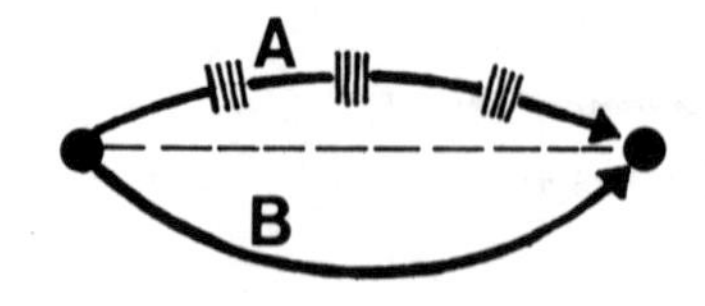

应尽量避免公共人行道中出现一段段台阶的情况（A），可以通过直达的斜坡或坡道代替（B）。

4.2.2.6 **标准值——楼梯坡度**

公共步行道上的台阶的高宽比例

通行上的舒适性	踏步高 / 宽度（cm）	坡度（%）
非常舒适	14.5/33	44
舒适	15 /32	47
比较舒适	15.5/31	50
极限值	16.5/30	55

4.2.2.7 分隔带和隔离带

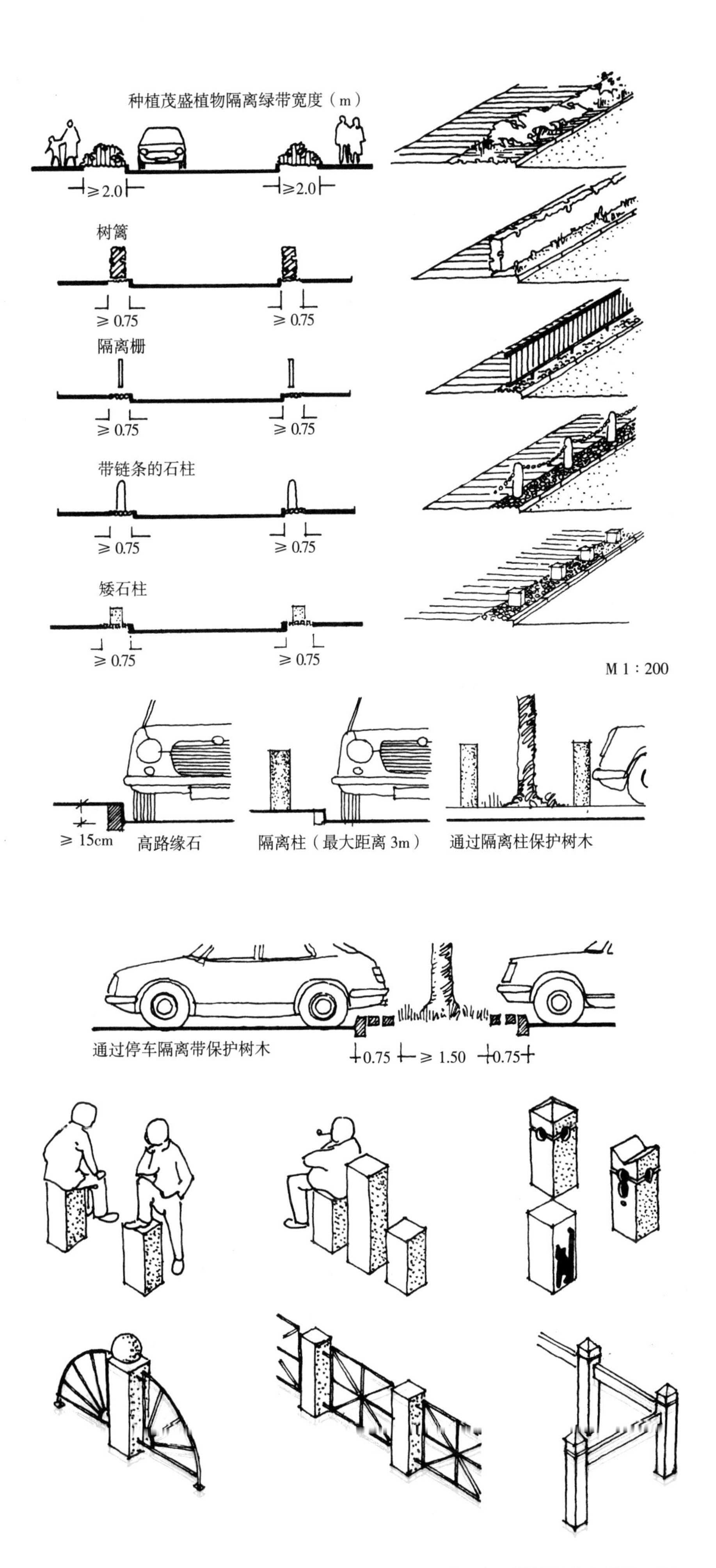

基于通行安全性的原因，人行道和车行道之间通过植物种植带或人工隔离带进行分隔是值得推荐的措施。

– 沿着交通量较大的车行道设置人行道（住宅区集散道路和交通性干道）

– 在交通量较大且同时有较多行人穿越的道路

– 用于有特殊安全需求的设施，例如幼儿园，小学

– 为了避免未经允许的停车对于人行道的干扰；车辆完全或者部分占用人行道停靠，是一种普遍存在的陋习。因此，尤其在人口密度较高的区域，更需要通过隔离带来保护人行道。

基于同样的原因，隔离带也同样为行道树带来必不可少的防护。

相对于静态交通设施日益增加的面积需求，以及为保障行人及其在公共开放空间中的短暂逗留的利益、保留非交通用地期望的增长，交通空间往往被迫借助隔离带确定界限。

那些隔离装置，例如隔离柱和隔离栏，被统称为特定的城市形象“街道家具”。当然这些家具也不可避免的需要投入大量的精力，通过精心的富有想象力的形态设计，不仅能够满足隔离和保护的必要基本功能，同时也必须体现出额外的使用价值以及形式妙义。

例如隔离柱，可以做成游戏柱或者座椅的形式，也可以设计成倚靠的样子，作为城市街道形象的一个重要的造型要素得以展现。

4.2.2.8 人行横道

拥有良好的视野是保障步行道交叉口安全性的重要前提条件。道路和街道的走向、装备或种植都必须保证汽车司机和行人的视线不受遮挡。

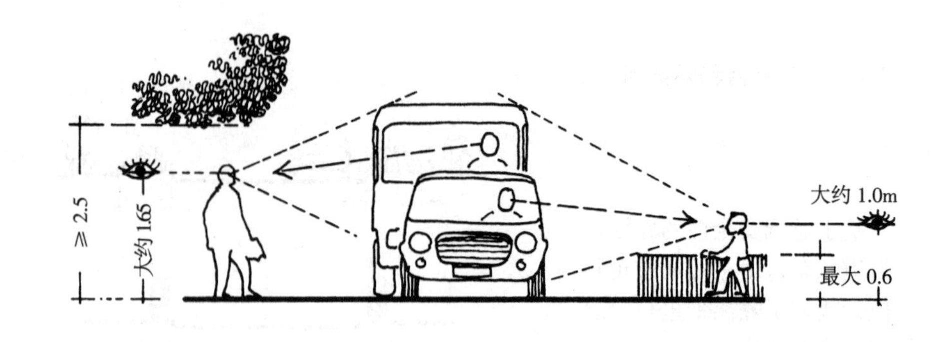

如果道路两旁有商店、学校和幼儿园，以及频繁穿越的步行交通，同时机动车交通流量也比较大的话，那么就必须特别关注可能存在的危险情况。(A)

以交通疏解为名，对交通功能和道路负荷进行改建，是一种值得考虑的首要解决方案。(B)

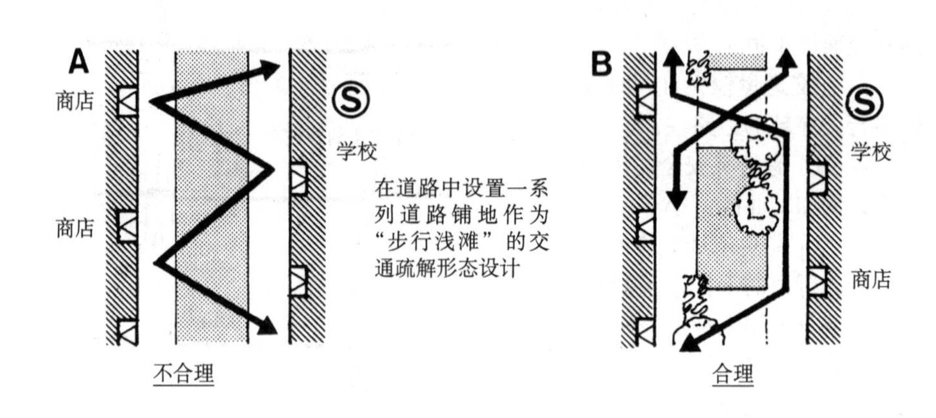

如果上述这种交通疏解改建的前提条件无法满足，还可以采用“渠化交通”的方式处理穿越的步行道路。通过隔离栏和有标识的人行横道来组织交通，以确保交通安全。(CI，CII)

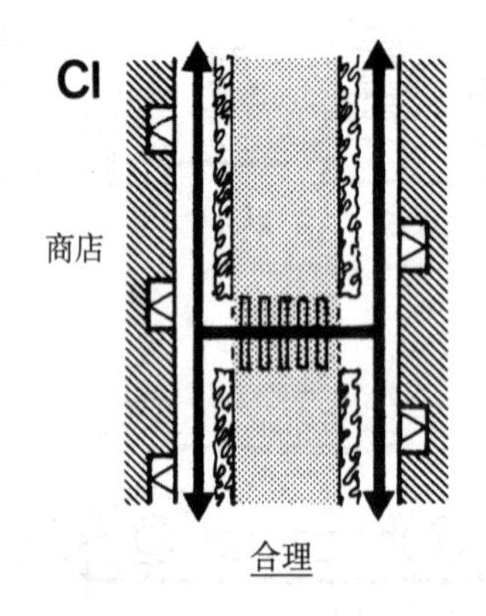

设置设有交通标识的穿越步道，连接两边的步行道，避免交通事故的发生。在较宽的车行道和车行交通量较大的道路上设置中央隔离岛是值得推荐的举措

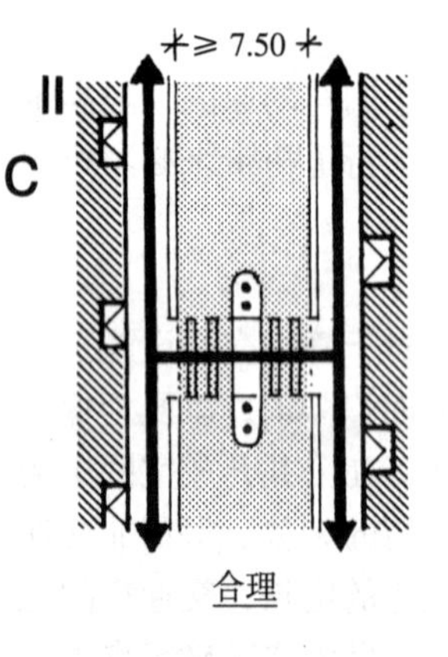

道路交叉口对于步行道的联系具有非常重要的分流作用。这里最常见的问题是大量车行道路的穿越。在道路交叉口，传统的优先权往往赋予穿越的车行道，行人必须绕弯路或者采用比较危险的对角线穿越方式。(A)

因此，我们应当注意车行交通和步行交通享有平等权利，这也是一种值得推荐的交通方式。在同一平面上解决交通联系问题，同时为步行交叉口提供全方位的优先权。(B)

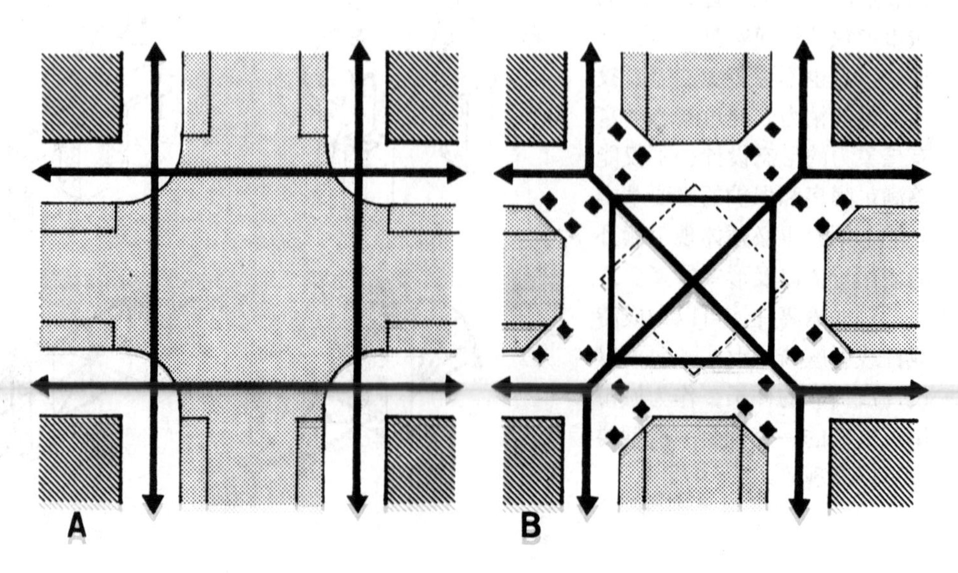

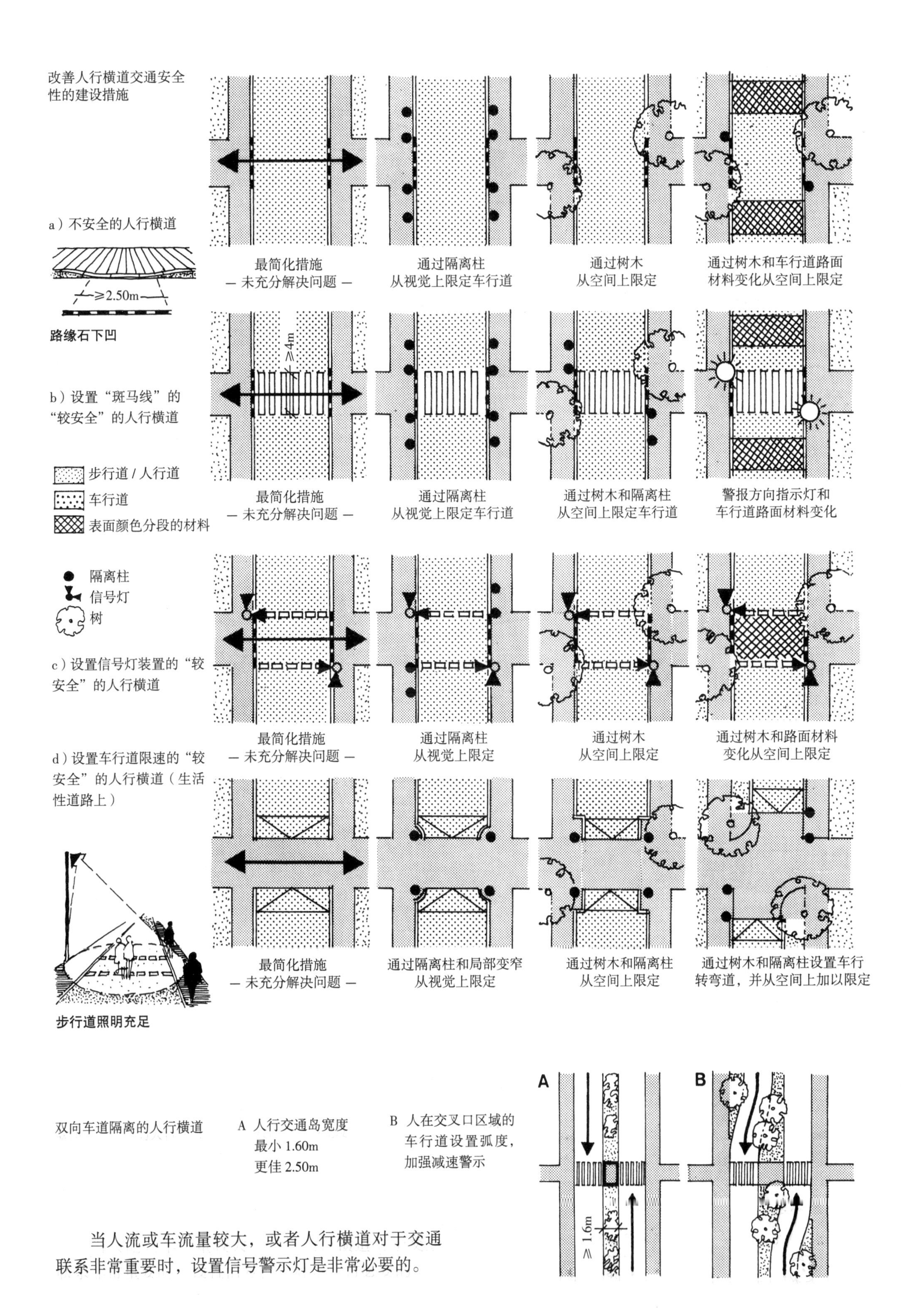

当人流或车流量较大，或者人行横道对于交通联系非常重要时，设置信号警示灯是非常必要的。

4.2.2.9 步行天桥

为了保证步行交通舒适和畅通无阻的使用——同时保障残障者的通行——必须对步行天桥和步行地道进行造型设计

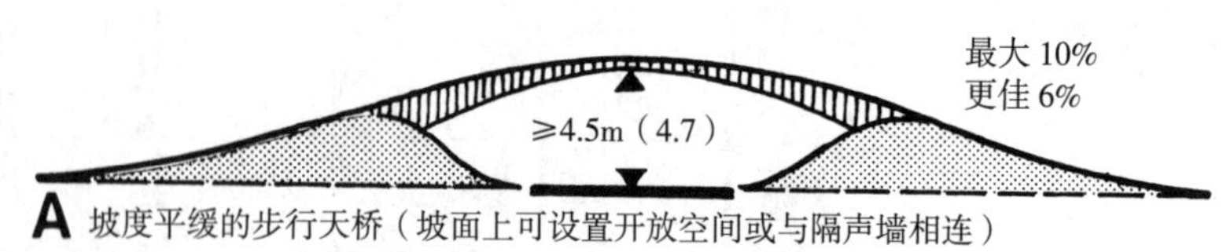

A 坡度平缓的步行天桥（坡面上可设置开放空间或与隔声墙相连）

B 车行道路面下穿，架设坡度平缓的天桥

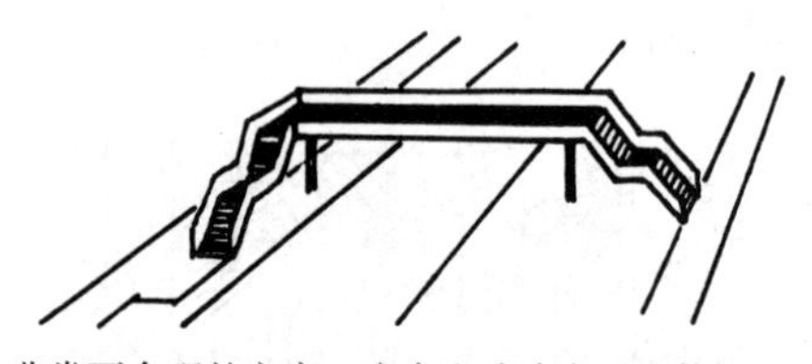

非常不合理的方案；童车和残障者无法使用

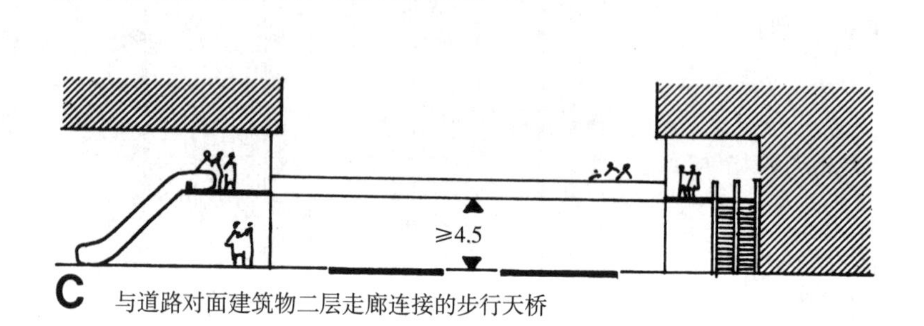

C 与道路对面建筑物二层走廊连接的步行天桥

M 1：500

4.2.2.10 步行地道

狭窄（阴暗）和视野不佳的步行地道，会给人路障的感觉（带来不安全感）。步行地道越长，宽度就要越宽，顶棚高度也应越高（最低 3m）。

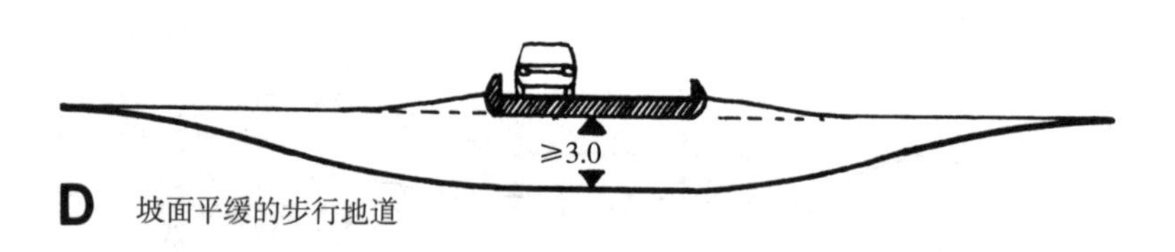

D 坡面平缓的步行地道

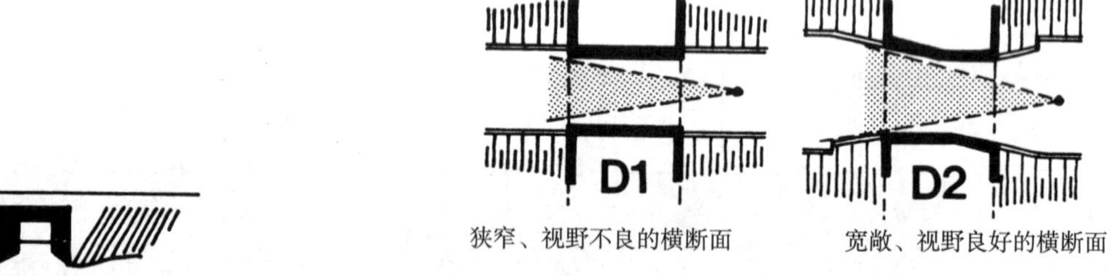

狭窄、视野不良的横断面　　宽敞、视野良好的横断面

D1 “穿洞”不合理

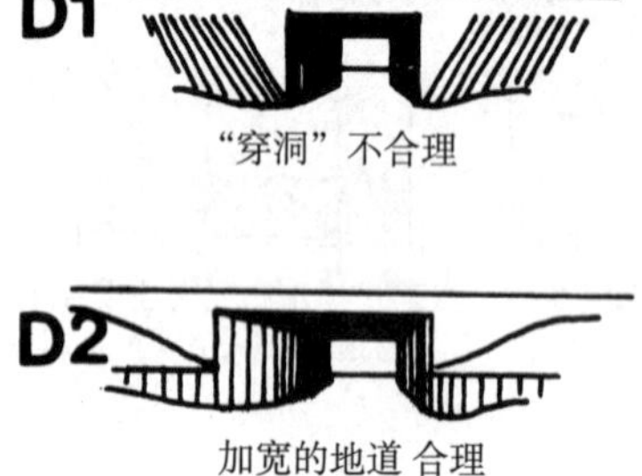

加宽的地道 合理

E

坡道　车行道　楼梯　坡道　主要人流方向

仅仅通过楼梯（含自动扶梯）的步行地道开发建设是不合理的，因为童车和残障者无法使用。较好的方法是：人流主要方向上设置坡道，次要方向上设置楼梯。（E）

步行天桥和步行地道若与短途公交客运交通站点相连的话将非常有益。（F）

F

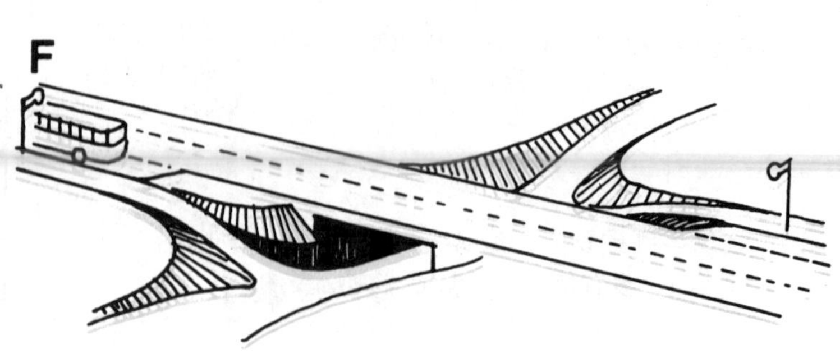

4.2.2.11 步行坡道坡度

坡度超过 6% 的坡道必须要有防滑的路面铺装（为了残障者的需求，两边都必须设置扶手）。

10%——特殊情况的坡度限制
6%——允许坡度，并满足舒适步行要求
0

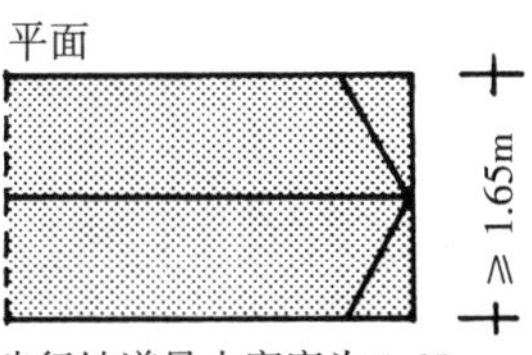

步行坡道最小宽度为 1.65m

4.2.2.12 平面图上的步行道流线设计

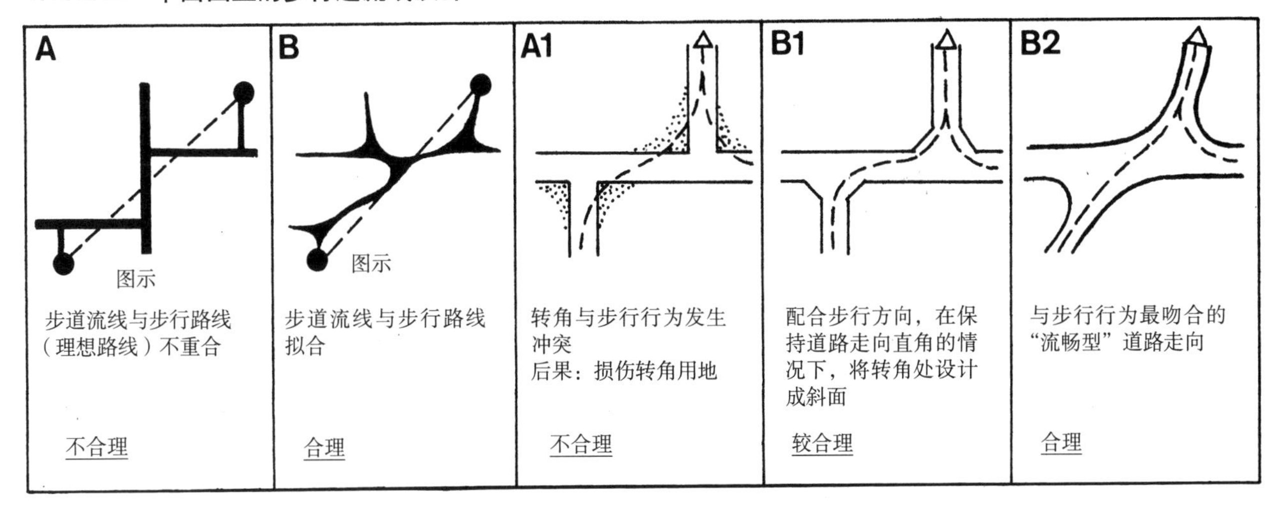

4.2.2.13 步行道路面铺装

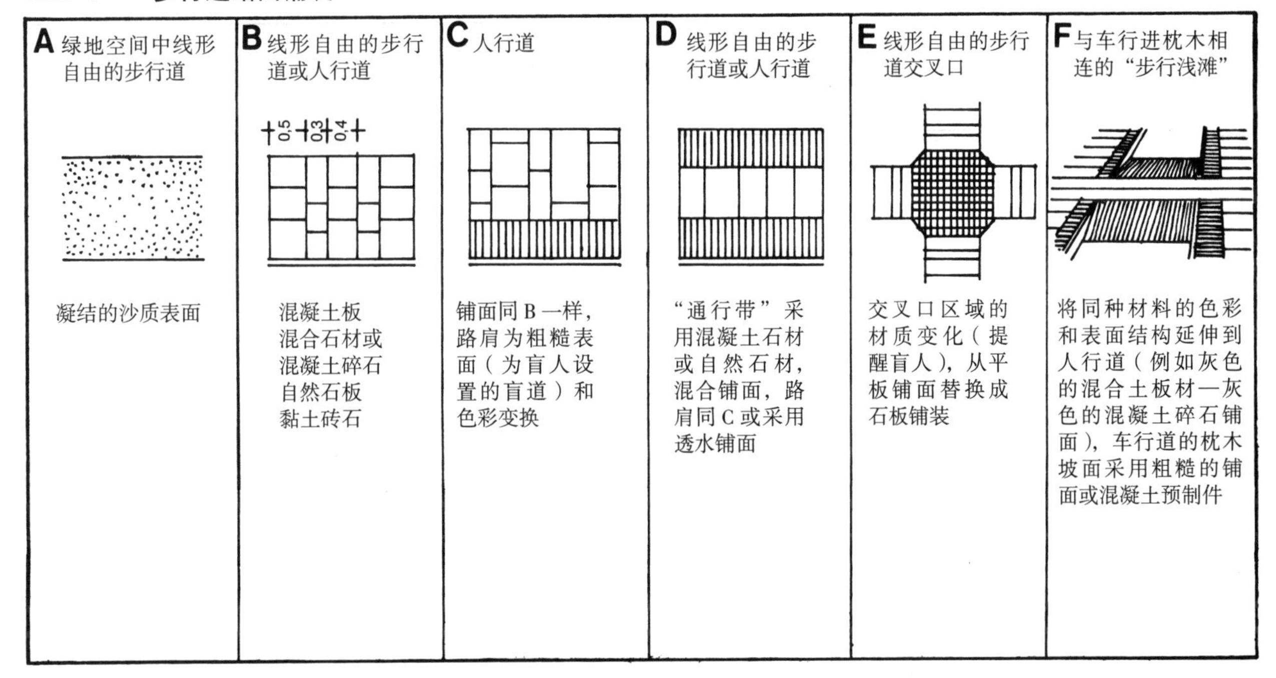

4.2.2.14 人行道上的树木种植

4.3 自行车道及其布局与尺寸

在经历了数十年以汽车为本的城市规划和交通规划之后，近期通过相关道路系统的改造，极力为环境友好且省地型的交通工具——自行车提供运行机会，并且在未来使之成为具有竞争力的短途交通工具。自行车交通为日常短途交通需求提供了特别划算的性价比。然而，接纳这种交通移动方式并感觉愉悦的先决条件首先在于安全性以及符合要求的交通路网结构和细节布局。

人们注意到骑车者的特殊交通行为，自行车这种交通工具的特征和灵敏性，以及大部分骑车者都是年轻人（例如：上下学交通是一方面原因，另一方面原因则是车行道常常不够用），因而事故频发并不令人惊讶。如果一项交通规划要为所有交通参与者的安全负责并且力求在所有相适应的交通方式中达到与需求相符的交通流量，那么它必须为这种目前不占优势的交通工具提供相应的措施，即各种交通方式之间的相互组织，实现权利平等的原则，或在合适的范围内给予步行者和骑车者优先权。

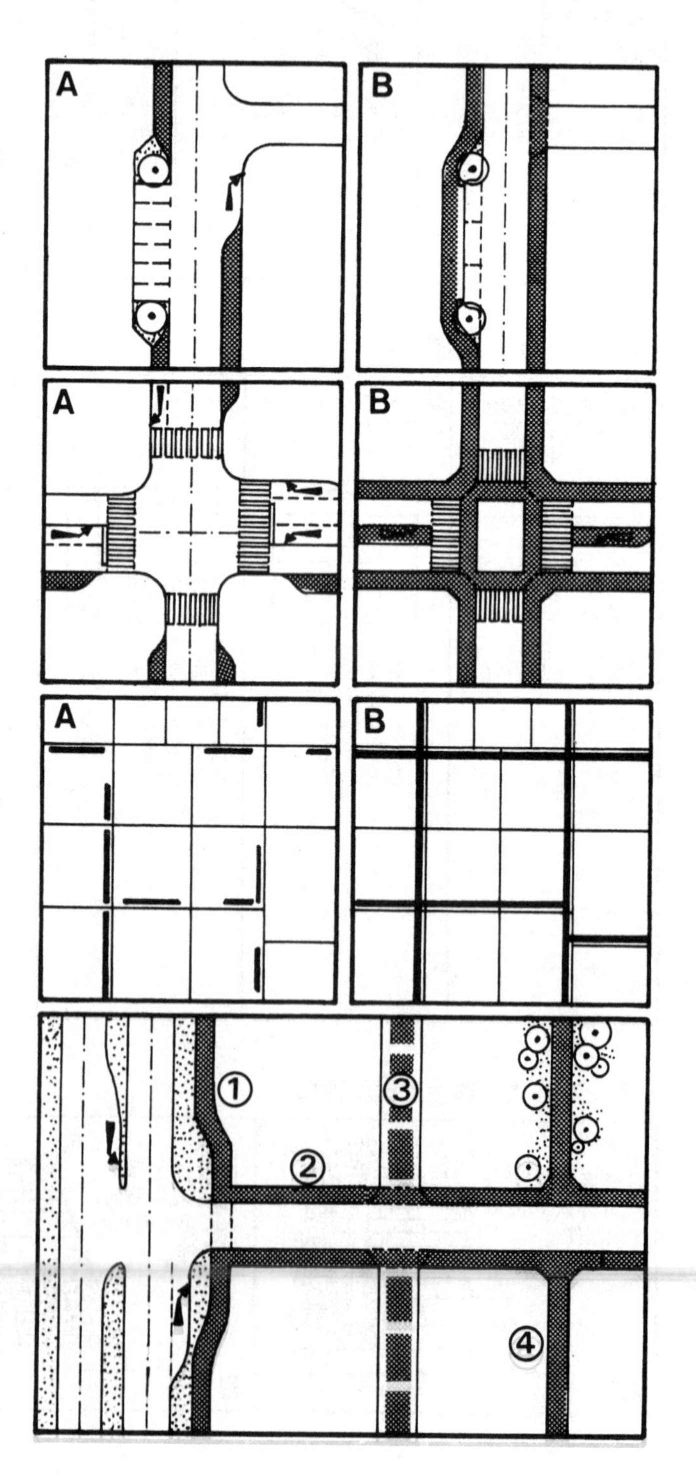

A. 被限制在部分路段上的自行车道，交通安全性低，骑车者受到明显阻碍
B. 贯穿的自行车道，提高交通安全性，刺激自行车的使用

A. 自行车道在交叉口区域前终止，骑车者在交叉口区域内不受保护，非常危险
B. 自行车道在各个方向上贯通，提高交通安全性

A. 在道路网系统中，自行车道被限制在部分路段上，对于骑车者构成明显的阻碍和危险
B. 独立而贯穿的自行车道路网系统，促进自行车的使用

道路网系统中的自行车道

1. 与交通性干道、集散道路平行且设有分隔带的自行车道（机动化的两轮交通）；

2. 车行道边缘（邻接道路）的自行车道；

3. 与其他车行交通在同一道路平面上的自行车道（交通量少的邻接道路，生活性道路）；

4. 自行车专用道（为非机动化两轮车使用）。

自行车道上的设施

自行车道上的设施在以下情况下是必需或是适宜的：

- 只要在可达的距离内没有独立的自行车道，则机动车道上有较大交通负荷、大量重型载货交通、高速机动交通、大量停车压力；
- 四车道及四车道以上的机动车道；
- 不熟练或需要保护的骑车者（上下学交通）占大多数；
- 内部交通有大量每天工作出行或生活出行（如居住区、中心功能区）。

自行车带和骑车者防护带上的设施在以下情况下是必需或是适宜的：

- 内部道路上有中等或大量的机动车和自行车交通，机动车速在 50km/h 以下，停车行为舒缓，商业交通比例小；
- 自行车道上的设施由于空间上的原因无法设置的时候；
- 由于成本原因土地表面改造比最佳的单一措施更具有优先权的时候。

自行车道宽度（m）

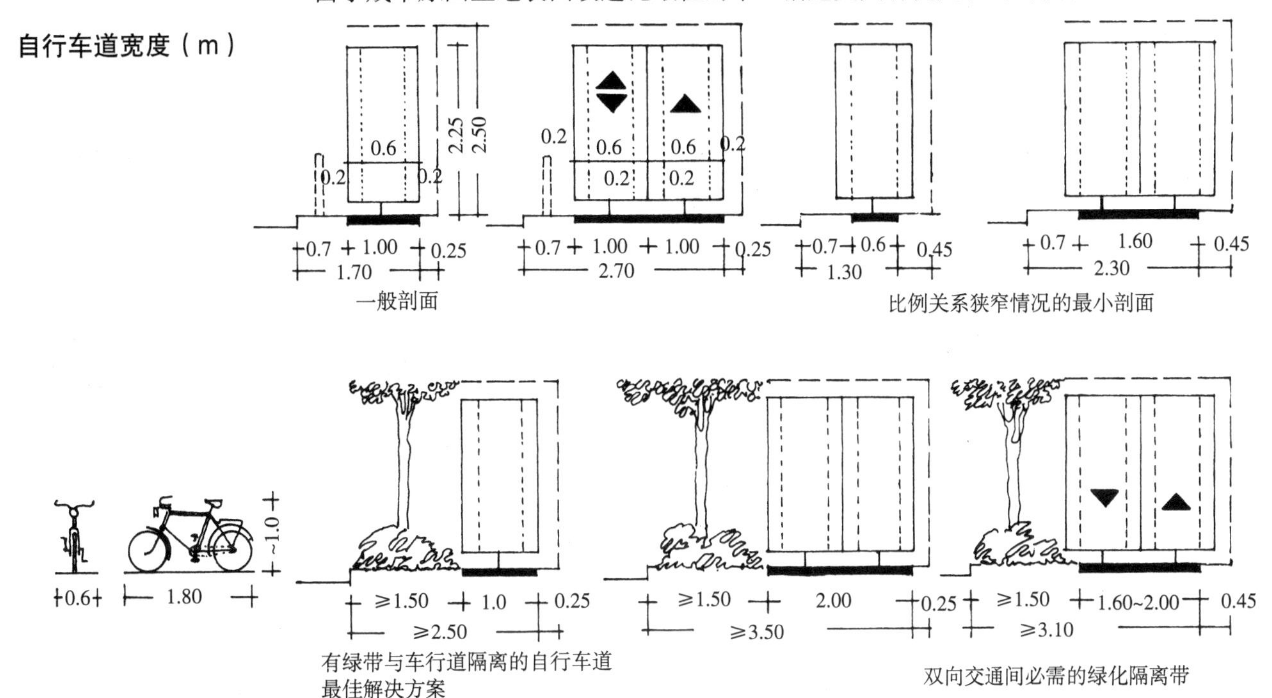

一般剖面

比例关系狭窄情况的最小剖面

有绿带与车行道隔离的自行车道最佳解决方案

双向交通间必需的绿化隔离带

普遍的建议：

- 单条自行车道一般宽度为 1.60m，最小宽度为 1.40m（每增加一条增加 1.0m）；
- 自行车道与人行道同一标高，且与车行道（路缘石线）间有分隔带（=0.75m）；
- 骑车者和转弯或等待的驾车者之间有视线联系；
- 自行车道／带在交叉口区域有清晰的视距；
- 双向通行的自行车道在已建成区域不可能实现；
- 双向通行的自行车道在交通交叉点需采用信号指示。

自行车带和骑车者防护带宽度（m）

≥5.50　1.85（1.50）

车行道　自行车带

≥4.50　1.60（1.25）

车行道　防护带

自行车道的安全保障

人行道边沿的自行车道
自行车带

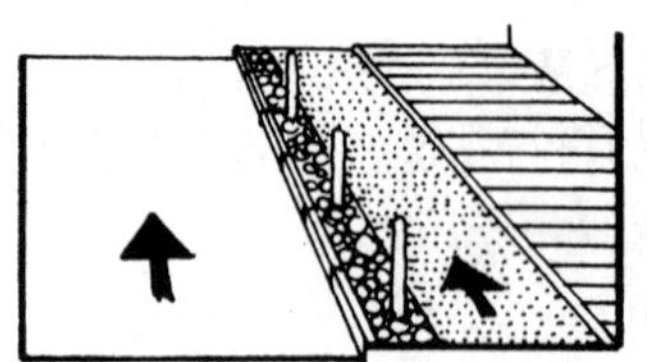
人行道边沿的自行车道
车行道边缘设置隔离柱
防止未经许可的停车

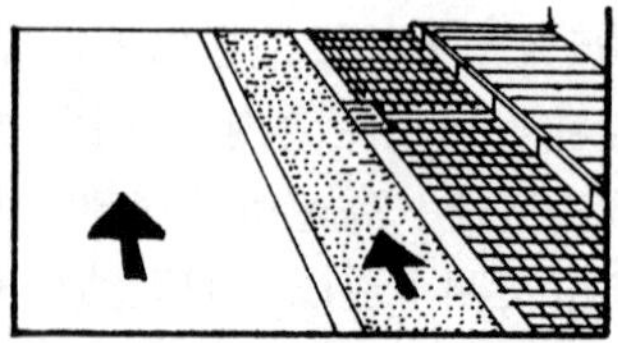
位于车行道边缘的自行车带
必须与车行方向一致

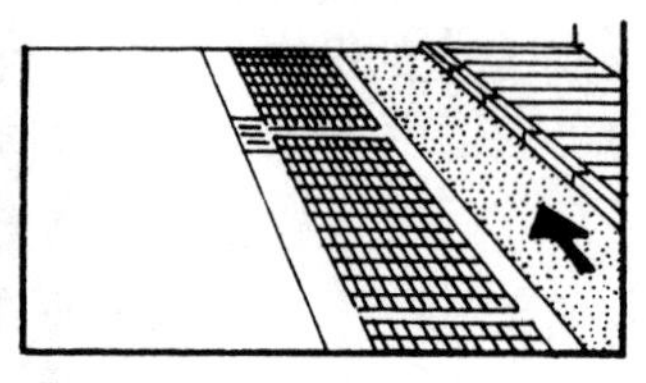
位于停车带和人行道
之间的自行车带

公交车站旁的自行车道
导向

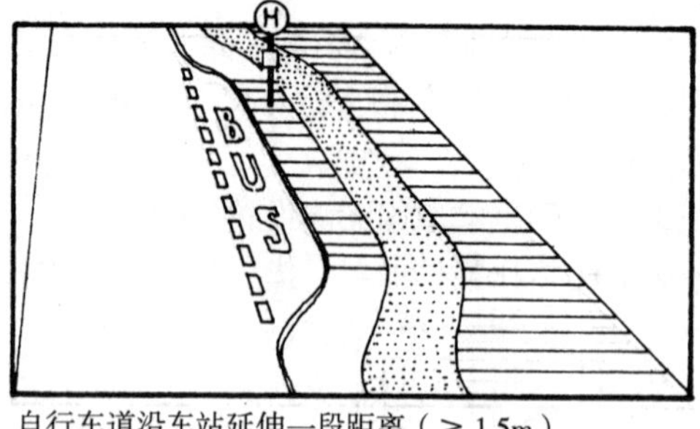

自行车道沿车站延伸一段距离（≥ 1.5m）

不合理的

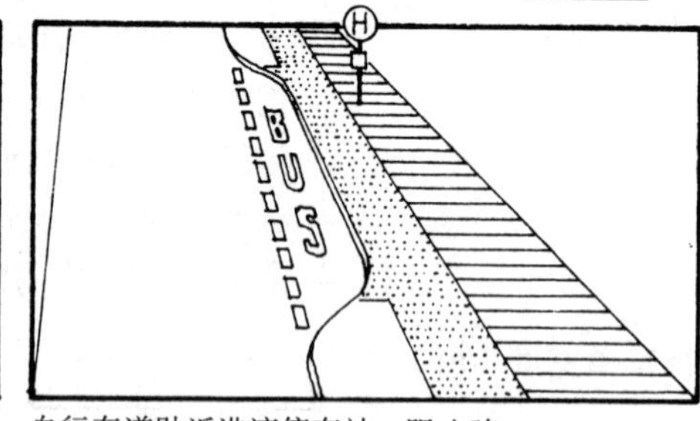

自行车道贴近港湾停车站，阻止骑车者和旅客通行

交叉口的自行车道
导向

合理

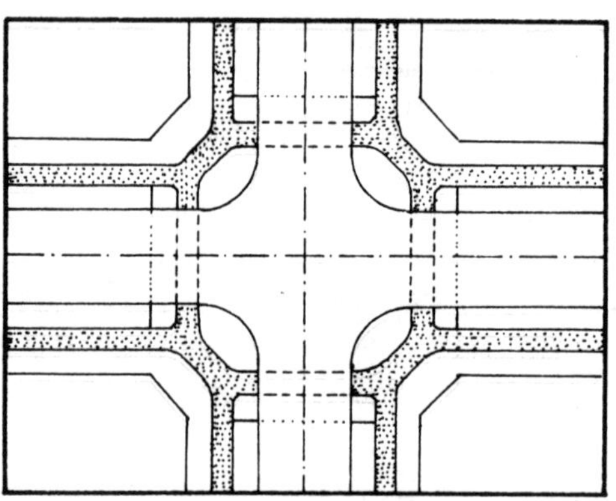
自行车道在交叉口区域绕行（信号灯保障的交叉口）

非常不合理

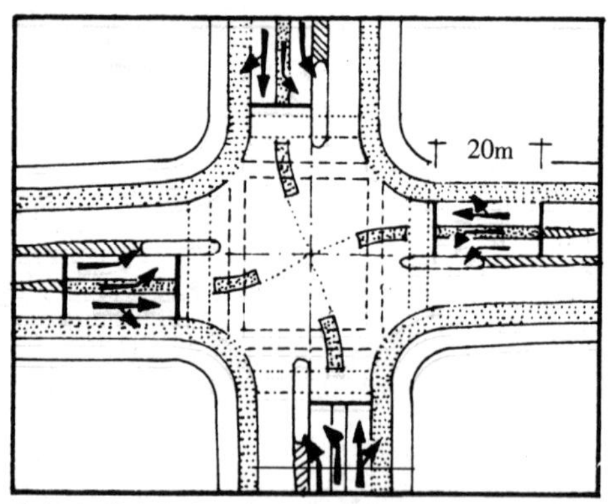

自行车道流线为左转弯提供自行车闸道（宽度≥ 1.3m）大多应用在信号灯控制的交叉口

靠近车行道限速的自行车道

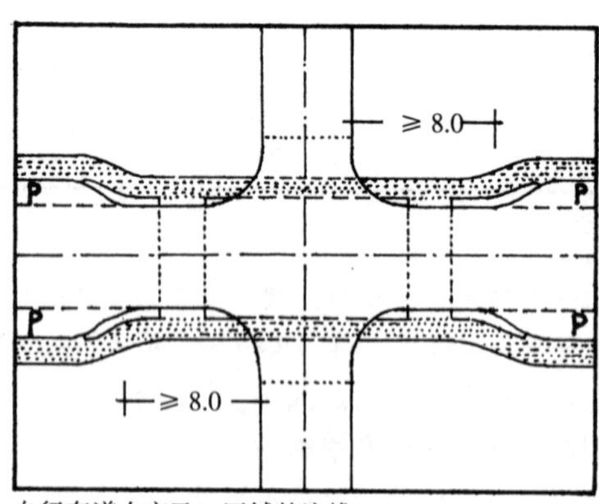

自行车道在交叉口区域的流线
骑车者在汽车的视线范围内

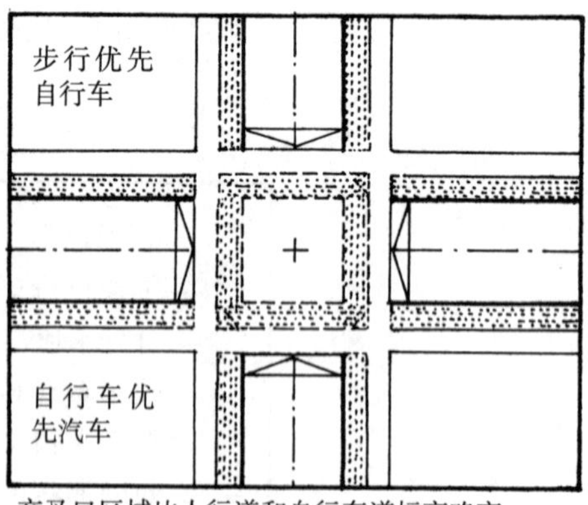

交叉口区域比人行道和自行车道标高略高，
人行道和自行车道 / 自行车带贯穿

车行道交叉口前的停留等候区

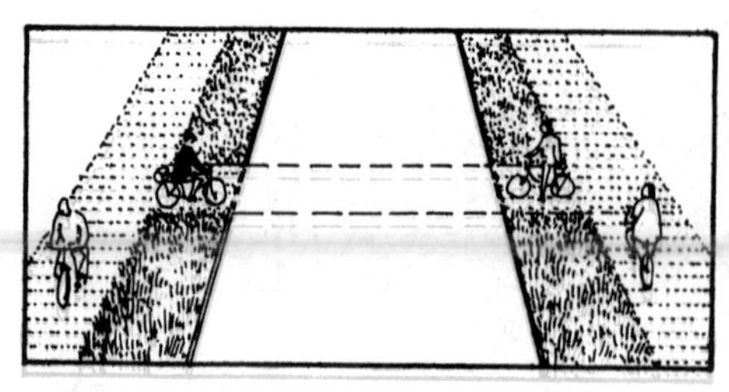
车行道两侧均设有停留等候区（长度≥ 2.5m）
合理

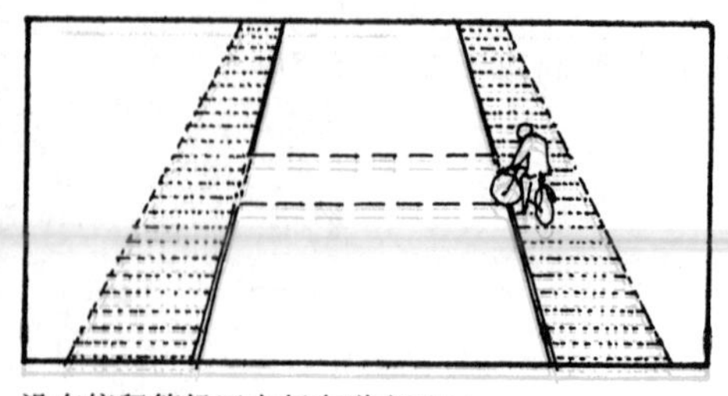
没有停留等候区自行车道交叉口
非常不合理

连接道路（次要道路）的自行车道交叉口

自行车道/自行车带的起始

自行车道的容许坡度

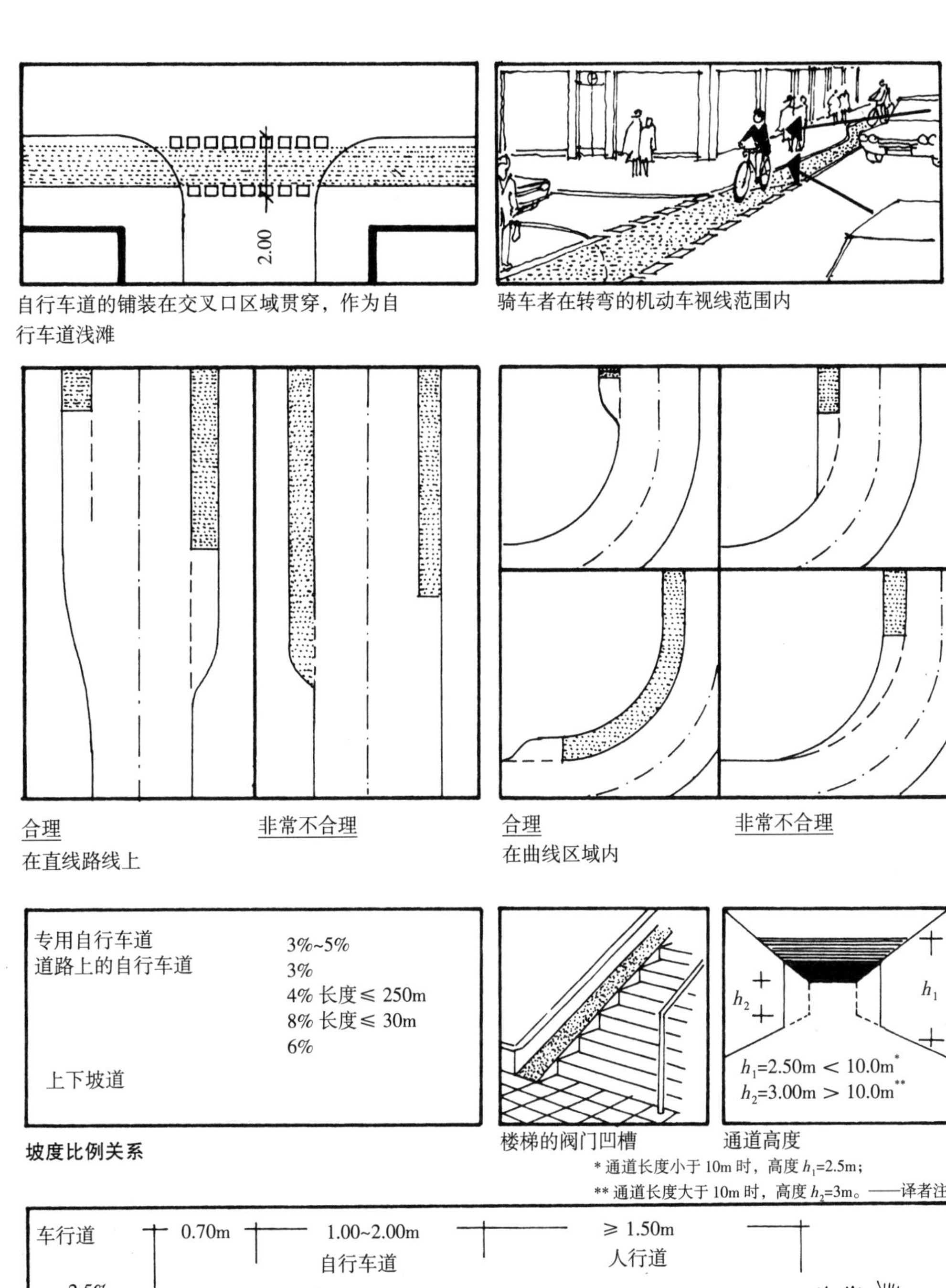

自行车道的铺装在交叉口区域贯穿，作为自行车道浅滩

骑车者在转弯的机动车视线范围内

合理 在直线路线上

非常不合理

合理 在曲线区域内

非常不合理

坡度比例关系

楼梯的阀门凹槽

通道高度

* 通道长度小于 10m 时，高度 h_1=2.5m；

** 通道长度大于 10m 时，高度 h_2=3m。——译者注

剖面造型、材料、配色

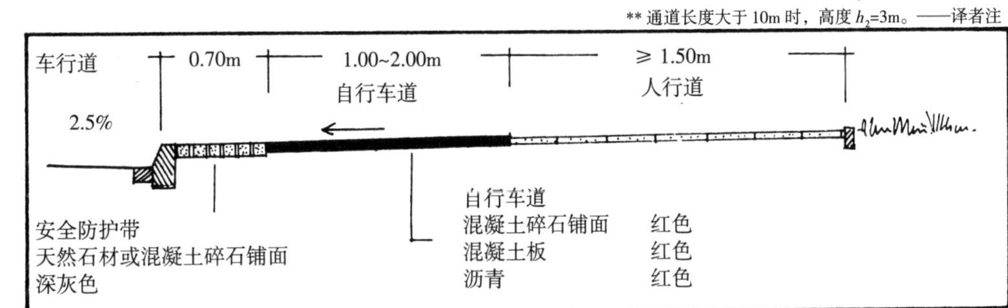

自行车架
停车位
— 实例 —

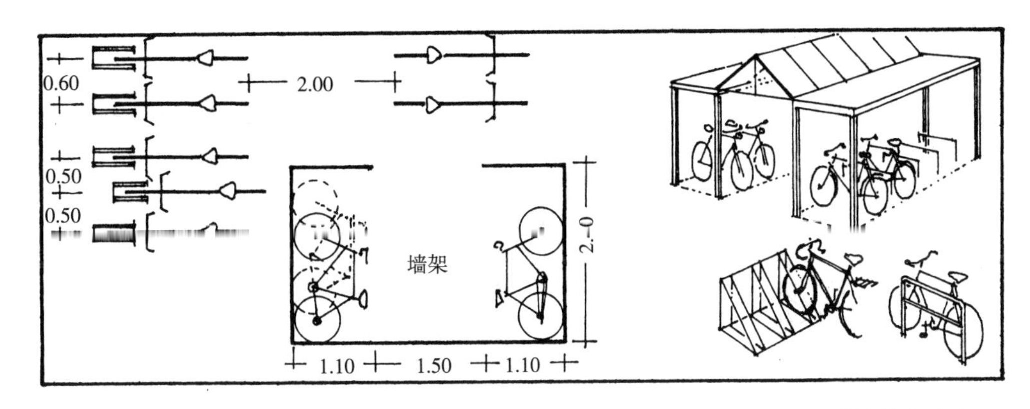

4.4 短途公共客运交通（ÖPNV）

有关短途公共客运交通方面的说明，在此仅限于短距离交通，即只限于在空间上为住宅、工作、供应、教育、休闲提供联系的公共交通工具。各个交通系统的特征，整理如下表所述，并且与私人交通形式的特征——以补充或竞争的方式——加以对照。

最重要的交通工具/交通方式特征对比一览表

交通工具/结构特征

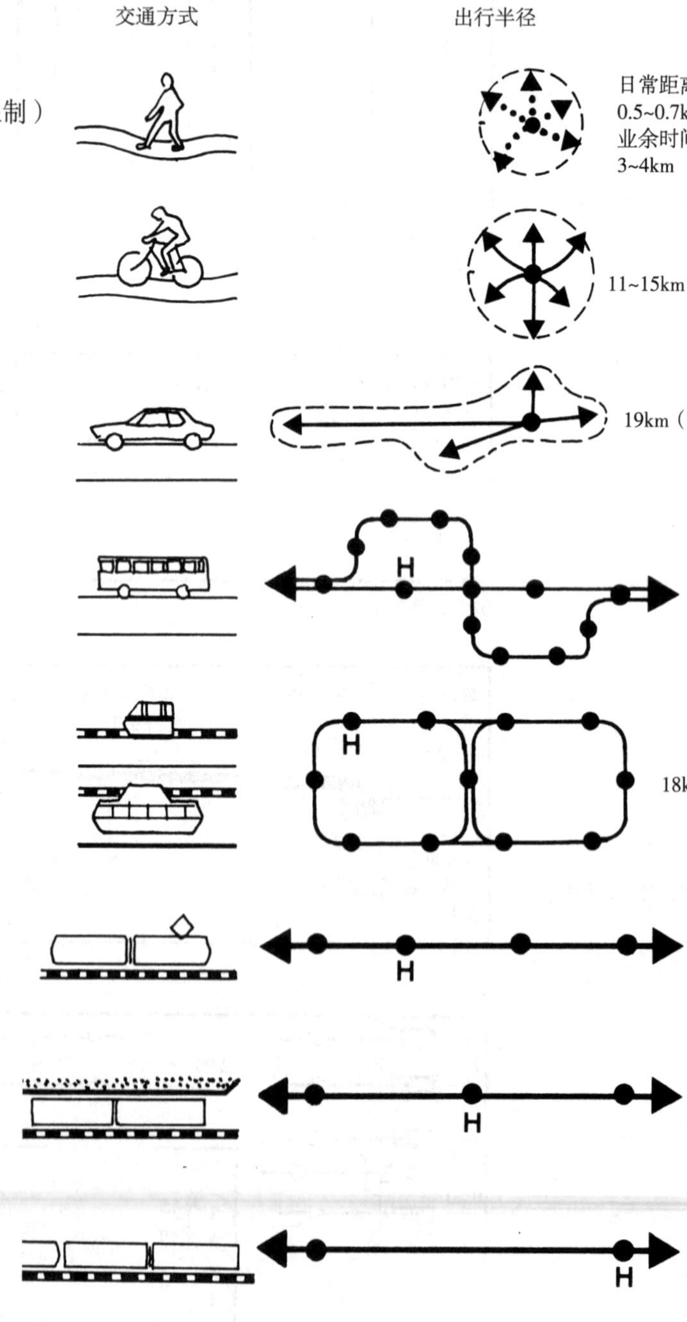

类别	交通工具	交通方式	出行半径	45min内的可达距离
私人交通	1. 步行者 平面型交通联系（出行半径受到限制） 没有能源消耗，环境友好			日常距离 0.5~0.7km 业余时间 3~4km
私人交通	2. 骑车者 平面型交通联系 没有能源消耗，环境友好			11~15km
私人交通	3. 私家车 平面型交通联系 高能耗，环境污染大			19km（城市交通）
短途公共客运交通	4. 公交车 平面型服务设施 适度的能源消耗，环境污染大 成本合理		H	10km
短途公共客运交通	5. 悬轨车 平面型和轴线型服务设施 中等的能源消耗，较小的环境污染 造价高		H	18km
短途公共客运交通	6. 有轨电车 轴线型服务设施 适度的能源消耗，较小的环境污染		H	10~13km
短途公共客运交通	7. 地铁 轴线型服务设施 适度的能源消耗，环境友好 造价高		H	18km
短途公共客运交通	8. 城铁 轴线型服务设施 适度的能源消耗，少量环境污染		H	20~30km

4.4.1 陆上客运交通系统特征一览表

1 陆上交通系统的名称	运营范围	系统特征									
		交通工具								交通路线	
		交通工具宽度（m）	交通工具长度（m）	平均座位数	平均站位数	车辆最大长度	整个车厢内的座位数	整个车厢内的站位数	动力来源	道路或专用车行道	轨道
步行交通	平面型交通路网	—	—	—	—	—	—	—	—	—	—
自行车交通	平面型服务	1	2	1	—	—	—	—	—	●	
城市道路上的摩托车	平面型服务	1	2	2	—	—	—	—	BM	●	
城市道路上的小客车	平面型服务	2	5	5	—	—	—	—	BM DM	●	
公路上的小客车	平面型服务	2	5	5	—	—	—	—	BM DM	●	
悬轨车	平面型服务、接驳车	2.3	3.5	8	8	7	16	16	ELM		●
城市道路上行驶的有轨电车	轴线型服务 + 交通路网 + 连接交通设施	2.4—2.65	小于27	120—230		小于54	240—460		EGM		●
专用轨道上运行的有轨电车	轴线型服务 + 交通路网 + 连接交通设施	2.4—2.65	小于27	120—230		小于54	240—460		EGM		●
城铁（广域交通工具）	轴线型服务 + 交通路网 + 连接交通设施	2.4—2.65	18—22	49—51	64—81	44—111	102—296	128—486	EGM		●
慕尼黑地铁（广域交通工具）	轴线型服务 + 交通路网 + 连接交通设施	2.9	36.5	98	192	110	296	576	EGM		●
慕尼黑城铁（广域交通工具）	轴线型服务 + 交通路网 + 连接交通设施	2.9	67.4	194	381	203	582	1143	EGM		●
标准专线公交车	平面型服务、接驳车	2.5	11	44	61	—	—	—	DM	●	
铰接式公交车	平面型和轴线型服务 + 接驳车 + 交通路网 + 连接交通设施	2.5	17	90—120		—	—	—	DM	●	
双层公交车	平面型和轴线型服务 + 接驳车 + 交通路网 + 连接交通设施	2.5	12	90—120		—	—	—	DM	●	
扬招公交车 / 小型公交车	平面型服务、接驳车	2.5	5—6	16	0	—	—	—	DM	●	
移动步道	轴线型服务、接驳车	1.6—1.8	—	—	5人/m^2	—	—	—	—		●
高速移动步道	轴线型服务、接驳车										

BM= 汽油发动机　ELM= 电动机　EGM ＝直流电　EMM ＝交流直流两用　DM ＝柴油发动机

2	系统特征										
	交通路线			运输特征							
陆上交通系统的名称	停靠站之间的平均间隔距离（m）	站点造型	站台长度（m）	运输方式	运输形式	最大运转速度（km/h）	平均运转速度（km/h）	最大运输功率（车辆数/方向/小时）	最大运输功率站点（车辆数/方向/小时）	最小车辆间隔时间（s）	45min内的可达距离（km）
步行交通	—	—	—	—	配合目的地	4~5	4~5	[*1]—	[*1]—	[*1]—	[*2]3—4
自行车交通	—	—	—	根据需求	配合目的地	35	15	—	—	—	11
城市道路上的摩托车	—	—	—	根据需求	配合目的地	50	25	—	—	—	19
城市道路上的小客车	—	—	—	根据需求	配合目的地	50	25	—	—	—	19
公路上的小客车	—	—	—	根据需求	配合目的地	120~180	100	—	—	—	75
悬轨车		轨道线下	＜50	根据需求	配合目的地	36	36	436	328	8.25	18
城市道路上行驶的有轨电车	350~600	轨道线上	＜55	根据时刻表	轨道	50	20	30	30	120	10
专用轨道上运行的有轨电车	350~600	轨道线上	＜55	根据时刻表	轨道	70	25	30	30	120	13
城铁（广域交通工具）	400~800	轨道线上	90~115	根据时刻表	轨道	80	35	58	58	62	18
慕尼黑地铁（广域交通工具）	400~800	轨道线上	115	根据时刻表	轨道	80	35	55	55	66	18
慕尼黑城铁（广域交通工具）	800~3000	轨道线上	210	根据时刻表	轨道	120	40~60	42	42	86	20~30
标准专线公交车	350~600	轨道线上	可变	根据时刻表	轨道	60	20	~60	~60	~60	10
铰接式公交车	350~600	线上	可变	根据时刻表	轨道	55	20	~60	~60	~60	10
双层公交车	350~600	—	可变	根据时刻表	轨道	55	20	~60	~60	~60	10
扬招公交车/小型公交车	350~600	—	—	根据需求	配合目的地	60	20	—	—	—	10
移动步道	—	—	—	连续	—	1.8~3.2	1.8~3.2	7000人/每小时/方向	—	—	—
高速移动步道	—	—	—	连续	—	12~16	12~16	18000—3000人/每小时/方向	—	—	—

[*1] 理论值；[*2] 每行走6min，不算转车时间，需要等4min。

4.4.2 交通方式的对比评价

3 陆上交通系统的名称	使用者				运转者					（一般性）相关事项				成本	
	速度—出行时间	可达性—天气情况	运输舒适性	服务舒适性（换乘及准时抵达）	（建设与运转上的）灵活性	（每位乘客需要分摊的）人员需求	可信度（干扰）	与既有系统相关的调整可能性	（每位乘客需要分摊的）运营费用	环境负担（噪声、废气）	（每位乘客需要分摊的）能源需求	结构影响（场地要求，装配）	（物与人的）安全性	投资成本	维护成本
步行交通	–	+/–	+/○	+	+	+	+	+	+	+	+	+	+	+	+
自行车交通	○/–	+/–	○/–	+	+	+	+	+	+	+	+	+	+/–	+	+
摩托车	+	○	–	+	+	–	○	+	–	–	–	○	–	○	○
私人小汽车	+	+	+	+	+	–	○	+	–	–	–	–	○	–	○
悬轨车	+	+	+	○	+	–	○	○	–	+	+	–	○	–	–
城市道路上行驶的有轨电车	○/–	○	○	–	+	+	–	+	+	○	+	○	○	○	○
专用轨道上运行的有轨电车	+	○	+	–	+	+	+	+	+	○	+	○	+	○	○
城铁（广域交通工具）	+	○	+	–	+	+	+	+	+	○	+	○	+	○	–
慕尼黑地铁（广域交通工具）	+	○	+	–	+	+	+	+	+	+	+	+	+	–	–
慕尼黑城铁（广域交通工具）	+	○	+	–	+	+	○	+	+	○	+	–	+	–	–
标准专线公交车	○/–	○	–	–	+	+	○	+	+	○/–	+	+	○	+	○
扬招公交车 / 小型公交车	○	+	–	○	+	○	○	+	○	–	○	+	○	+	○

+ 正面、有利的评价　○ 中性评价　– 负面、不利的评价

4.4.3 规划上的注意事项

为了促进短途公共客运交通——同时也为了借此减少私人机动化交通——必须在城市设计中通过空间配置以及适宜的道路网开发建设实现预定目标。

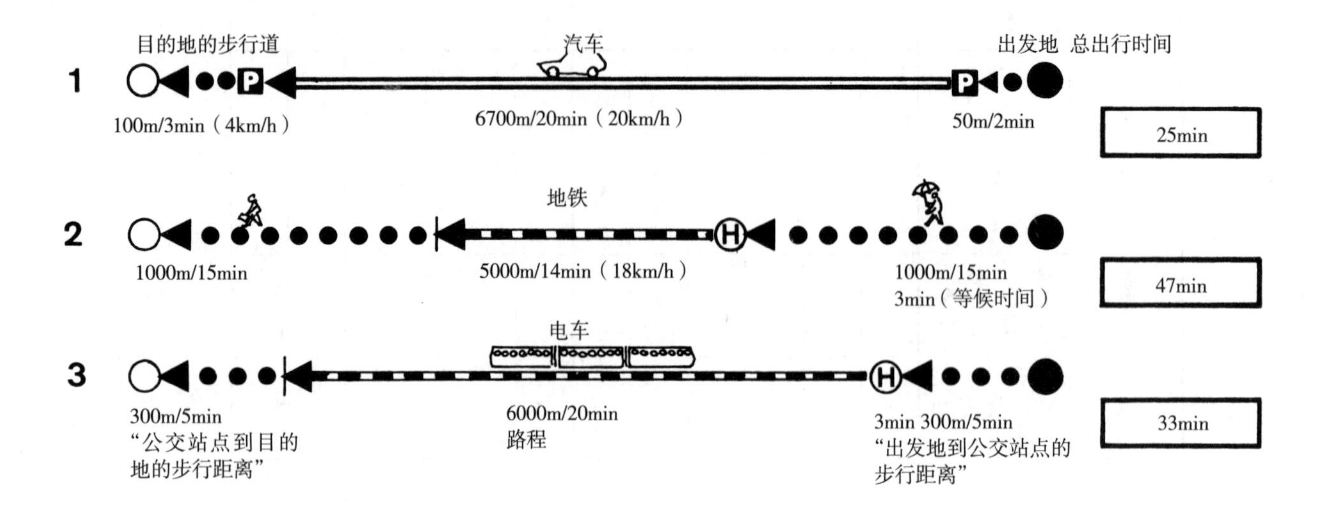

如例1、2、3的比较所示，步行距离（步行时间）以及车行距离（车行时间）之间的关系，对于整个旅程的出行时间产生决定性的影响。这意味着"出发地到公交站点的步行时间以及公交站点到目的地的步行时间"，对于使用公共交通工具的旅程吸引力（利用次数）产生显著的影响。

右侧的图中给出了采用公共交通工具经验值。根据这一图表，能够明显看出公交工具的吸引力取决于出行点（住宅）与公交站点之间的步行距离。

曲线A：距离目的地7km以下
曲线B：距离目的地7km以上

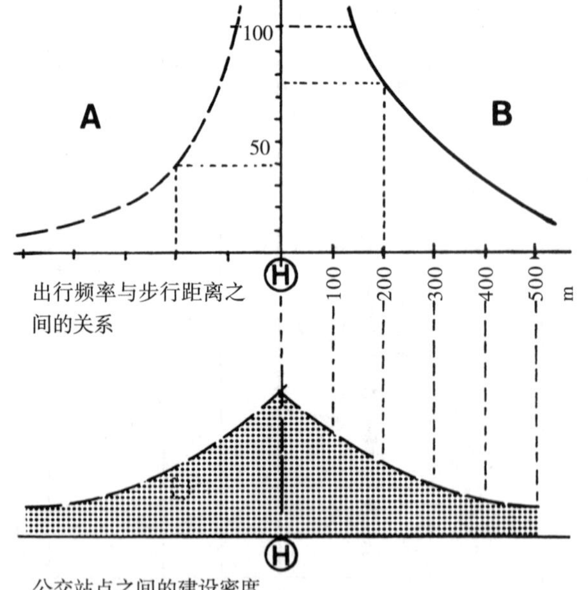

出行频率与步行距离之间的关系

公交站点之间的建设密度

有关城市设计的结论

1. 公交站点与住宅或其他重要目的地之间的距离不应超过500m；
2. 公交站点周边500m范围内的高密度使用是值得推荐的；
3. 从住宅到停车场或到公交站点的"出行距离"，应当几乎相等；
4. 有关步行道设施和形态，参见"步行交通"（第70~89页）。

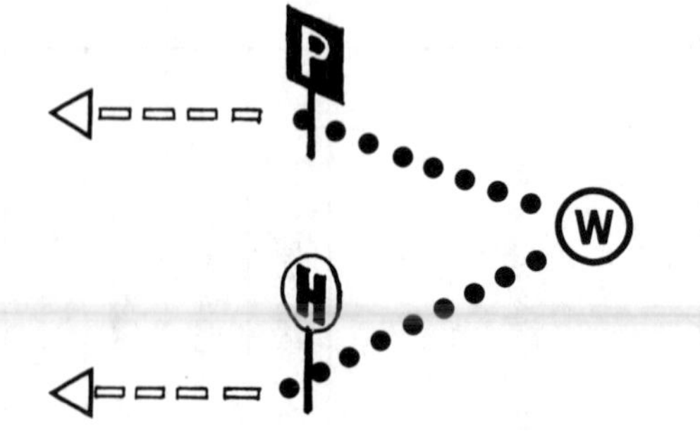

如果出发地到公交站点之间的距离相同，则出发条件相同

4.5 车行交通

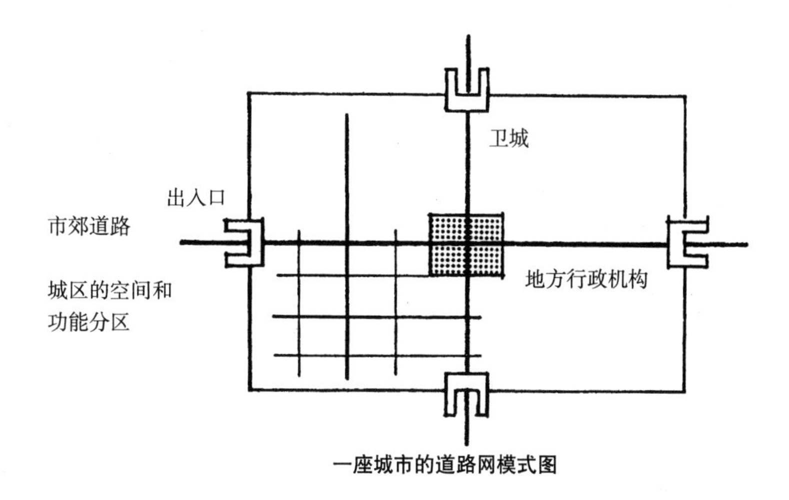

一座城市的道路网模式图

4.5.1 道路网结构

a. 放射状

集中－中心放射路网结构

道路通过放射线的延伸，或从中间又出现四条道路延伸而扩散的道路网

只在极其有限的条件下才有可能

交通联系只能在中心点实现

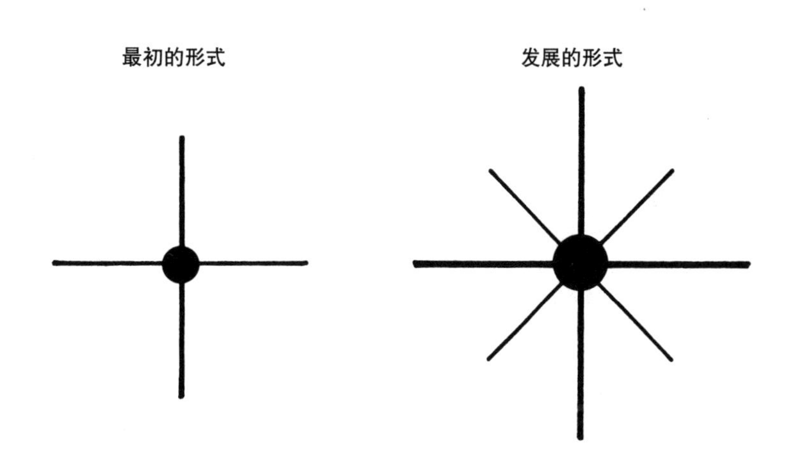

b. 方格网状

平面扩展的路网结构

道路能够在各个方向上扩展，理论上不受限制

为了缩短距离，在对角线上设置道路

在功能和中心区建设上极具灵活性

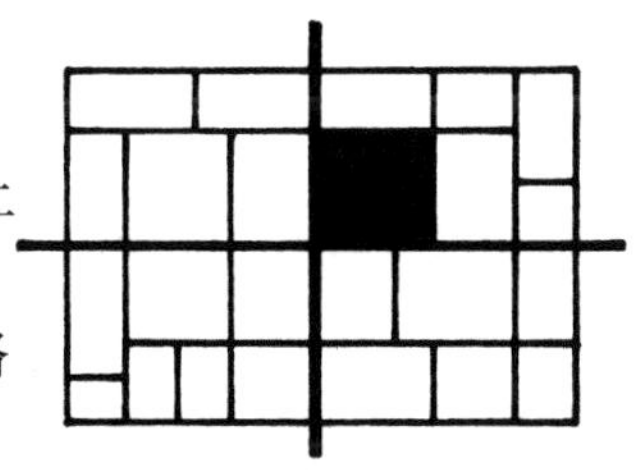

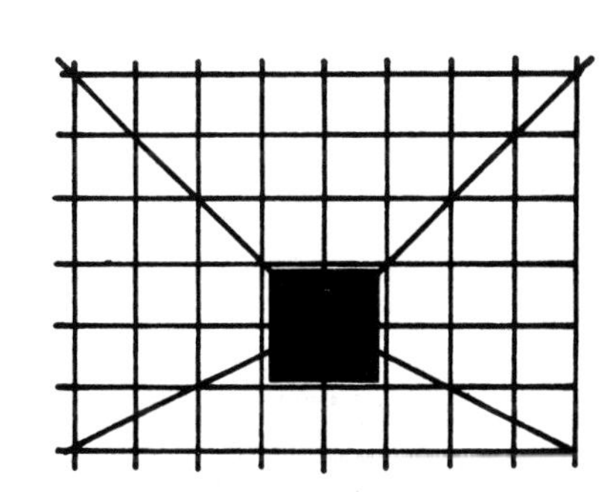

c. 环状

同心圆结构，是由放射结构和曲线形的方格网结构连接而成的形态，道路网常见于城市增长阶段

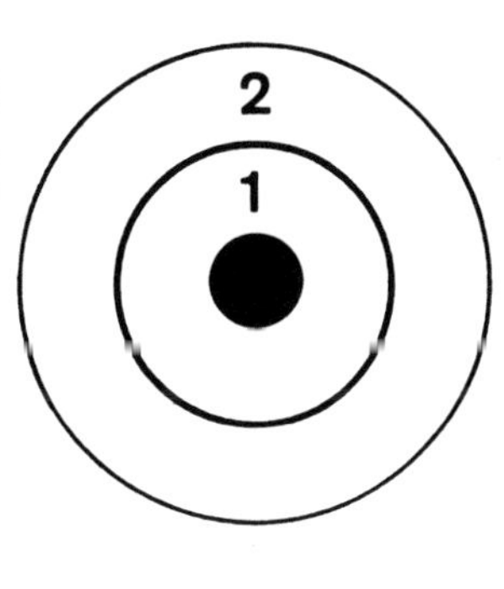

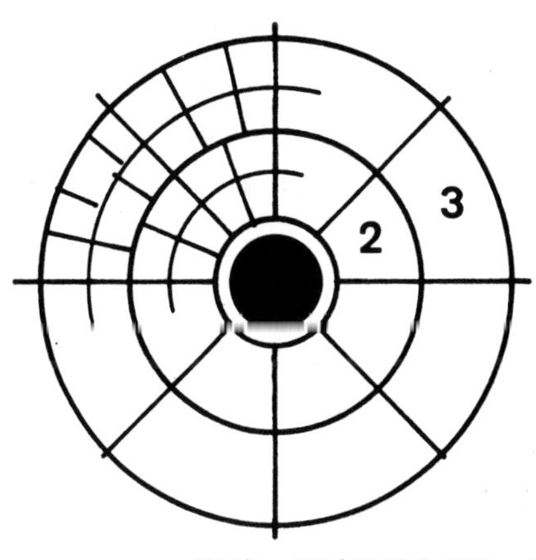

方格网路网实例

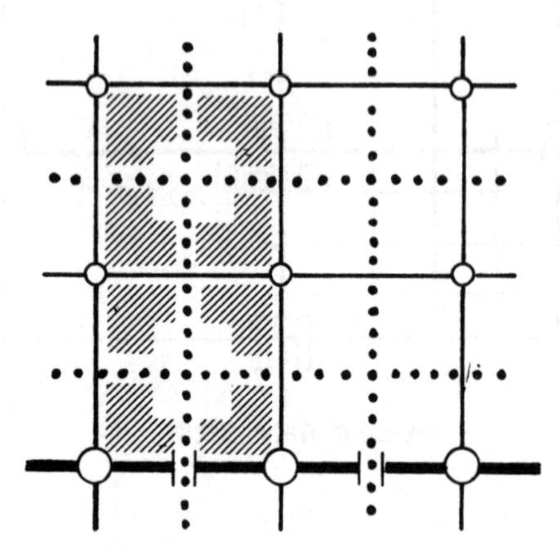

步行道和车行道之间“错开的”方格网

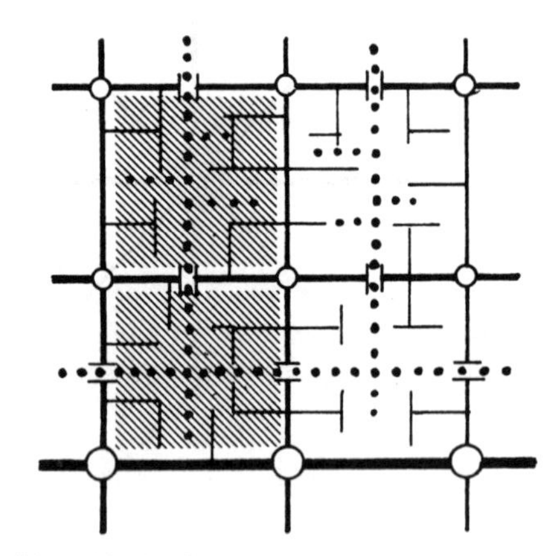

“交通疏解单元”的住宅区分区

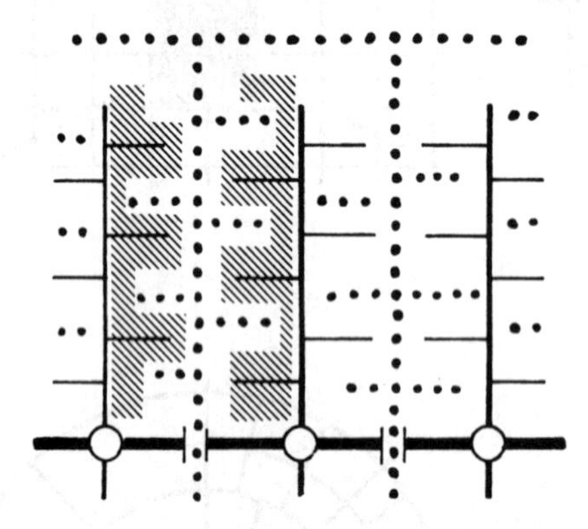

步行道和车行道之间完全无交叉的“梳状结构”

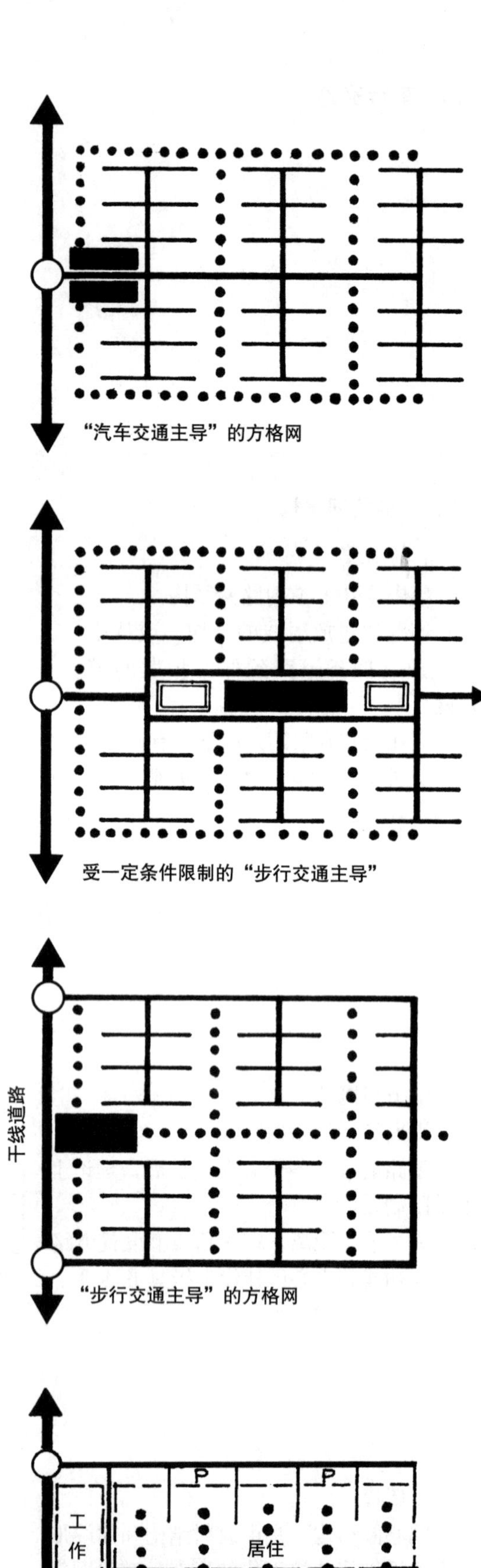

“汽车交通主导”的方格网

受一定条件限制的“步行交通主导”

“步行交通主导”的方格网

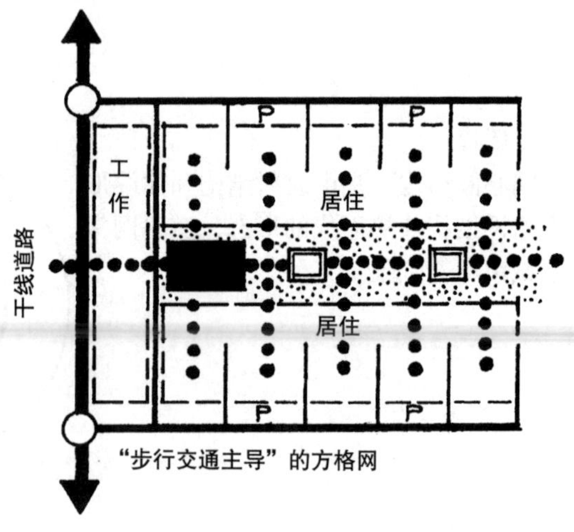

“步行交通主导”的方格网

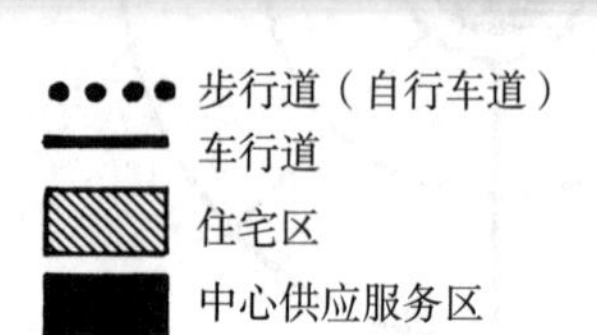

4.5.1.1 以环状路所作的道路开发

优点：适应大型居住区的道路开发建设，方向性良好。即使部分路段封锁，车辆的出入也都有可能，适用于公交线路通过居住区的情况。

缺点：步行道和车行道交叉，部分地区由于外来交通带来了负担，由于车速过快易引发交通危险。

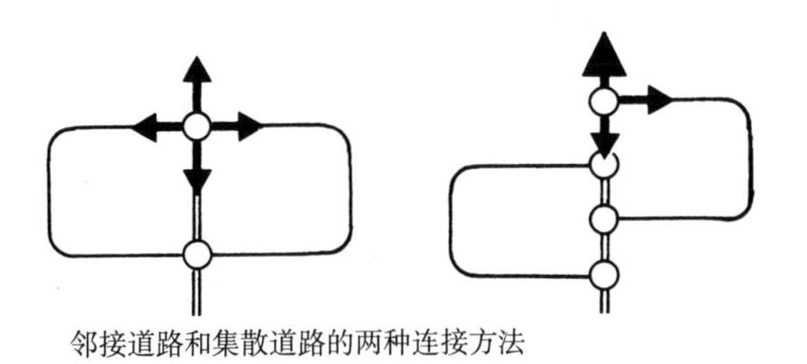

邻接道路和集散道路的两种连接方法

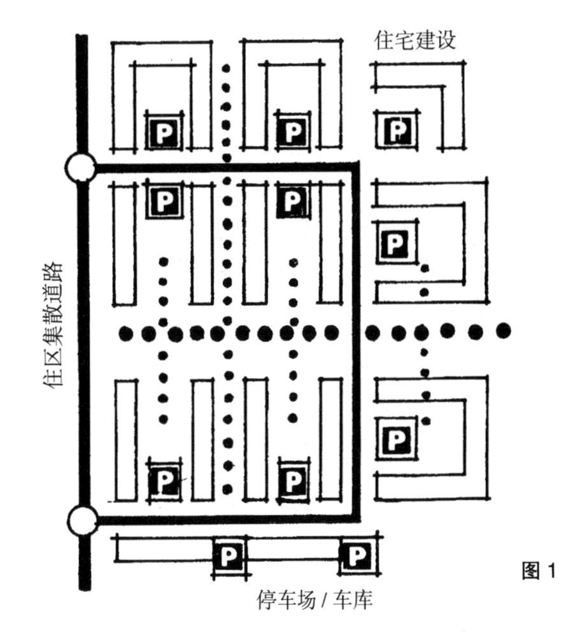

图 1

4.5.1.2 以枝状路所作的道路开发

优点：能够采取彻底的人车分离，没有穿越的外来交通。通过相应的细部形态设计，能够降低车行速度，提高交通安全性。

缺点：道路网范围受限（枝状尽端路长度在 300m 以内），道路方向性不佳，当部分路段封锁时，车辆的出入就会受阻。无法将公交线路引入居住区。

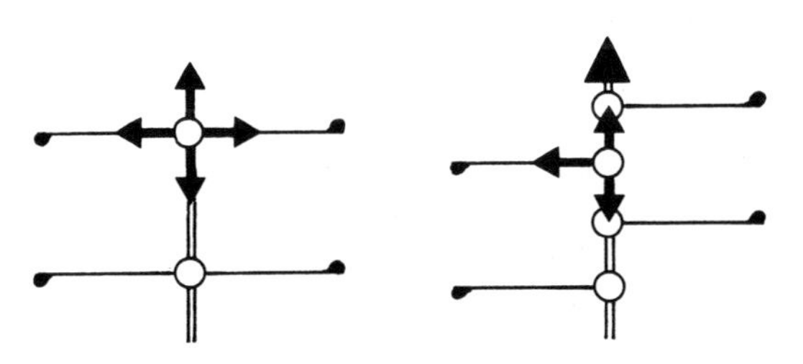

沿线用户专用道路和集散道路的两种连接方法

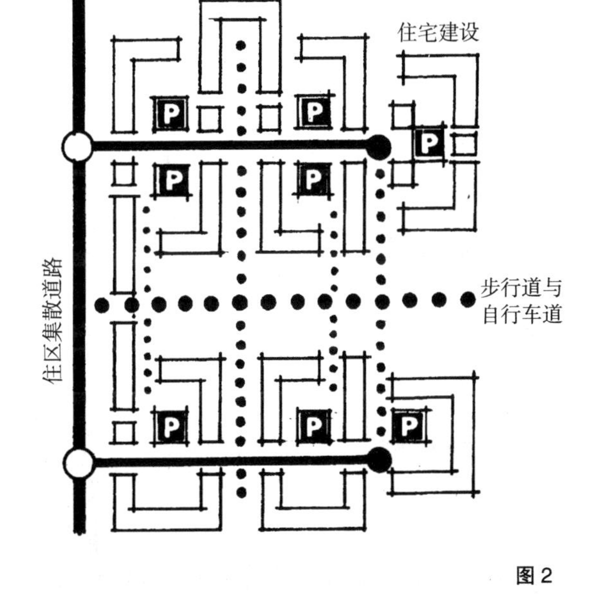

图 2

利用连接道路将枝状尽端路与枝状尽端路——在一定条件下能够使车辆通行——连接的道路开发建设（图 3）。

这种方法是将环状路与尽端路加以组合的理想解决方案。

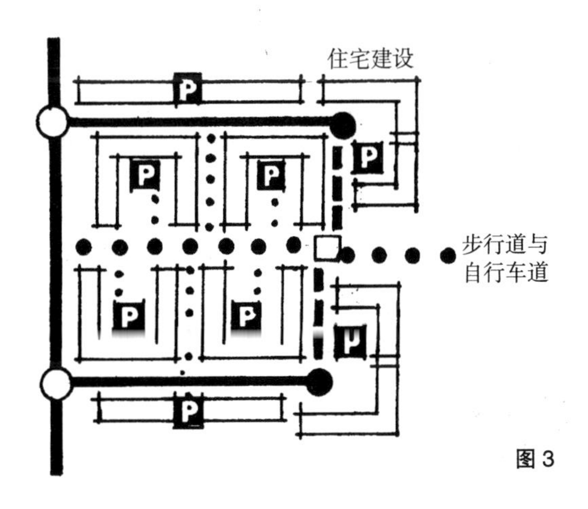

图 3

4.5.1.3 道路网结构的分级

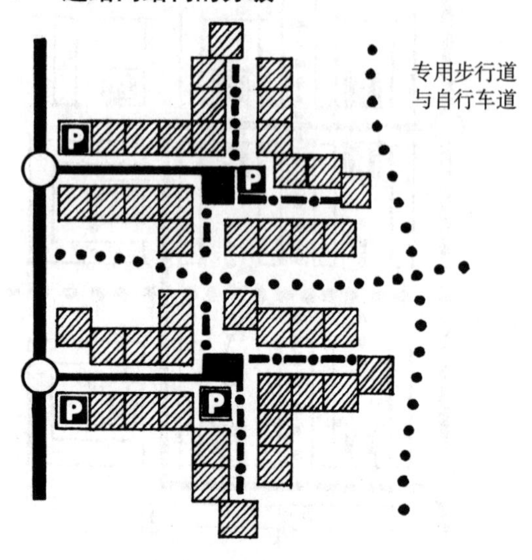

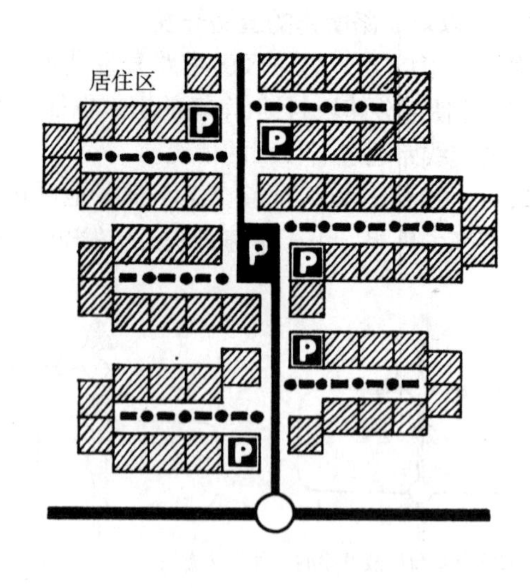

例 1

配合交通流量，将道路网分级

如果集散道路或邻接道路通过居住区边缘时，住宅区域内的道路就要配合交通流量作分级的类型设置。

例 2

邻接道路贯穿居住区的中心，且停车场和车库邻接车行交通的集中时，住宅前方需要设置车辆能够通过的短捷宅间小路。

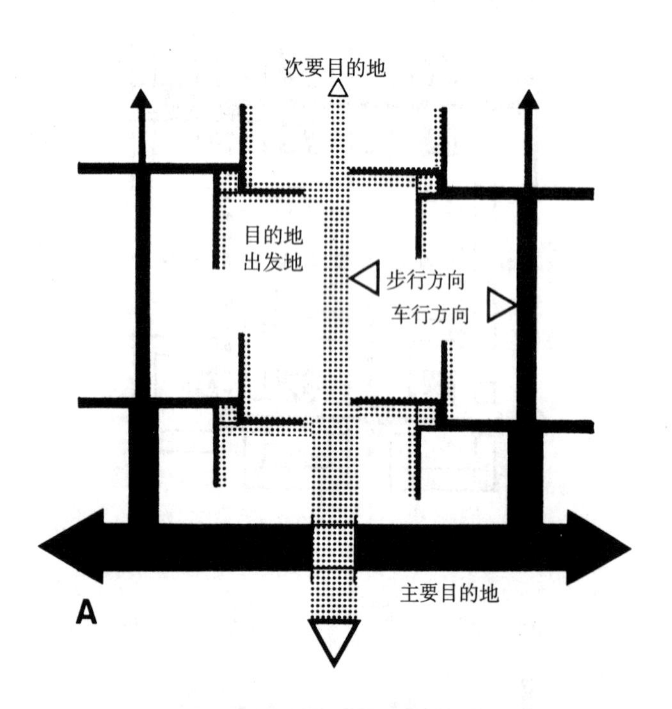

车行和步行交通的交通流量增加或减少的图示决定道路交通的布局和尺寸的基础（B）。

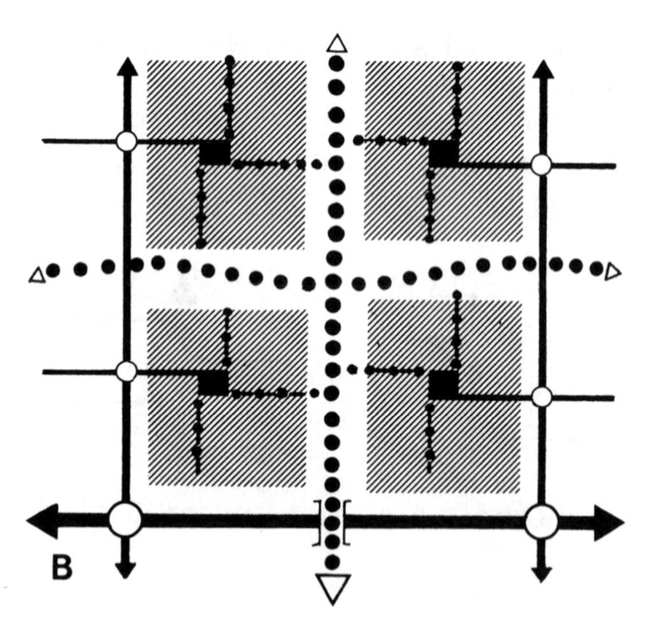

采取分级的道路网结构——根据交通密度（A）——从人车分离到有各种优先顺序的人车混合的过渡。

步行道和自行车道

（车辆可通行的）生活性道路

邻接道路或集散道路

P 停车场或车库

住宅

4.5.1.4 支路的规划标准

为了适应建设环境和地区交通的需求，应该确定支路选择和规模的标准

- 道路网建设的方式和密度
- 道路走向（长度、疏导、视野）
- 主要的交通功能（交通方式、交通形式和交通量）
- 静态交通设施的配置（分离式或集中式空间布局）
- 公共空间使用的优先权（交通、居住主导的使用）
- 道路空间及周边建设区的造型观念

建设区	土地使用	道路走向	交通方式参见第122页	交通形式参见第65、第94页	交通量参见第102、122页	布局参见第104~116页
	居住区 小型松散的独户住宅	短直的死胡同一目了然，尽端清晰可见	目的地和出发地交通与住宅有关 住宅周边环境优先	步行 自行车 小汽车	很小	可行车的宅间小路人车混行 3.4~3.5m
P	居住区 小型松散的独户住宅组团	道路深度浅，停车场位于组团入口	目的地和出发地交通	步行 自行车 小汽车	很小	宅间小路不能行车或只在紧急情况可行车 3.0m
	居住区 混合、高密度住宅建设	短直的死胡同一目了然，尽端清晰可见	目的地和出发地交通与住宅有关 住宅周边环境优先	步行 自行车 小汽车	小	可行车的住宅连接道路或生活性道路人车混行 4.5~5.5m
	居住区 混合住宅建设	弯曲的长死胡同，尽端看不见	目的地和出发地交通与住宅有关 住宅周边环境优先	步行 自行车 小汽车	小—中	生活性道路 人车混行或部分路面通过铺面变化实现人车分离 大约 5.5~7.0m
	居住区 多户住宅建设	贯穿、一目了然的道路走向	目的地和出发地交通＋穿越交通	步行 自行车 小汽车	中—较大	有交通疏解装置的邻接道路 人车分离 人行道宽 5.5m
	居住区 多户住宅建设	贯穿、一目了然的道路走向	目的地和出发地交通＋穿越交通	步行 自行车 小汽车 公交车	较大	邻接道路可能人车分离 车行道宽 5.5m
KG	混合区 住宅 公共需要的零售商店	贯穿、一目了然的道路走向	目的地和出发地交通＋购物交通＋穿越交通	步行 自行车 小汽车 货车 （运送货物）	居民交通量少 购物和访客交通量中等	有交通疏解装置的宅间小路人车分离 人行道宽 5.5m
SB	混合区 住宅 超市 手工作坊企业	贯穿、一目了然的道路走向	目的地和出发地交通＋购物和运送货物交通＋穿越交通	步行 自行车 小汽车 货车	居民交通量少 购物交通量大 运送货物交通量中等	宅间小路 人车分离 人行道宽 5.5m 交通性道路 人车分离 人行道宽 6.5~7.5m

4.5.2 道路横断面

根据交通任务区别交通道路（道路等级）

1—步行区

2—步行道和自行车道

3— “生活性道路”，紧急车辆可通行的住宅连接小路

4—邻接道路

5—住区集散道路

6—交通性干道

7—主要交通性干道，快速路，城市公路

8—联邦公路

立体交叉口

路旁的噪声防护设施
（主动型噪声防护设施）
在交通负荷较大的道路是必需的，
在住区集散道路旁也应设置被动型
或主动型的噪声防护设施

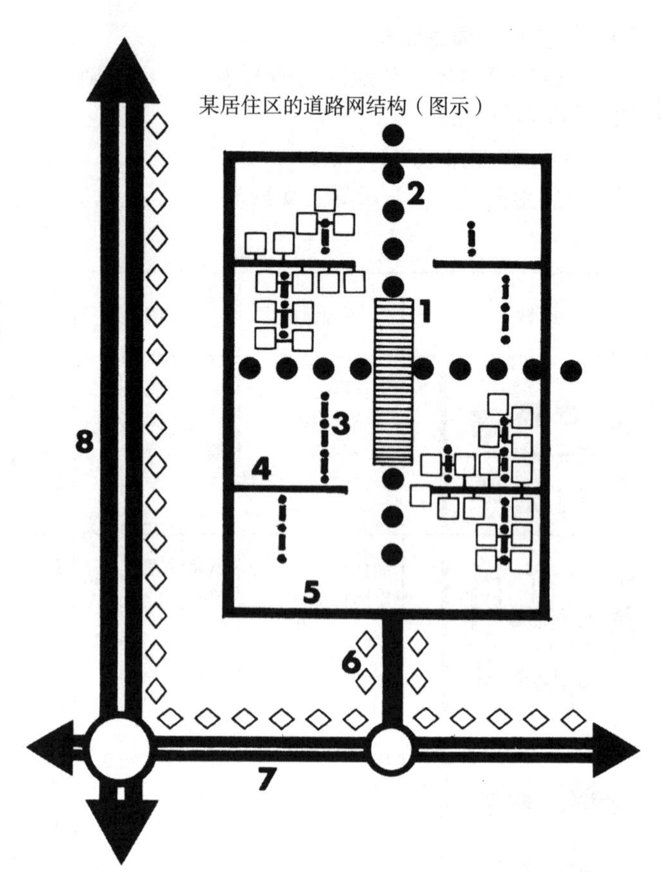

4.5.2.1 独立的步行道与自行车专用道

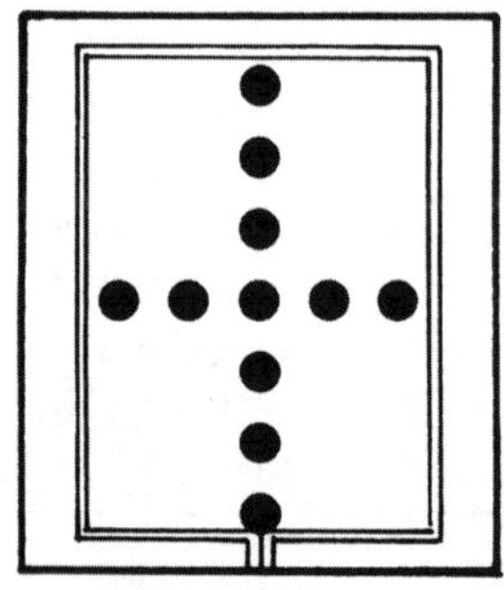

某居住区的道路网结构（图示）

步行道和自行车道

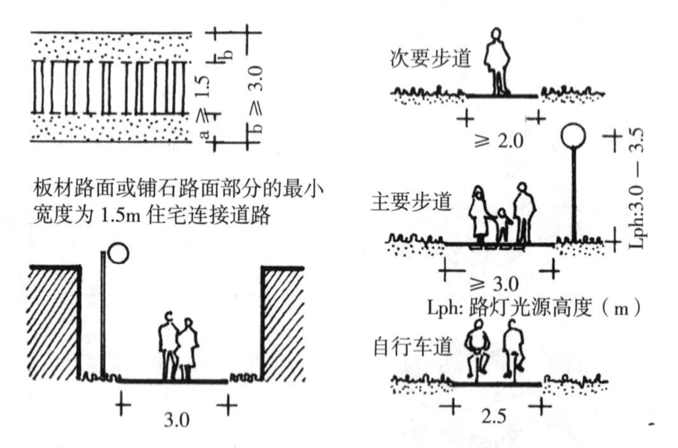

板材路面或铺石路面部分的最小宽度为 1.5m 住宅连接道路

宅间小路的造型对于居住区的整体印象造成很大的影响。参见下册 3.6，4.1.3

停车场和住宅入口之间的步行道的最大距离为 100m

通行救护车、油罐车的通道与住宅入口之间的步行道的最大距离为 50m（各地规范不同）

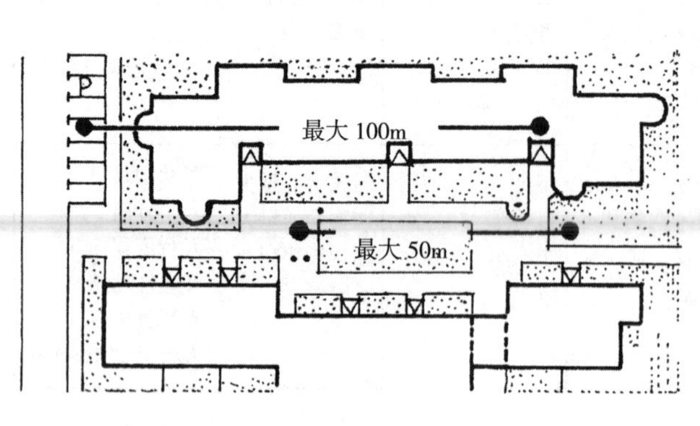

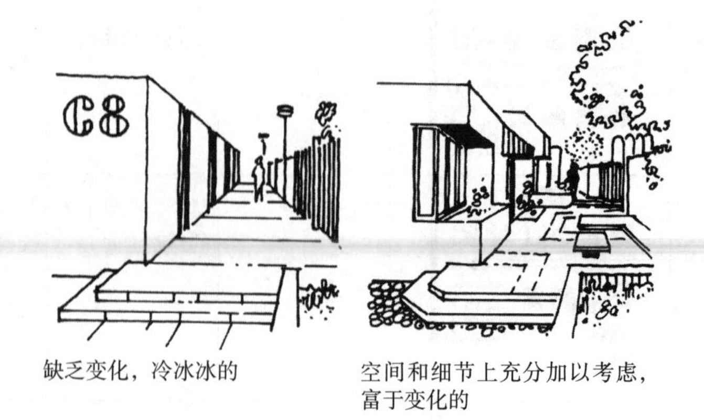

缺乏变化，冷冰冰的

空间和细节上充分加以考虑，富于变化的

4.5.2.2 紧急车辆可通行的宅间小路（人车混行）各种横断面

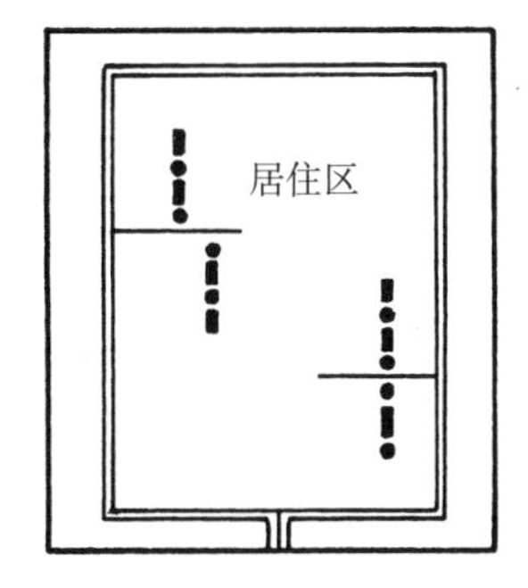

紧急车辆可通行的宅间小路或“生活性道路”

合适的道路铺装：
混凝土石材路面或缸砖路面
缸砖与沥青混合路面
或者混凝土石材与自然石混合路面

紧急车辆可通行的宅间小路的不同道路网开发建设实例

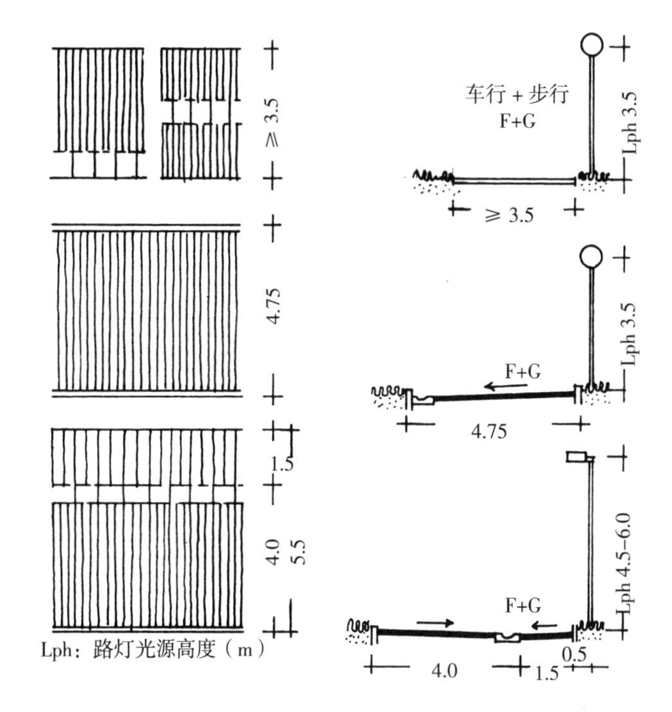

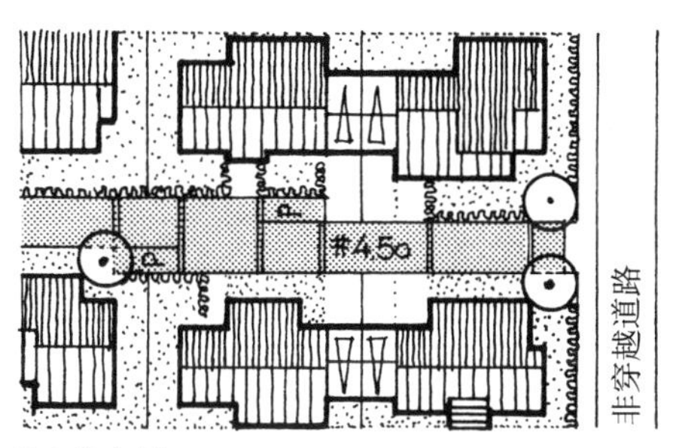

独户住宅区

独户住宅区中紧急车辆可通行的宅间小路

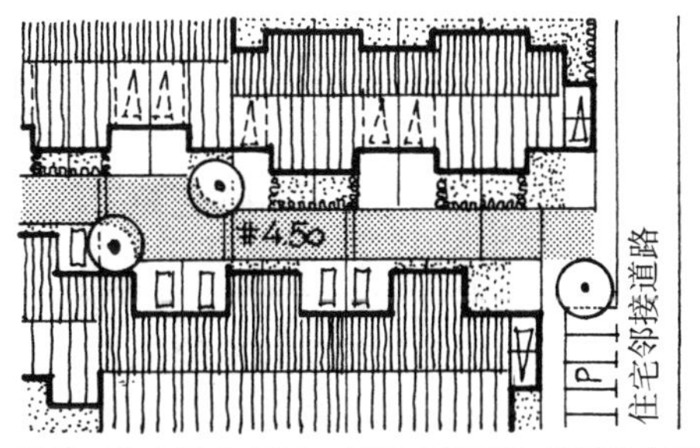

行列式住宅区（车库、车棚或者开敞式停车位整合开发的住宅区）

行列式住宅区中紧急车辆可通行的宅间小路

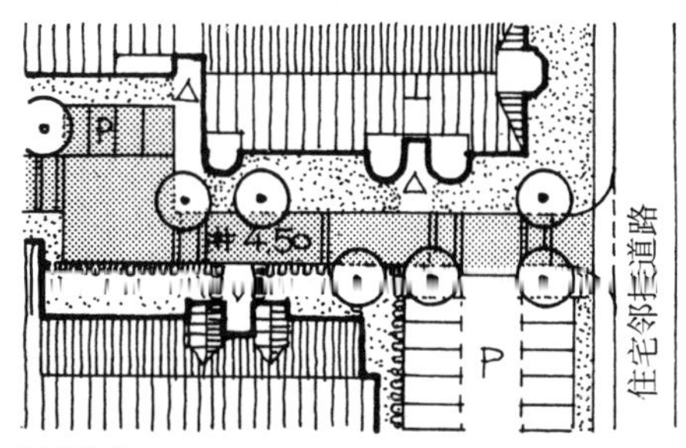

多层住宅 M 1：1000

紧急车辆可通行的宅间小路集中了以下优点：

通过道路网设施的经济型尺度；

降低成本和土地消耗，同时充实内部生活性道路；

住宅周边环境多样化使用的愿望。在不放弃通往住宅通道的条件下，步行者、逗留者和休闲者得到优先权。

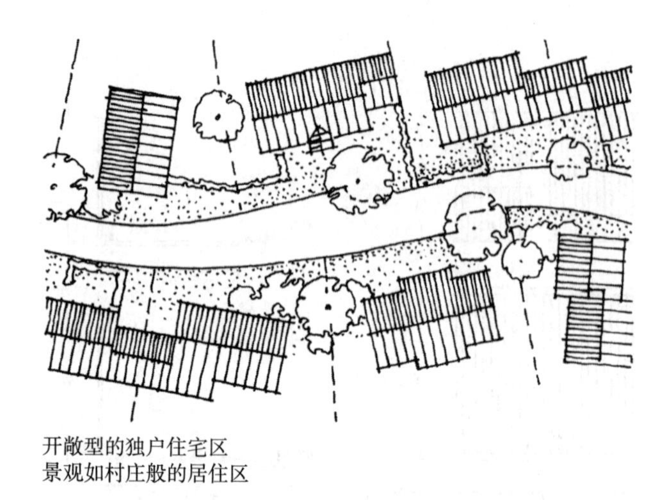

开敞型的独户住宅区
景观如村庄般的居住区

独户住宅区中车辆可通行的宅间小路

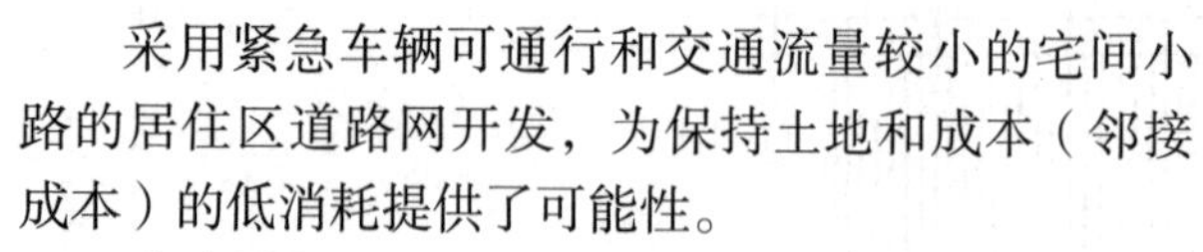

采用紧急车辆可通行和交通流量较小的宅间小路的居住区道路网开发，为保持土地和成本（邻接成本）的低消耗提供了可能性。

道路剖面的经济型尺度为保障道路网的安全性和功能性提出了规划上的预防性要求，例如：

— 在短促的、视野清晰的路段中为相遇的车辆设置避让车道；

— 为供应车辆和清扫车辆提供足够的转弯可能性和曲线半径；

— 通过建设引导规划中的规定或私人协议（例如：关于宅前花园的准许限制要求）长久保证住宅车库出入没有问题。

道路网用地节约使用的实例

同样住宅建筑面积条件下（独户住宅区建设）的不同道路网用地对比：

A. 车辆可通行的宅间小路呈环状布局（合理）

B. 有回转停车场的支状尽端路布局（较不合理）

有通道通往住宅车库、尺度经济的住宅连接道路

例 A 通过扩大私人使用的宅前花园的受限条件，进一步降低改建和维护成本。

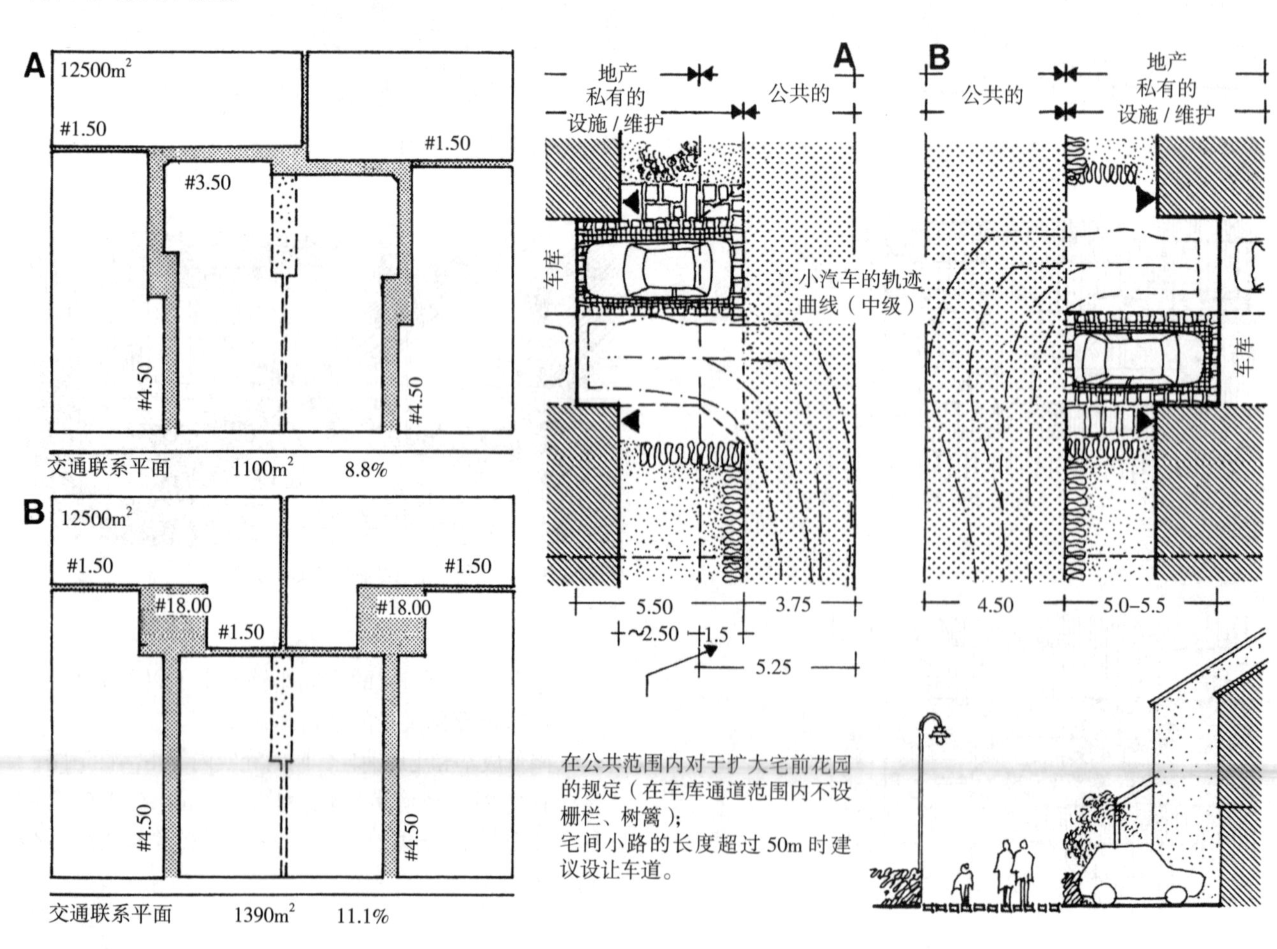

在公共范围内对于扩大宅前花园的规定（在车库通道范围内不设栅栏、树篱）；
宅间小路的长度超过 50m 时建议设让车道。

4.5.2.3 邻接道路

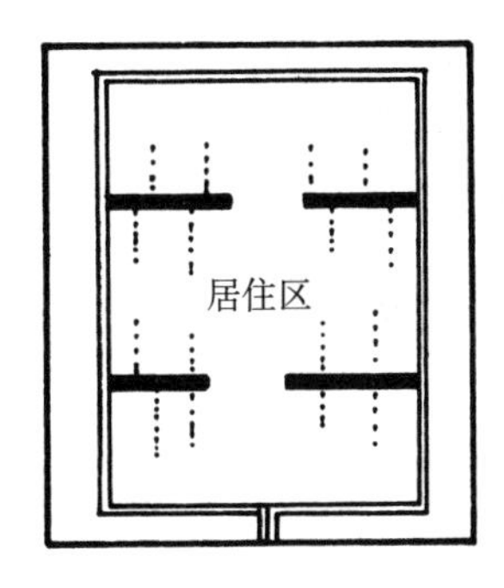

1—混凝土石板或天然石板
2—小碎石路面（安全带）
3—混凝土石板路面或者砖石路面（深色）
4—混凝土石板路面或者砖石路面
G—人行道，步行区
F—车行道，车行区
P—停车场
Lph—路灯光源高度（m）

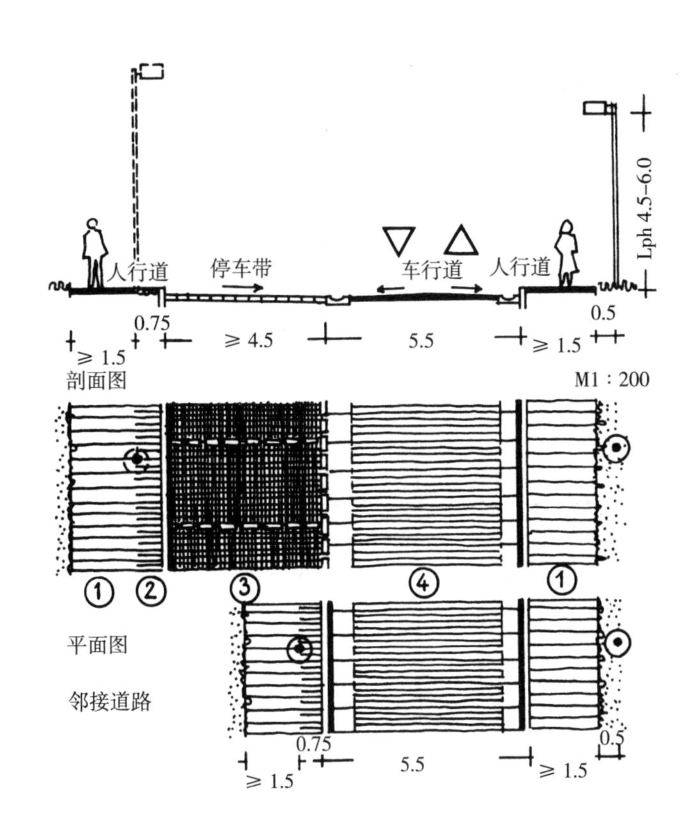

更多的数据和尺寸参见第 116 页

邻接道路及其周围道路空间的布局和造型实例

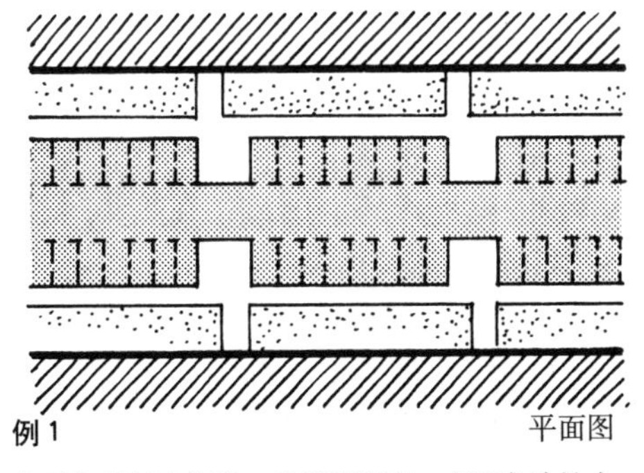

例 1　　平面图

交通技术解决方案，车行速度高，交通危险性大

非常不合理

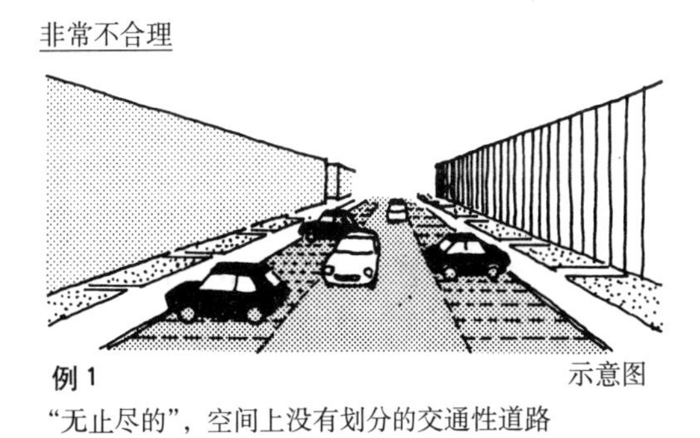

例 1　　示意图

“无止尽的”，空间上没有划分的交通性道路

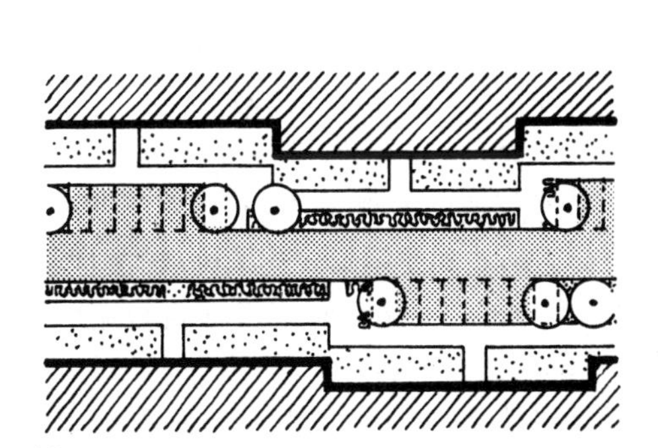

例 2

停车位错开的布局，种植树木和灌木是使道路宽度变窄的最佳方案

较为合理

例 2

通过“树门”和错开的建筑实体在空间段落上有划分的道路

平面图 M 1：1000

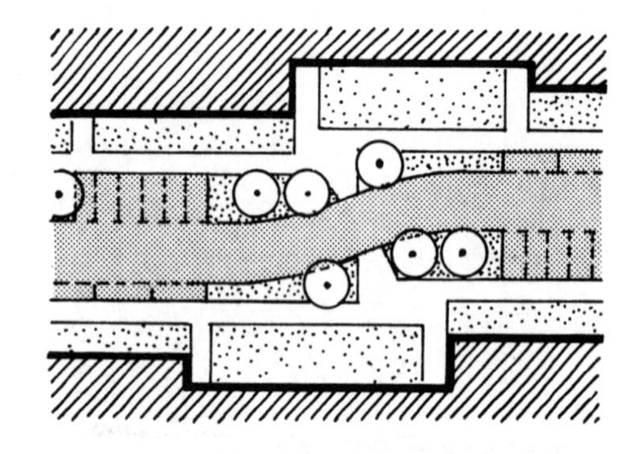

例 3
车行道转弯，停车位错开的布局（为了限速的）最佳阻碍法

合理

例 3
空间上严格分区的道路空间—空间的连续

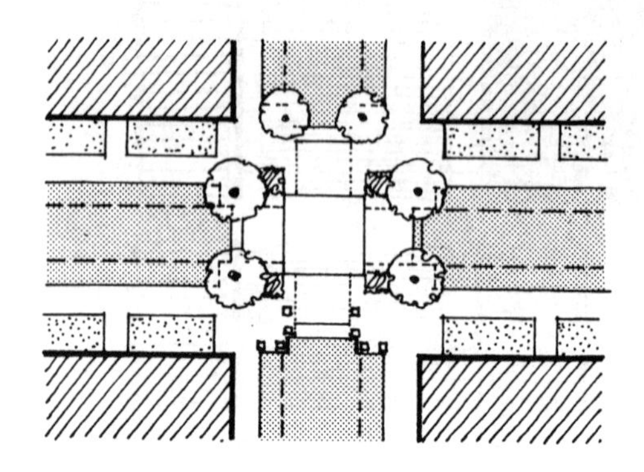

例 4
交叉口区域的局部铺石路面

合理

例 4
通过交叉口区域的形象强化对道路空间深度的划分

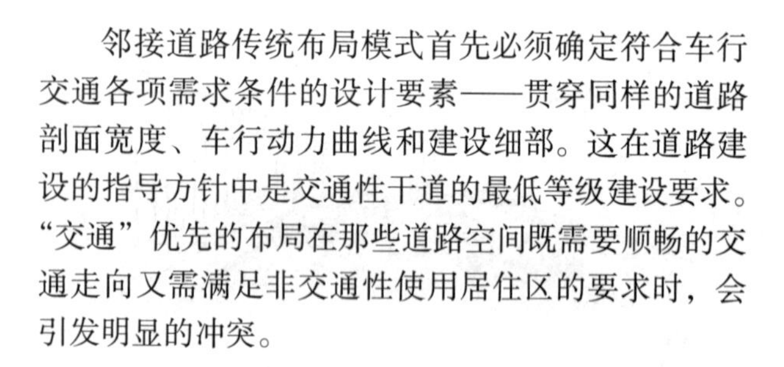

邻接道路传统布局模式首先必须确定符合车行交通各项需求条件的设计要素——贯穿同样的道路剖面宽度、车行动力曲线和建设细部。这在道路建设的指导方针中是交通性干道的最低等级建设要求。"交通"优先的布局在那些道路空间既需要顺畅的交通走向又需满足非交通性使用居住区的要求时，会引发明显的冲突。

例如：

— 由于车辆以高速行驶，对于步行者和玩耍的孩童造成的事故率就会提高；

— 土地主要用来设置车行道和停车场；

— 尽管在一天中的大部分时间交通负荷小，但是交通用地与游憩、停留用地的混合使用却由于安全性和交通法律方面的原因不能实现（通过隔离带实现使用功能的分离）；

— 以交通技术为基础要素的设计，会造成道路空间的线型分离，即在造型和使用上造成道路两侧住宅之间的完全分离。同时，也妨碍将游憩空间设计成自由、多变的形态。

交通功能的实际重要性与其分配的空间之间，存在着不平衡，另一方面，生活必须设施与剩余土地之间也存在着不平衡，容易引发交通事故、大量的土地消耗和单调的道路形态。因此，在这种居住区就必须优先采用其他合适的道路类型。

以此种方式选出的道路类型（车辆可通行的住宅连接小路或者生活性道路）从以下特征看来较之其他方式优越：

— 非交通性用途，步行者和骑车者（慢行交通方式）与机动化交通的布局权利平等甚至还有优先权；

— 为了维持交通安全性以及减轻环境污染，容许驾车者行驶在这种道路上，但只限于道路沿线的居民，而这时要将车行速度限制在"步行速度"以下；

— 在一个交通形式和使用形式连续分离的地点，整合使用将替代完全的"道路用地"（作为混合用地）或者部分用地（部分铺石地面）；

— 相邻建筑的造型和设施包括在道路意象中。强调直线道路的要素和人车分离有关的要素，都要从空间形象要素中摈除。

通往小型居住区道路网的紧急车辆可通行的宅间小路最多能连接 50 个居住单元。

通往大型居住区道路网的生活性道路的最大交通量为 100 辆车 /h（仅限于沿线居民的车辆）

邻接道路在传统形象中应当在那些可以混合使用（住宅、商务办公、商业）和 / 或有大交通量或者有商务办公交通（商务访客、货车运输）的地区受到限制（参见第 103 页）。

4.5.2.4 “生活性道路”规划及其造型设计的出发点

（1）用途和可达性

— 主要由道路沿线的建筑使用住宅用途

— 道路必须有车辆通行（建筑的可达性）（最大交通量 100 辆车 /h）

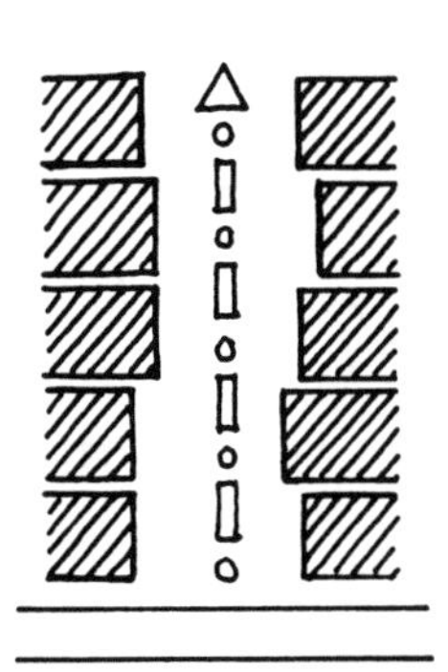

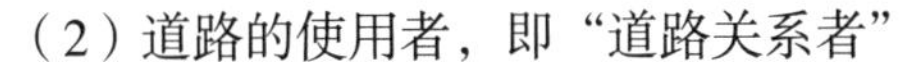

（2）道路的使用者，即“道路关系者”

— 动物、儿童、青少年、成人、老人、骑车者和开车者

（3）使用要求：

— 儿童的游戏、业余活动休闲、会晤、驻留、步行

还有

— 井车、停车、装卸货物

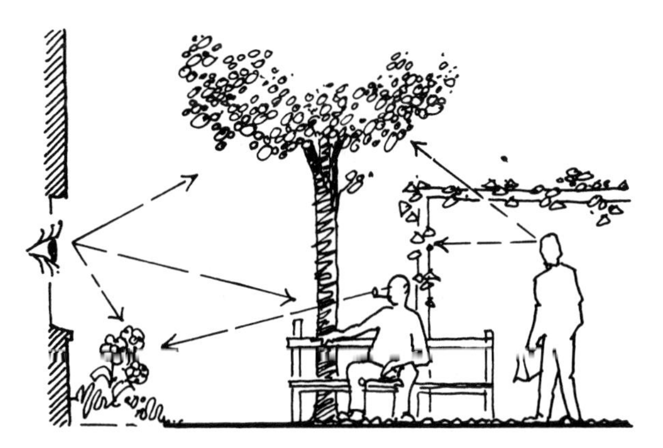

（4）对于变化多端的形态以及多种用途的配套设施的期望

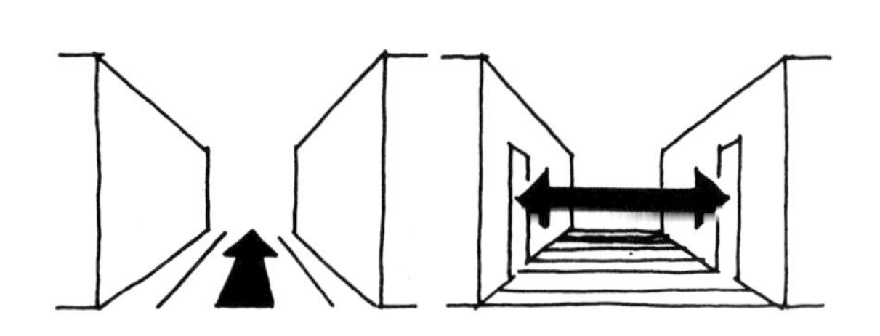

不以道路分隔两侧住宅，相反使对街住宅相互产生联系

对比：设计原则

整条道路长度上的景色能够一览无遗

强调车行动力特征

对于车行关系的影响：刺激车速（以高速贯穿）

整条道路长度上的景色不能一览无遗

道路长度通过细分路段、视线障碍、车辆行驶方向变化来划分

对于车行关系的影响：速度“刹车”的效果

a. 传统邻接道路

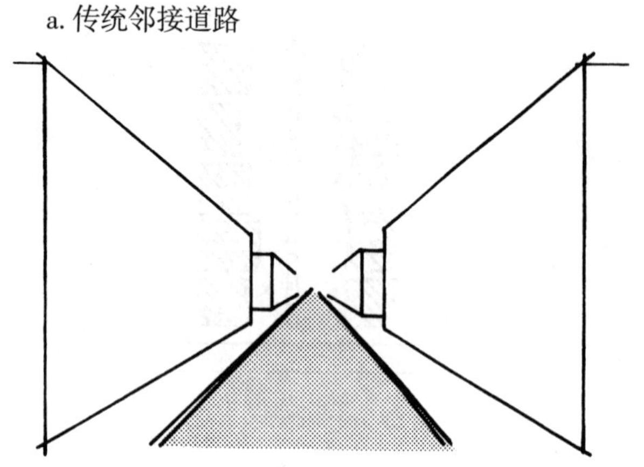

通过长度方向的线路走向确定道路的空间组合

b. 生活性道路

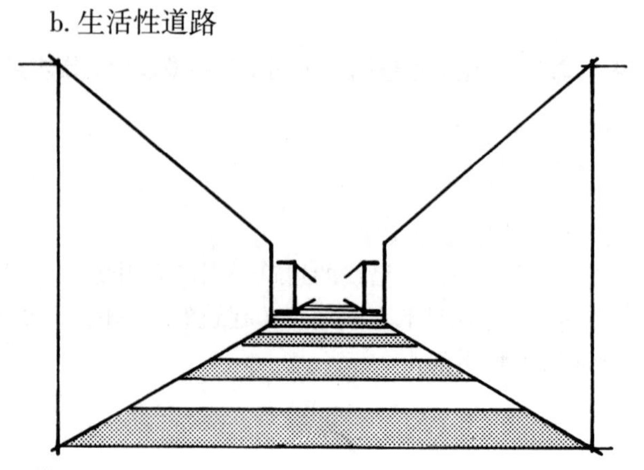

通过横向的线路走向确定道路的空间组合

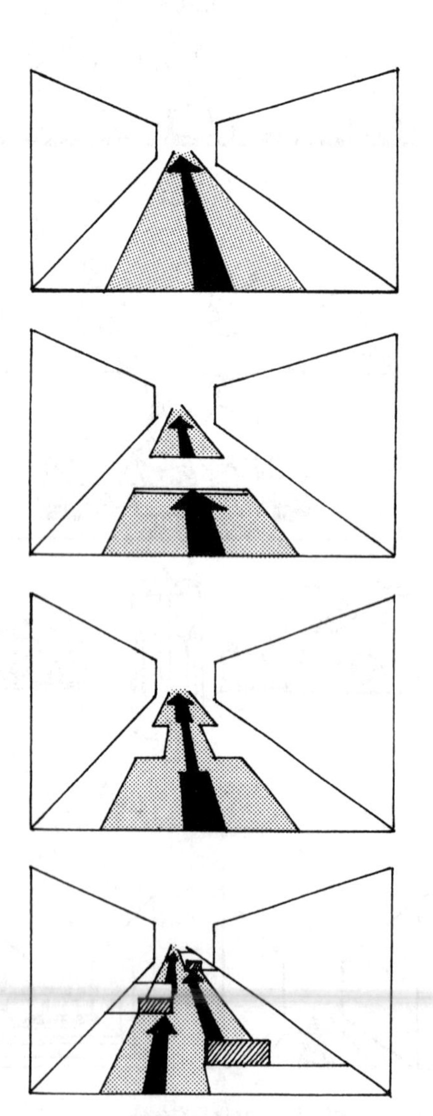

道路路段长度最长为40m

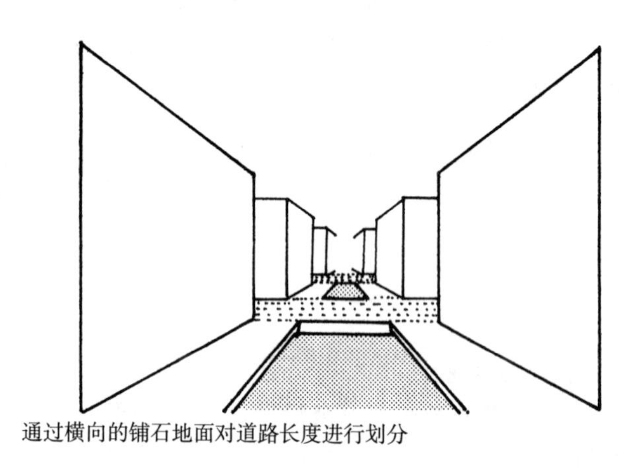

通过横向的铺石地面对道路长度进行划分

通过车行道变窄（门户出入口变化）对道路长度进行划分

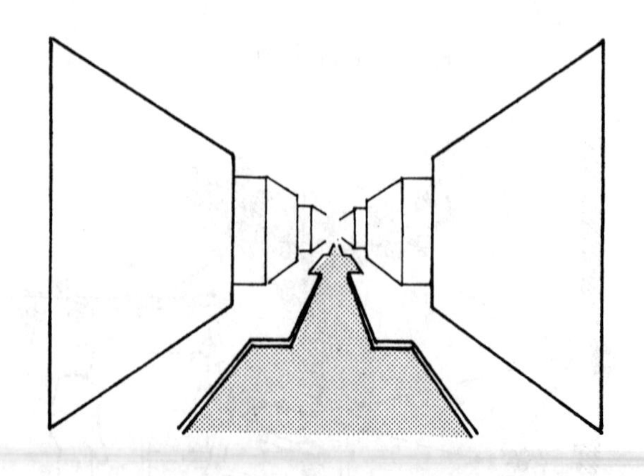

控制引导性规划中的生活性道路，在联邦建筑法（BBAUG §9.11）中被当作“供特殊用途所需的交通用地”（参见“交通疏解”第143~151页）。

某生活性道路设施和造型的典型要素

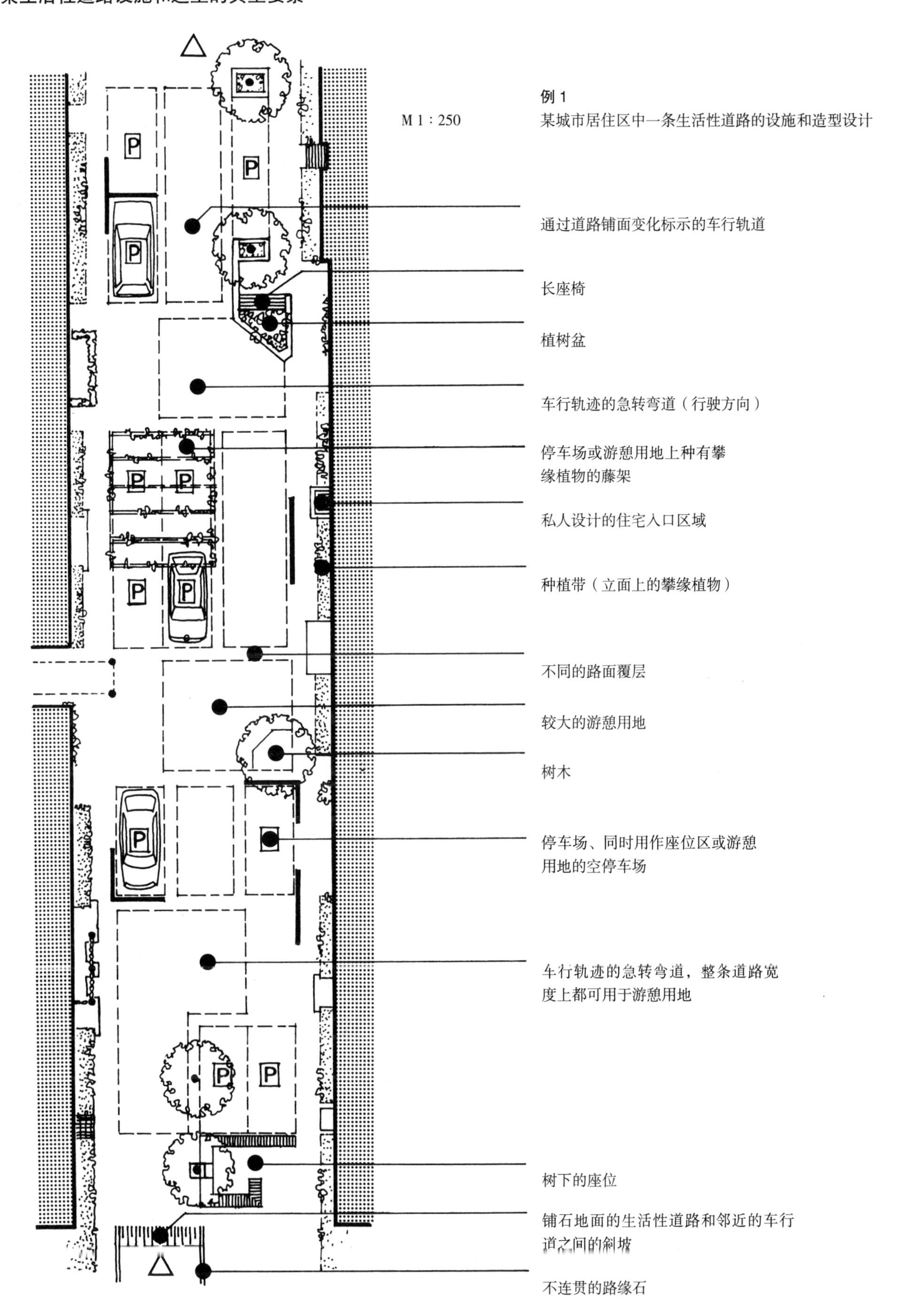

（参见“交通疏解”第 146~151 页，第 157~158 页）

例 2

作为人车分离和人车混行结合的某生活性道路的布局与造型（部分道路有铺石路面）

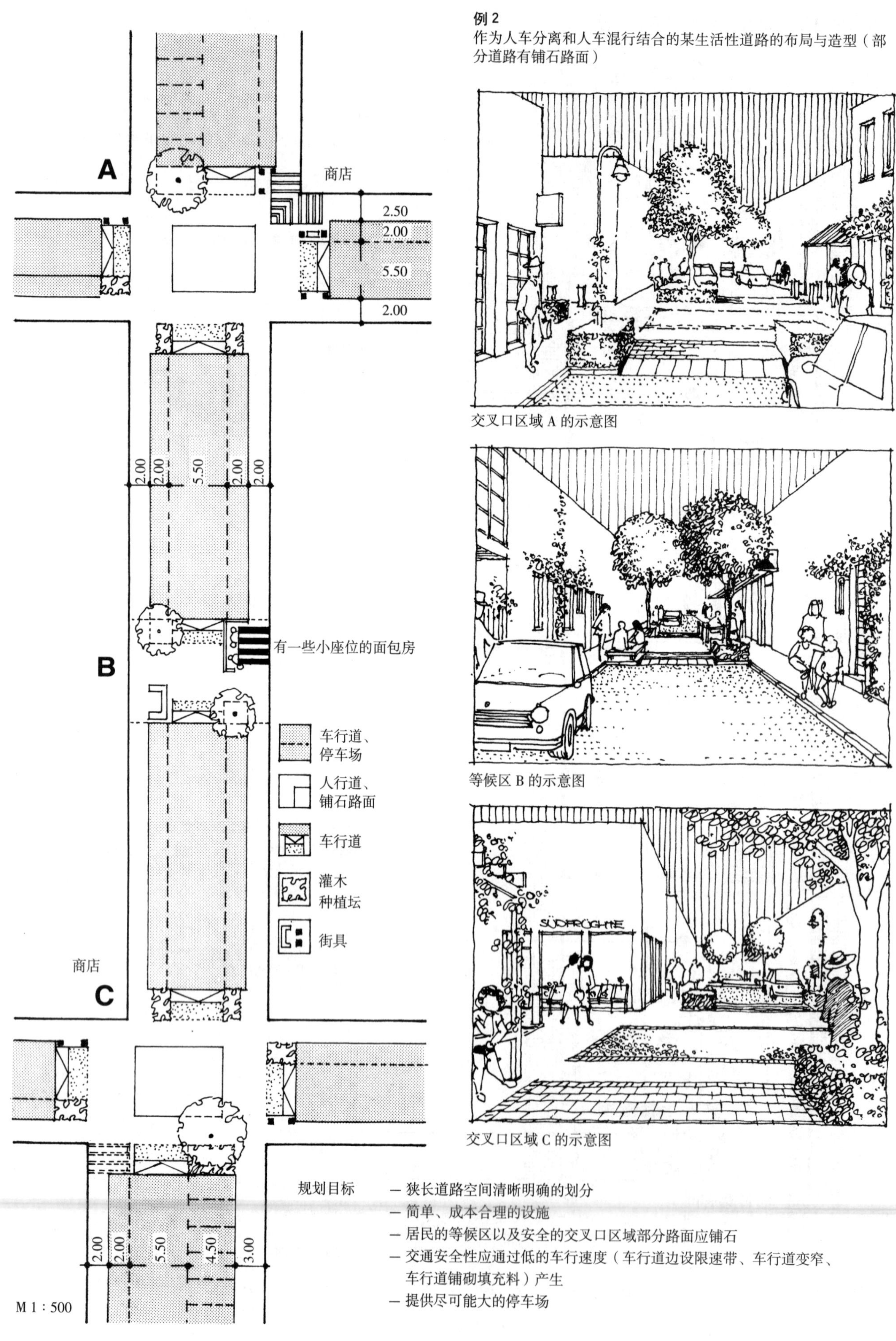

交叉口区域 A 的示意图

等候区 B 的示意图

交叉口区域 C 的示意图

规划目标

– 狭长道路空间清晰明确的划分
– 简单、成本合理的设施
– 居民的等候区以及安全的交叉口区域部分路面应铺石
– 交通安全性应通过低的车行速度（车行道边设限速带、车行道变窄、车行道铺砌填充料）产生
– 提供尽可能大的停车场

例 3
乡村环境中的生活性道路

直达宅前花园的开敞式过渡空间线型柔和，道路走向中的剖面宽度由于道路变窄以及受到植入树池“限制”而发生变化；
道路表面的造型设计因材料少和形式简单受到限制。

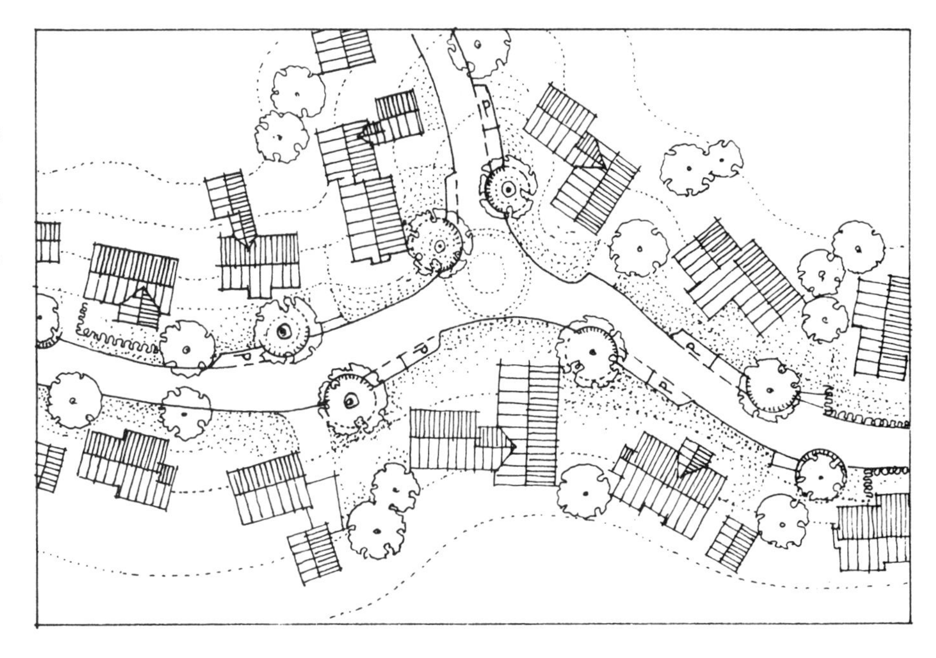

例 4
某个新区的生活性道路

节地型的道路网，狭长的小巷和小型停车场的连续（扩展的道路附加物），人车混行剖面，道路表面的形态设计材料少，形式简单，具有标志性的停车位。

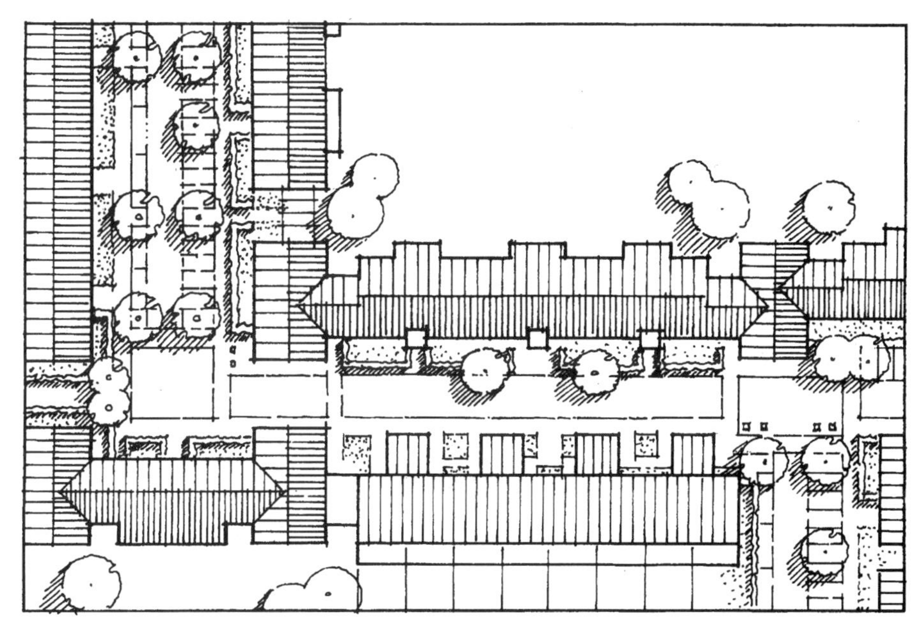

参见下册 3.6，4.1.3

A. 一种形态自由的道路网结构可以产生生动的、多样化的公共空间序列，其前提条件是拓扑学和建筑学清晰地表明道路和广场空间。另外有缺陷的定向的危险存在于混乱的空间序列中。
B. 一种严格的、走向明确的道路网保障了良好的道路走向以及容易达到的空间序列；它不依赖于建筑的立体空间形象特征。

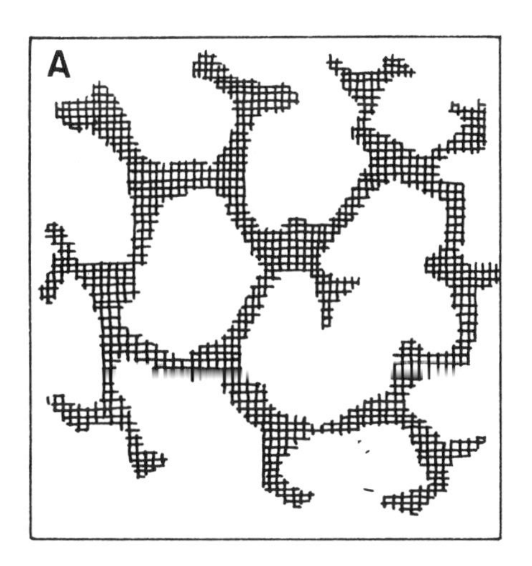

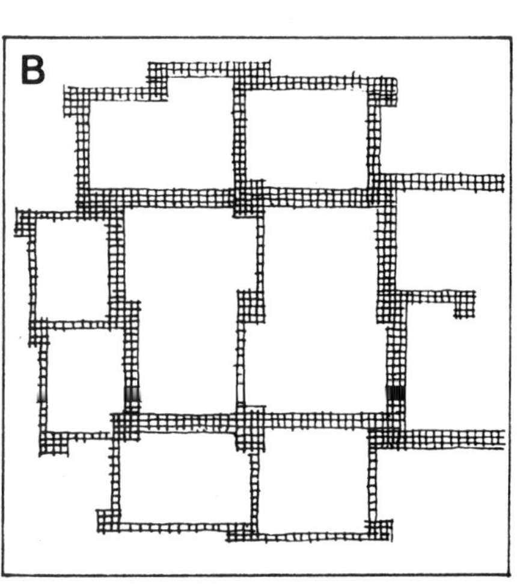

4.5.2.5 住区集散道路

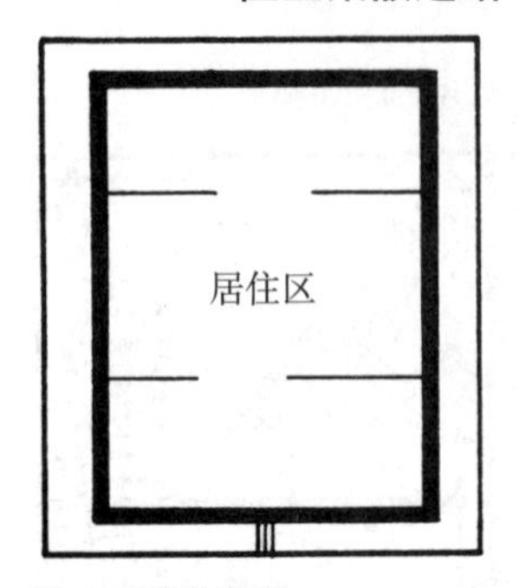

住宅区集散道路

1—板材层
2—小碎石路面（安全带）
3—混凝土石板或天然石板
4—沥青
5—有低矮灌木或土壤层的草地
Lph—路灯光源高度

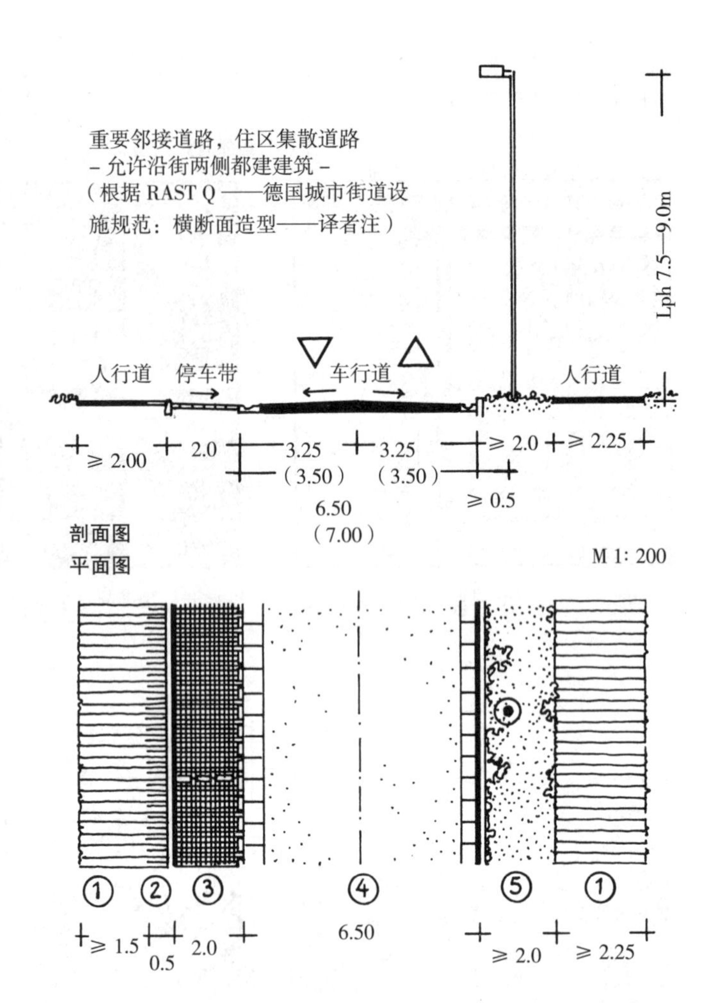

4.5.2.6 交通性干道

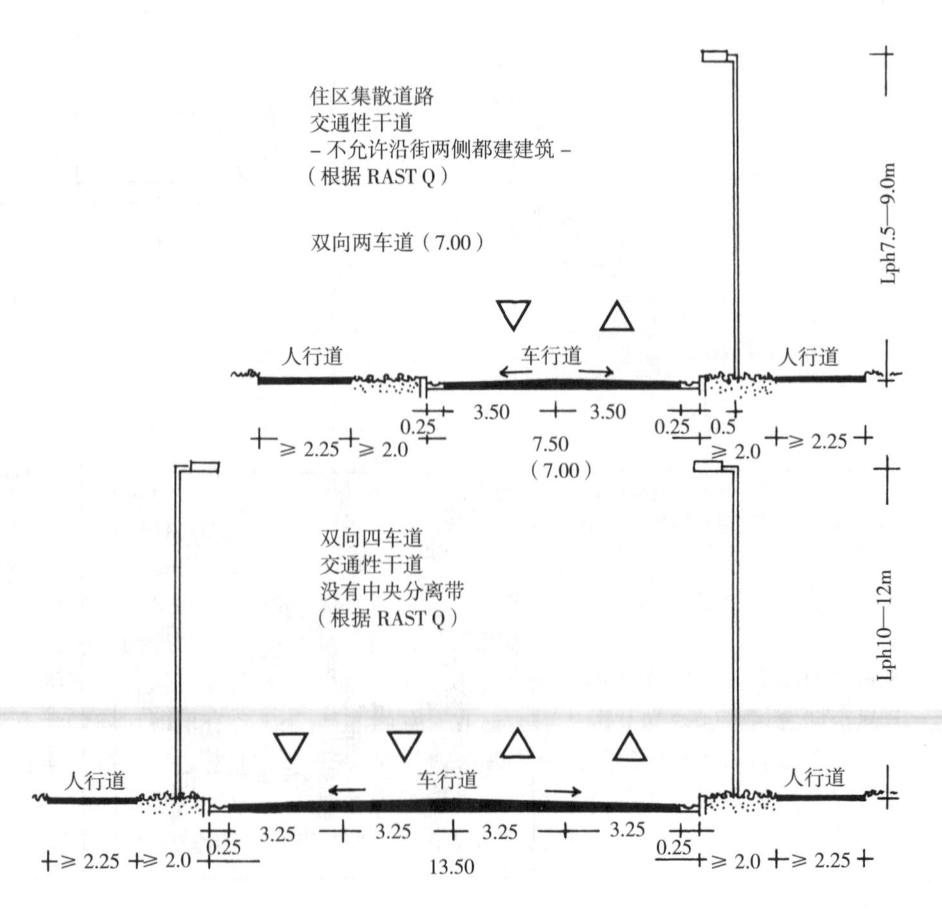

（参见第 159 页，第 160 页）

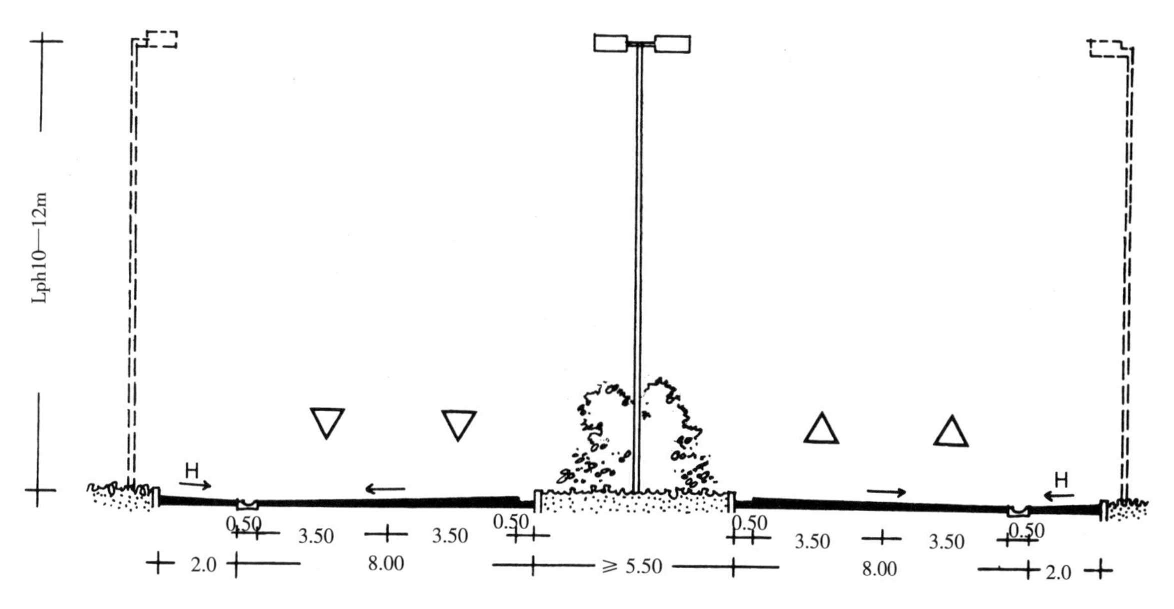

由中央分隔带将车辆的行驶方向分开的高速公路（根据 RAST Q）

M 1：200

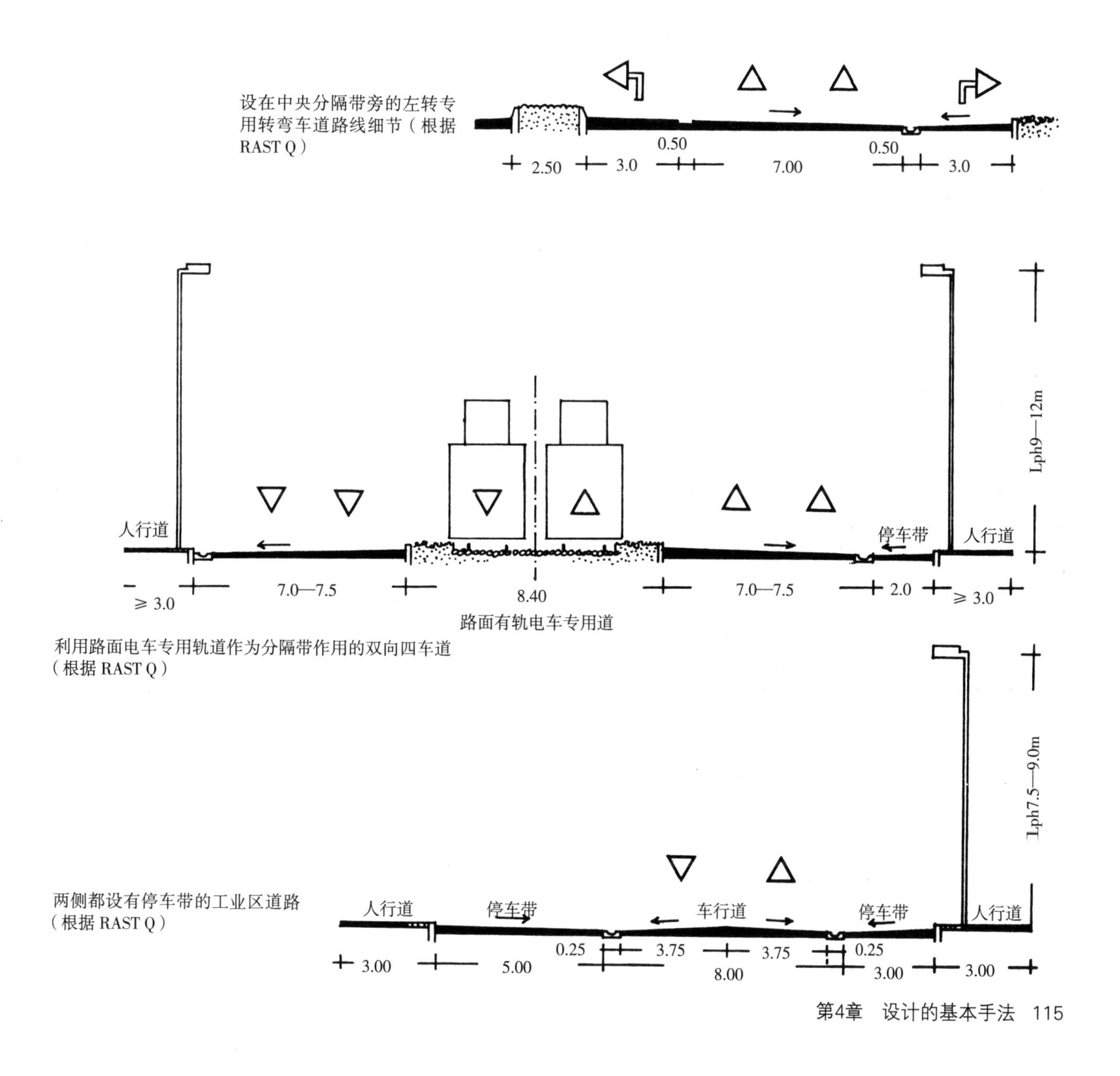

设在中央分隔带旁的左转专用转弯车道路线细节（根据 RAST Q）

路面有轨电车专用道

利用路面电车专用轨道作为分隔带作用的双向四车道（根据 RAST Q）

两侧都设有停车带的工业区道路（根据 RAST Q）

4.5.3 居住区道路网所需的道路类型

城市设计所需的重要数据一览表

道路类型	（横断面上的）最大交通量	邻接的住宅单元（定向值）	人车分离	有减速措施的人车分离	人车混行	最小缓和曲线	最小转弯半径	最大坡度	最长道路长度	最小净高	车辆容许的最高速度	步行者优先	小汽车优先
单位	辆 /h	居住单元				m	m	%	m	m	km/h		
宅间小路紧急车辆不可通行	—	—	—	—	—	—	—	8 （12）[3]	≤ 50	3.5 （2.5）[4]	—	●	
宅间小路紧急车辆可通行类型 2	25	30			●	—	12	8 （12）[3]	80[2] （150）	4.5 （2.5）[4]	15	●	
宅间小路紧急车辆可通行类型 1	50	80			●	—	12	8 （12）[3]	200 （300）[2]	4.5 （2.5）[4]	≤ 30	●	
生活性道路	100			●	○	—	12			4.5	≤ 30	●	
邻接道路	250	400	●	●		—	12	8 （12）[3]		4.5	30—40		●
允许沿街两侧都建建筑的集散道路	800	1500	●			65	85	6 （10）[3]		4.5	50		●
不允许沿街两侧都建建筑的集散道路	1400	2500	●			85	120	5 （7）[3]		4.7	50		●

○只在一定条件下适用
1）居住区出路，紧急车辆可通行的宅间小路或生活性道路的距离
2）括号内的数值是对环路而言
3）括号内的数值是对例外情况而言
4）括号内的数值是当穿越交通不必要的时候

指导方针	对道路设施的指导方针 RAS E 81 RAS Q82 对于交通联系道路设施的建议 EAE 85/95 对于主要交通性干道设施的建议 EAHV 93 指导方针在标准值意义上提供了建议。当存在特定的城市设计原因时，对此也可以有偏离。对标准值进行灵活而因地制宜的应用

4.5.4 道路网开发建设成效及其所需费用之间的关系

道路网设施设计和评价所需要的重要标准，就是道路网开发建设成效，即用地需求、成本消耗和使用效率（性价比）之间的关系。

供土地收购、交通设施的改建和维护所需的费用，间接的方式是作为公共投资向市民征收，直接的方式是当做道路沿线居住的投资加以征收。从国民经济和社会观点上看，将道路网开发建设所需的费用降到最低具有非常重要的意义。

成效小的道路网形式，以及过于详细设计或费用过高的情形，都应当避免。

道路网开发建设费用的比较

A. 邻接道路所需的单边道路网开发建设：

整个建设面积	420m^2
每一住户单元所占的面积	140m^2

不合理

B. 供宅间小路所需的双边道路网开发建设：

整个建设面积	510m^2
每一住户单元所占的面积	85m^2

较合理

C. 紧急车辆可通行的宅间小路所需的双边道路网开发建设：

整个建设面积	420m^2
每一住户单元所占的面积	70m^2

合理

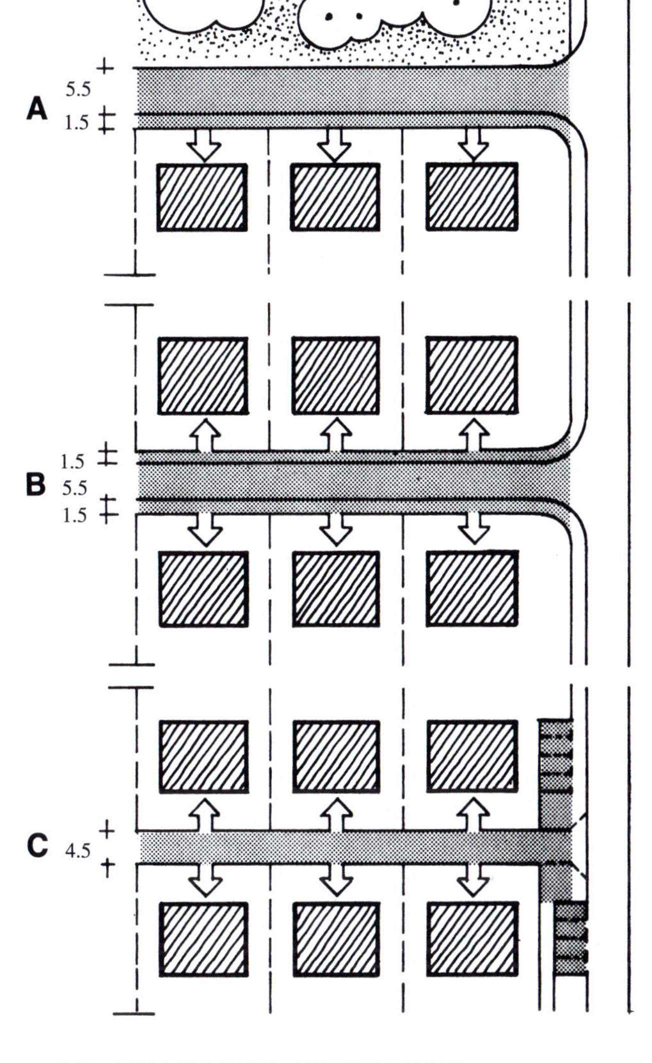

实例：某独户住宅组团的三种道路网选择方案

道路网设施是在其相应功能中绝大部分固定的用地，即设施根据干预——收支平衡（环境和谐度检测）的标准添加到预算表中，并要求平衡措施和补偿措施。

这些减少了规划区内可建设的范围，或使得高品质的补偿措施（例如：种植）成为必需。这两者都承担了建设的土地使用成本，并减弱了规划的生态和谐性。

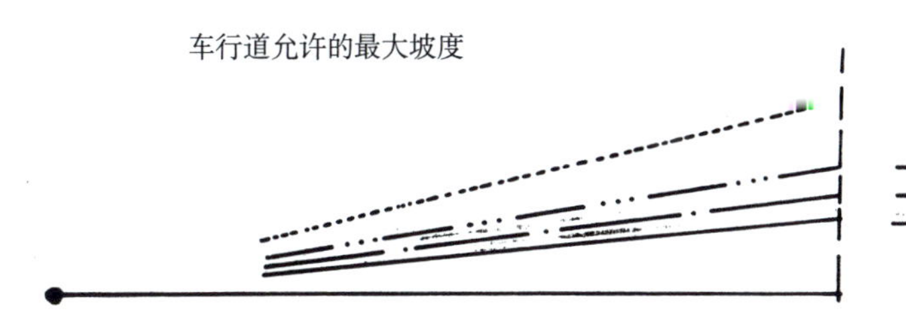

12% 紧急车辆可通行的宅间小路的最大允许坡度

8%（12%）沿线用户专用道路

6%（10%）允许沿街两侧都建建筑的集散道路

5%（7%）不允许沿街两侧都建建筑的集散道路

括号中的数值：只限于例外情况

4.5.5 道路的丁字交叉口与十字交叉口——基本形态

4.5.5.1 道路的丁字交叉口——平面连接（实例）

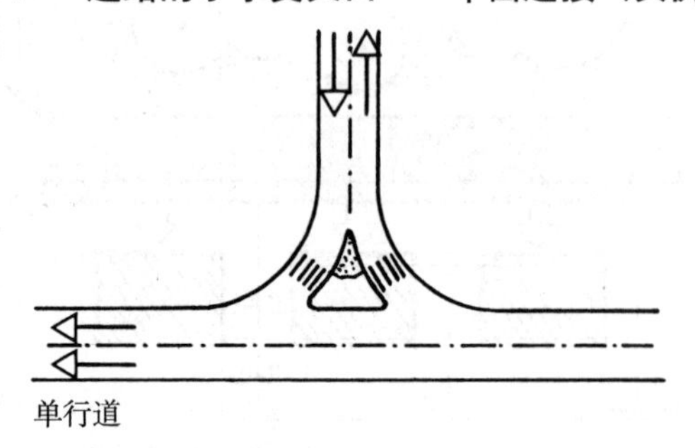

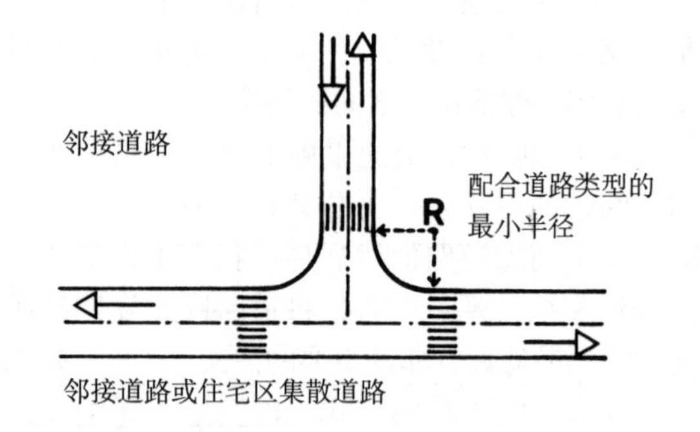

M1：1000

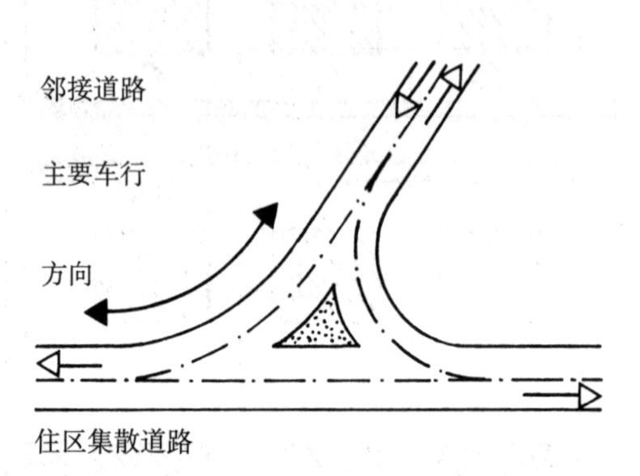

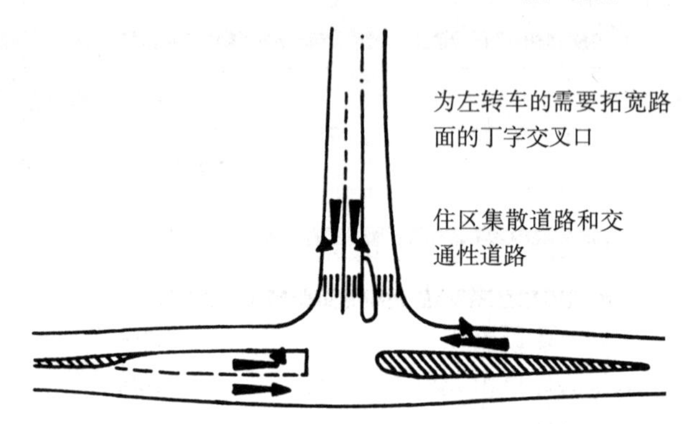

4.5.5.2 道路的十字交叉口——平面连接（实例）

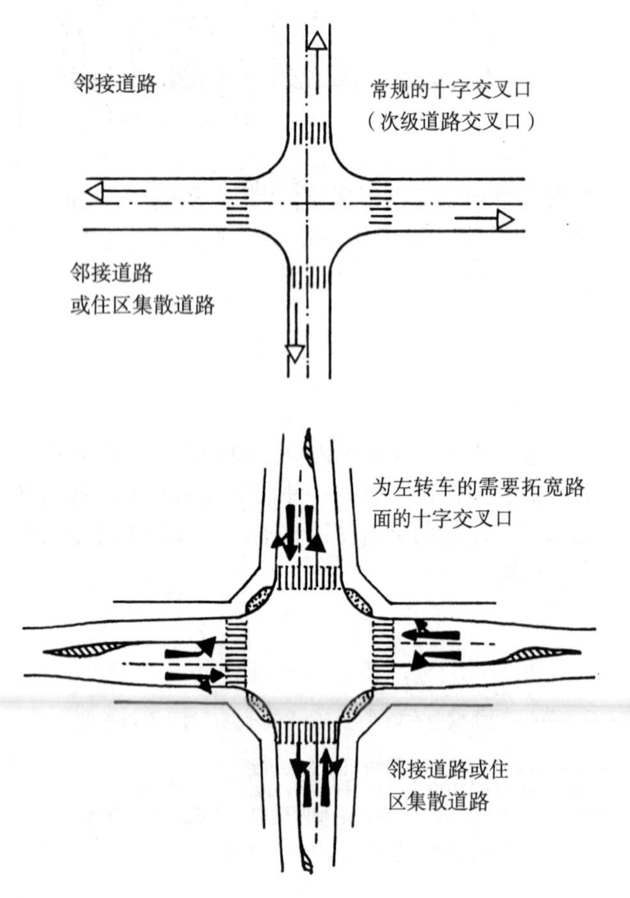

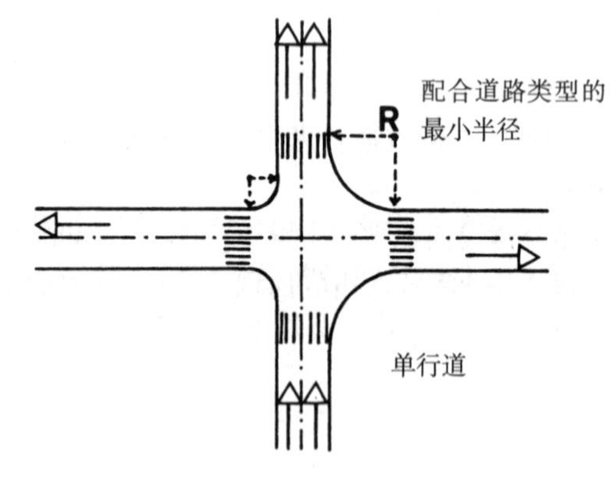

M 1：1000

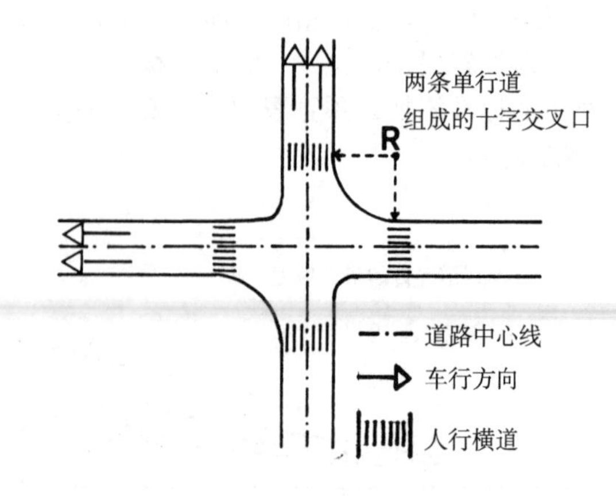

交通环岛型的十字交叉口型式，为道路内外侧提供了较大的交通量和几乎同样的分流功能，与（信号灯控制的）传统十字交叉口比较，其优点在于由流畅的转弯道高效减少了交通事故和噪声，节约了能源。直径介于 26~30m 的小环道也能够在城市设计领域完成空间和形态上的结合。

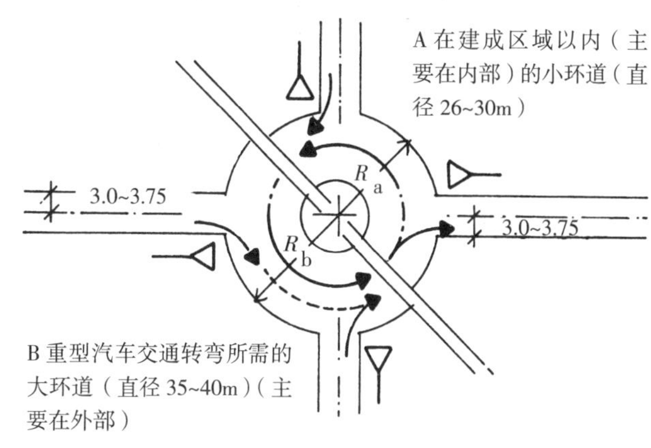

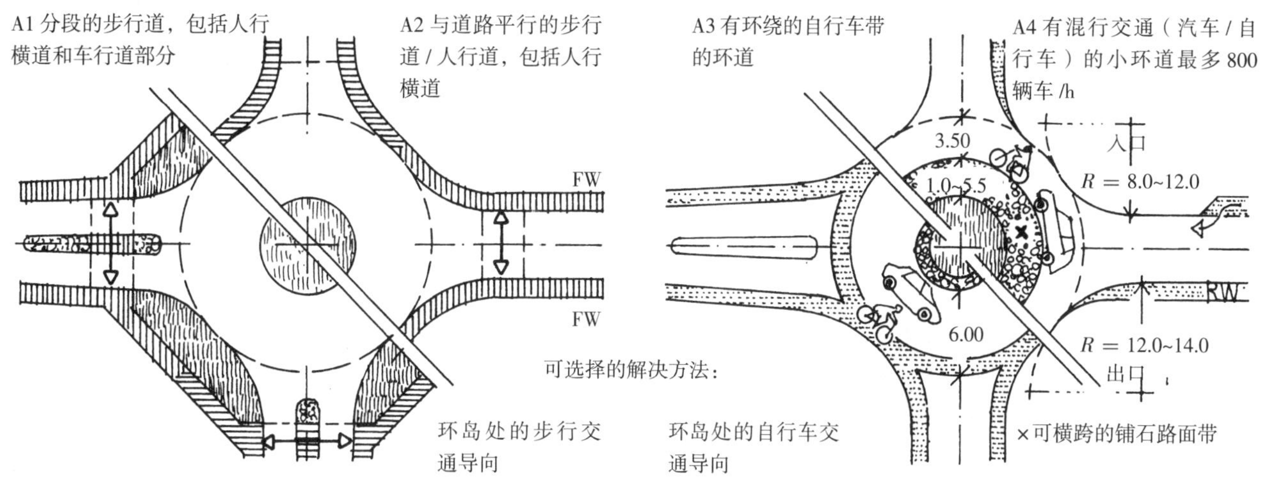

4.5.5.3 道路的丁字交叉口/十字交叉口——立体连接（图式-实例）

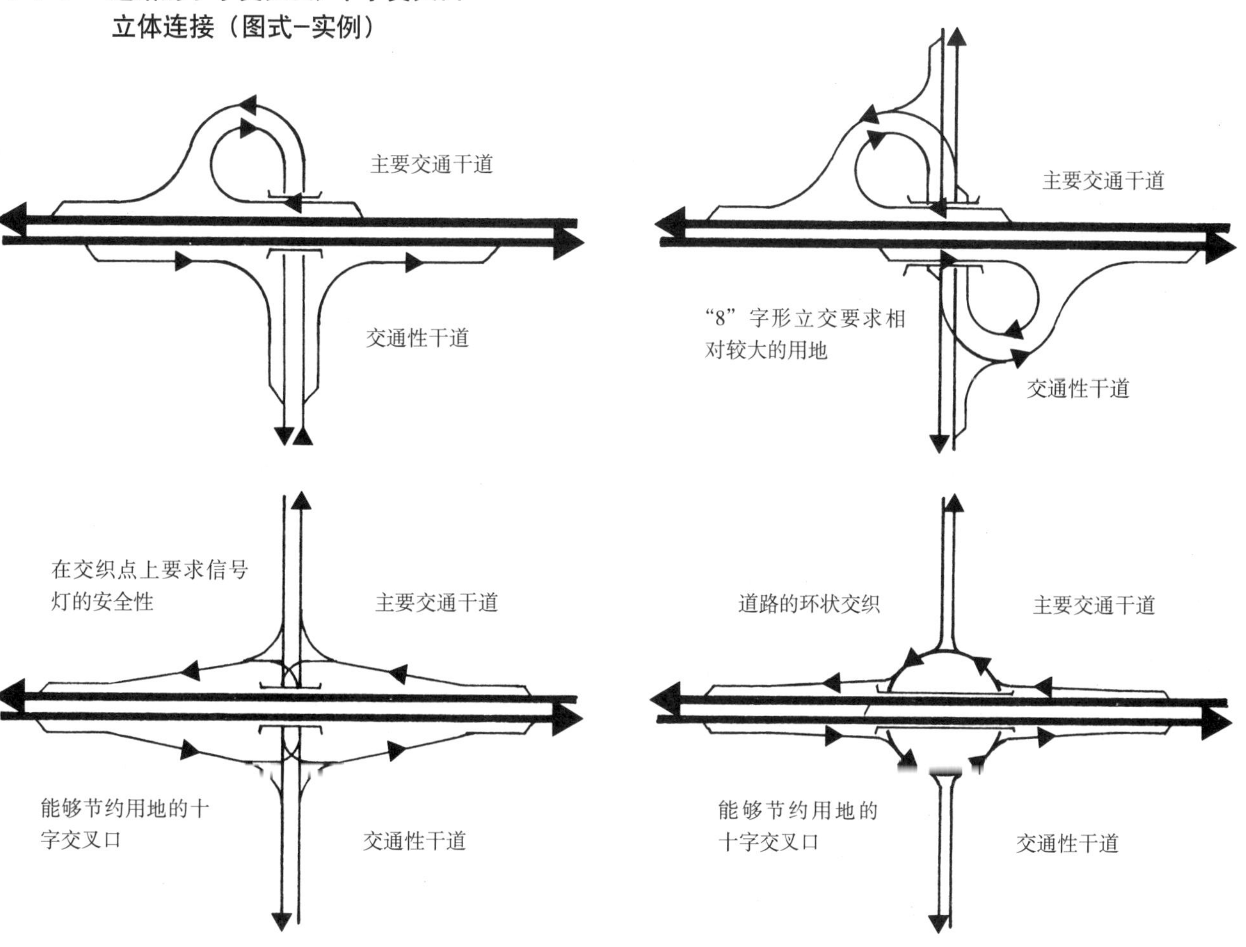

4.5.6 车辆回转设施的形态和尺寸（m）

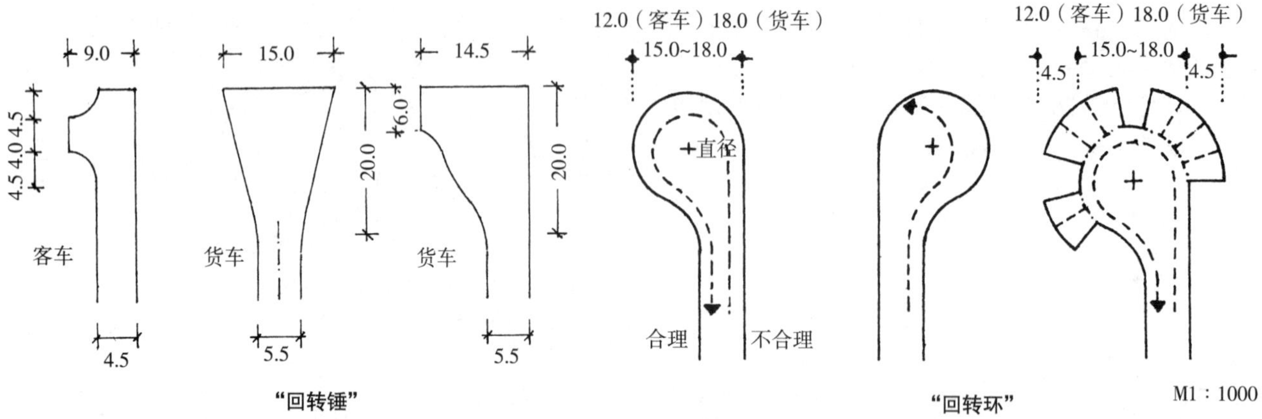

“回转锤”

必需有足够的车辆掉头用地，节约空间，很好的适应建筑的周边环境，适用于生活性道路和紧急车辆可通行的宅间小路

“回转环”

车辆可以在连贯的行驶过程中转换方向，回转所需半径取决于交通工具（仅限于小汽车，垃圾车等）及其地区规定。

只有在货车定期通过的地方，才必需设置直径大于 15m 的回转环

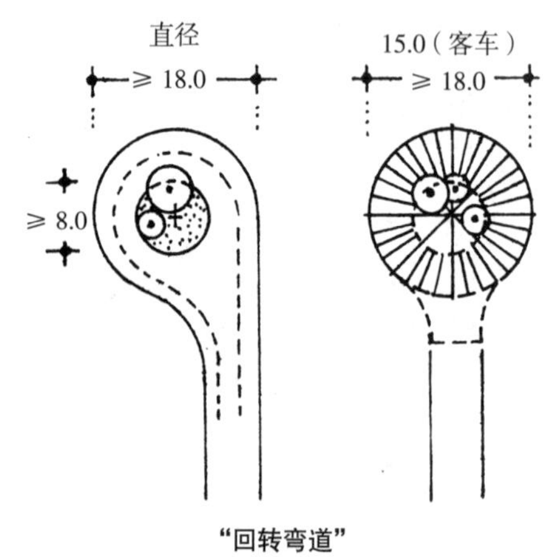

“回转弯道”

车辆可以在连贯的行驶过程中转换方向，通过在中央安全岛种植植物，能有效利用回转用地，也因此可以在艺术造型上做出合适处理

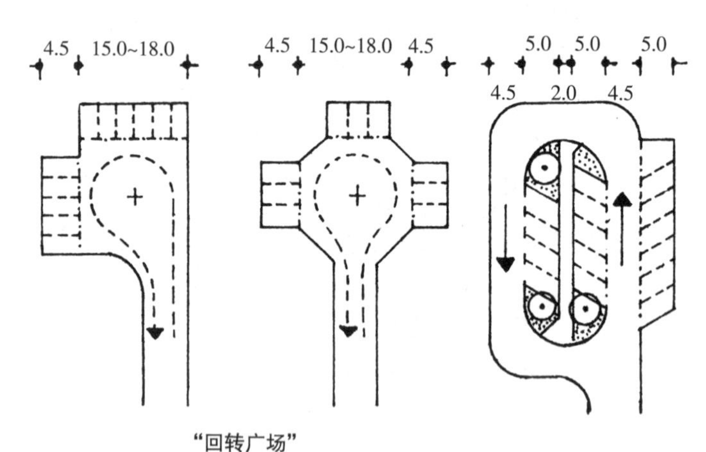

“回转广场”

车辆可以在连贯的行驶过程中转换方向，通过在周围设置停车位，可以消除在回转用地上的违章停车

将停车位当作中央安全岛的环状回转弯道

直径大于 15m 的大型回转环在周边建有底层建筑的情况下，尤其破坏空间比例和形态尺度

相对而言，回转锤比较容易与建筑环境协调

在一个广场的形态和布局中，回转弯道也同时是“隐藏”的游憩和停留空间

（参见下册 3.1.7）

4.5.7 车行道的设计要素

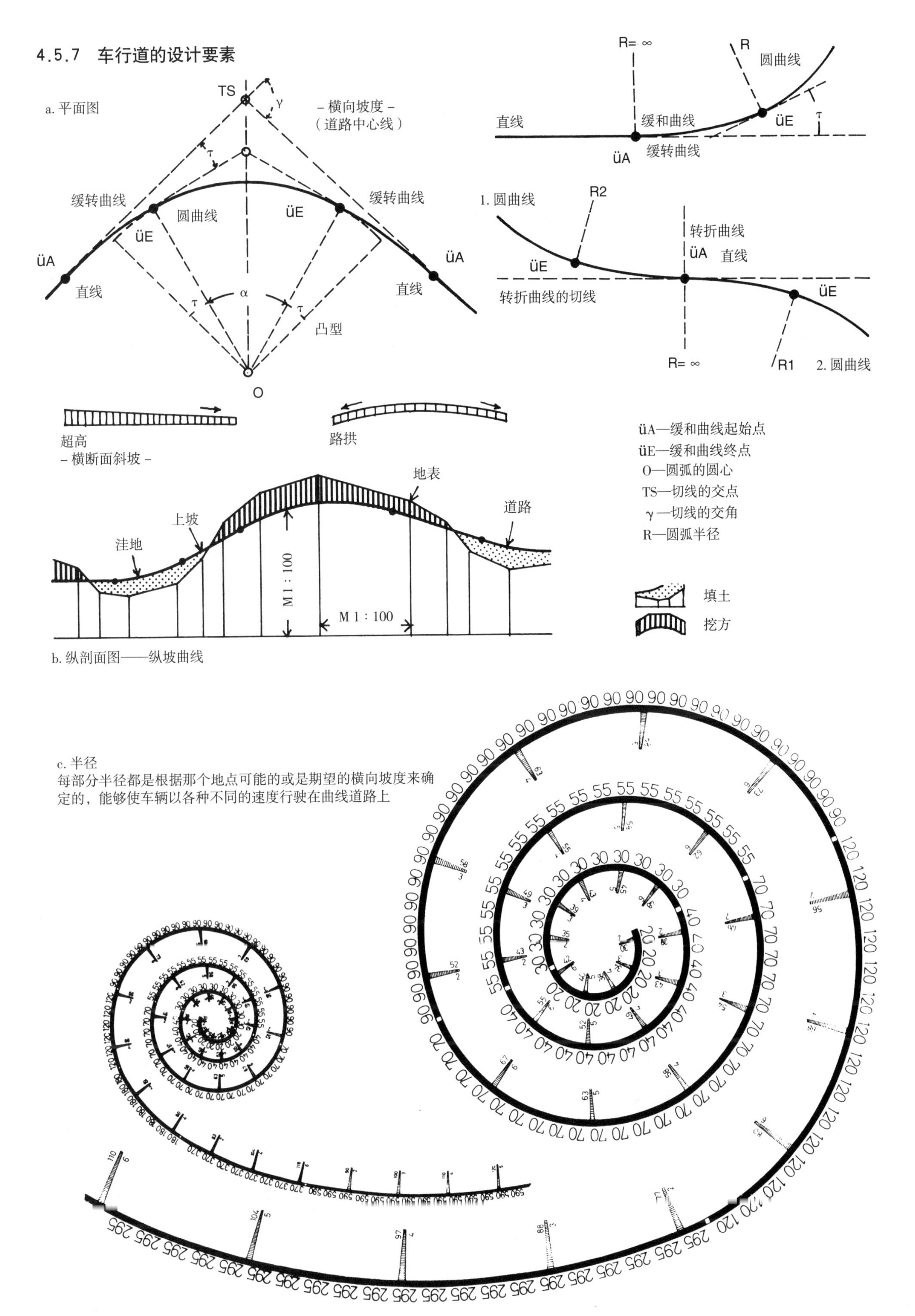

4.5.8 交通方式

集中的交通

在一定的时间内驶入一定区域的车辆

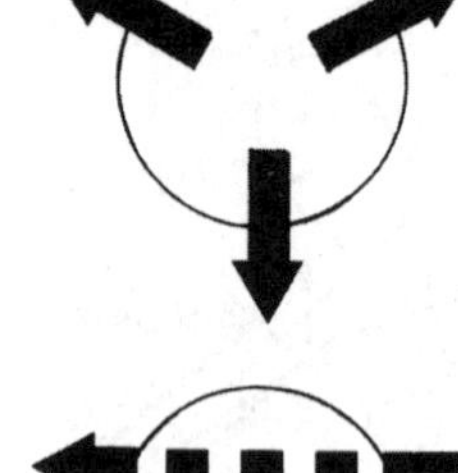

分散的交通

在一定的时间内驶出一定区域的车辆

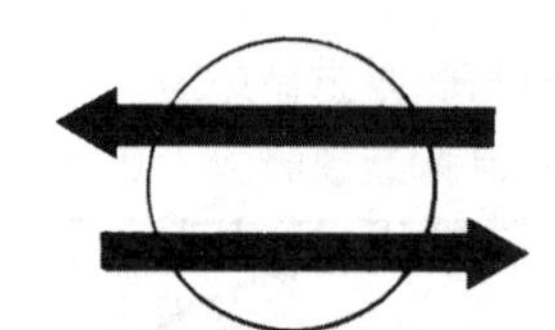

穿越交通

并不在一定区域内做长时间停留的穿越性车辆

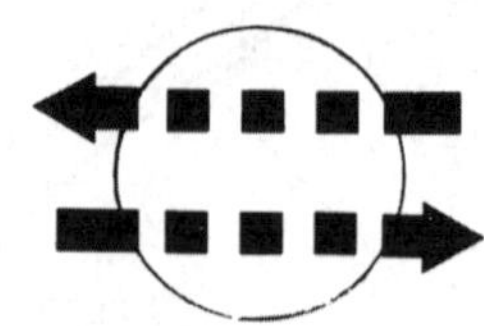

断续性的穿越交通

在一定区域内停留一定时间的穿越性车辆

流入交通

以一定区域为造访目的地的车辆

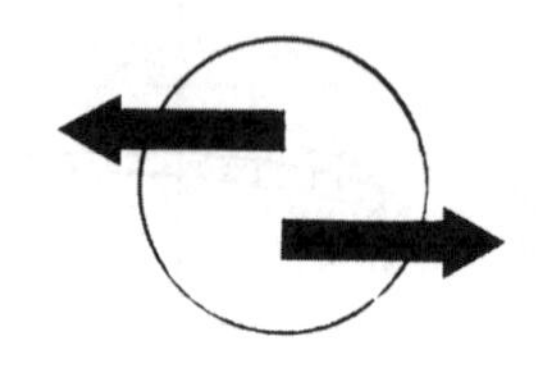

流出交通

从一定区域出发，通往外部的车辆

内部交通

在一定区域内部行驶的车辆

4.5.9 交通量（交通负荷）的图示化

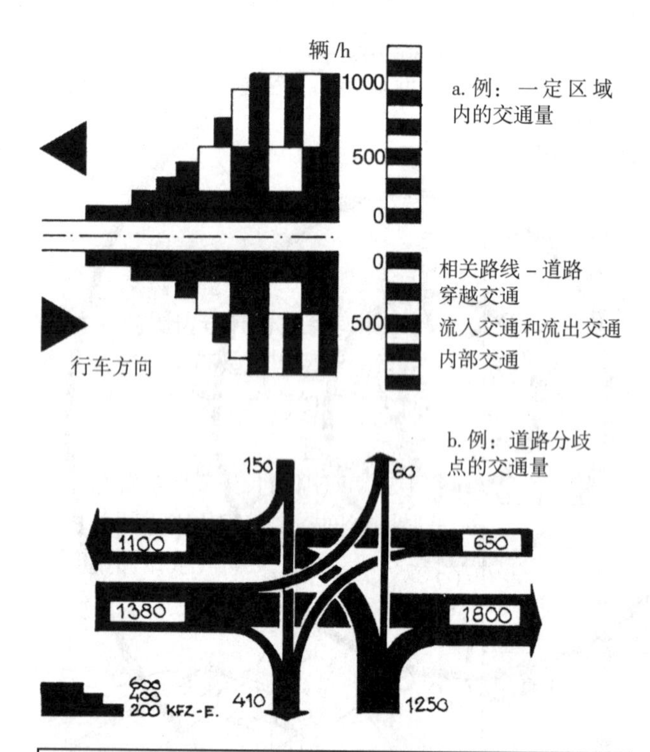

a. 例：一定区域内的交通量

相关路线－道路
穿越交通
流入交通和流出交通
内部交通

b. 例：道路分歧点的交通量

c. 例：交通负荷规划图（汽车交通）

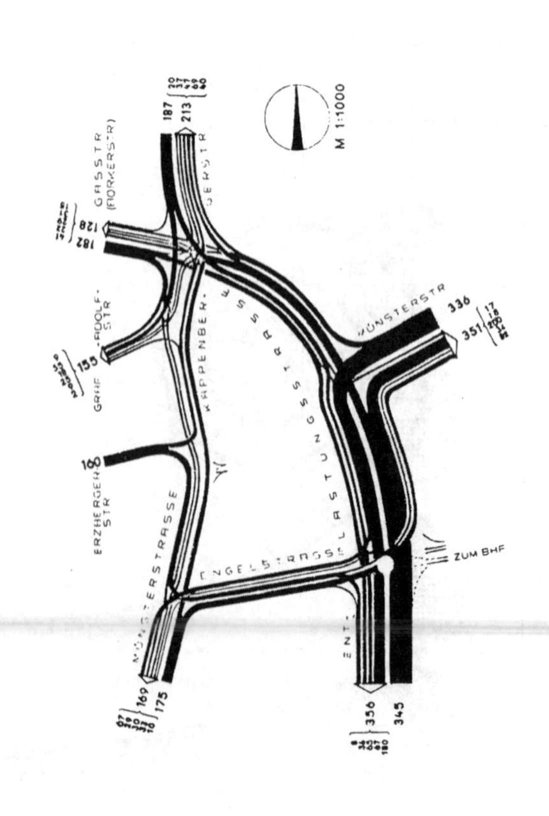

交通负荷当量	
1 客车	=1.0 客车 单位
1 摩托车	=0.75 客车 单位
1 货车	=2.00 客车 单位
1 小型公交车	=3.00 客车 单位

4.6　静态交通

机动化交通的急剧增加，不仅要求道路不断增长，同时也对“静态交通”（即停车空间）提出持续不断增长的用地需求。

车辆的使用只有在其前往的目的地有停车设施时才有意义。这意味着，每辆车辆不是需要一处，而是多处停车场（例如住宅旁的停车场，以及工作地点、购物中心、剧院、游泳设施、友人的住宅等目的地旁的停车场）。由于一天中每次停车地点的变化，可以减少事先配置的停车场总数，但在居民区，整体来说每辆车至少需要 1.3 个停车位（即 30m^2），才能满足停车需求。

4.6.1　问题的提出

停车场及其附属道路用地的空间需求，尤其在居住密度高且土地使用率高的地区承担主导性的重要作用，即发挥符合地区特定要求的功能。

事先配置的停车场用地面积大小不仅与日益增长的机动车交通密度紧密相关，同时也受到城市开发中功能分区的影响（参见示意图对比）

功能混合，即在相邻空间上布局不同设施，通过停车位多重使用的可能性，降低实际使用面积和成本消耗。这种方式降低了小汽车空间移动带来的压力，同时积极倡导用地集约和成本节约的步行交通和自行车交通。

因此停车场的供应量也可以作为规划的控制手段进行调控，将机动化交通通过其他各种交通方式和交通工具进行分解（参见第 67~68 页）。

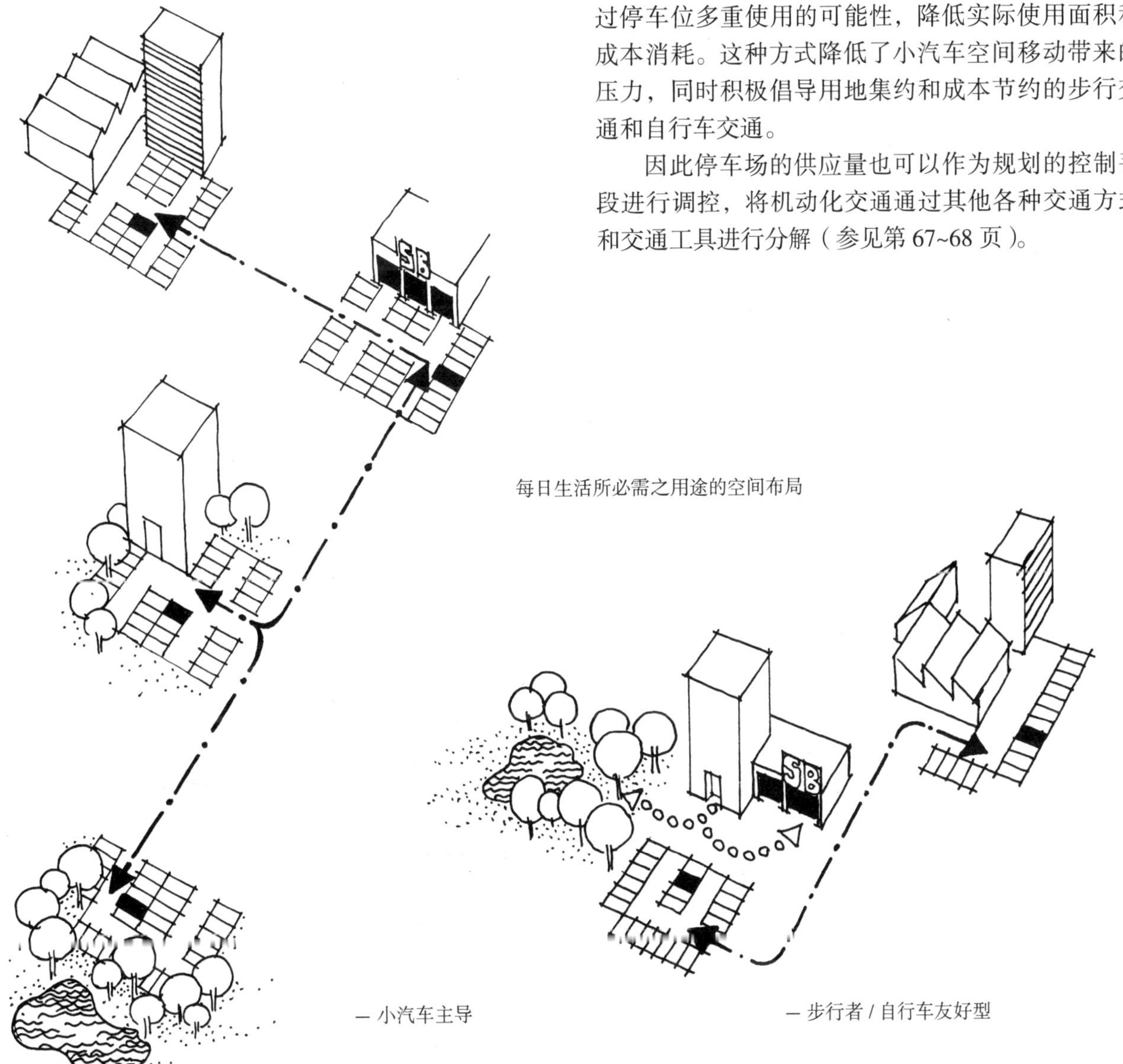

每日生活所必需之用途的空间布局

— 小汽车主导

— 步行者 / 自行车友好型

这里对于城市规划提出了具体的任务，即提出消除弊端或避免产生这种状况的措施。

可能采取的措施：

a）减少必须利用机动车的状况，即车辆利用的必要性降低时，目的地对停车空间的需求就会减少。

b）停车场和用途（例如居住区、购物中心和工作场所）的空间配置关系，在规划设计中必须保障该区域的功能，同时避免相对于汽车交通的其他交通方式（步行、自行车、短途公共客运交通）的忽视。（参见第 65 页、第 68 页、第 108 页、第 109 页）

c）静态交通用地的比例尺度在细部受到最小尺寸的限制，或者必须以最节约空间的方案为优先。（参见用地需求与停车位的比较）

d）通过不同用途的高下并用，考虑土地的垂直使用（例如半地下车库之上设绿地）。然而，这种解决方案会花费高额的成本。

居民和工作人员 / 访客对停车场的双重使用，在混合区为土地和成本节约提供便利的可能性，使停车位得到更好的使用。

e）通过一天中各种用途的混合使用，减少停车场用地（例如白天作为办公楼的访客停车场或者商店的顾客停车场，晚上作为居民车辆的停车场）。

图例

设有屋顶的汽车停车场（车棚）

设有屋顶的行列式 / 组团式停车场

汽车专用车库

行列式 / 组团式车库

室外停车场

* 包括安全带（= 加宽的步行道）在内

停车位布局和利用强度的依赖性

与车行道平行或者斜向的停车位布局，首先是连接车辆行驶方向而设。由于这种限制，所配置的停车空间就无法有效利用。因此，无论在土地还是成本的消耗中，都没有双向进入的停车空间布局合理。

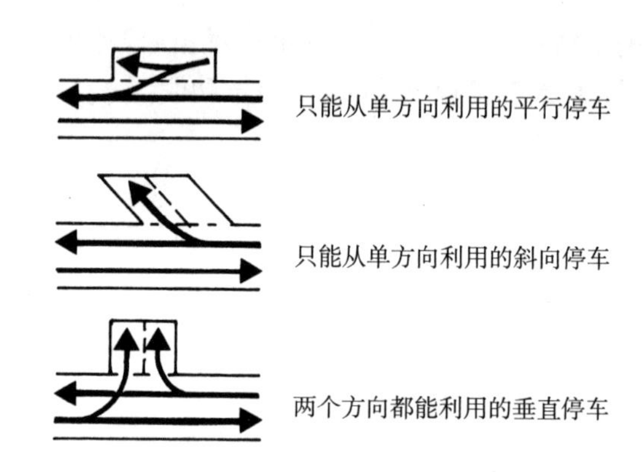

用地需求与停车位的比较

停车位类型	∠	停车位净用地面积（m²）	停车位 + 车行道用地面积（m²）
	0°	12.0	30.0
	90°	11.5	26.5
			17.8
	60°	13.8	26.0
			20.0
	45°	16.3	27.6
			21.9
	30°	22.0	38.0
			30.0

4.6.2 停车场和车库的位置及空间布局

A. 建在同一地块（私人土地）上，设有车库的独户住宅。车库前方设有补充性的室外停车场

B. 建在私人土地上，附设车库和室外停车场的独户住宅区

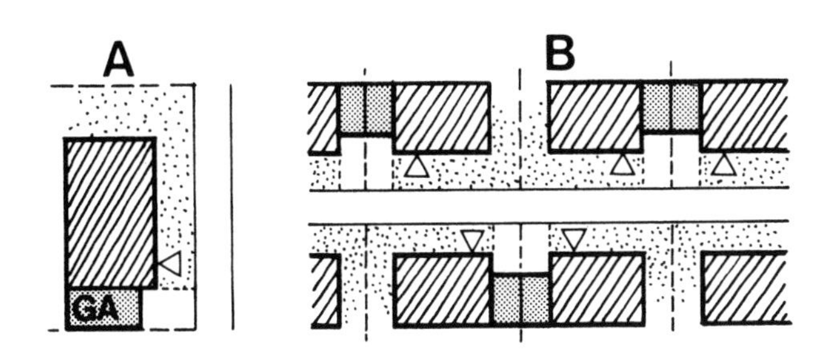

A. 附设作为（私人的）共用设施的室外停车场的集合住宅

B. 建在（私人的）土地上，设有必需的室外停车场的集合住宅区

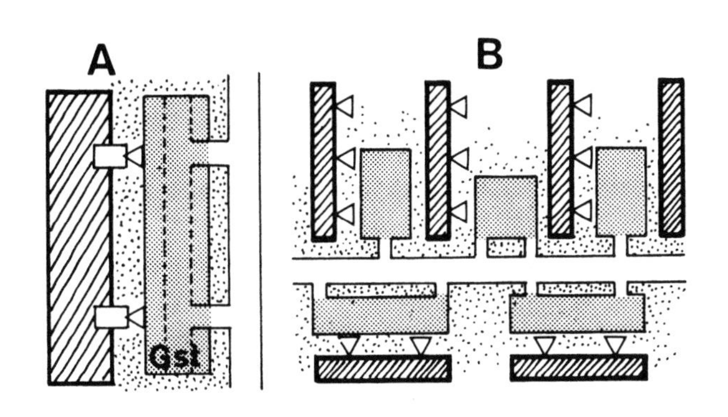

A. 在共用车库（地下车库）附设停车位的集合住宅组团

B. 附设（私人）共用车库的集合住宅区

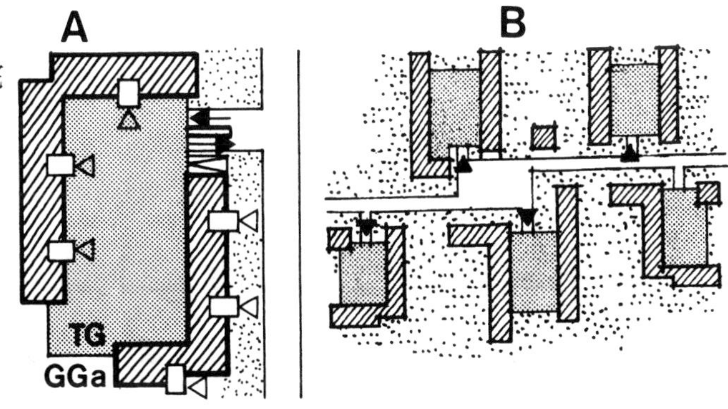

特殊形式（例）

A. 在建筑物的中心设有共用车库的露台式住宅

B. 一楼设有盖顶停车场的住宅建筑

C. 地下室作为车库的住宅建筑（参见第 138 页）

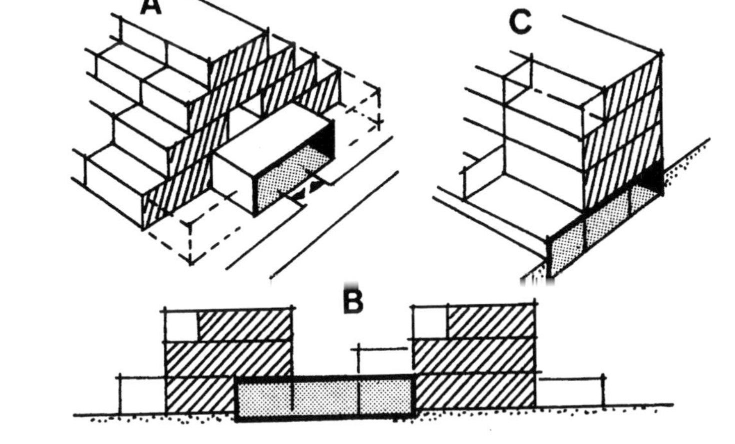

车行道

停车场 / 车库

建筑物

车库入口

住宅入口

居住区共用车库的配置（例）

A. 高密度的独户住宅区，将（私人）停车院落与访客用的（公共）室外停车场集中布置在支路旁。居住区内部交通网络采用步行道连接。

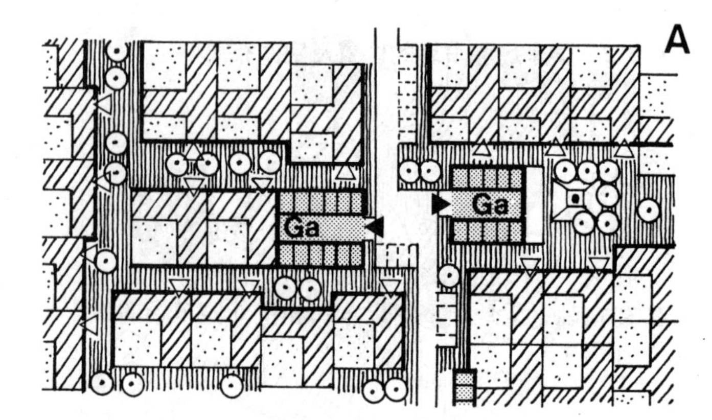

BI. 集合住宅区，在居住区的端部—居住区的出入口布置（私人）共用车库与访客用的（公共）室外停车场当住宅、车库与短途公共客运交通站点之间的步行距离均等时，居住区内部交通网络采用步行道连接（但紧急状况下车辆也可以通行）。

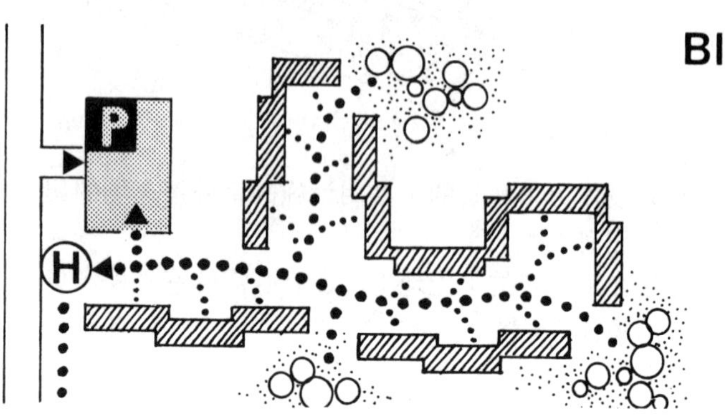

BII. 集合住宅区，采用步行道和车行道分离的交通模式住宅建筑根据住宅到步道的便捷联系配置一定数量的停车设施，同时也解决了（附设车库的建筑）多个所有者对于住宅设施的分配问题。

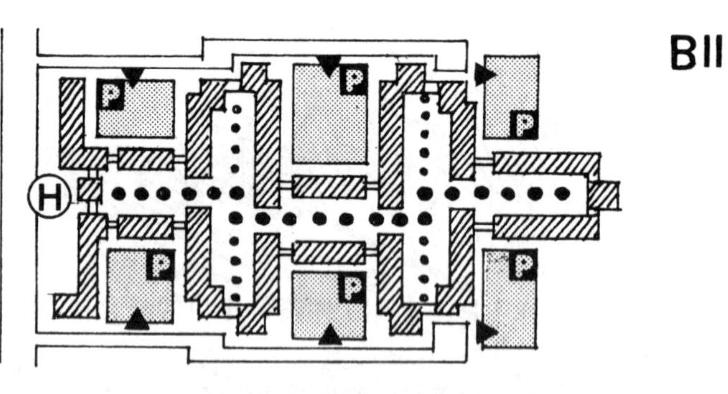

C. 中心城区的居住区交通疏解。为了减轻居住区内部支路（居住区内部的低速交通优先）的交通压力，在居住区端部布置（私人或者公共的）共用车库 / 室外停车场。

住宅、车库与短途公共客运交通站点之间的步行距离均等。

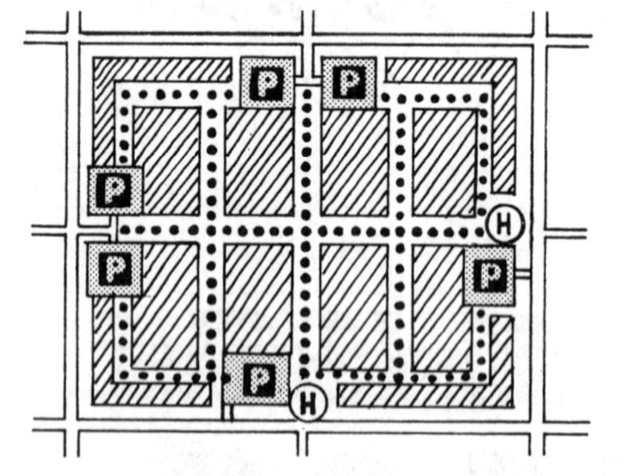

D. 按照人车分流的原则进行居住区道路网结构开发。集结沿住区集散道路的车行和停车功能，以步行道连接住宅和停车场。

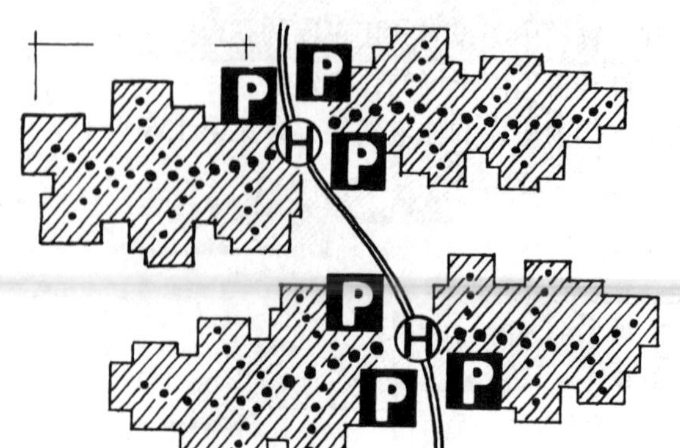

图例

车行道

步行道

室外停车场 / 车库

建筑物 / 住宅建筑用地

短途公共客运交通站点

4.6.3 供私人小汽车使用的室外停车场

4.6.3.1 停车位布局与规模

基本当量标准

我们以一辆欧洲生产的中型私人小汽车的尺寸作为当量标准，在此介绍的尺寸数值是最小值。然而因为考虑节约用地和成本，大规模尺寸的使用，只限于例外的情况。（作为人行道延伸的）安全带，必须注意设定足够的尺寸。

如果考虑实际情况，现在欧洲绝大多数私人小汽车的总长基本上不超过4.2m，并且有越来越小型化的发展趋势（尤其在买第二辆小汽车时）。因此，根据大尺寸小汽车制定的停车位当量标准也不再适合现实需要。因而，50% 以上的停车场（比方说在居住区内）应考虑小型车的停车位长度标准（大约4.00m）。

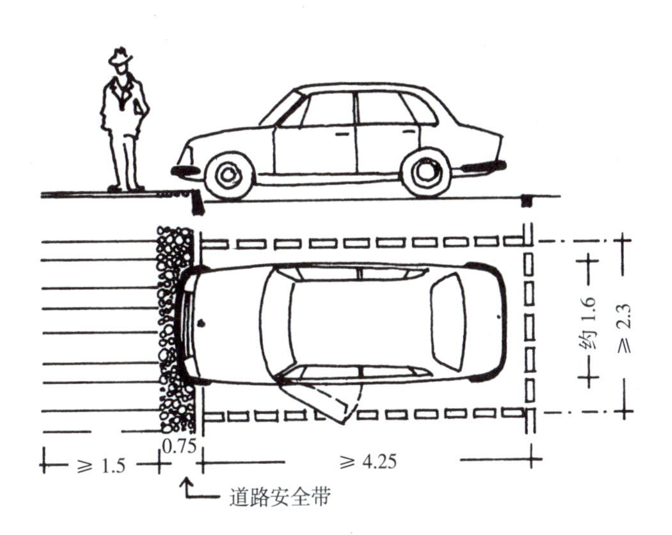

“平行停车”（停车角度 0°）所需的路面停车空间

停车位数量与道路长度之比：不合理。

停车位沿着车辆的行驶方向配置（对于不熟练的司机，停进和开出往往很困难）。

最适用于狭窄的道路与“生活性道路”。

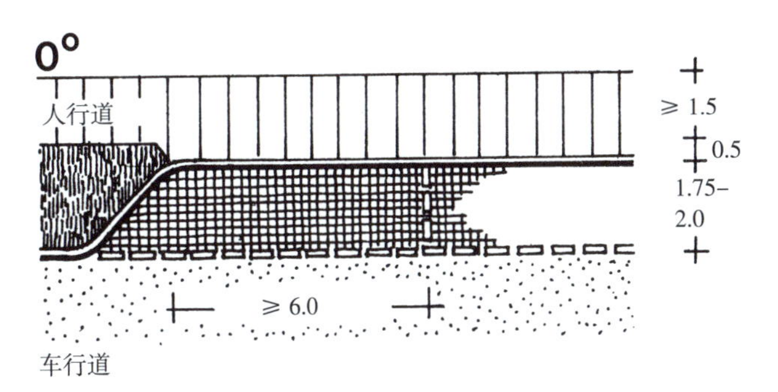

“垂直停车”（停车角度 90°）所需的路面停车空间的布置方式

停车位数量与道路长度之比：非常合理。

停车位任意配置，与车辆行驶方向无关（车辆能够从两个方向进出，缺点: 在交通量较大的道路上，车辆进出困难）

适用于所有车行道宽度大于 5.5m 的道路、“生活性道路”与停车场。

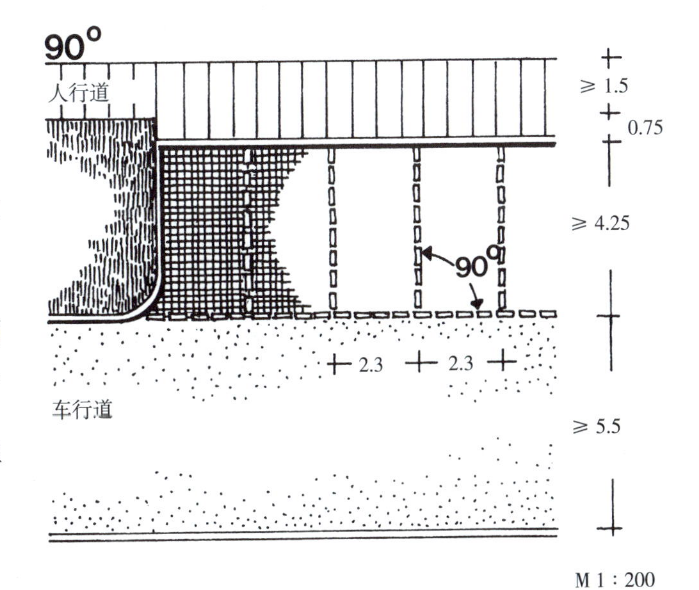

理想的停车空间布置方式

道路两侧配置停车位，比单边配置所能提供的车辆进出安全性更高。

1.5
0.75
4.25
6.0
2.0
0.75
1.5
M 1 : 500

（参见第 130 页）

"斜向停车"（停车角度 60°）所需的路面停车空间

停车位数量与道路长度之比：合理。

停车位沿着车辆的行驶方向配置（车辆只能够从行驶方向进出）。

最适用于单行道，可两边停车的道路以及停车场。

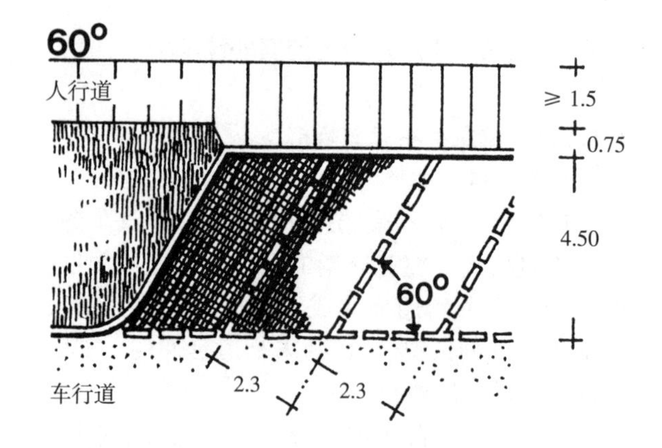

"斜向停车"（停车角度 45°）所需的路面停车空间

停车位数量与道路长度之比：比较合理。

停车位沿着车辆的行驶方向配置（车辆的进出虽然简单，但只能够从行驶方向出入）。

最适用于（狭长的）单行道，可两边停车的道路以及停车场。

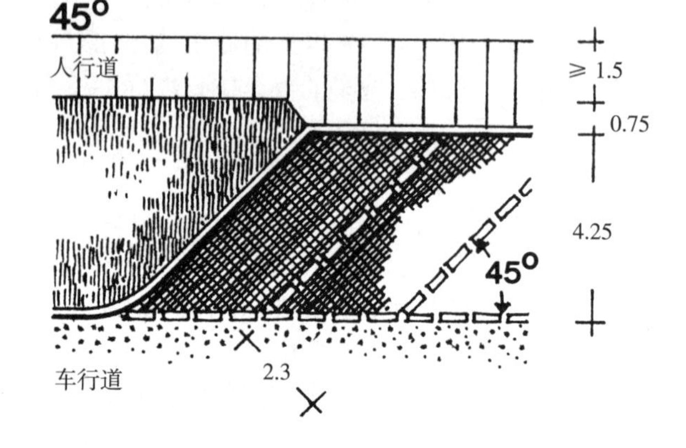

"斜向停车"（停车角度 30°）所需的路面停车空间

停车位数量与道路长度之比：不合理。

停车位沿着车辆的行驶方向配置（车辆的进出虽然简单，但只能够从行驶方向出入）。

最适用于狭长的单行道以及空间狭窄的停车场。

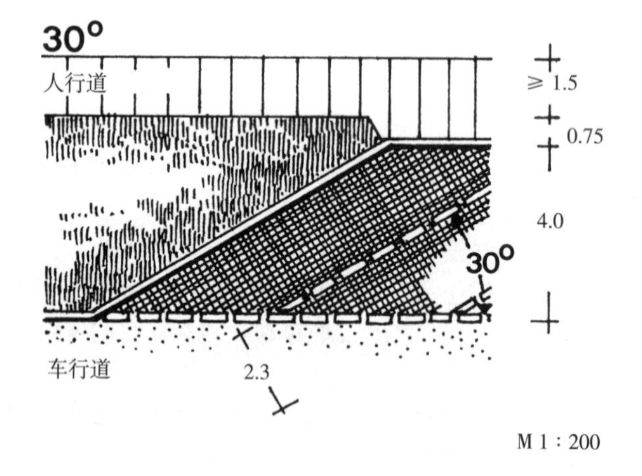

M 1 : 200

斜向停车的路面停车空间与车辆行驶方向有着密切的关系。因此在双向行驶的道路上两边都设停车场才合适。

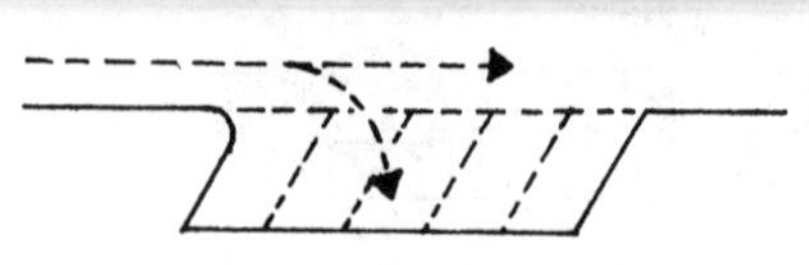

以上停车方式无法发挥停车功能

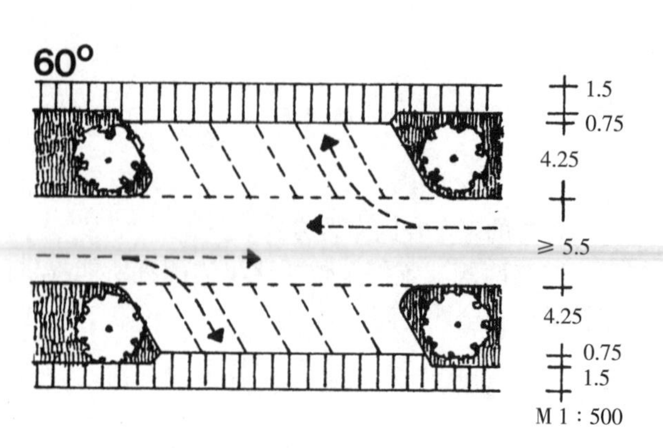

M 1 : 500

4.6.3.2 停车场及其附属道路用地

布局与规模

室外停车场小汽车停车位的配置方法及其所需的车行道路宽度（m）

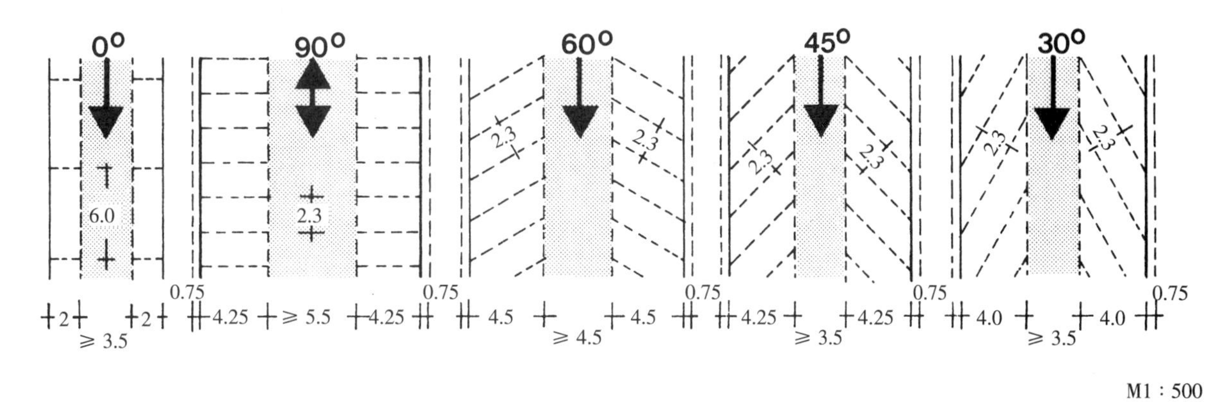

停车场（共用停车场）——例

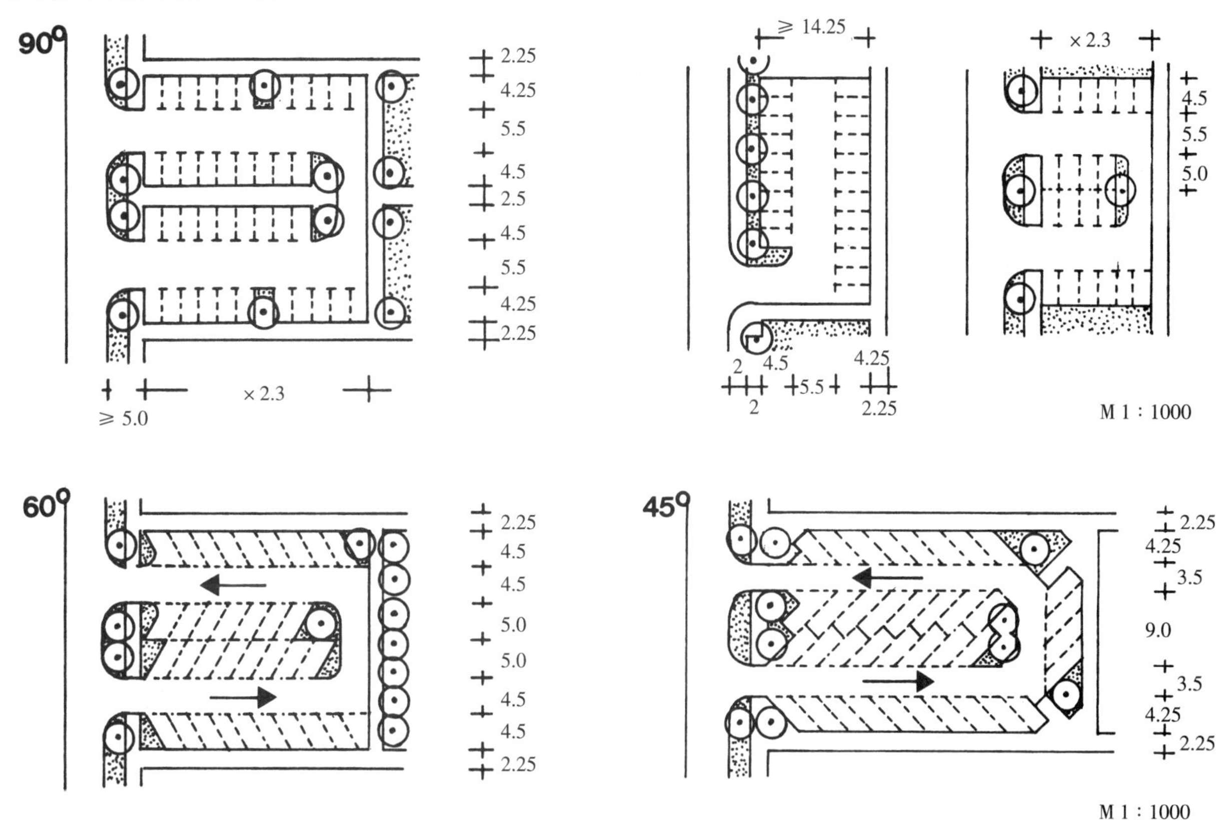

卡车和公共汽车停车场

布局和规模

小型公交车 小型运输车	中型公交车 卡车	带拖车的卡车
5.50m	7.50m	8.00m
7.50m	10.00m	15.00m
5.50m	7.50m	8.00m
平行停车所需停车空间宽度 3.00m		

M 1 : 1000

0.8

车行道

3.5

车行道

0.8

4.6.3.3 沿街公共停车场的布局与形态

沿邻接道路的单边停车场布局。

违规停车会妨碍其他车辆的行驶，使步行道变窄。

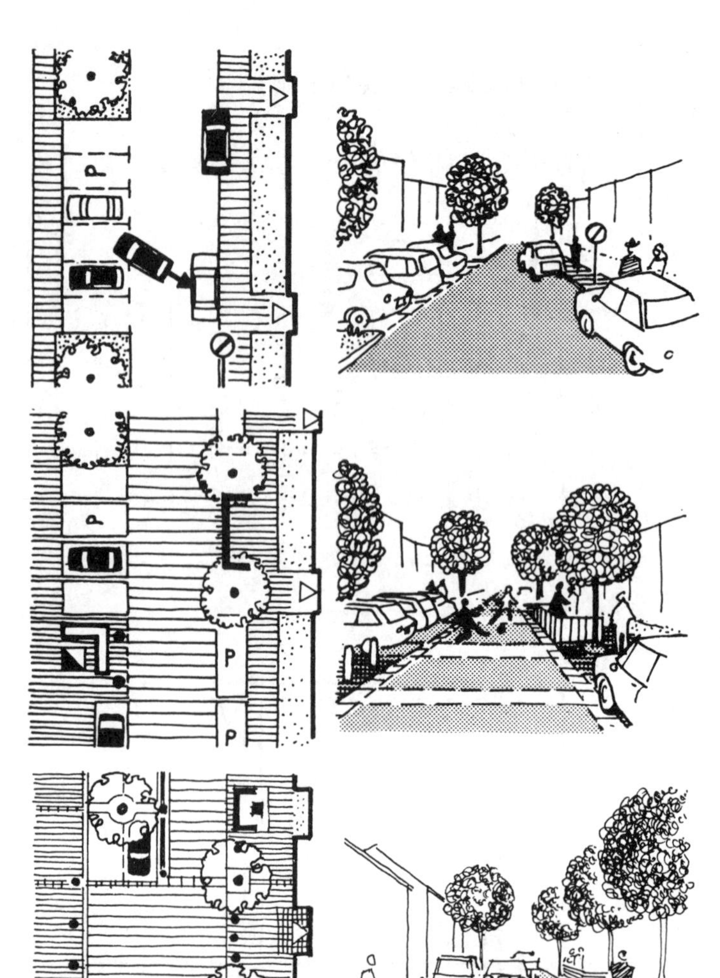

不合理

为了防止违规停车和保护行人，在停车空间隔着道路另一边的步行道的边界线上设置“坚固的”遮蔽物（例如防护栅、隔离柱、树木）。

合理

生活性道路上的停车场，错位转折布局，其功能和形态在混合用地的分区中结合起来。

合理

为了避免干扰交通并保护步行者，必须采用以下措施：

A. 垂直停车与平行停车的结合。

B. 停车场隔着道路的另一边设置茂密绿化带。

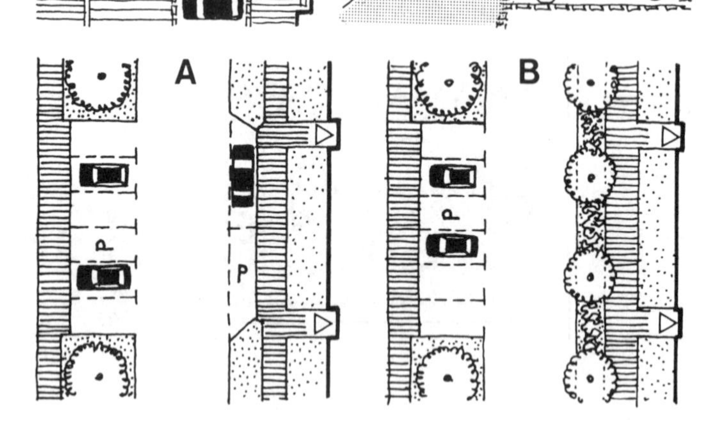

合理

下沉式停车场的布局要避免：

— 视野因为停驻的“车辆群”受到阻挡；

— 道路和广场形态的空间比例与尺度受到干扰。

阻挡视野

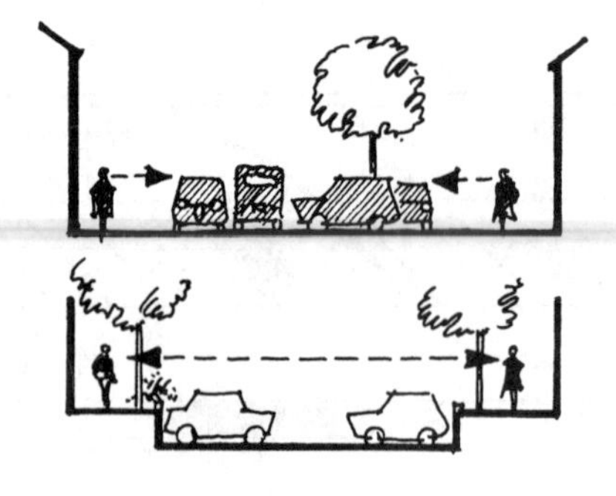

（参见下册 4.2.3）

4.6.4　供私人小汽车使用的停车棚形式和尺寸（m）

设置顶棚的停车场，给交通工具提供了足够的天气情况防护（若再设封闭墙面的话就更为合理），只要适当的成本和小面积的空间即可。将墙壁所围绕的贮藏室（放置自行车专用）互相组合是值得推荐的做法。

A. 一辆汽车用的停车棚
A1. 附设贮藏室的停车棚
B. 两辆汽车用的停车棚
C. 与共用停车场结合的停车棚

与主要建筑结合的停车棚的布局与造型实例

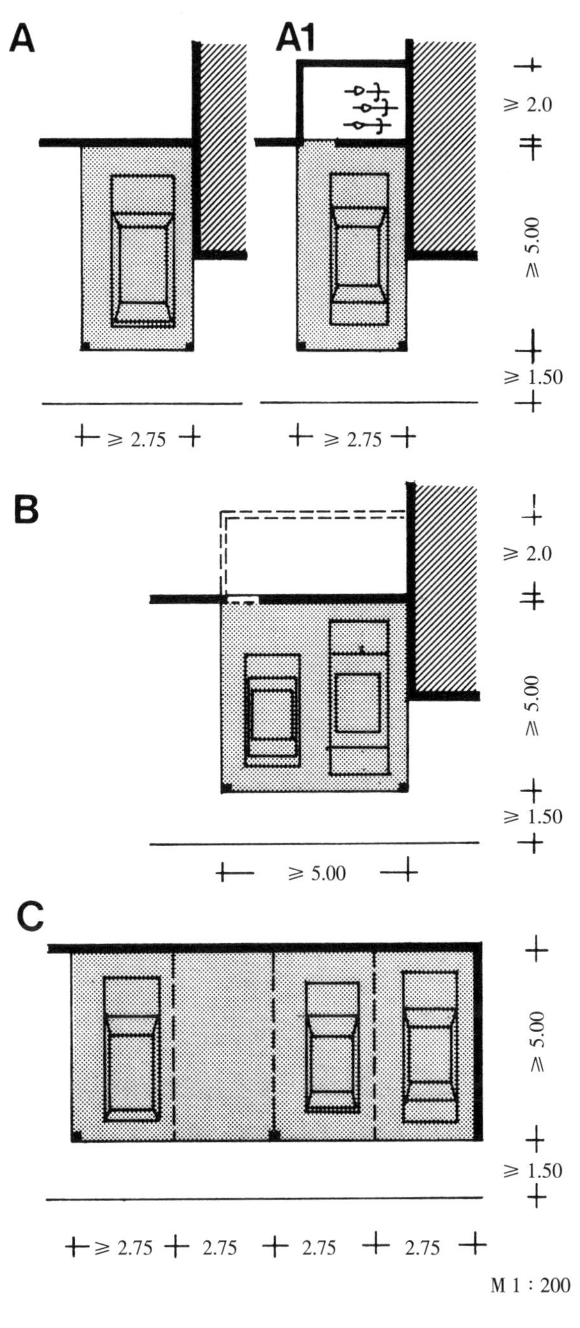

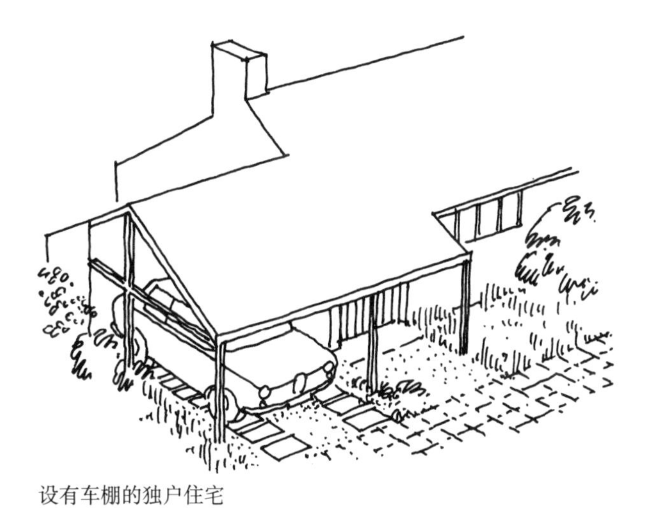

设有车棚的独户住宅

在前院设有车棚的行列式住宅

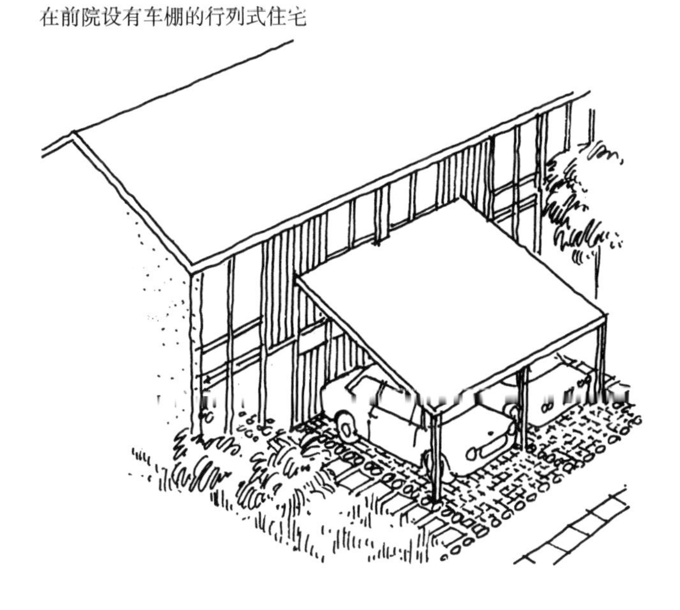

设有车棚的行列式住宅和位于住宅院落末端的工具棚

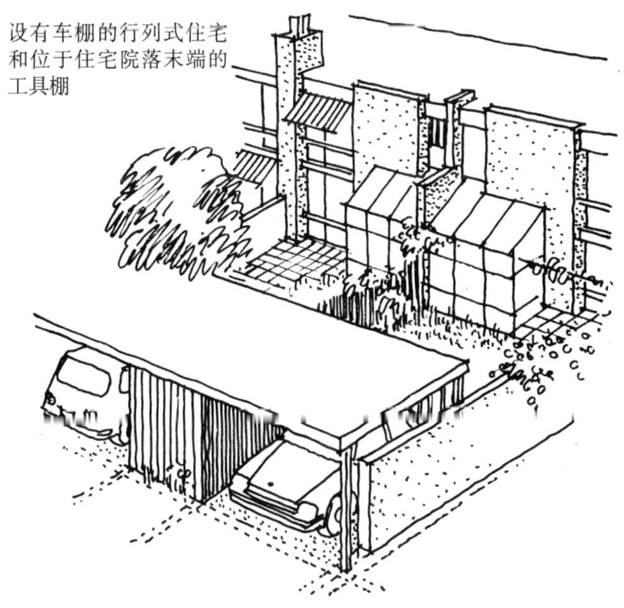

4.6.5 供私人小汽车使用的车库形式和尺寸（m）

A. 因独户住宅不同类型而异的车库位置
B. 独立的车库
B1. 附设仓库（自行车、园艺工具）的独立车库
C. 在住宅建筑（行列式住宅）中的整体式车库

（参见下册 3.2.9）

住宅车库的布局（例）

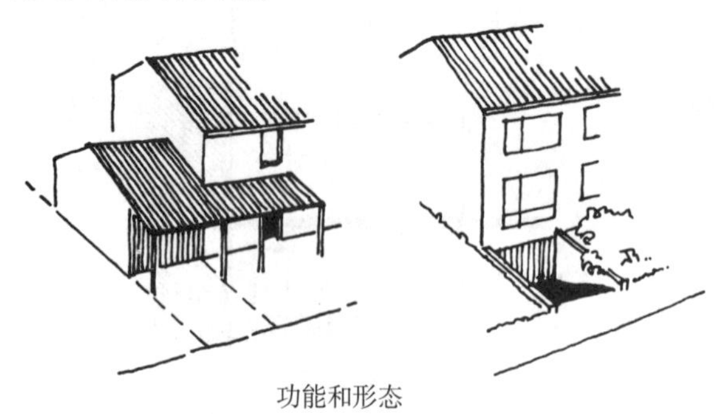

功能和形态

合理的解决方案　　不合理的解决方案

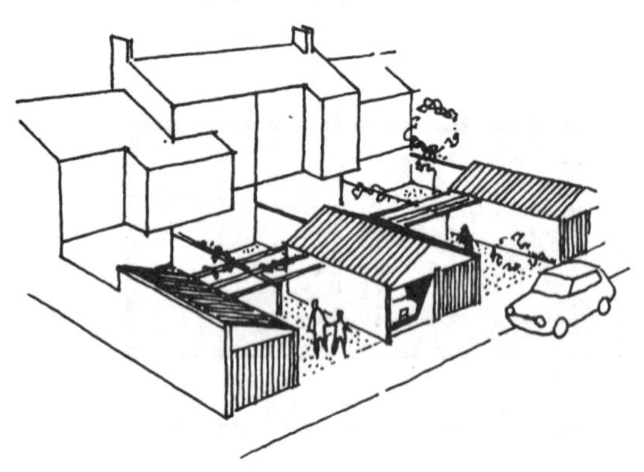

住宅车库与行列式住宅区的中庭院落结合

住宅车库与住宅建筑（行列式住宅）整合

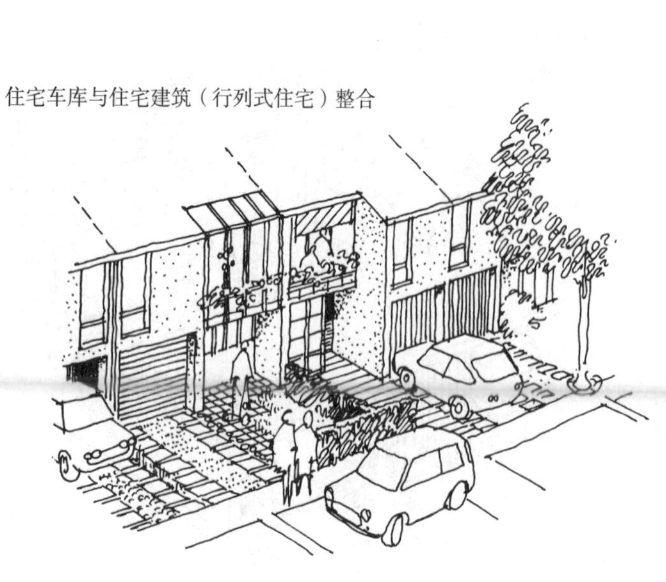

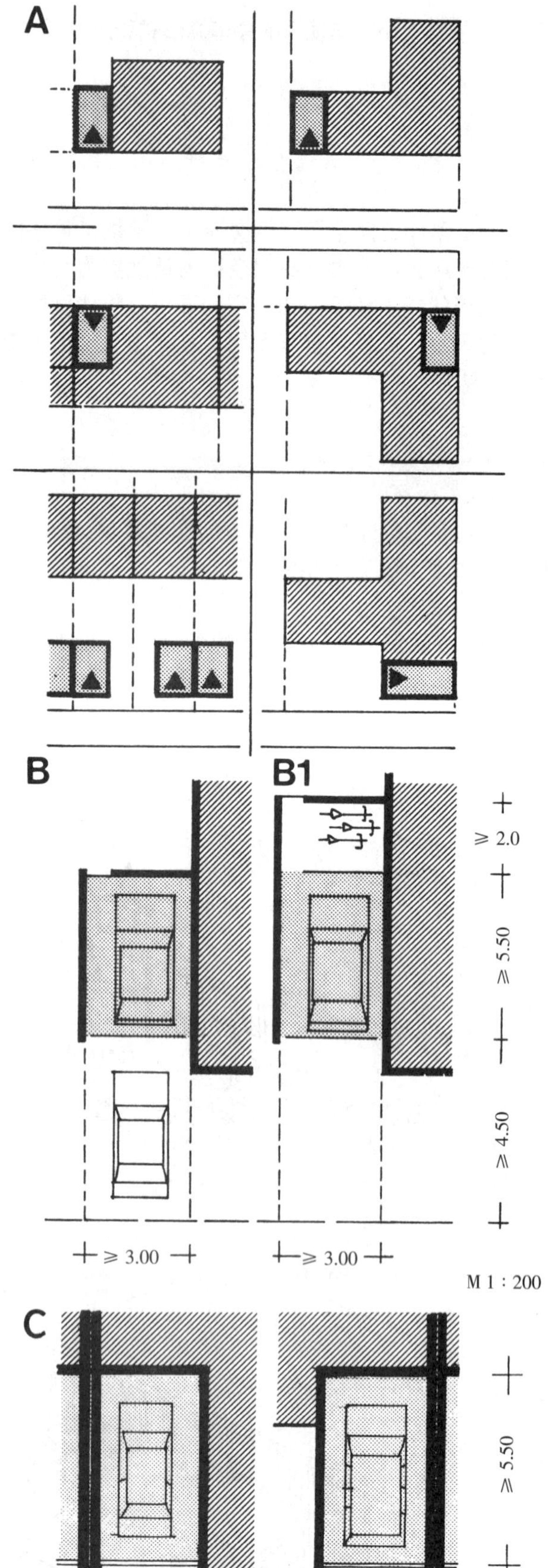

4.6.6 集合车库

4.6.6.1 形式和布局（实例）

行列式车库

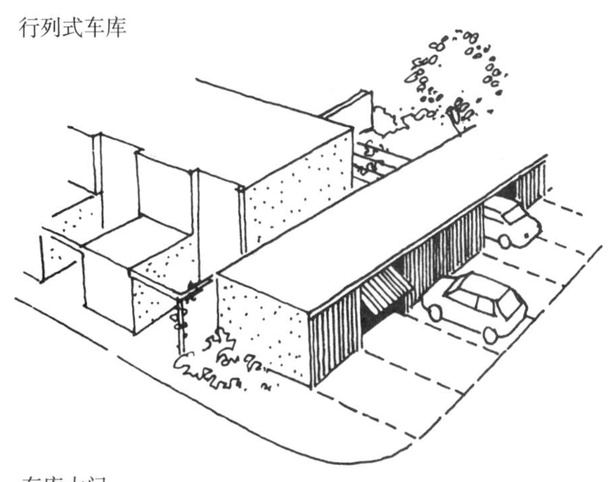

车库大门
可以布置在住宅和住宅院落的转角处

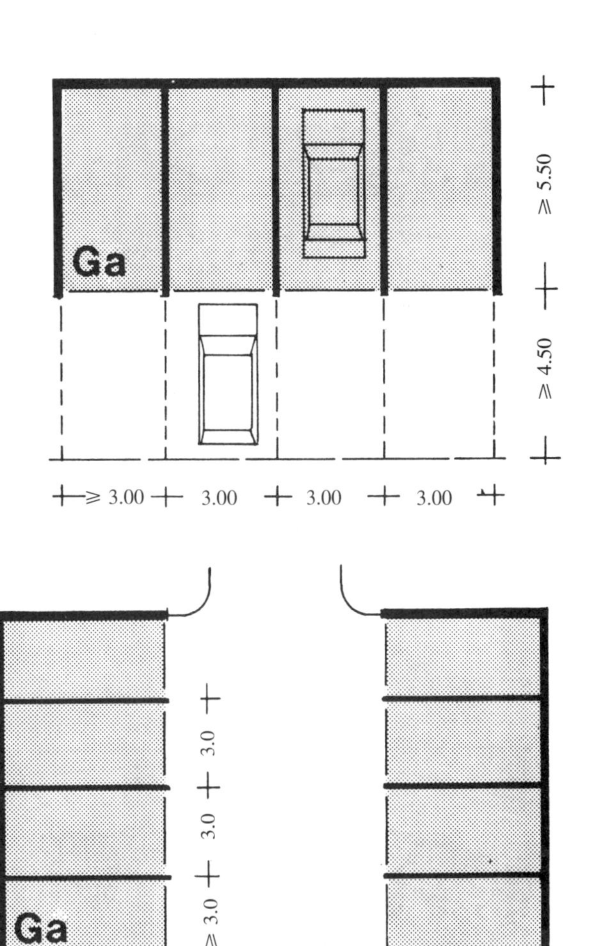

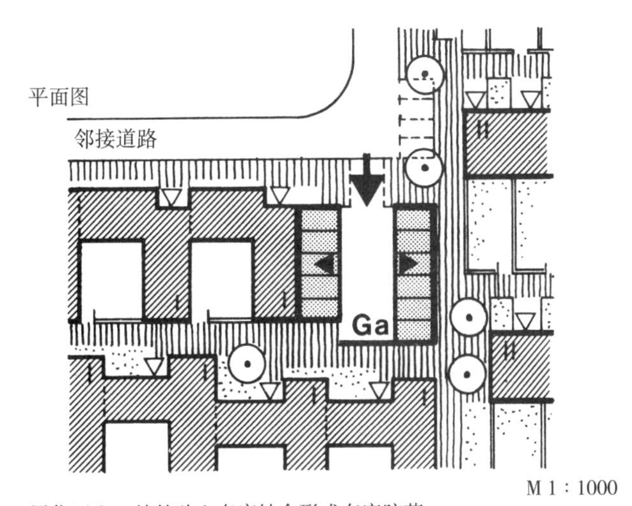

居住区入口处的独立车库结合形成车库院落

M 1：200
某集合车库的平面 / 剖面

平面图

Ga

邻接道路

① 设有顶棚的座位　② 变电所

（参见下册 3.2.9）

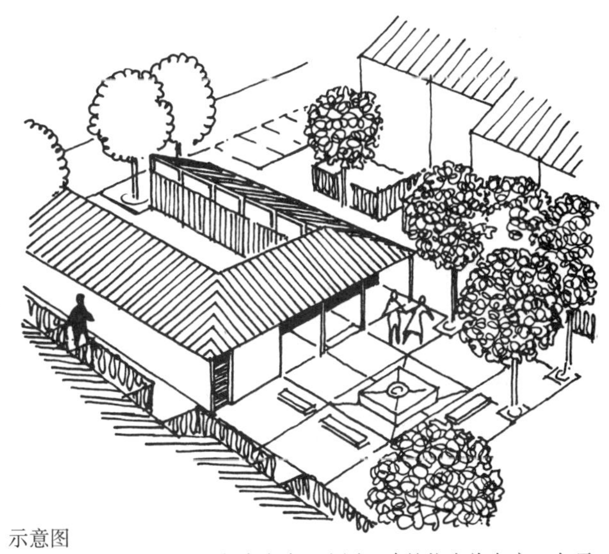

示意图
设在住宅院落入口处的集合车库。在同一建筑物中将车库、有顶棚的停留场所以及变电所结合在一起

在住宅院落范围内将独立车库结合在一起形成车库院落。

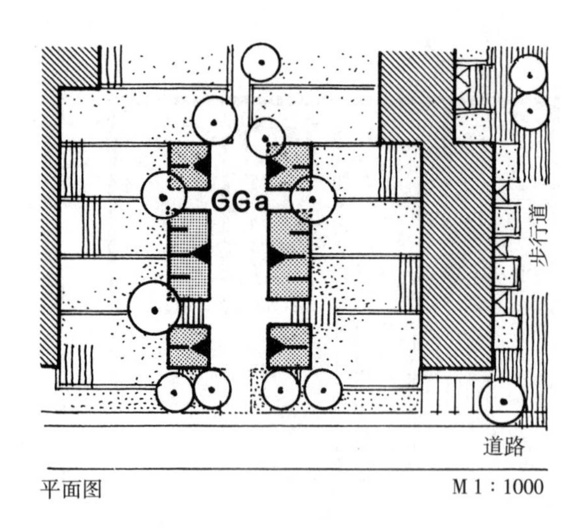

平面图 M 1∶1000

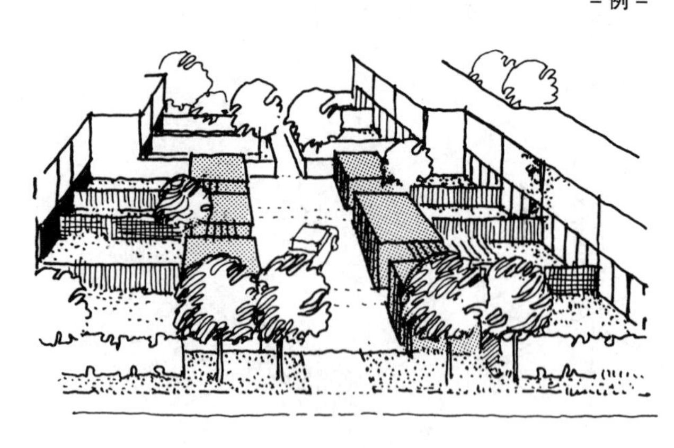

示意图

在封闭空间中的住宅院落、游憩院落、停车院落，附设顶棚停车场的松散式布局，停车用地作为私人院落向公共开放空间拓展的用地。

例 1

例 2

4.6.6.2 居住区中的多种停车形式

在居住区中，静态交通的巨大用地需求以及车库建设成本，与节约建设用地、并将降低次要设施成本的努力背道而驰，当停车设施需求很难由其他设施补充的居住区中，这一性价比特别不合理。

停车用地是一种对建设设施和固定停车场的规划干预，这种干预从生态视点上看必须是均衡的，这将进一步扩大所承担的可支付住宅的用地和成本消耗。

可以预见，独立停车场包含在住宅区的总体结构中，这种高强度的，与住宅相关的日间用途令住宅区出现大量不被利用的空地。因此应当优先考虑车库建筑不仅适用于汽车的停放，也适用于多样化的其他方式的（混合）用途。

例：设有前院的行列式住宅区

B. 晚间用于汽车停车场

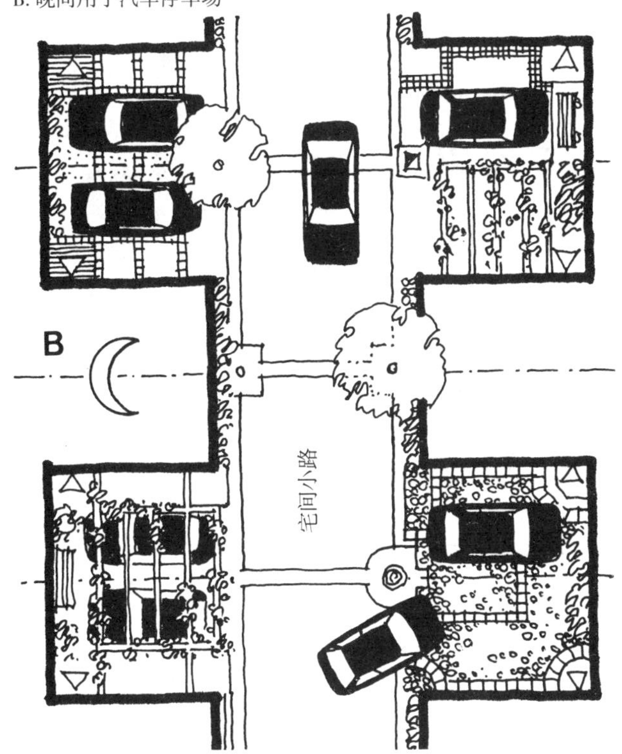

A. 白天作为与道路有交流联系的住宅院落和游憩院落

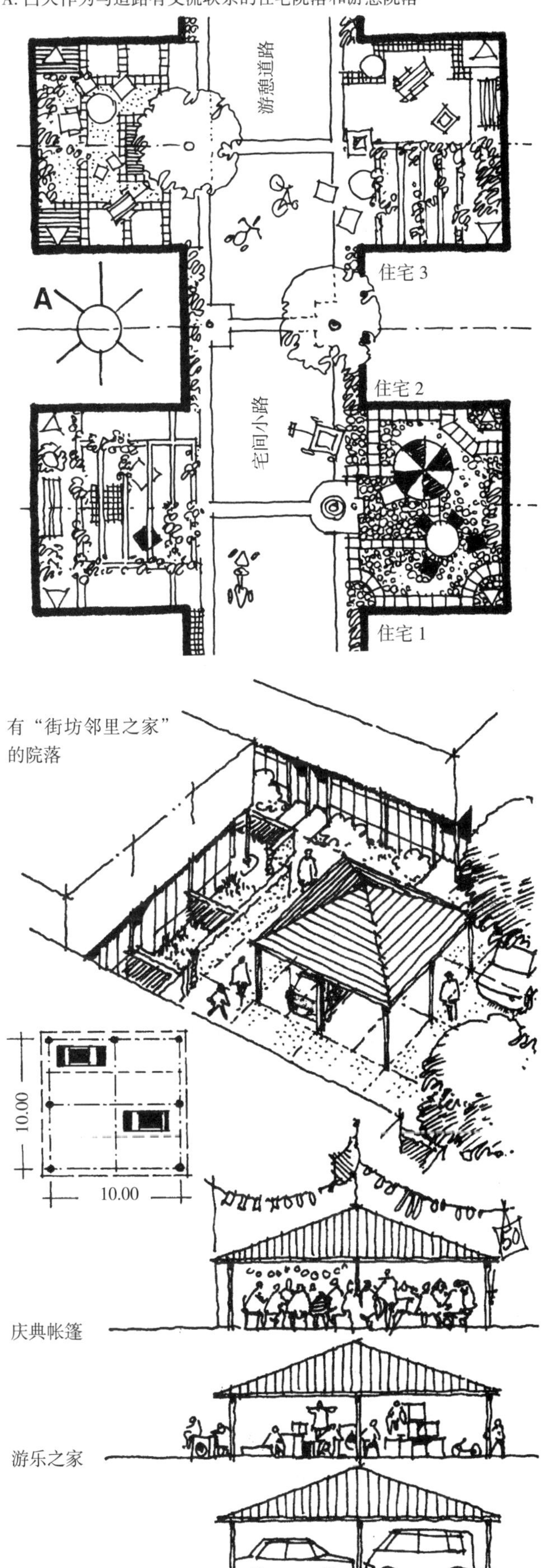

例：住宅周围多重用途的汽车停车场

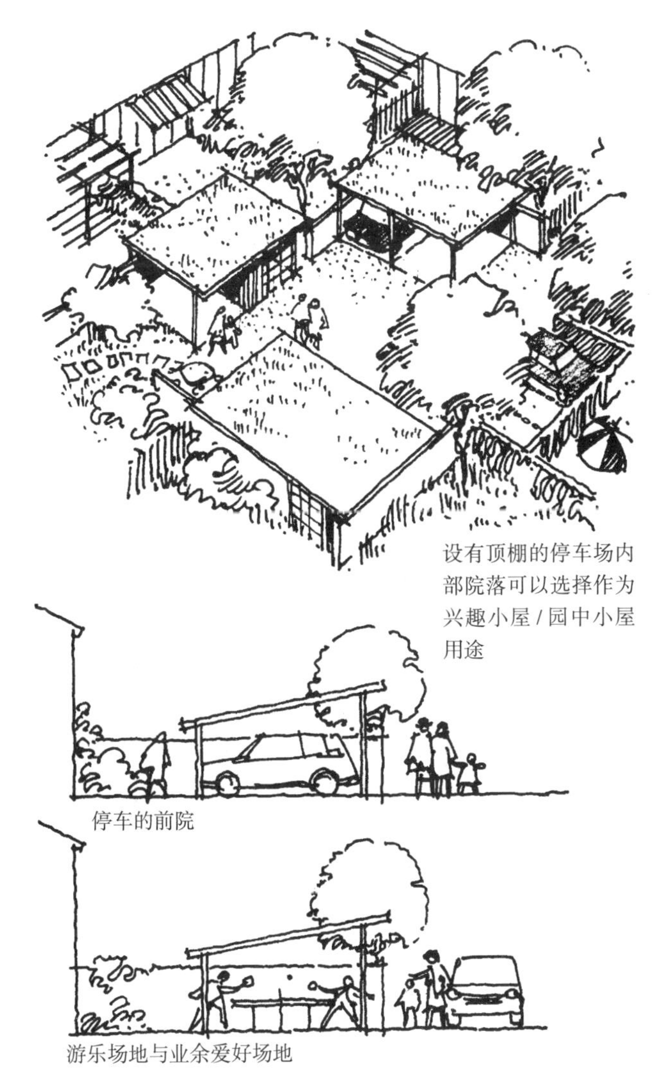

居住区中的多种停车形式

在一个独户住宅区的室外设施中，小汽车停车场的布局，有可能采用与住宅相关的多重用途，包含开敞的或设有顶棚的空间要素。

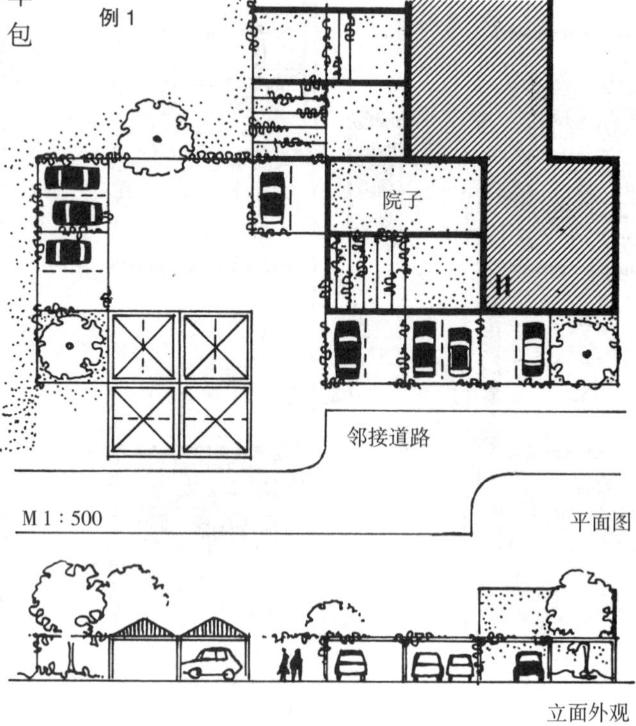

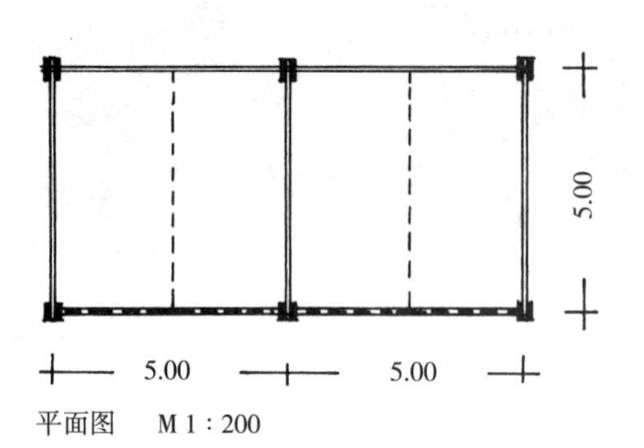

平面图　M 1 : 200

例 1 的示意图

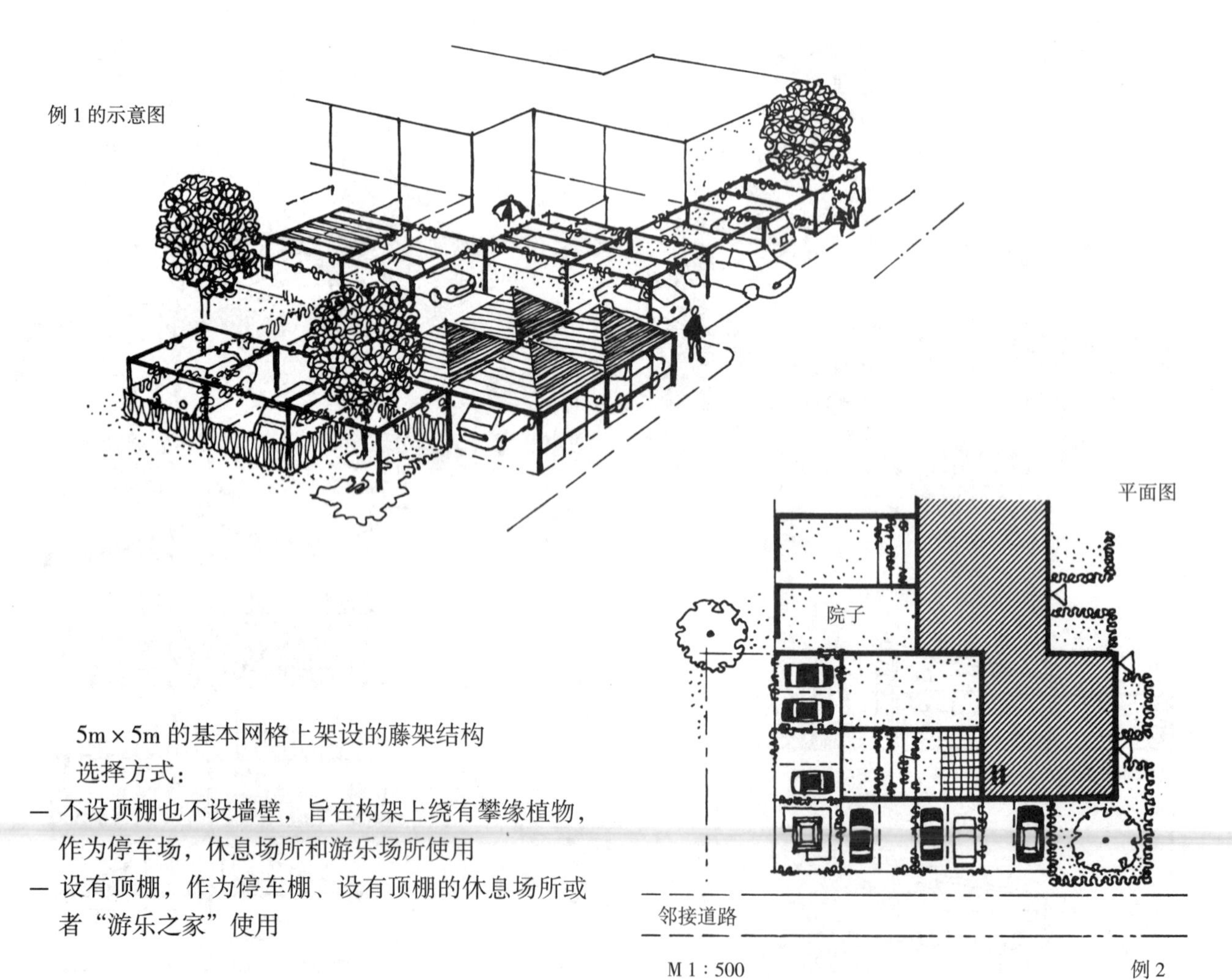

5m × 5m 的基本网格上架设的藤架结构

选择方式：

- 不设顶棚也不设墙壁，旨在构架上绕有攀缘植物，作为停车场，休息场所和游乐场所使用
- 设有顶棚，作为停车棚、设有顶棚的休息场所或者“游乐之家”使用

4.6.7 作为地下车库的共用车库

4.6.7.1 布局和尺寸（例）

将共用车库和集合停车场改变为“附设顶棚的停车用地”或“地下车库”时，会出现以下优点：

— 能够将车库的屋顶作为自由活动的空地（游乐用地和绿地）

— 必要的停车场的形态塑造，能够改善周边环境

住宅建筑和办公建筑的地下车库的停车位尺寸，应当进行重新审核，停车位的长度和车行道宽度是否应该根据相应的实际小汽车尺寸，进行同样的布局。

例：A. 50% 的停车位长 5.00m
车行道宽 6.50m
B. 50% 的停车位长 4.00m
车行道宽 5.50m

根据占用或租用（价位）可以计算停车位供应量。

车库规模的不同（根据车库条例）：

a. 小型车库占地小于 $100m^2$

b. 中型车库占地 100—$1000m^2$

c. 大型车库占地大于 $1000m^2$

（有义务设置避难通道、防火路段、灭火设施等，参见车库条例）

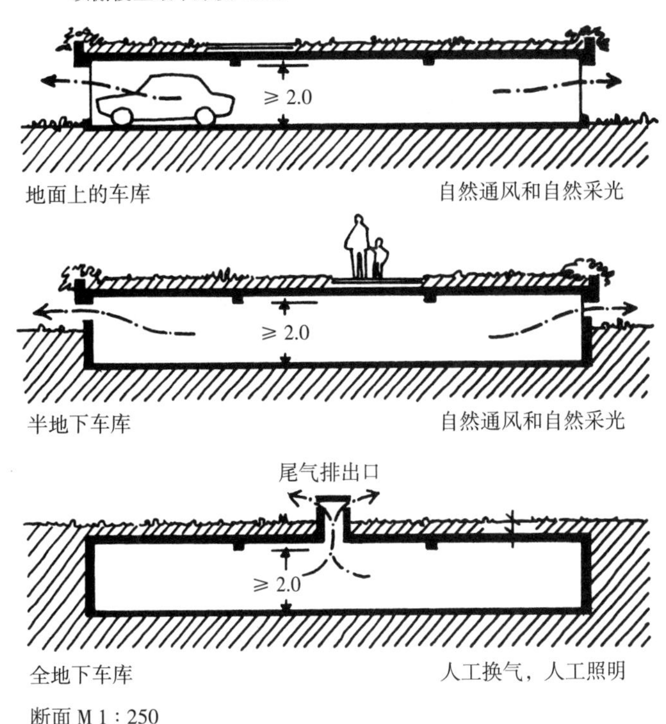

断面 M 1 : 250

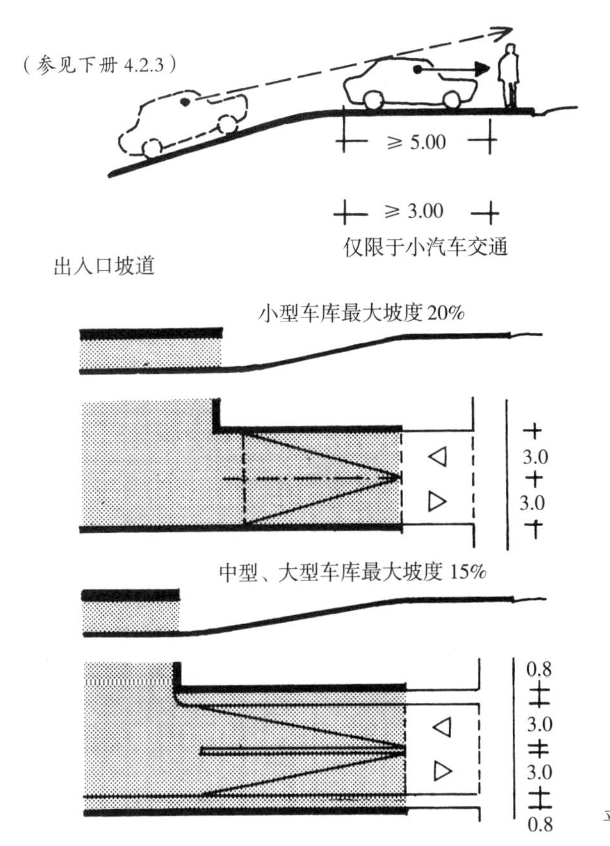

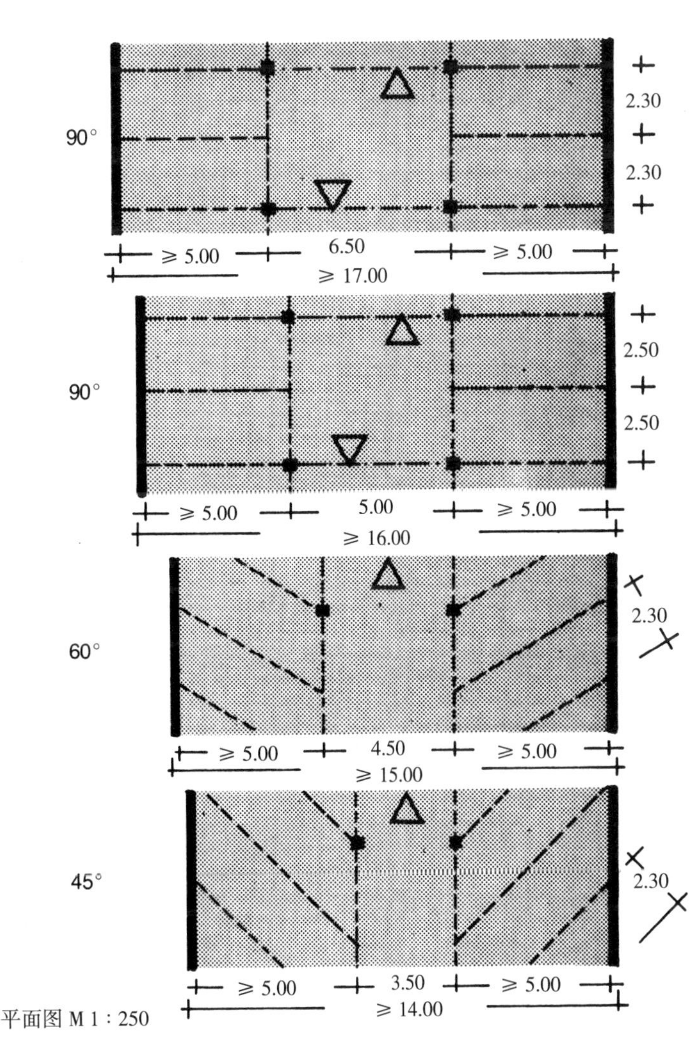

平面图 M 1 : 250

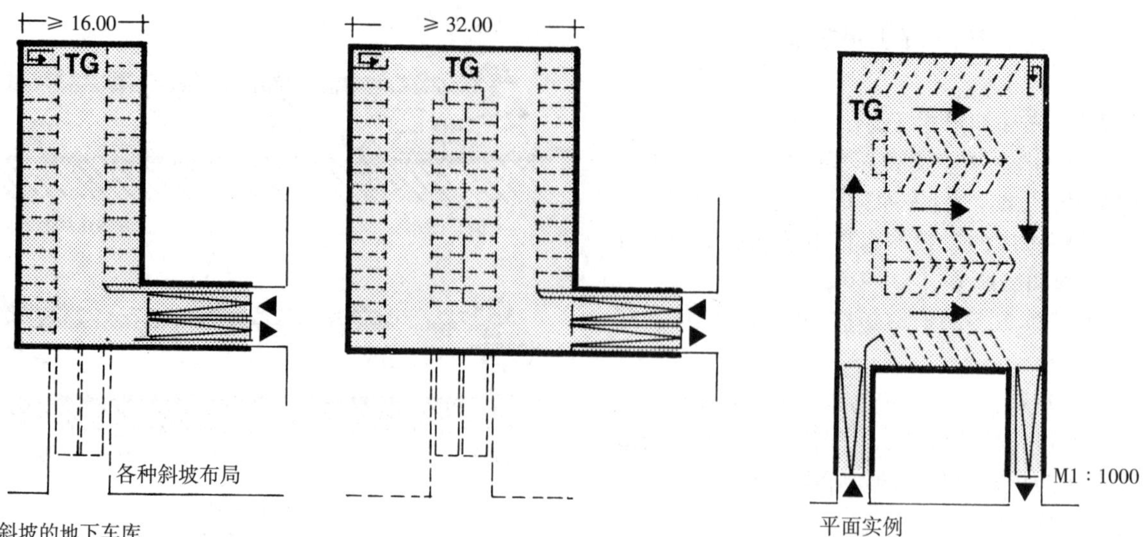

出入口呈斜坡的地下车库

平面实例

关于车库高度及与相邻住宅建筑之间联系的各种解决方案

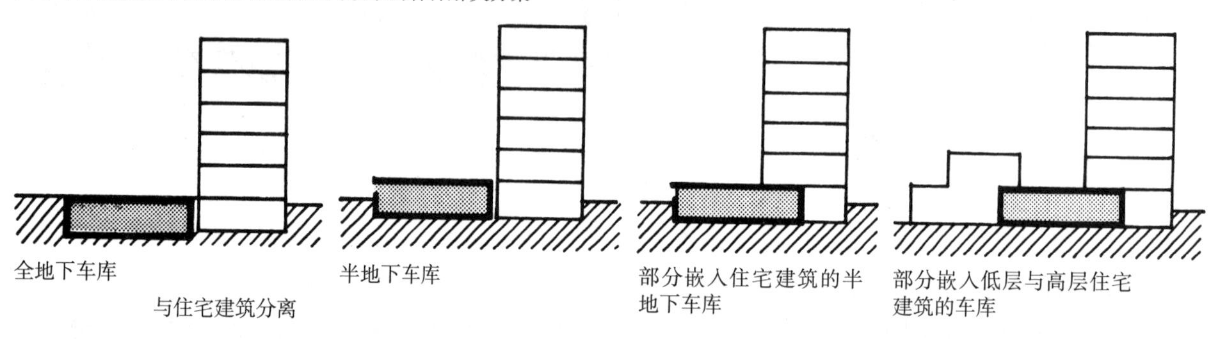

全地下车库

与住宅建筑分离

半地下车库

部分嵌入住宅建筑的半地下车库

部分嵌入低层与高层住宅建筑的车库

高层建筑与地下车库的分离有利于不同建筑部分具有独立的尺寸和构造

在一个建有高于四层的住宅建筑及其附设的大型地下车库的住宅区中，车库与高层建筑的联系因横向穿越道路受到限制。例 1

在层高四层以下（或者每个楼栋最多 12 个居住单元）的多层住宅区中存在这样的可能性，即地下室层部分布置为车库。这种方案呈现出一系列的重要优点：

- 相对少量的建设成本（能够在社会上推动住宅建设资助）
- 视野良好的，与住宅相关的车库规模，避免出现安全问题。
- 共用的空地不会因使用上、生态上的合理性而受到种植的限制。例 2、例 3

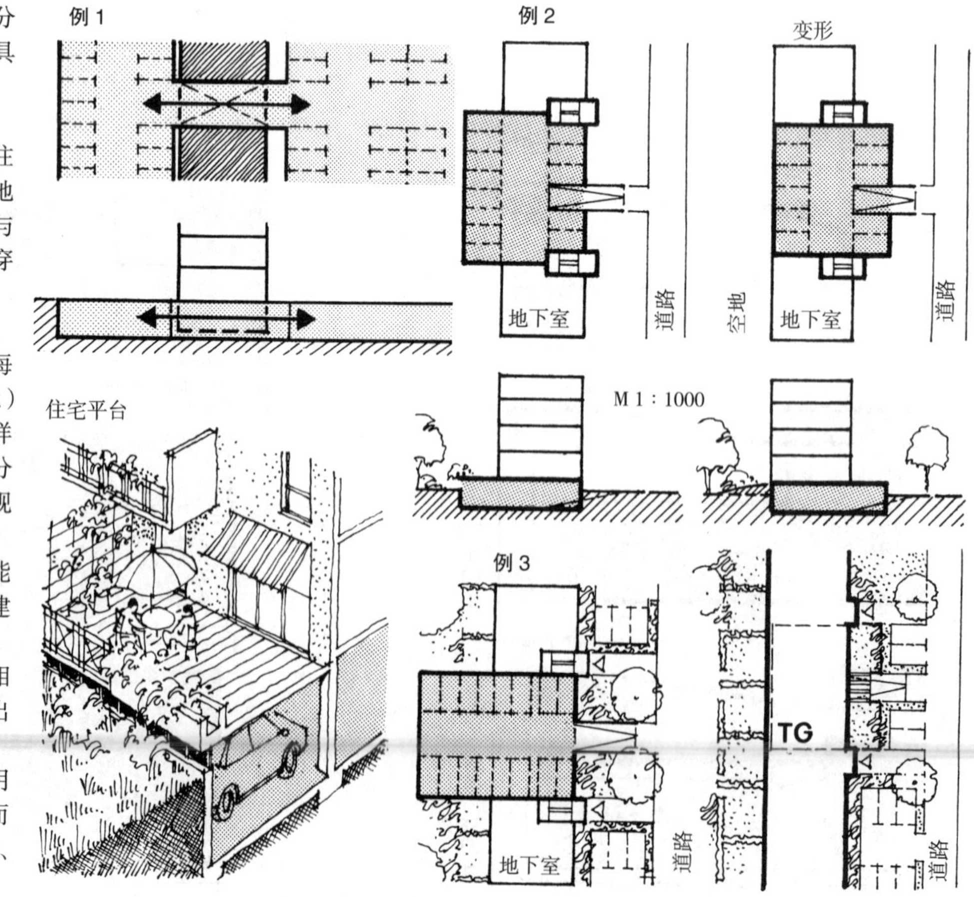

车库的屋顶绿化和设施作为院落用地、游憩休憩用地，这是一种合乎逻辑的观念转换，通过下沉式停车场在同一用地上实现双重使用。

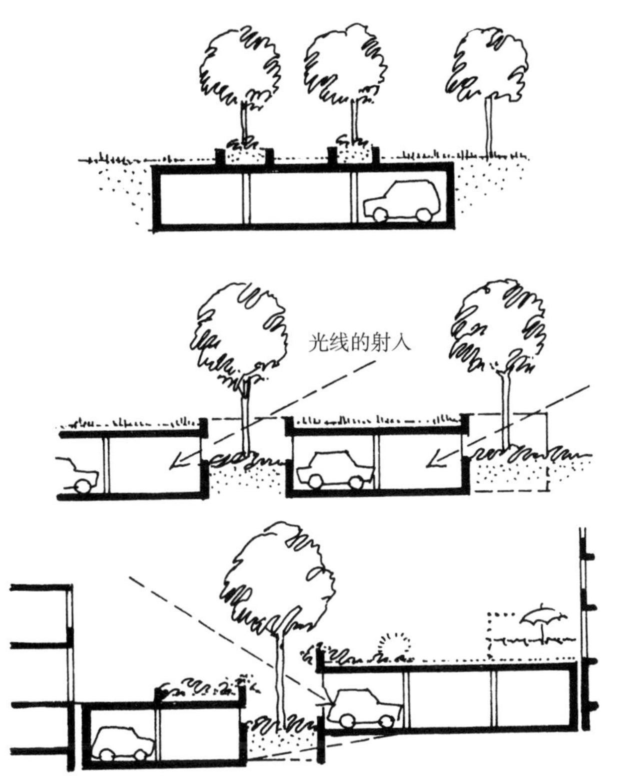

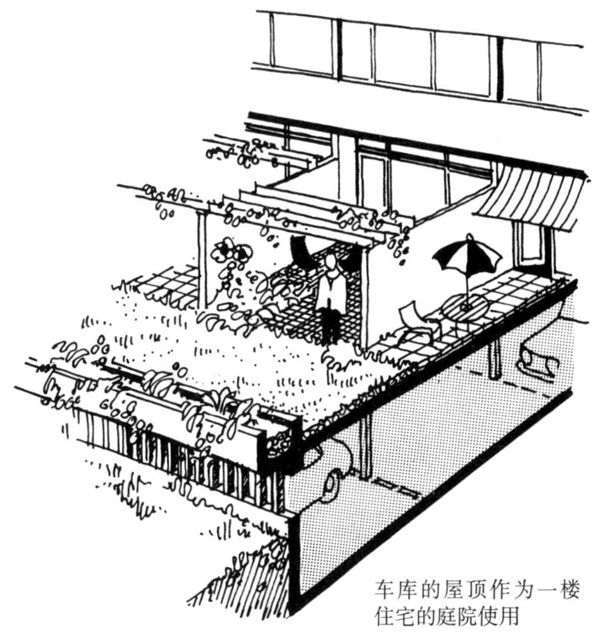

车库的屋顶作为一楼住宅的庭院使用

运动空间的获得，合理小气候的影响与良好的视线令这一做法不辨自明－地下车库通过高密度建设一方面发挥了建设基地的经济价值，一方面满足了更大的开放空间需求。

决定这些规划实例的结构性原则，就是将车库的屋顶当作设有游乐场和绿地的步行层加以使用。

这种方式彻底分离步行交通与车行交通（安全性最佳），使步行层与车库从两个方向进入住宅。

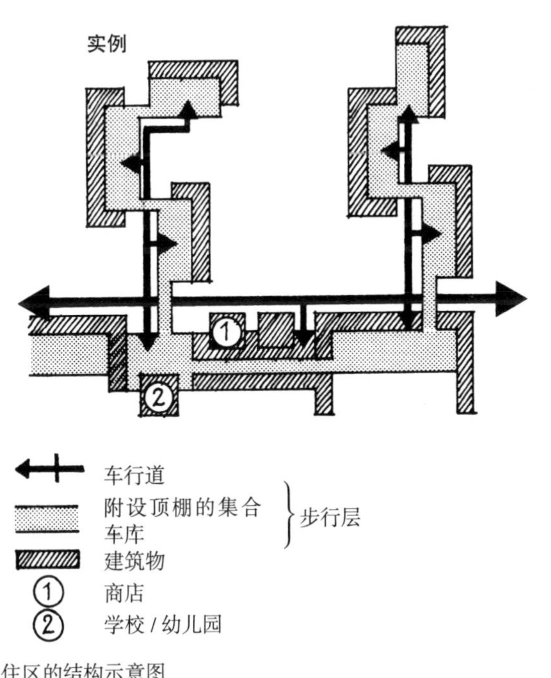

某居住区的结构示意图

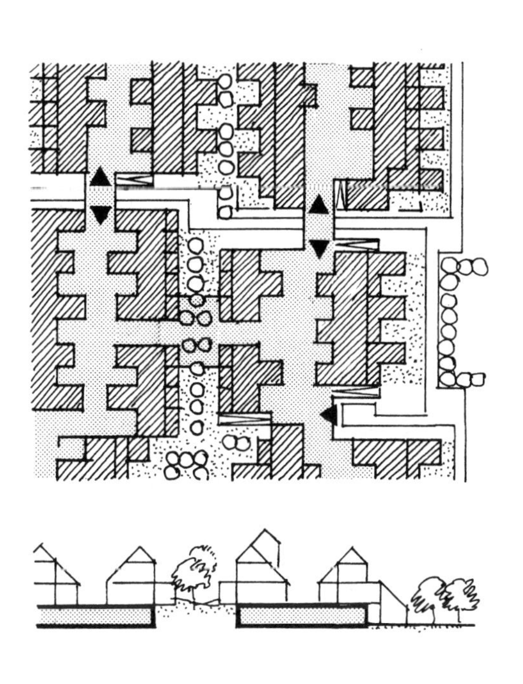

细部的平面和断面

4.6.7.2 停车库及相邻住宅建筑的功能和形态联系（例）

示意图

位于居住区入口的停车库

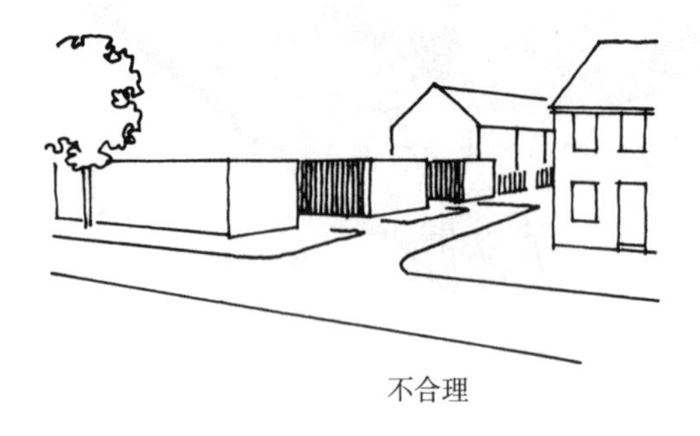

不合理

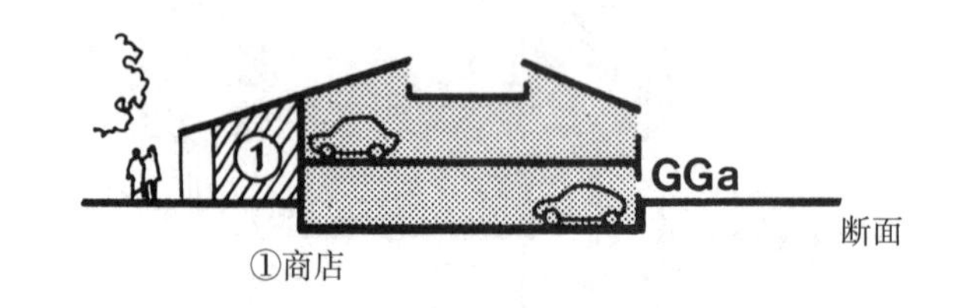

断面

①商店

设在独户住宅区入口的停车库，与商店组合

比较：
与周边住宅区缺少联系的车库形态

不合理

设在多层居住区入口的多层停车库

建筑物内设有住宅、办公室、商店的停车库改建

这种组合建造形式使土地发挥了住宅、商店、车库三种用途，建筑物沿街面和道路形象也被转换成富于变化的形态

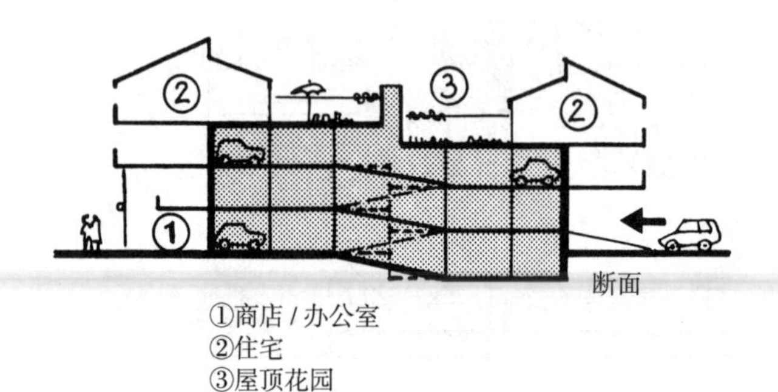

断面

①商店／办公室
②住宅
③屋顶花园

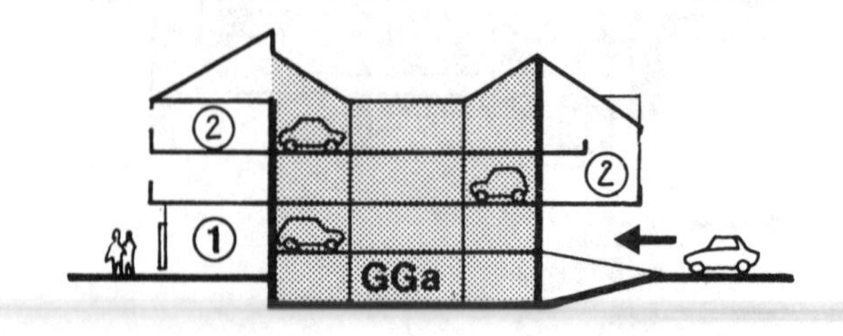

（参见下册 4.2.3）

4.6.7.3 停车楼（例）

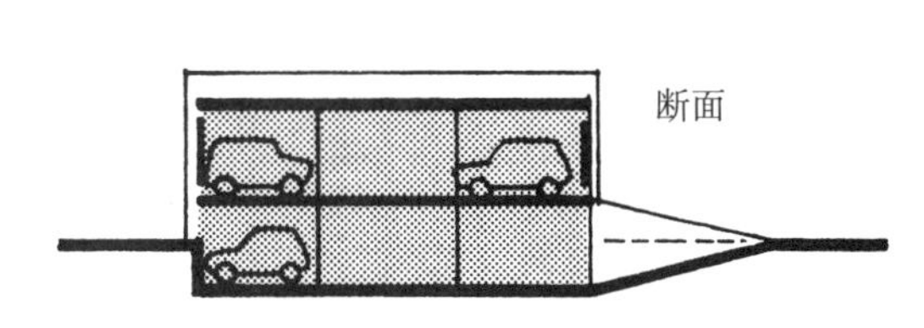

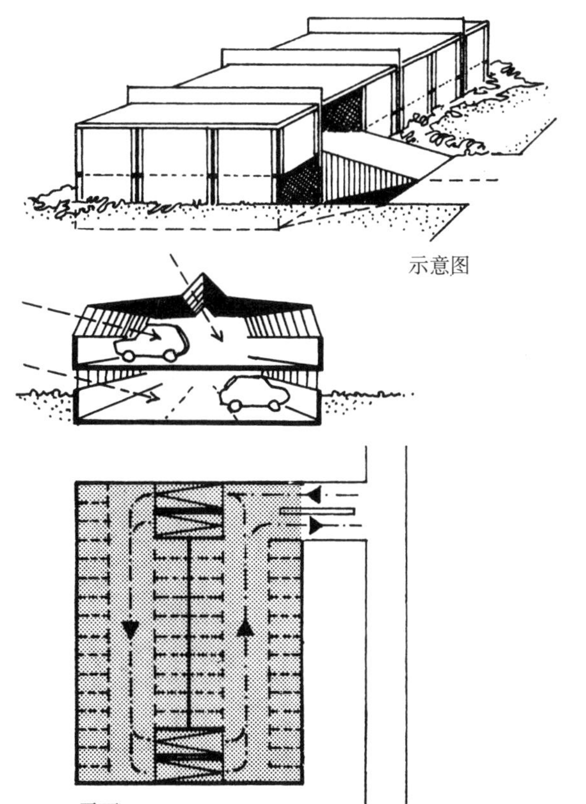

带有短捷出入口斜坡的空间集约式两层停车库（成本、用地面积、容纳能力等都很合理）。

以建筑手法设计停车楼的做法，对于周边环境的整体形象是至关重要的。

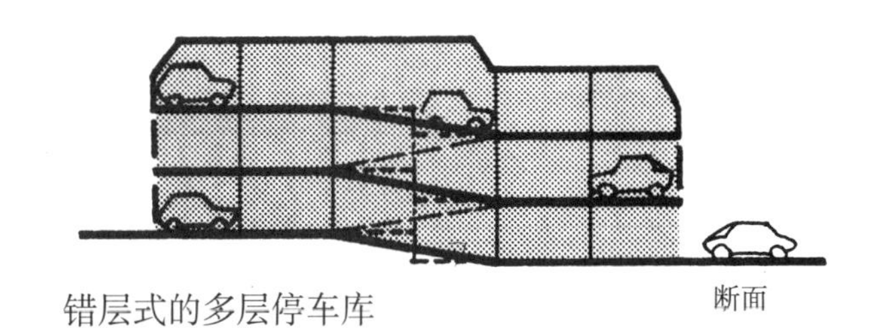

错层式的多层停车库

不同的停车楼类型

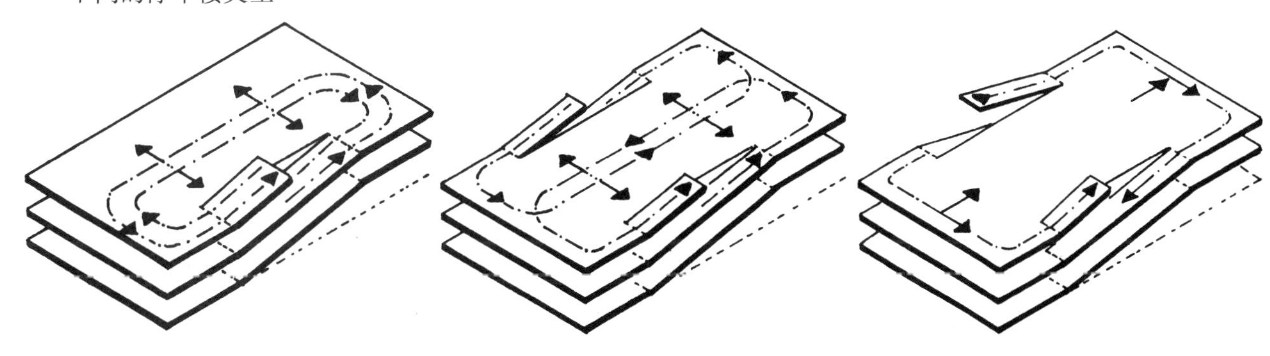

根据内部车辆的动线不同，确定基本形态、容纳能力和造型（平面配置、断面、其他形态）

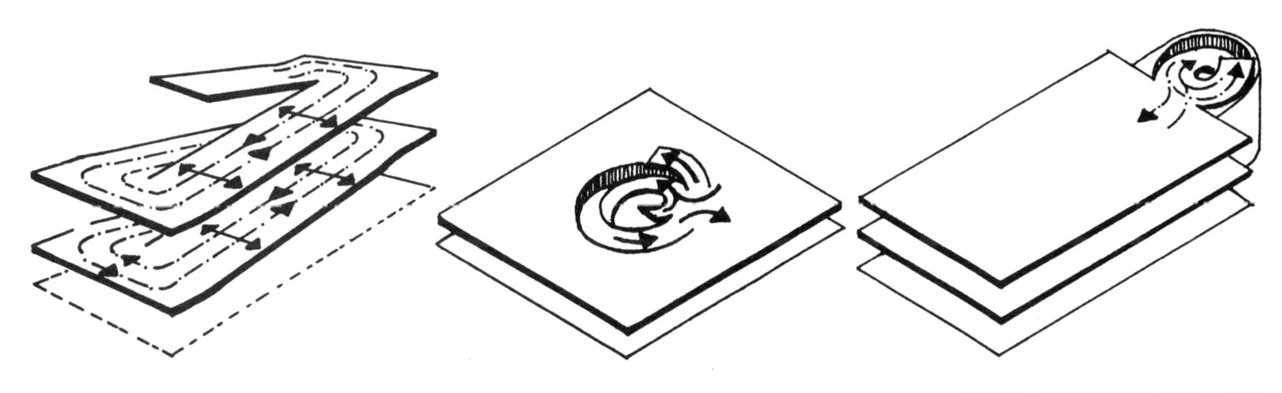

4.6.8 停车场设计的标准值

– 备选 –

交通发生源	停车场 / 车库的数量：每辆车的相关规模	私人土地上基本数量	公共土地上基本数量	私人土地的访客所需的基本数量	公共土地的访客所需的基本数量	步行可达距离（100m 200m 300m）
低密度的独户住宅	每单元	1		1		
高密度的独户住宅	每单元	1			0.5	
集合住宅	每单元	1			0.25	
设有老年住宅的建筑	每单元	0.4		(0.1)	0.1	
周末屋和度假屋	每单元	1				
学生宿舍	每单元	0.5	(0.5)	(0.1)	0.1	
老年公寓、老年之家	每 8~15 床位	0.25		(0.75)	0.75	
办公楼、行政管理建筑	每 $30 \sim 40m^2$ 使用面积	0.8		0.2	(0.2)	
办公楼，访客多的业务场所	每 $20 \sim 30m^2$ 使用面积	0.25		0.75	(0.75)	
顾客范围广泛（小城市或城区为对象）的商店、商场	每 $30 \sim 40m^2$ 营业面积	0.25	(0.25)	(0.75)	0.75	
顾客范围狭窄（以住宅街区为对象）的商店	每 $50m^2$	0.25	(0.25)	(0.75)	0.75	
消费者市场	每 $20 \sim 30m^2$ 营业面积	0.1		0.9		
具有跨地区重要性的集会设施	每 5 座位	0.1	(0.1)	(0.9)	0.9	
具有地区重要性的集会设施	每 5~10 座位	0.1	(0.1)	(0.9)	0.9	
社区教堂	每 20~30 座位	0.1	(0.1)	(0.9)	0.9	
具有跨地区重要性的餐厅	每 4~8 座位	0.25		0.75	(0.75)	
具有地区重要性的餐厅	每 8~12 座位	0.25		0.75	(0.75)	

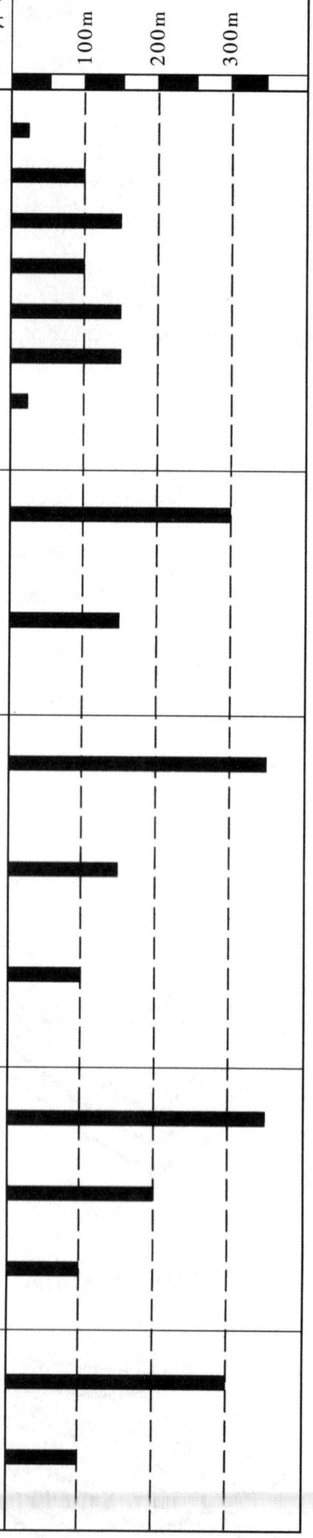

标准值 条例	有关于车库建设与经营方面的条例 （车库条例） 此条例是州建设条例的补充

4.7 交通疏解

4.7.1 问题的提出

4.7.1.1 起因

作为代表性的自我展示场所，或者作为对不尽人意的住宅之必不可少的补充与扩展，居住区道路始终是被当做一种“生活空间”来规划设计的。这些空间的形态，用途和环境都与两旁居住者的需求息息相关。这些街道空间是人们游憩和交流的空间。建筑朝向街道开敞，将住宅的私密空间与道路的公共空间紧密相联。

交通量的日益增加逐渐将这种高密度的小城市的居住氛围排除出了古老的街道“生活容器”，街道开始更多的变成车道和停车场。由于机动车交通对于空间需求的不断增大，导致了其他的功能被限制到一个越来越小的空间。步行者的驻留和前进都必须很大程度上受限制于汽车交通。汽车的噪声、污秽和废气不仅极大的影响了街上的行人，而且还影响着他们的住宅。

街道空间作为居住空间的外延，它的失去不仅造成了交通危害和环境污染，更降低了居住品质。那些有足够经济能力的人与不受地域限制的人就开始寻找一个新的，没有被污染的居住点。最后留在老城区里面的人只剩下一些无力搬迁的老人和弱势居民群体。这就是目前我们所看见的“社会分离”，而且直接导致了城市建设和改造的停顿。

随着这股“城市居民迁往乡村”的风潮，老城区不断破败。另外一方面，原来的居住区被工商企业利用。这种发展给城市及其郊区都带来了严重的问题。

当在某个区域的现实问题发展到急需解决，并且演化成矛盾对立的时候，就必须采取一定的手段加以调解。

例 1

高建筑密度和高居住密度。主要满足居住功能	— 交通的负荷大，并且有大量外地区过境交通
对居住相关活动面积的需求（游憩和休闲活动面积）	— 地面建筑密度较高，提供较大的交通面积以保证动态与静态交通需求。 造成的后果：空间缺口明显
儿童和老人作为需特别保护的群体，所占比例相对较高	— 交通问题严重，出行受限
对安静和健康的生活环境的需求	— 环境污染大，噪声和废气问题严重

例 2

高建筑密度，居住、商业和服务业的集约混合布局	— 由于全天候的客流和物流交通，使得交通负荷很大，对停车场地要求很大
同时要求： 加强顾客（轿车和步行）的可达性，提供尽可能大的停车场，为行人（包括顾客）提供尽可能多的安全、舒适的活动空间。居住区内（用以游憩和驻留）的开放空间面积	— 地面建筑密度高，街道断面尺度小 造成的后果：为使不同交通方式彼此不冲突，要求大量交通面积
行人（包括顾客）与老人（居民）所占比例高	— 交通的危险性大大增加，人们的活动自由受到了较大的限制
注意商业功能的活力，购物区的吸引力，为居民提供安宁的生活环境。	— 由于噪声和废气污染（交通和商业），对街道形象造成很大的损害（形象也较差），居民与工商业主冲突不断

4.7.1.2 目标设定

a）基本原则

- 减少私人交通
- 提倡步行、非机动车和公共交通
- 通过对居住、工作、休闲娱乐功能空间的合理分配减少彼此之间的交通量
- 减少环境污染
- 稳定或改善城市居民的居住条件
- 改善生态环境

b）分目标

- 减少交通负担
- 避免外来交通的穿越（尤其是不允许穿越小路）
- 避免外来车辆停靠
- 减少噪声和废气排放
- 降低汽车行驶速度
- 确保步行者和骑自行车行人的安全
- 改善驻留空间（游憩，社会接触空间）的质量
- 减少与居住接触较多的交通方式的停泊空间
- 保护或者改善道路和广场的交通和街道设施
- 保留混和使用的功能空间
- 在市民参与下对建筑措施进行过程规划与实施

4.7.1.3 措施

a）整个城市层面的规划理念

- 进行城市的整体交通规划，或者至少对某个城区的交通进行规划
- 将车流集中在城市主要交通干道
- 划定交通疏解区域——与城市空间规划相适应的，交通优先考虑的规划（如下图所示）
- 充分考虑车行道改建的可能性
- 进行全面的步行和非机动车道建设
- 对短途的公共交通进行扩建和改善——通过采用控制道路交通面积的方式对私人交通进行限制，以促进公共交通的发展
- 限制在城市中心区的停车场面积以减少停车数
- 充分考虑大运量交通设施的迁移以减少对划定的交通疏解区域的干扰
- 分散工作区域和供应区域的空间分布，同时改善步行交通、自行车交通和公共交通的可达性
- 将交通疏解与改善居住质量的措施相互结合（居住环境改善）

b）从建设和法规上采取措施，以确保实现交通疏解

- 对开发建设的结构进行规划（或调整），（避免或阻碍出现过境或停车交通）（从整个交通系统进行考虑）
- 加强建设道路和广场设施（改建）、设备、造型设计

（目的：减慢车速，改善交通安全状况，减少对环境的污染，加强对公共场地的复合利用，提高造型的价值）

（从细部造型设计）

- 采取交通管理法规方面的措施（对各种交通参与者的优先权进行修改，比方说限制车速，给予当地居民以停车的优先权等等）

（交通控制）

交通疏解措施的具体类型和范畴可能会根据现实情况而有所不同。

对交通的具体细则的考虑的范例可以参见第146~160页（或者参见第109~113页“生活性道路”）。

（参见下册 3.6.4）

交通优先的空间排列图解

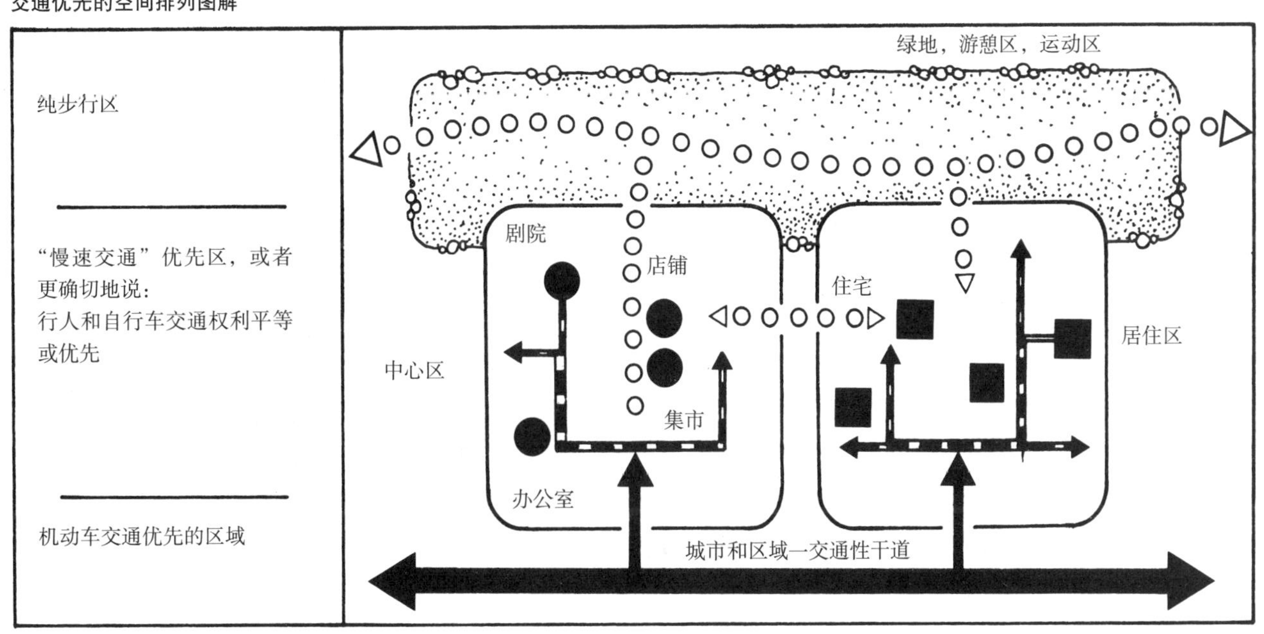

4.7.2 措施及效果概览

Nr.	希望能达到的效果 / 措施	对外来交通的排斥	速度降低	居住功能明晰化	为步行者和儿童提供更多安全保障	为步行者和附近居民提供更多活动空间	交通噪声的减少	对顾及“良好动机”的提醒	**综合措施** A- 交通系统 B- 细节设计 C- 交通控制 ●●希望达到的效果 ●很有可能达到的效果 ○可能的效果
A1	尽端路	●●	○		○		●		
2	环路	●					○		
3	单行道	●				○			
B1	不同材料的车行道		●						
2	道路狭窄部分的情况	●	●●		●		●		
3	街道空间的外观改造	●	●	●●	●		●	●	
4	限制车速的障碍设置	●	●●		●				
5	静态交通的新秩序		●●		●				
6	地面铺砌	●	●●	●●	●	●●	●	●●	
C1	“住宅区”标志	●	●	●●	●●		●	●	交通标志 依据道路交通管理条例第 325/ 第 326 条
2	速度 30		●		●		●		30
3	优先行驶权的规章的调整	○	●		○				

4.7.3 措施——举例说明

4.7.3.1 综合措施——交通系统

居住区规划结构的调整（举例说明）

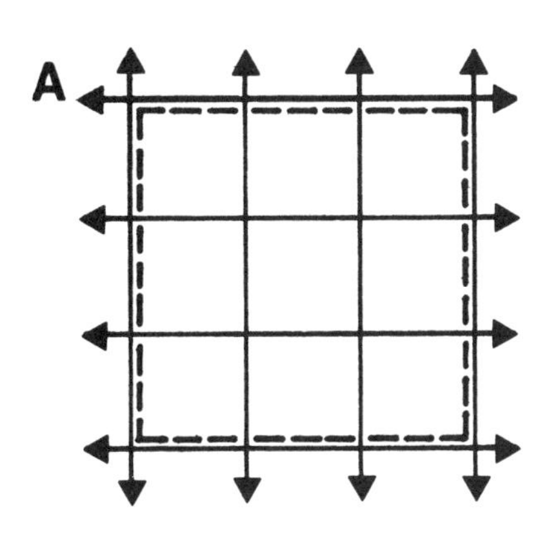

现状

对所有交通方式不加限制的通过——外来交通对居住区造成很大的负担

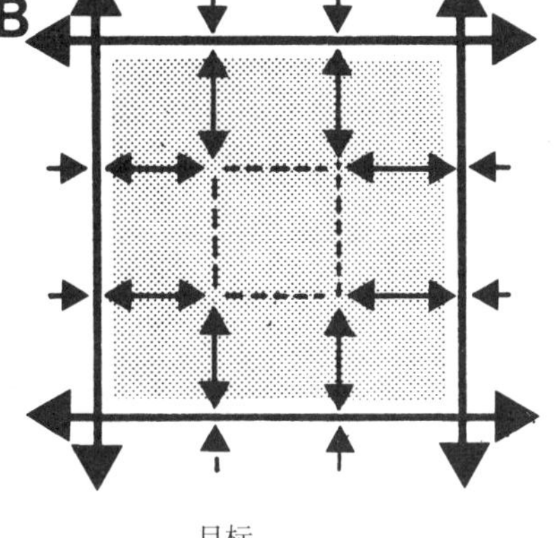

目标

通过对目标可达性的限制减少交通负荷——降低车辆行驶速度和对环境的影响——同时也是增加交通的安全性

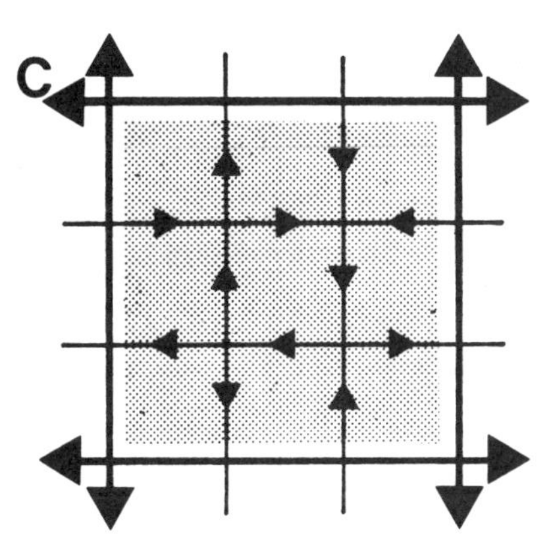

措施——例 1

通过单行道的设置限制过境交通

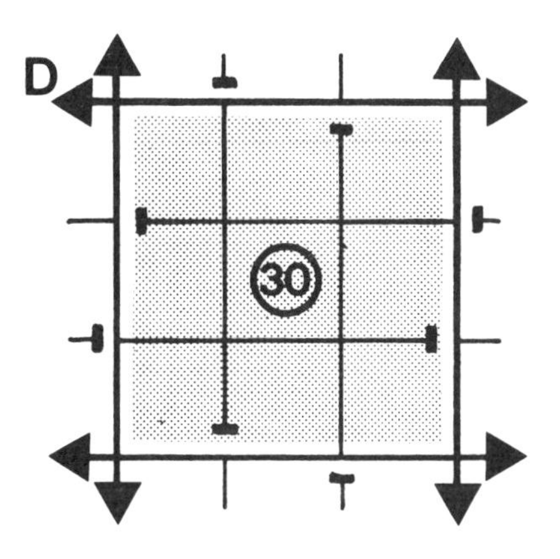

措施——例 2

连续街道的中断——区域交通的减少——实现对车速的限制

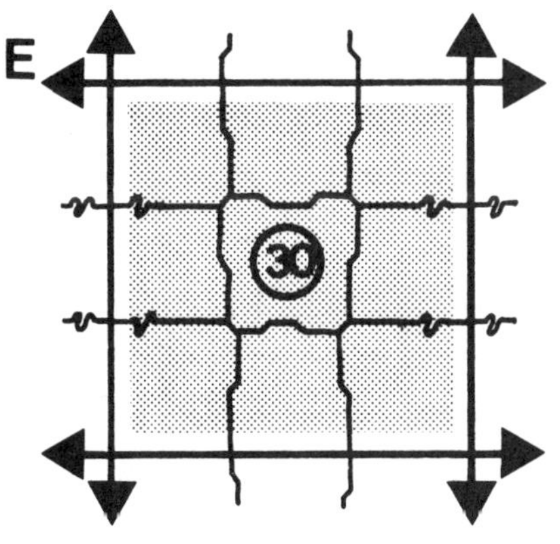

措施——例 3

减少车行道宽度——十字交叉口和丁字交叉口的改建——通过设置交通障碍和弯道来达到降低速度的效果

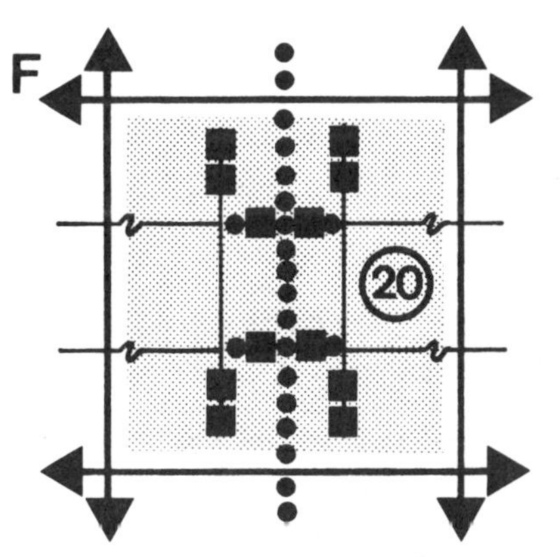

措施——例 4

“生活性道路”，游憩场所和交往空间的设置——通过步行道和自行车道的设置——实现“机动车的步行速度”

4.7.3.2 综合措施——细部造型设计

邻接道路和生活性道路十字路口的造型和改建

（参见措施及效果概览，第 146 页及第 87 页）。

举例

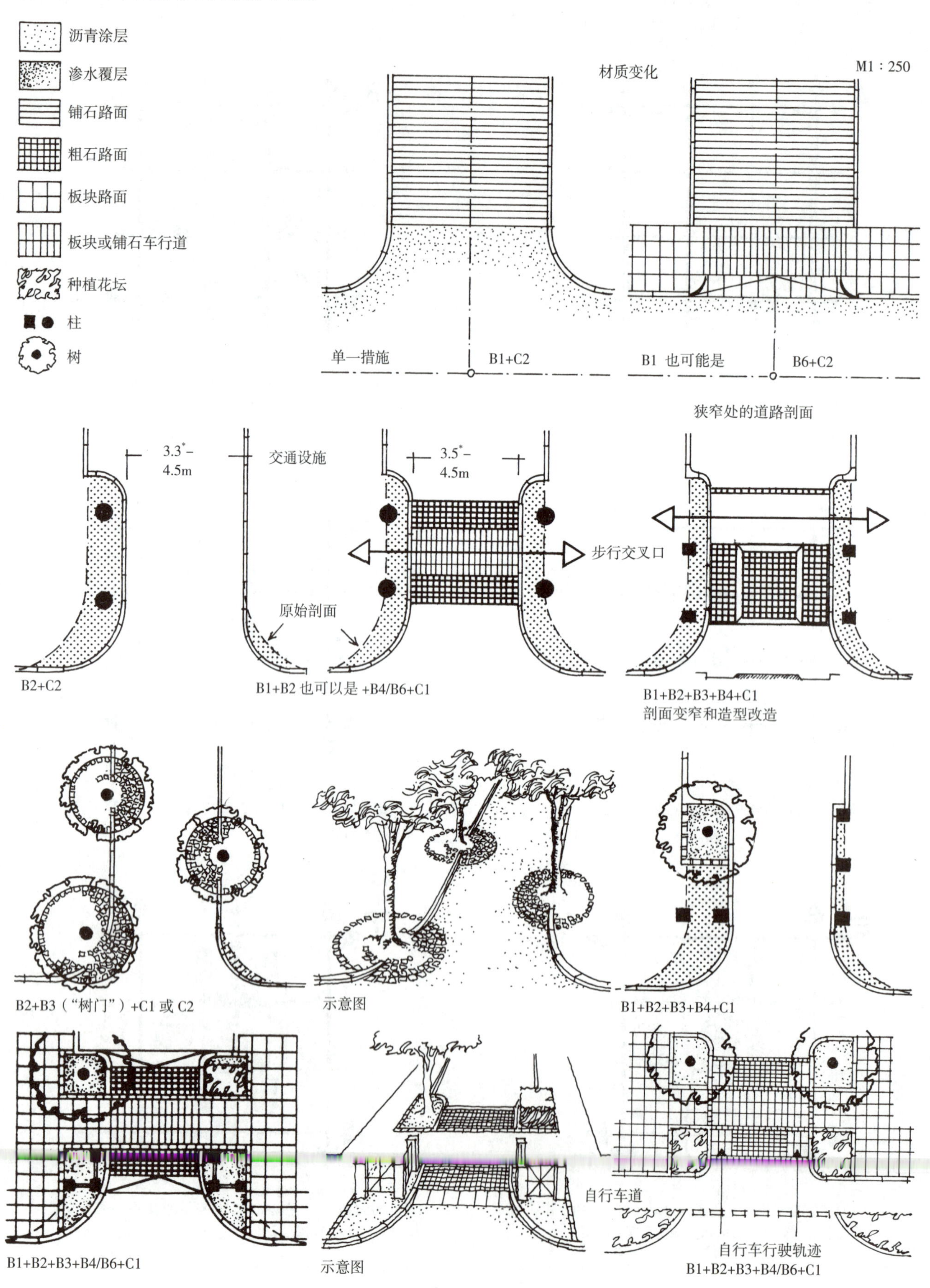

由邻接道路改造为“生活性”道路

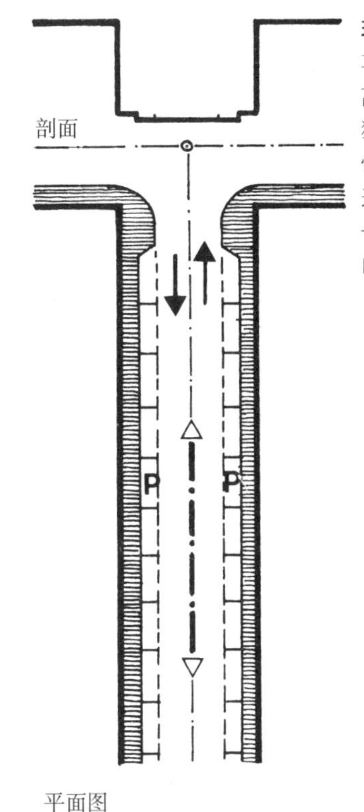

平面图
M 1：1000

现状

车行范围和人行范围的分离——过宽的车行道——狭窄的人行道——非交通性使用的空间缺乏——高速行驶速度下的交通危险——街道空间不令人满意的面貌。

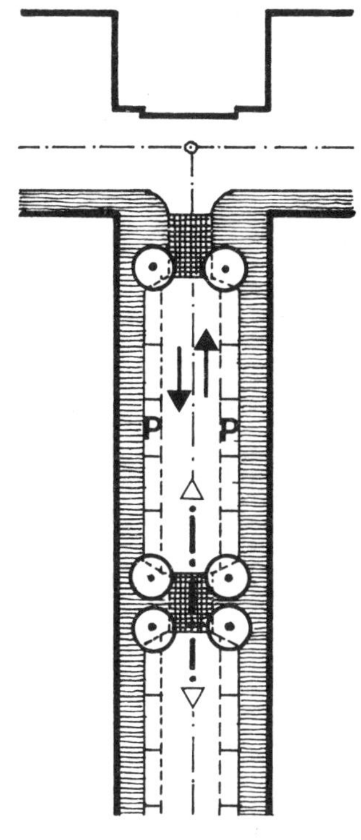

单一措施：B1+B2+B3+（也可以是 B4+B6）+C1+C2

造型改造

例 1

保持车行范围和人行范围的分离，然而减少车行道的截面宽度以加宽人行道——通过车行道狭窄处理和局部地面铺砌降低车行速度——为行人提供更多的空间和安全——通过空间划分改善面貌。

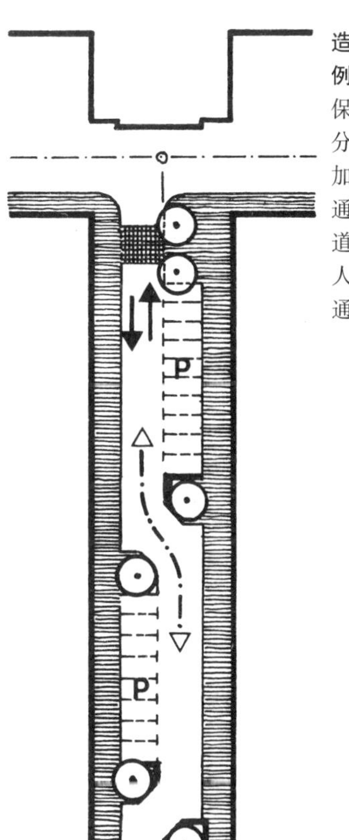

（A3）+（B1）+B2+B3+B5+C1+C2

造型改造

例 2

保持车行范围和人行范围的分离。减小车行道截面宽度，加宽人行道——结合静态交通的新规则通过车行道、弯道降低行车速度——提供行人更多的空间和安全性——通过空间划分改善面貌。

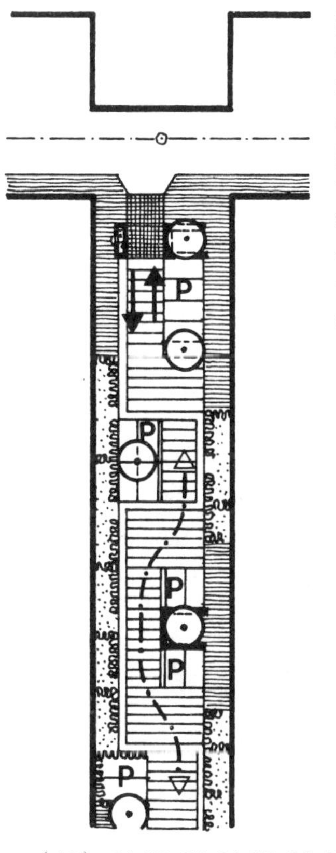

（A3）+B1+B2+B3+B4+B5+B6+C1

造型改造

例 3

车行、停车和步行在同一区域（混合区域）内进行——整个街道空间多种用途的可能——将车行速度限制到“步行速度”（20km/h）——以“生活性道路”需求为重，重新设计整个街道空间的全新面貌。

（参见第 110—113 页）

邻接道路的交叉口造型改造（举例说明）

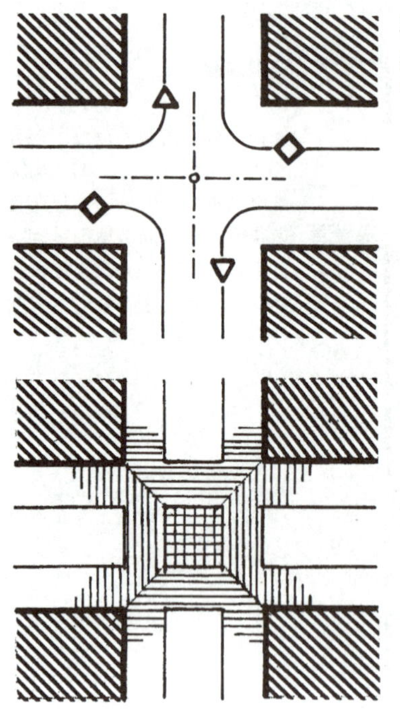

现状

实行优先行驶规则的“生活性道路”

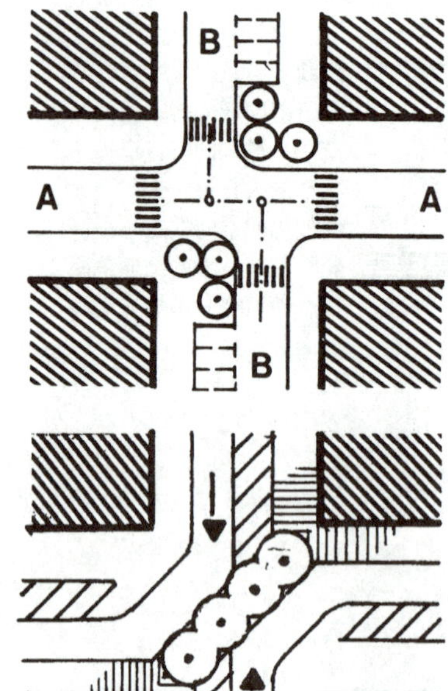

造型改造

例 1

交通意义上的街道划分，街口调整移位。

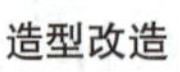

造型改造

例 2

交叉口铺石地面，优先行驶规则取消

造型改造

例 3

交叉口取消，改建成环道，对角线步行道

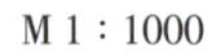

M 1：1000

“生活性道路”的造型和设施要素设施对象（举例说明）

– 多种利用可能性
– 必要时无须巨大花费即可改变
– 空间划分

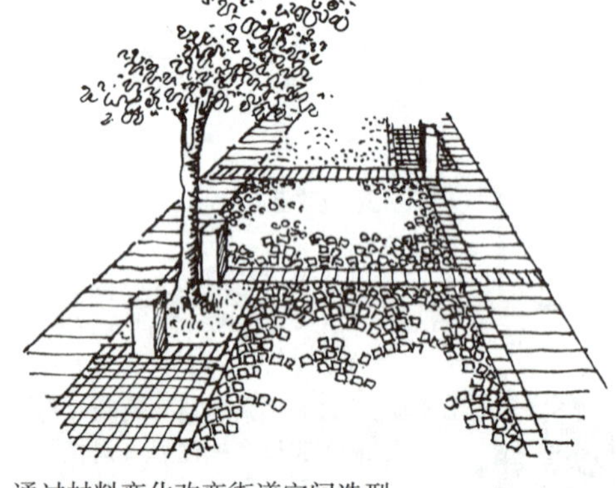

通过材料变化改变街道空间造型
– 街道表面划分
– 明确用途

空间造型要素

树、街灯、隔离柱、灌木、长椅和游戏架

公共–私密过渡区

– 街道入口区
– 场地条件

典型的使用区与体验区造型

4.7.3.3 “生活性道路”的造型和设施

交通疏解是一种提高居住环境质量的条件。

将道路的造型和设施作为一种公共空间来设计是一种很重要的考虑方法。在实现交通疏解的过程中，不仅研究交通发展的变化及其发展过程带来的交通量增大问题，而且更应该研究如何改变进而提高居住质量。通过道路和广场的建设促进一种对环境友好的，更具“生活气息”的居住氛围。种种不同范畴的改建措施还应根据相关区域典型的具有特色的形态标志加以确定（比方说，对称形式，比例适中的，材质和颜色与周围环境中的建筑相近，植被也应考虑与当地环境相适宜）。

这些原则同样也适用于公共空间里布置的各种设施。我们必须仔细考虑每一个具体的场合的不同要求（比方说，是否缺少游戏活动设施，缺少绿化等等）。

交通疏解规划是对已长期存在的道路使用模式的干预。附近居民对规划制订的参与是不能排除在外的。即使在他们的积极参与下，也不能排除在实际使用中会出现新的未曾预料到的冲突与愿望。因此极力建议将规划与实施分阶段进行，并灵活安排设施的用途，必要时的改建与增建设施则无须巨大费用，以便给居民留有根据自己的使用需求以改变环境的余地。

对具体措施的分阶段操作方案有以下优点，我们可以将一个较大的建设投资分散在较长的时间完成。通过这样的操作方法就可以同时实施一些在很大区域内的建设项目了。

在居住区既不宜按照商业步行街的模式，建设费用昂贵的豪华设施，也不宜建造特别廉价但却简陋而无人喜欢的设施。这两种做法都让附近的居民感到不满意。交通疏解作为一种改善居住环境的手段，在一些不发达的，受经济问题困扰的地区，却并不能被接受，甚至于遭到反对。提高公共空间的质量也是一种提高建筑价值的辅助手段。这往往会导致社会弱势群体受到排挤，尤其是那些奢侈的，缺少有效经济控制的项目往往更容易加深社会矛盾。

交通疏解的规划工作步骤

（1）交通政策的基本规定必须在城市发展方案的制订或者城市发展规划中加以考虑。

（2）城市发展方案中提出的基本指导原则应该在土地使用规划中从空间、结构上加以落实。

（3）根据现实情况，在城市分区框架规划中对这些规定加以完善和具体化。交通疏解区域的界限和规定可以在这个层面的规划中加以明确。

（4）单个交通疏解区的改造措施规划通过控制引导性规划或者专项规划中加以深入研究并进一步明确。

（5）交通疏解涉及占地面积的措施，一般应优先于地方性单项措施。考虑到投资造价问题，在整体建设方案范围内，以各项措施的紧迫程度，按照地域和时间制定出分阶段实施规划。这些措施的不断完善使得建设的总费用可以在一个相对较长的时间段中加以分解，同时也保证了可以根据规划的实施不断加以修订的灵活性。

（6）在很多情况下，交通疏解的必要性会和居住质量提高的要求一起出现。这里就需要通过规划来做一个整体的平衡，合理安排空间和时间，以解决遇到的各种问题，实现不同目标，同时避免由于对可供利用的公共空间提出过高要求而导致新的冲突。

（参见下册 3.6，4.1.3）

4.7.4 某城市内部居住区交通疏解规划实例（摘选）

4.7.4.1 预备调查

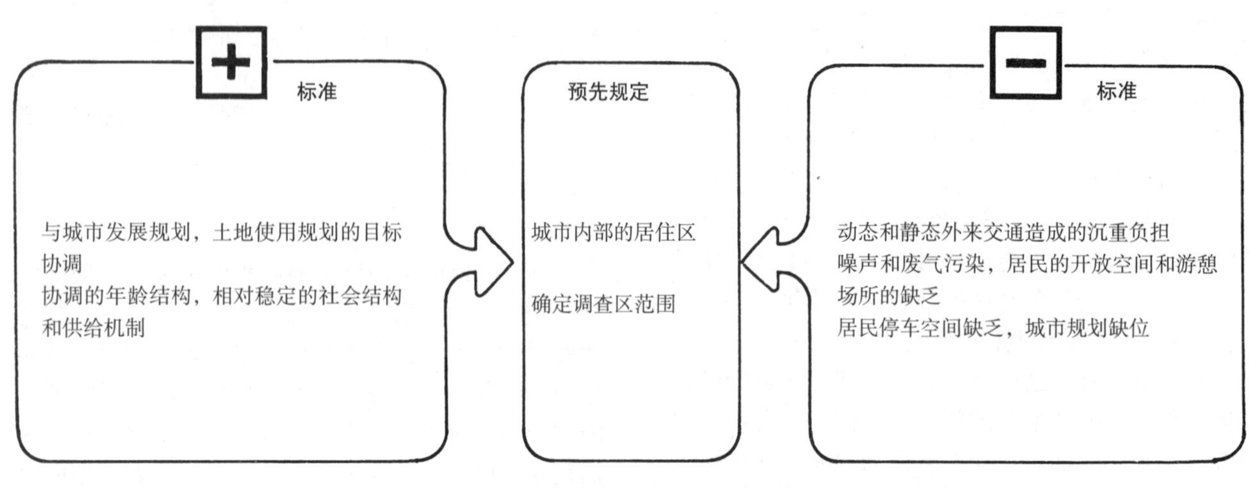

1. 现状调查

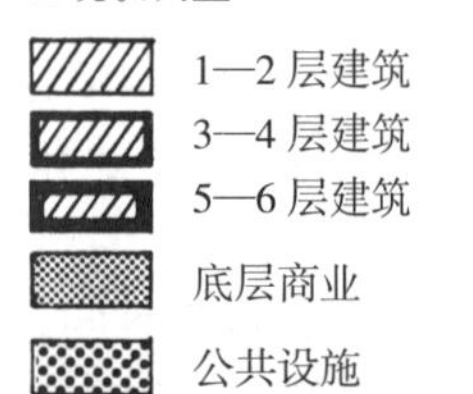

1—2 层建筑
3—4 层建筑
5—6 层建筑
底层商业
公共设施
私人宅前花园
私人院落或花园用地
公共绿地
车辆进出通道
住宅出口
车库入口
交通用地
人行道
台阶
坡道
停车场
停车库
污水沟
变压站
树
灌木
街灯
下水道井盖

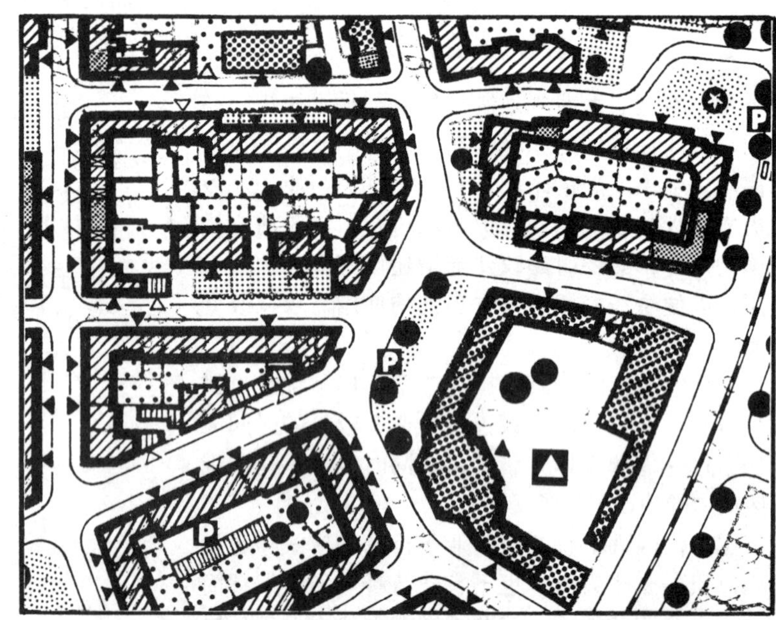

2. 居住单元和居民的分布

一览表

举例

地块编号	居住单元	居民
12	85	263
13	128	386
总计	213	649

图例

12	85		居住单元总数
12		263	居民总数

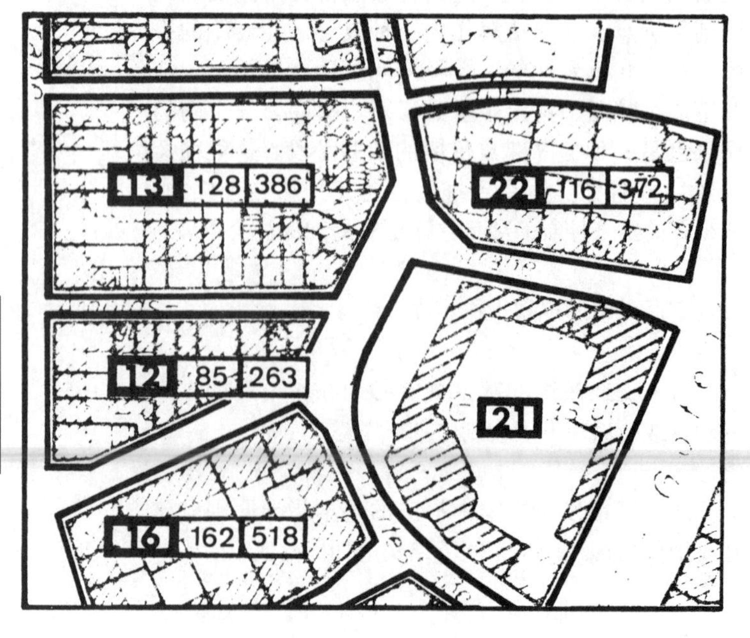

3.18 岁以下的儿童 /60 岁以上的老人

表述和表格一览

规划表达图与一览表

举例

地块	18 岁以下	%	60 岁以上	%
12	69	18	62	17
13	42	16	55	21
总计	111		117	

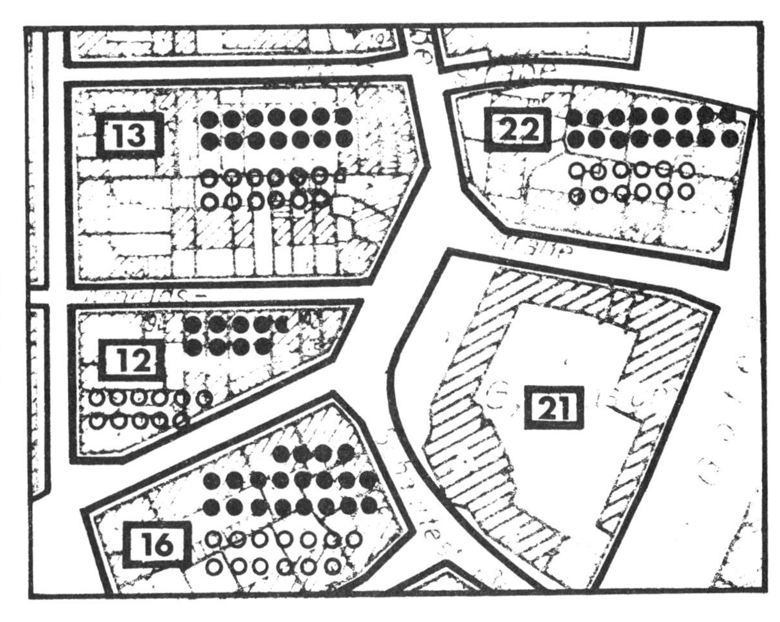

图例

12	●●●●●	18%			18 岁以下儿童
12			○○○○○	17%	60 岁以上老人

●○ 1 点 =5 人

4. 交通标志

- 行驶方向
- 单行道
- 注意优先行驶
- 停站规定
- 禁止穿越
- 死巷
- 禁止停靠
- 有限制的停车，如时间限制
- 总重超过 3t 的车辆禁止通行
- 速度限制
- 人行道停车
- 停车场

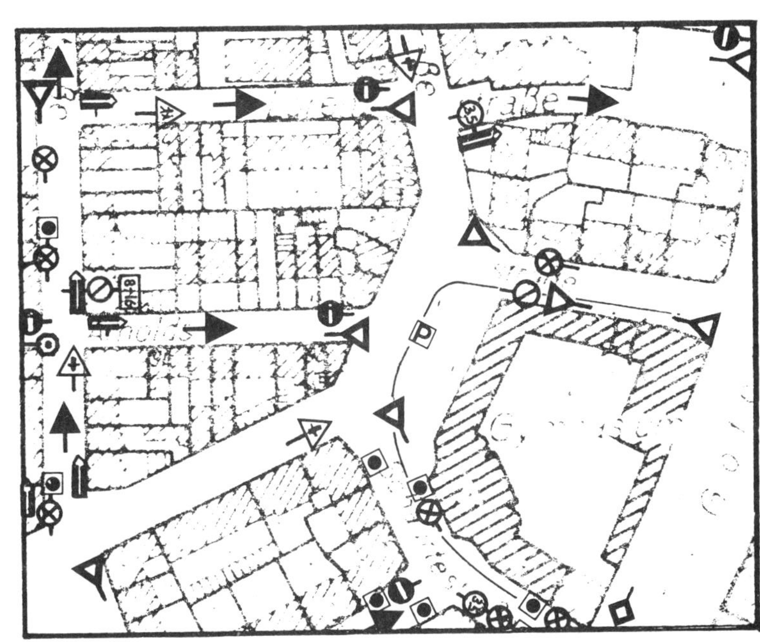

5. 停放车辆的数目

范围	街道	日期 / 时间				最小	最大
		周三 15：00~18：00	周六 10：00~11：00	周日 11：00~12：00	周二 10：00~11：00		
3	X- 街道	84	62	48	102	36	108
5	Y- 街道	33	28	21	30	17	35
8	Z- 街道	28	27	20	27	12	31
Σ	总计	145	117	89	159	65	174

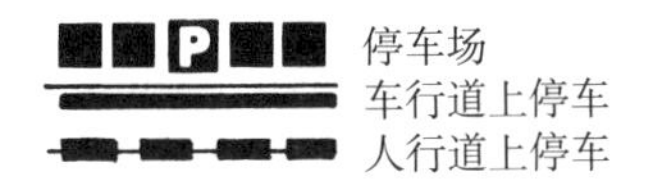

停车场

车行道上停车

人行道上停车

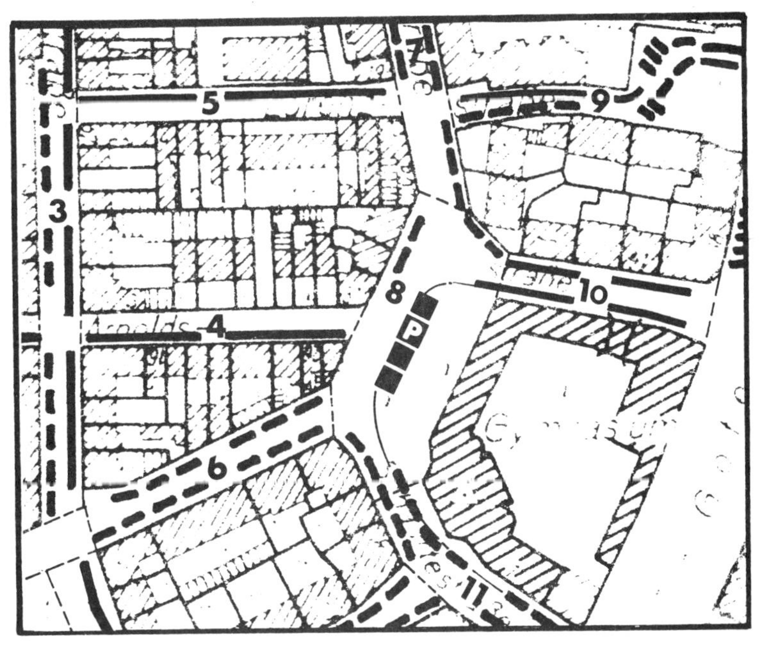

6. 道路断面

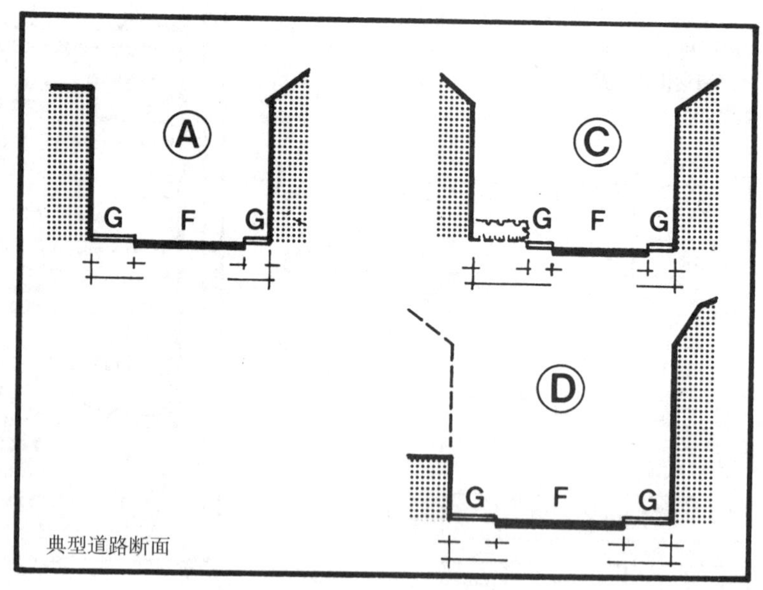

典型道路断面

7. 管线图

燃气管线
给水管线
污水管线
雨水管线
电力管线
电话电缆
（举例）

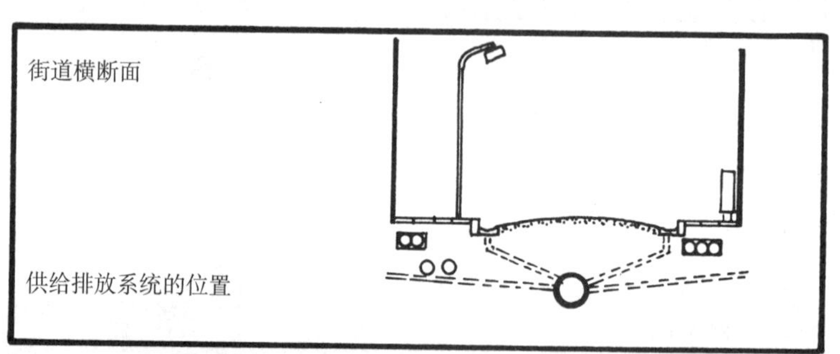
街道横断面

供给排放系统的位置

8. 土地产权

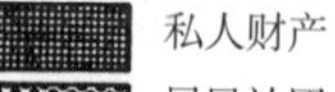

公共地产 / 公共交通用地
私人财产
居民社团
天主教堂

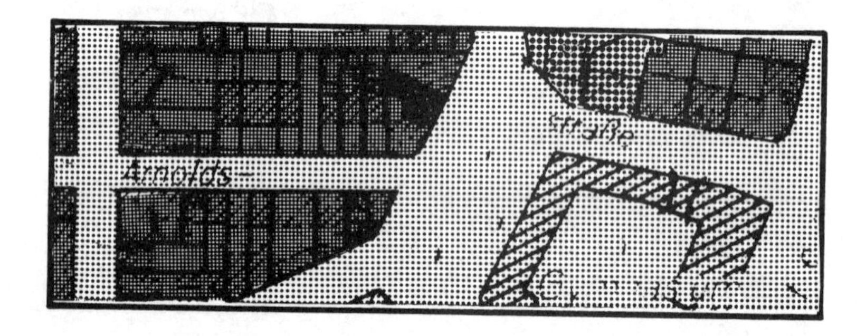

9. 停车场所需求

停车场所需求的分类调查

地块编号	居民总数	居住单元总数	毛建筑面积	1 辆小汽车 \3 个居民	1 辆小汽车 \100m² 建筑面积	居住单元 X1.5
12	263	85	6840	88	68	128
13	386	128	9975	129	100	192
Σ	[illegible]	[illegible]	[illegible]	[illegible]	[illegible]	[illegible]

12	263		居民
12		75	停车场所需求

通过民意调查停车场所的需求

地块编号	现有小汽车	无停车位的小汽车 / 不需考虑	无停车位的小汽车 / 需考虑停车位	有停车库的小汽车	有私人停车位的小汽车	有购置小汽车需求的	有购置小汽车需求并希望租赁停车库	每月租金				距离			
								40 马克及以下	50 马克及以下	60 马克及以下	60 马克以上	100m 以下	200m 以下	300m 以下	300m 以上
12	62	29	18	13	2	7	6	2	9	–	–	11	3	1	–
13	95	38	40	12	5	6	5	10	–	2	–	8	5	2	2
Σ	157	67	58	25	7	13	11	12	9	2	–	19	8	3	2

该实例表明：停车位的分配不足。
调查需要在地区范围内进行。

总结分析

通过上述的调查结果总结分析得出一个选择。

要想实现交通疏解，意味着规划必须应对某些特殊情况。

因此，具体分析每个规划，对每个规划的类型和范围进行界定也显得尤为必要。

4.7.4.2 分析

1. 条件

- 建筑边界
- 公共设施
- 公共绿地
- 到邻里的步行联系
- 保证车辆通行
- 开往停车库和院落方向
- 停车场
- 值得保护的现有树木
- 方向标，特殊城市标志性景观

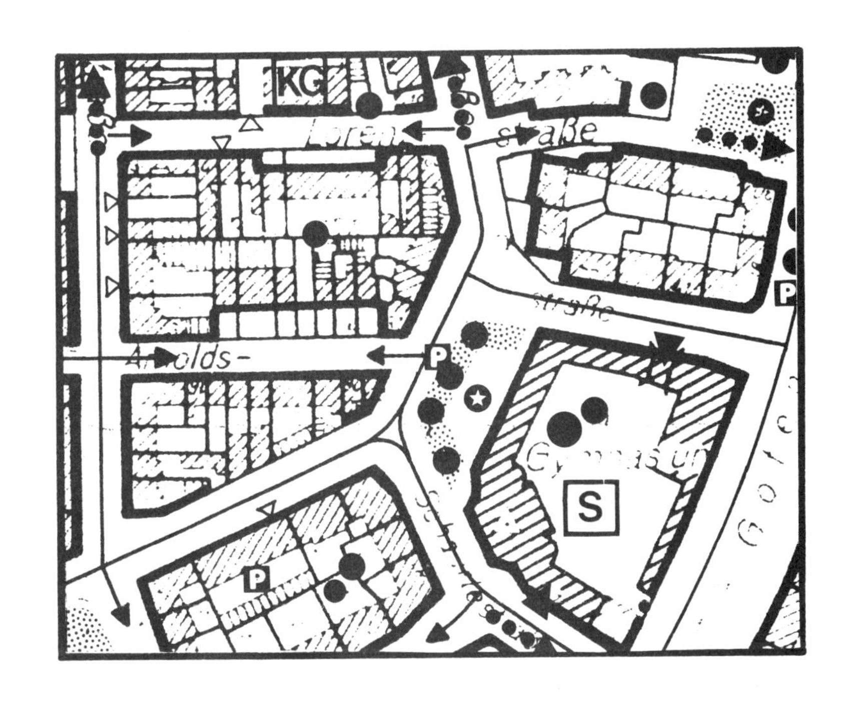

2. 冲突

- 外来交通流造成的压力
- 静态外来交通造成的压力
- 人行道宽度不足的街道
- 危险的步行交叉口
- 缺乏游憩场所
- 缺乏公共空地
- 不能进入且不可使用的地块内部
- 噪声污染
- 建筑造型缺失
- 街道和广场的造型缺失

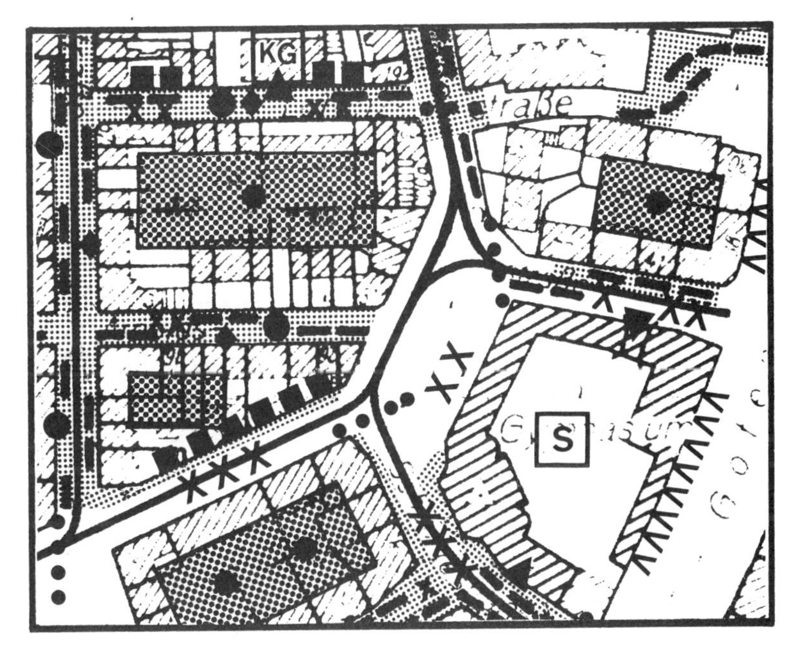

根据实际情况进行规划调整，并且通过对这些规划之间的联系和矛盾的分析，得出结论，是一项非常必要的工作。比方说：

必须全面考虑城市形象，商业和手工业，尤其是社会条件，交通阻塞问题及其对相邻区域的影响。

4.7.4.3 规划（例）

1.根据优先权对交通系统的重新调整

城市主要交通性干道，车行交通优先

步行和车行交通分离的住区集散道路

步行和车行交通权利平等

步行交通优先

纯步行、自行车交通

行驶方向

速度限制

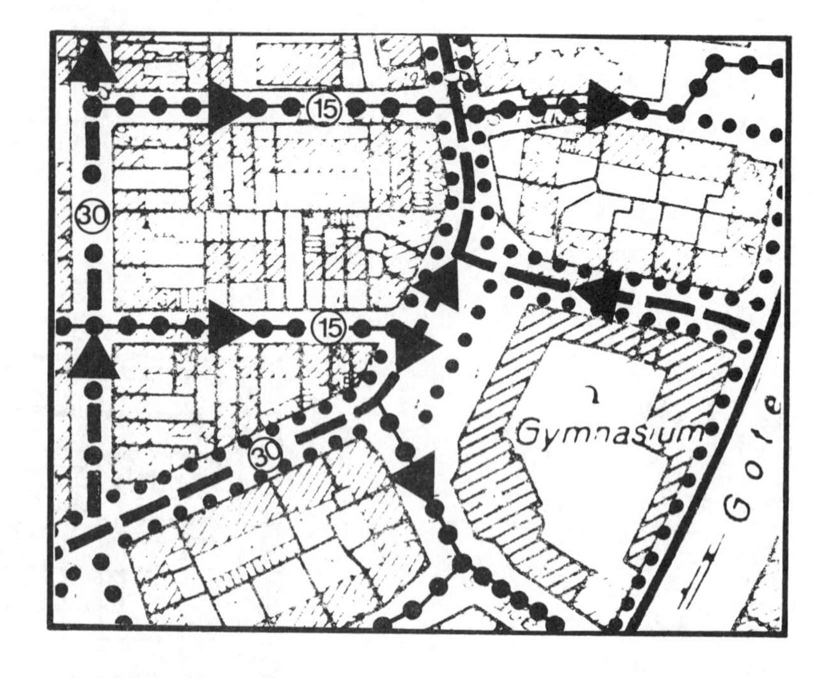

2.静态交通的新秩序

停车安排

15 可能的停车位数 / 街道断面

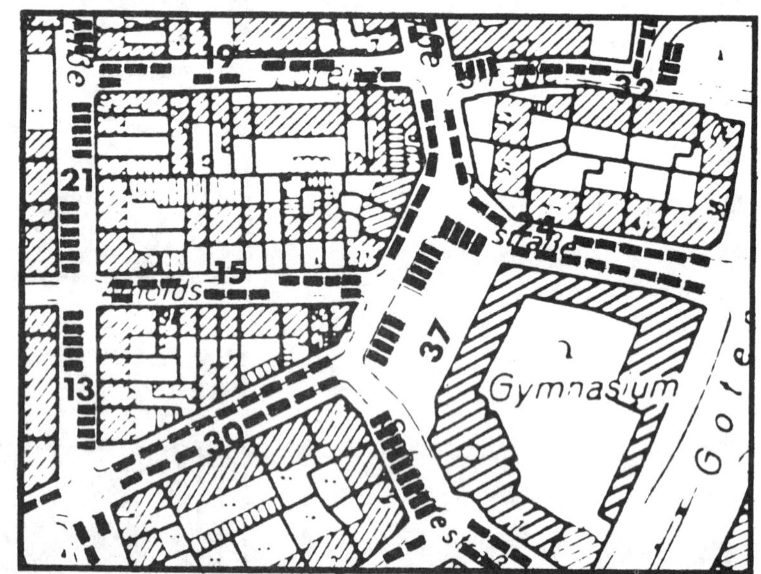

3.街道和广场造型改造

车行道与人行道用绿化带隔离

车行道断面宽度降低，人行道加宽

铺石路面（混合地面）

局部铺石路面

车行道狭窄处

车行道弯道处

街道空间新造型

新置停车场

游憩场所设置

公共绿地

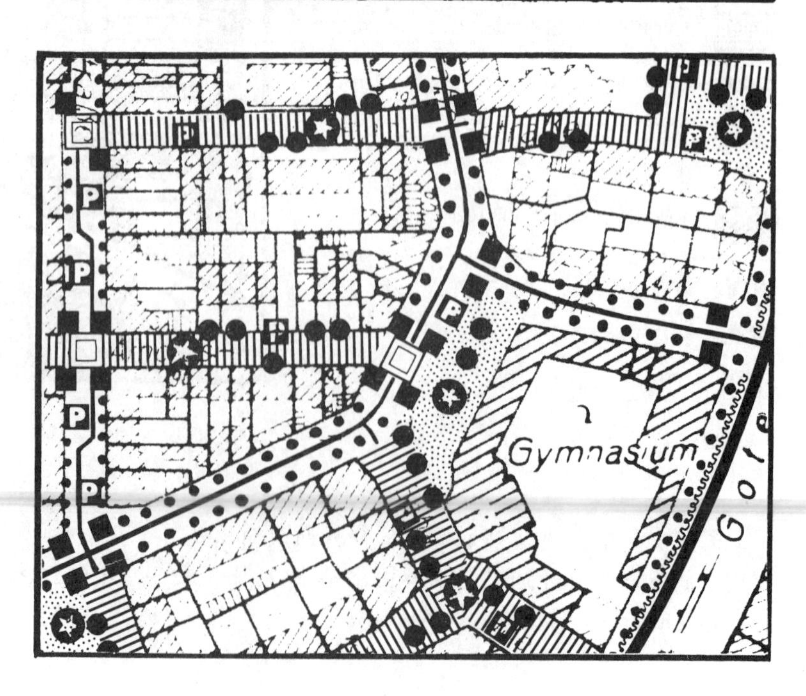

4.街道和广场的新造型——改造标准——例

	标准 3： 造型简单的交通疏解， 费用标准：60 马克 /m^2	标准 2： 造型费用适中的交通疏解 费用标准：180 马克 /m^2	标准 1： 造型费用较高的交通疏解 费用标准：250 马克 /m^2
绿化	树和植物种植，树苗床，小型植物苗圃	树和植物种植，树苗床，大型相关植物用地，立面绿化	树和植物种植，树苗床，大型相关植物用地，立面绿化，灌木丛
表面造型 – 人行道 – 车行道 – 停车场	未加改变 仅作标记	– 人行道，主要以混凝土平板铺面更新 – 车行道以新沥青铺面或者对从前的天然石块再利用；或以混凝土石块辅以自然石铺面 – 停车场以混凝土石块或沥青或自然石块铺砌	交通用地的整体更新，尽量多地选择自然石材，尽量适应街道、广场、林荫道的城市景观
交通疏解元素 – 速度降低 – 交通枢纽的造型设计 – 道路断面变化	– 安置软垫或小型铺石路面 – 交通枢纽部分改建 – 没有建设性的道路断面改建	– 软垫或辅以混凝土石块或原石自然铺砌 – 交通枢纽，改建材料同上 – 道路断面变更，改建材料同上	– 大面积铺石路面，广场形式或广场式的扩展 – 交通枢纽的改建 – 道路断面变更，大量自然石块应用
排水设施	无改造	排水设施的改造 / 调整	新建排水设施
照明	无改造	部分更新，尽可能与街道整体造型改建适应	照明环境与街道广场的新造型相适应，新的照明灯具
街具配置	只有隔离柱、自行车架，没有附加设施	有车挡、栅栏、自行车架、长椅	隔离柱、栅栏、自行车架、长椅、凉亭、游乐器械、喷泉、小艺术品
说明： 城市更新部 科隆价格标准 1998 年 M 1：250	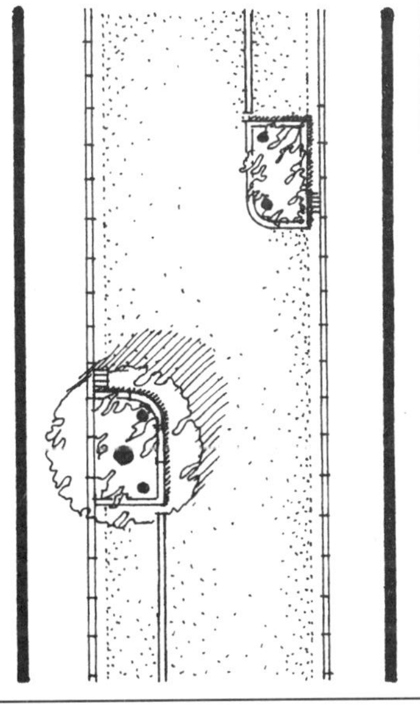	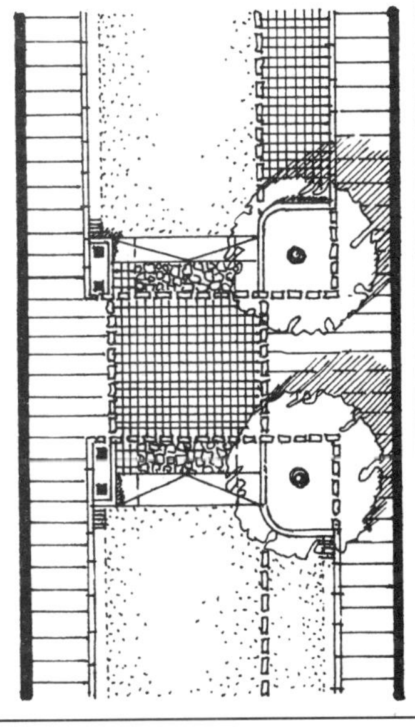	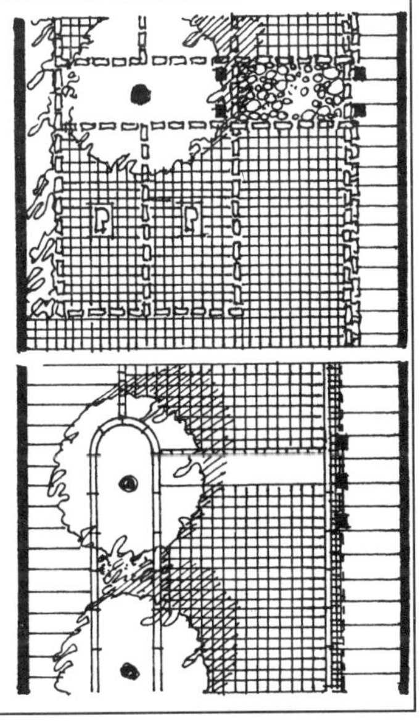

考虑原有管线的树木植物种植，不同管线和管道可能会对是否且在哪里种植行道树造成巨大影响。
这些管线的覆层（例如电缆，燃气和给水管道，通信网络等等）在各地不尽相同。方图的解决方案在技术上没有实现的困难，但是在某些地方要实现就相当困难。

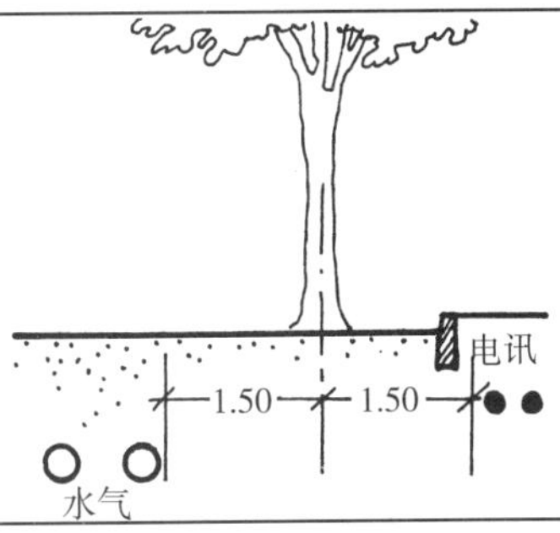

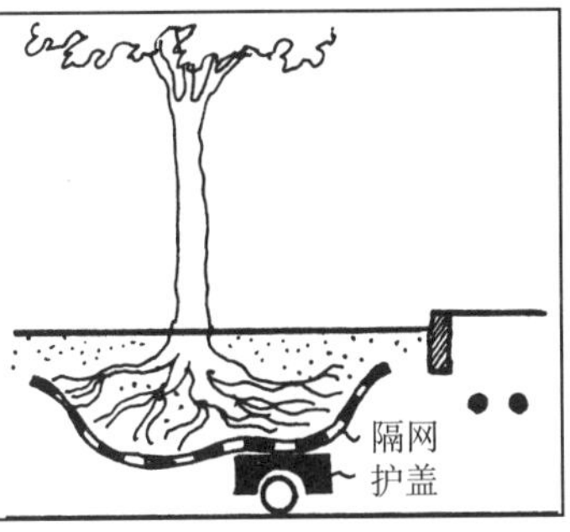

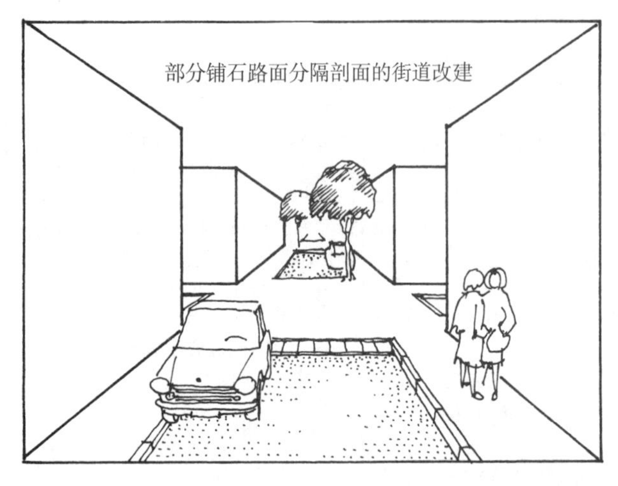

部分铺石路面分隔剖面的街道改建

城市里的道路，当要求改善居住环境和交通状况时，应设计为分隔型道路。在进行交通疏解改造时，是继续保留分隔型道路还是改建为同一水平面的混合型道路，需要反复斟酌，从其造价与其起到的作用来看是否值得。此外，我们还需要研究，是否混合使用的交通面积可以没有冲突的结合（比方说考虑必要的停车位、大型卡车道等）

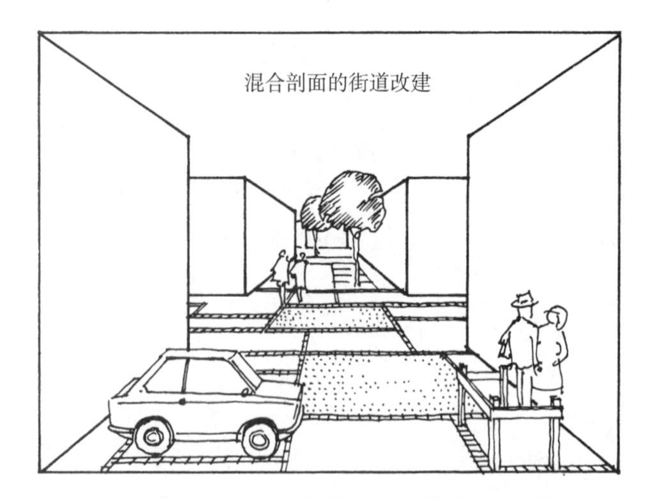

混合剖面的街道改建

如果规划得不好，混合使用就会带来一系列的问题。对现有道路的划分——比方说步行道、路缘石、车行道——都是明确的道路标识元素。所以我们必须严格地论证，是否就是说这些明确的造型标识就是对城市形象有好处。无论如何，混合型道路应谨慎采用，以免产生杂乱之感

4.7.4.4 改善住宅周边环境的措施与交通疏解有关

见缝插建

街道空间绿化

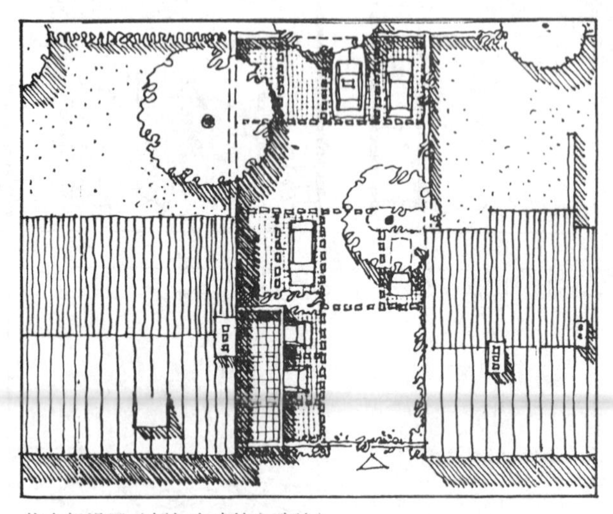

停车场设置（例如在建筑空隙处）

立体绿化

4.7.5 交通性干道的疏解

交通量的增加和道路的配套设施的建设在很多地方导致了很多问题，这些问题可能会对环境和人身安全带来一系列的影响。这些道路主要是指对乡村或者城市产生强烈隔离作用的大交通量的道路。这就要求我们在我们规划中，必须重视道路的改建（重建），使其能够为交通疏解的实现做出一定准备。这种改建在大多数情况下应局限于保证疏解交通车流并与地方性的其他功能要求相容的措施，而不是说依靠减少交通量或者说迫使汽车离开等消极方法来实现。

案例	目标	措施见第 160 页
Ⅰ穿越居住区的交通性干道，与居住相关的到达和出发交通，穿越交通（工作性交通的负荷高峰），道路总宽度 10.50m（宽度包括停车线两侧）	通过行驶速度降低达到交通安全性改善，自行车交通安全性提高，噪音负荷的降低	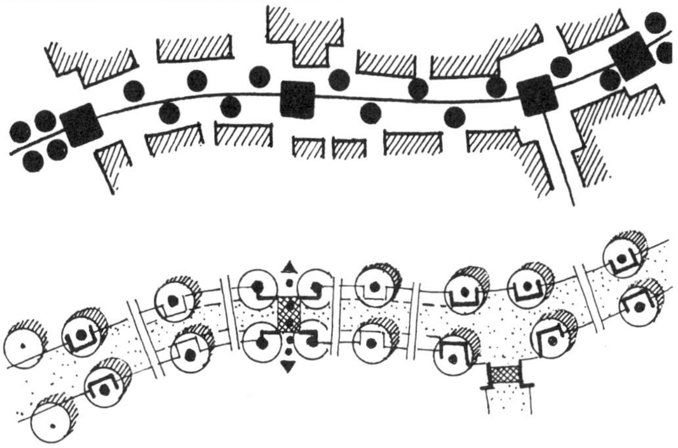
Ⅱ穿越乡村混合地区的交通性干道 顾客流交通，停车空间需求，居民交通，公交线路和穿越交通 道路宽度 7.5~10m	通过行驶速度降低达到交通安全性改善（行人，停车和公交线路交通） 降低噪声污染	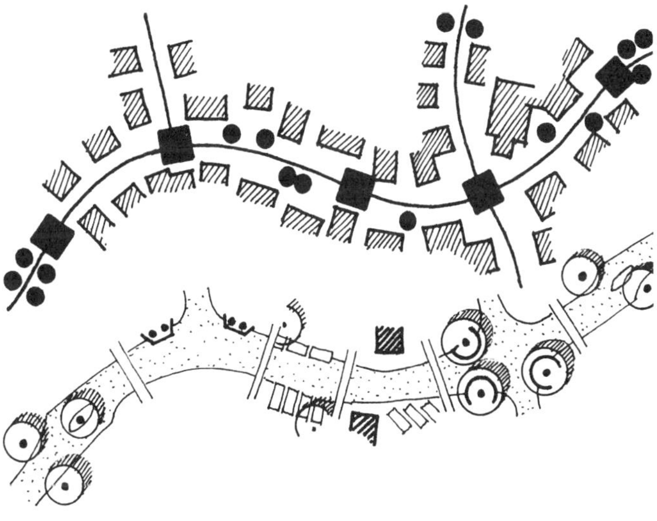
Ⅲ经过稠密城市地区的交通性干道——包括商业街的顾客流交通、停车空间的需求 货运交通，公交线路和穿越交通，稠密的人行和自行车交通 车行道宽度 16m	通过行驶速度的降低达到交通安全性改善（人行交通穿越，停车和货运交通） 街道空间划分的改善，噪声负担的降低	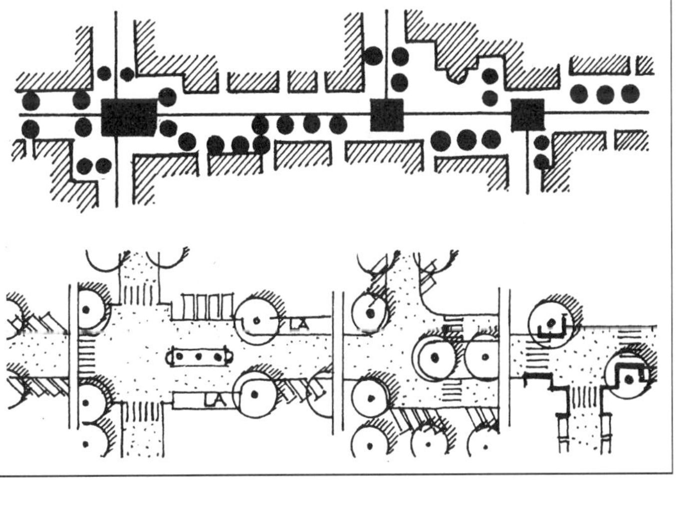

交通性干道的交通疏解改建措施

"驶入区域"的空间和视觉上的车道狭窄处

－入口情况－

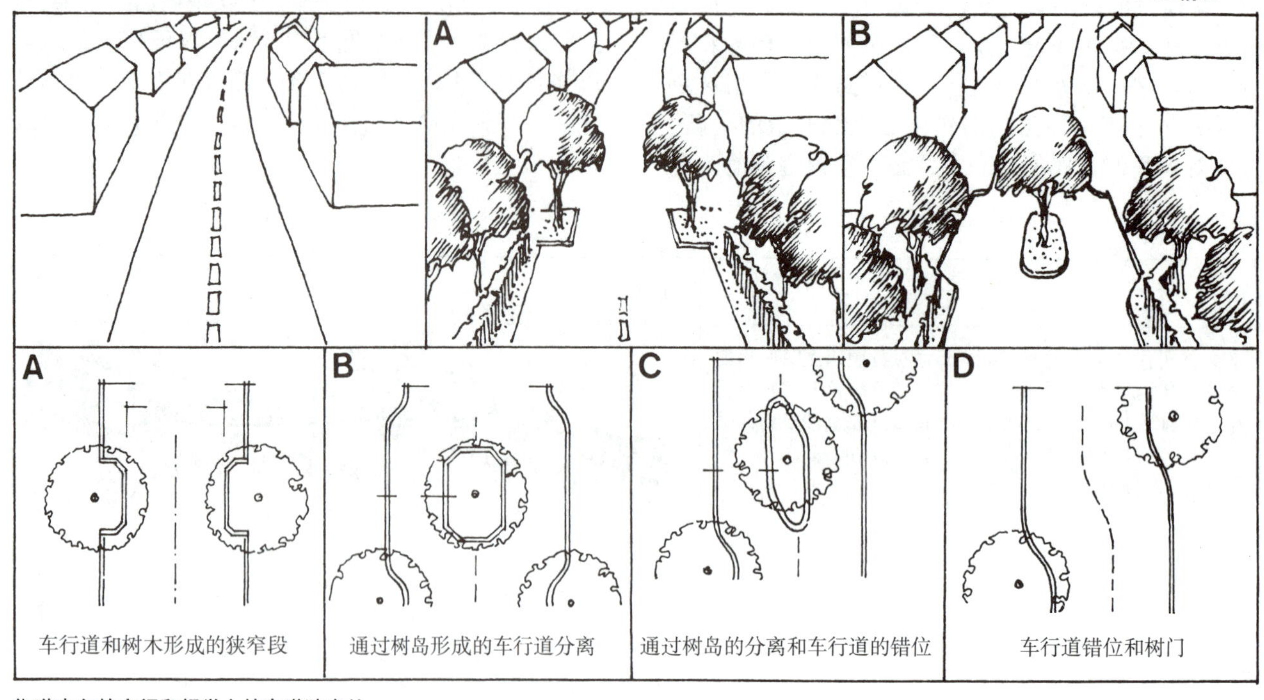

街道走向的空间和视觉上的车道狭窄处

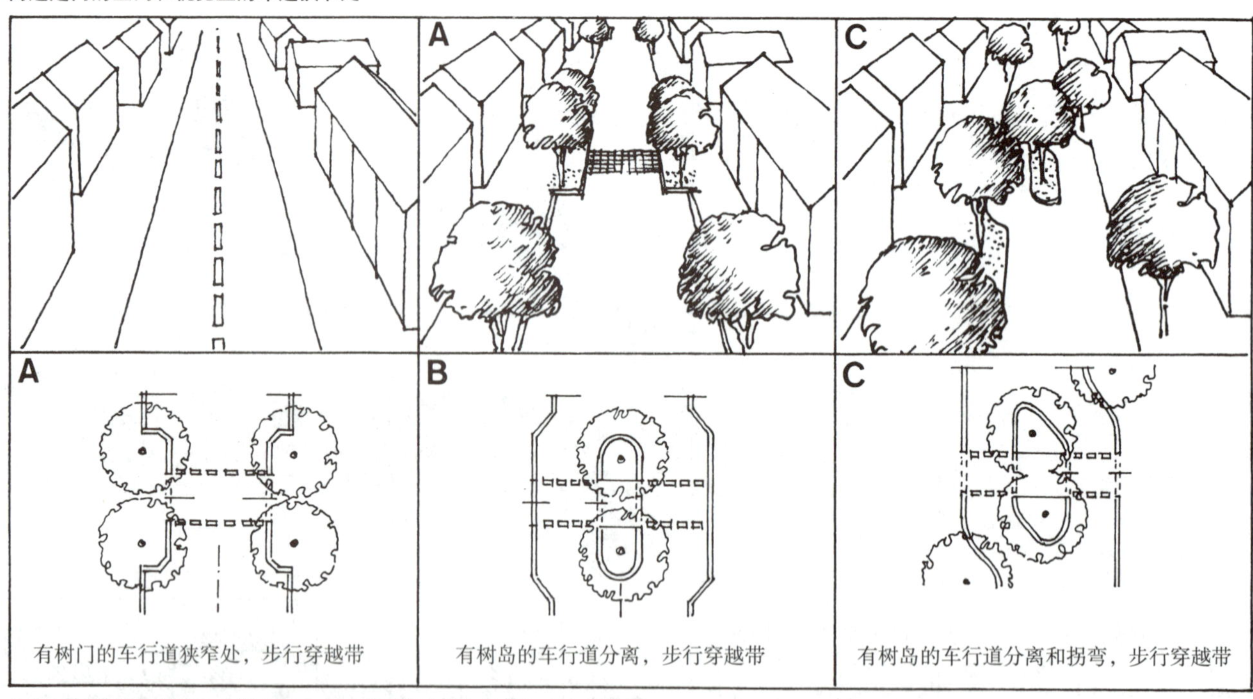

在进入与穿越之处通过中断"符合交通规则的扩建"措施实现交通疏解

－示例－

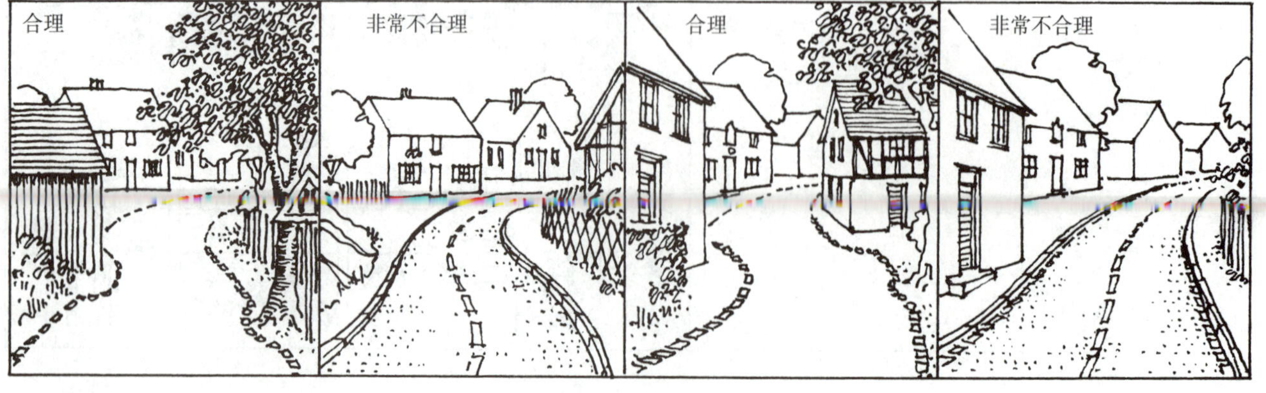

4.8 城市设计中的噪声防护

4.8.1 问题的提出

消除噪声是环境保护的首要任务之一。

来自噪声的污染，尤其是那些高密度的居住区中人们一直指责的噪声，是对居住生活的一种很严重的损害。可以说噪声要比其他污染受到更多批评。

人们主观上对于噪声的感受，要比从医学观点认定的情况更为严重。医学所确定的人类健康所能承受的客观极限值早已被超过了。那种认为人们可以习惯于某些噪声的想法早已经被证实是骗人的说法。

如果说过去主要是由手工业和工业所造成的噪声污染，那么如今日益严重的交通问题所带来的交通噪声已经日益凸现并且成为了第一位的问题（交通噪声可以来自道路、铁轨和飞机）。

由此，在城市规划中提出了这样的要求，尽量减少或者避免环境污染，规划也必须考虑以往错误的决定所造成的问题。这些都适用于根据功能进行的城市空间布局。新的规划对交通工具及其配套设施的发展做出了要求的同时，也必须考虑带来的后果及其影响。

从环境保护出发来制定规划，既可以预防未来可能出现的问题，也可以消除或减轻已经存在的问题。同时，必须确立技术发展以及立法的正确目标，即“从源头上”（指汽车、轨道交通或飞机）有效减少环境污染。

基本概念

排放＝产生的影响与辐射，例如一辆汽车产生噪声

侵害＝遭受影响，一个承受噪声污染的人

积极声音防护＝在噪声源（发动机）或街道（设置噪声防护墙）减少噪声排放

消极噪声防护＝减少噪声侵害（设置隔声窗）

比较：对音量的感受

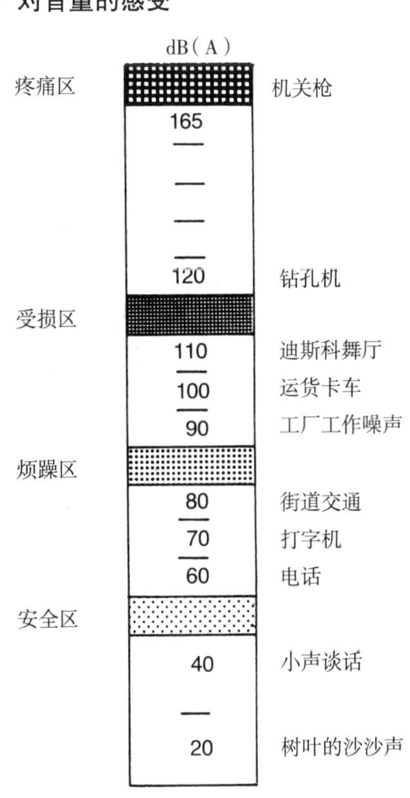

4.8.1.1 交通噪声

音量测量 dB（A）

分贝值并不表示主观上的听力感觉的成比例增加，提高 10dB（A）相当于在感觉上噪声的强度加倍。

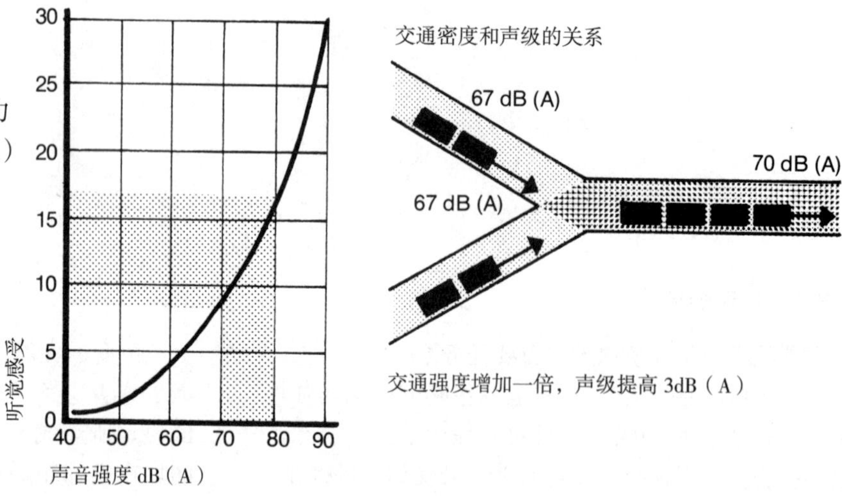

交通密度和声级的关系

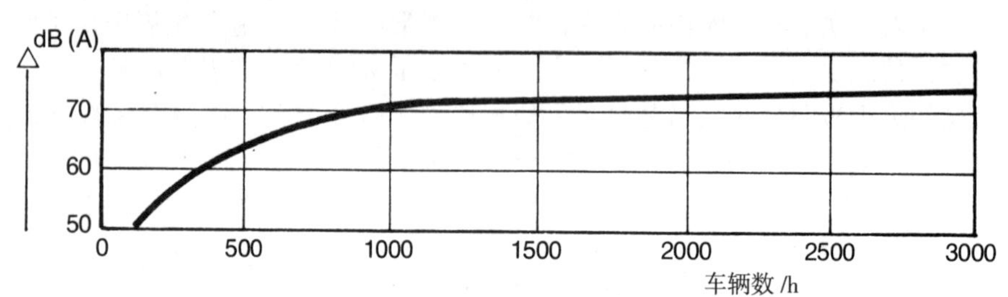

行驶速度和声级的关系

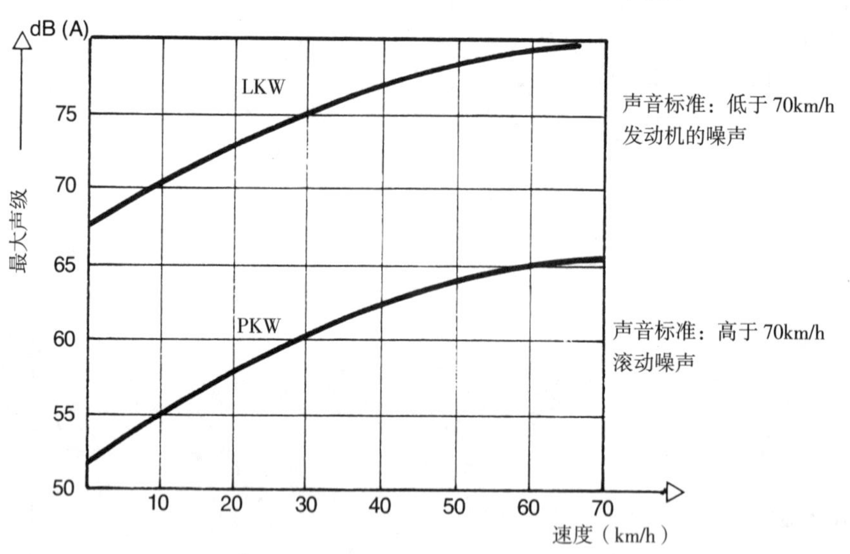

私人小汽车产生的噪声

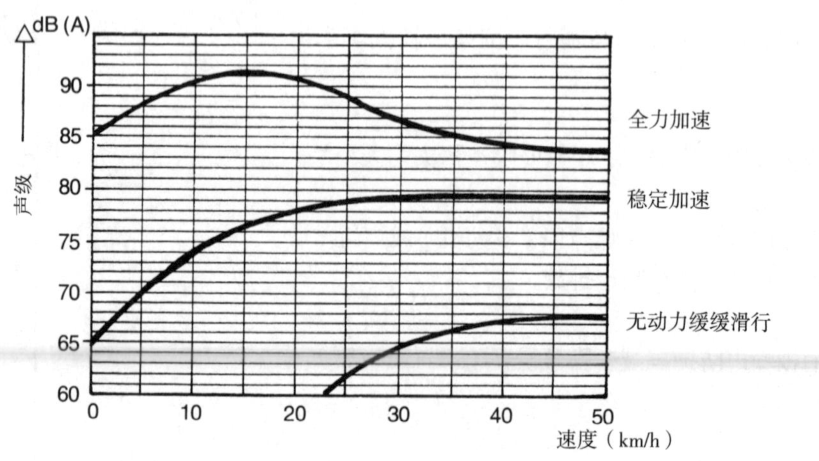

4.8.1.2 交通密度与声音等级之间的联系

从交通密度和速度以及街道类型和声级的关系，人们可以将交通压力折算成噪声的压力。

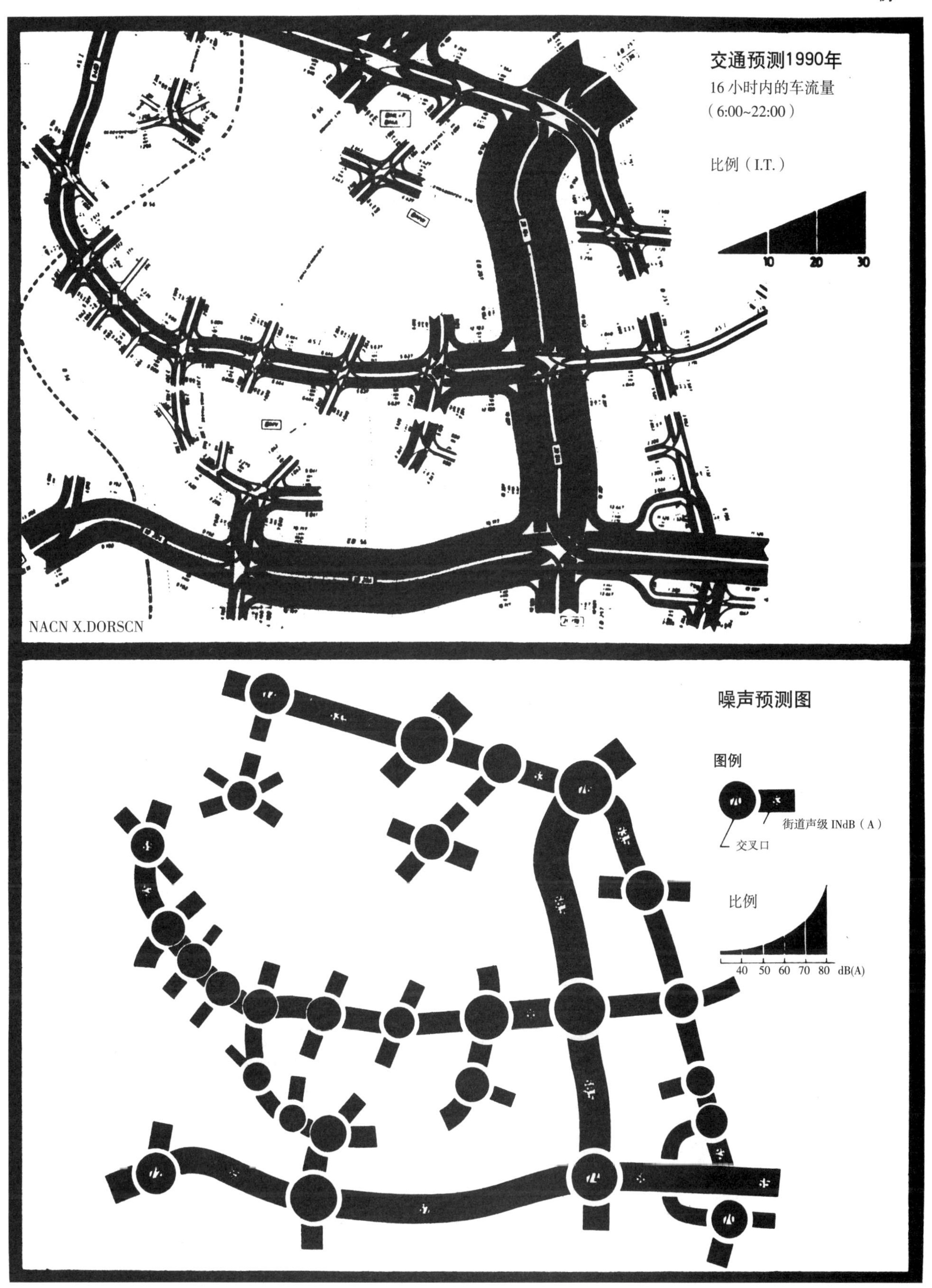

4.8.2 减少噪声传播的影响因素和措施

a. 街道的高度

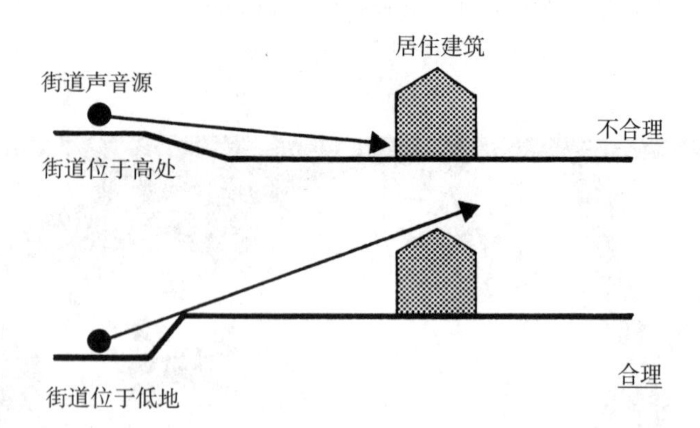

b. 街道和居住建筑的距离

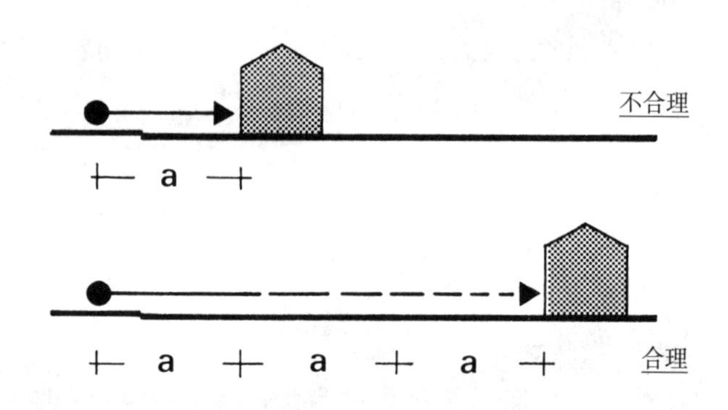

c. 街道铺面

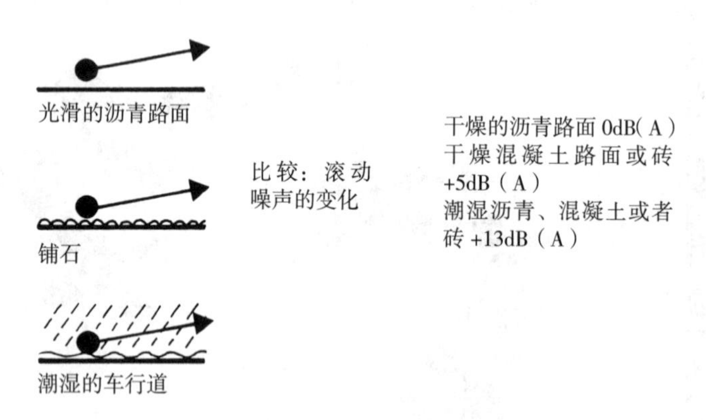

d. 通往居住建筑的交通性干道的地理位置

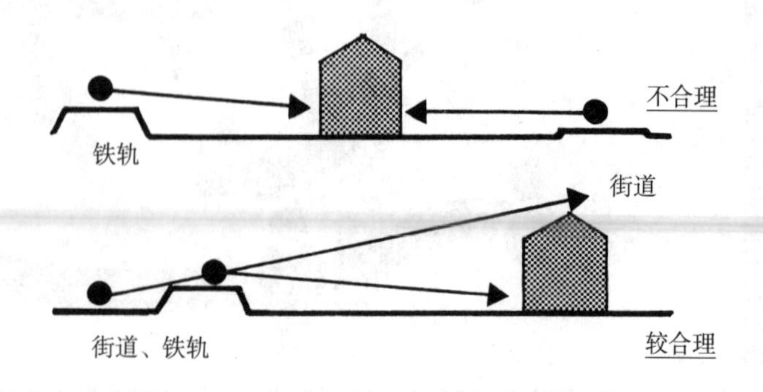

e. 街道和居住建筑之间的地形和植被

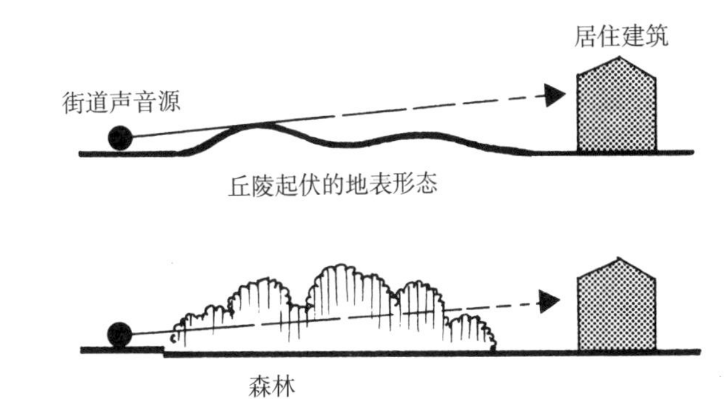

f. 消声措施

a）在交通性干道上

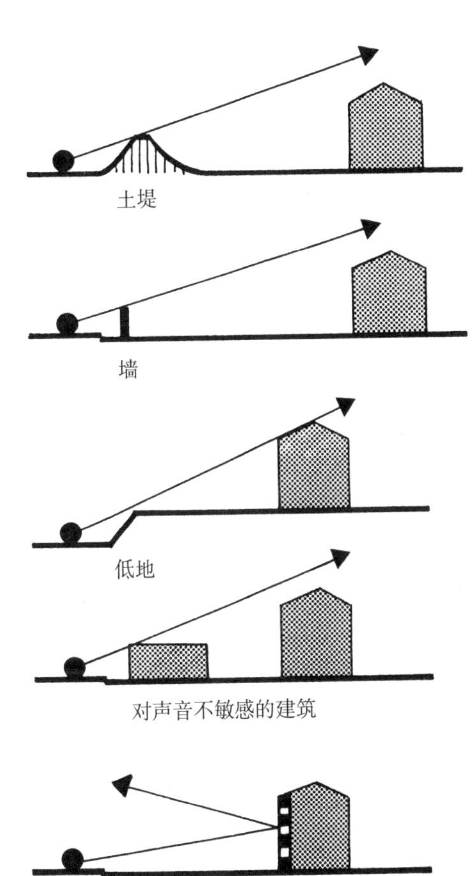

（a）在建筑上

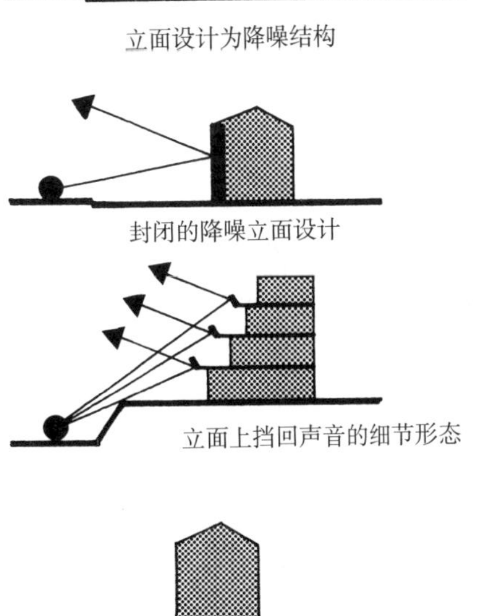

（b）通过地道疏导

声音传播范围

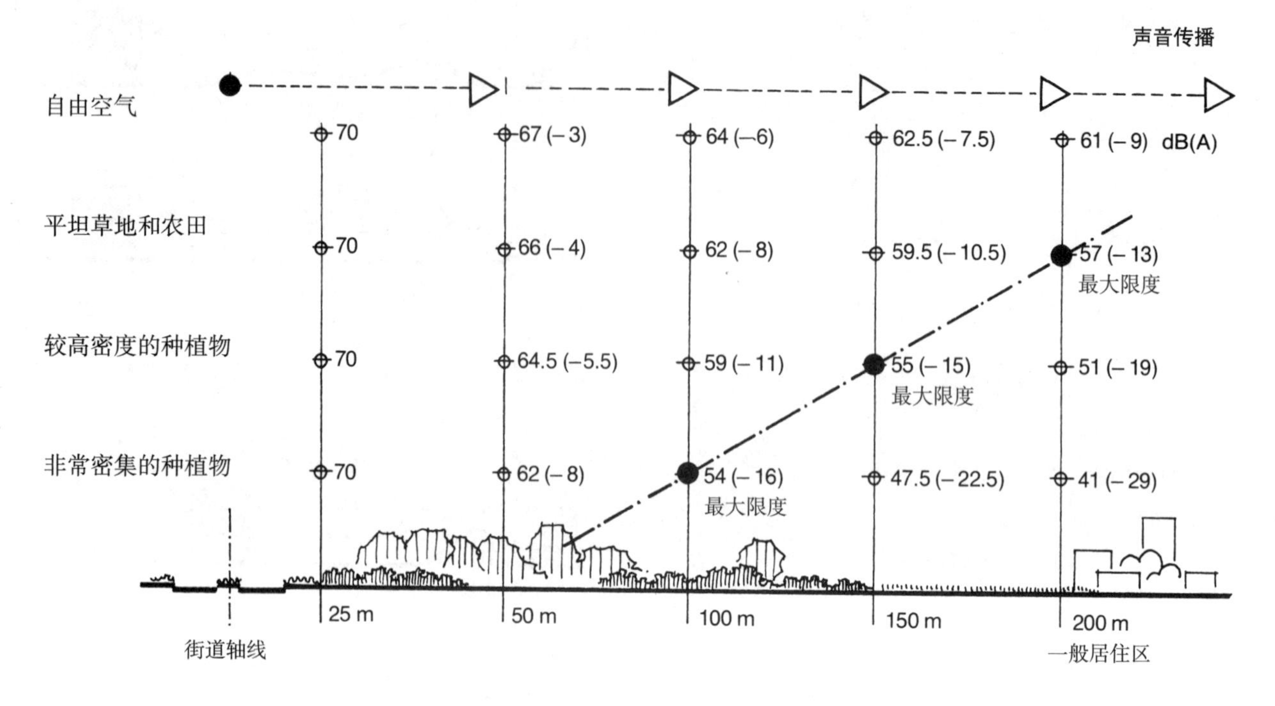

主要交通街道，四车道 括号（..）内的数值 = 声音降低值

通过距离作用降低声音

必需降低的分贝 dB（A）		10	15	20	25	30	35
必需的距离（m）	草地	75~125	120~250	225~400	375~555	—	—
	树林	50~75	75~100	100~125	125~175	175~225	200~250

通过防护墙或堤坝降低声音

墙或堤的高度（m）	1	2	3	4	5	6	7
降低的分贝 dB（A）	6	10	14	16.5	18.5	20.5	23.5

隔声的建筑措施

例：
窗结构

结构方式		降低
开窗		5 dB（A）
部分开窗		10 dB（A）
关闭的简单玻璃窗	5mm	15~20 dB（A）
同上	12mm	20~25 dB（A）
关闭的双层玻璃窗		20~25 dB（A）
关闭的双层玻璃窗中间空隙宽		25~30 dB（A）
与 24cm 厚墙比较		50 dB（A）

(参见下册 3.6.6)

（1）土地使用的空间布置

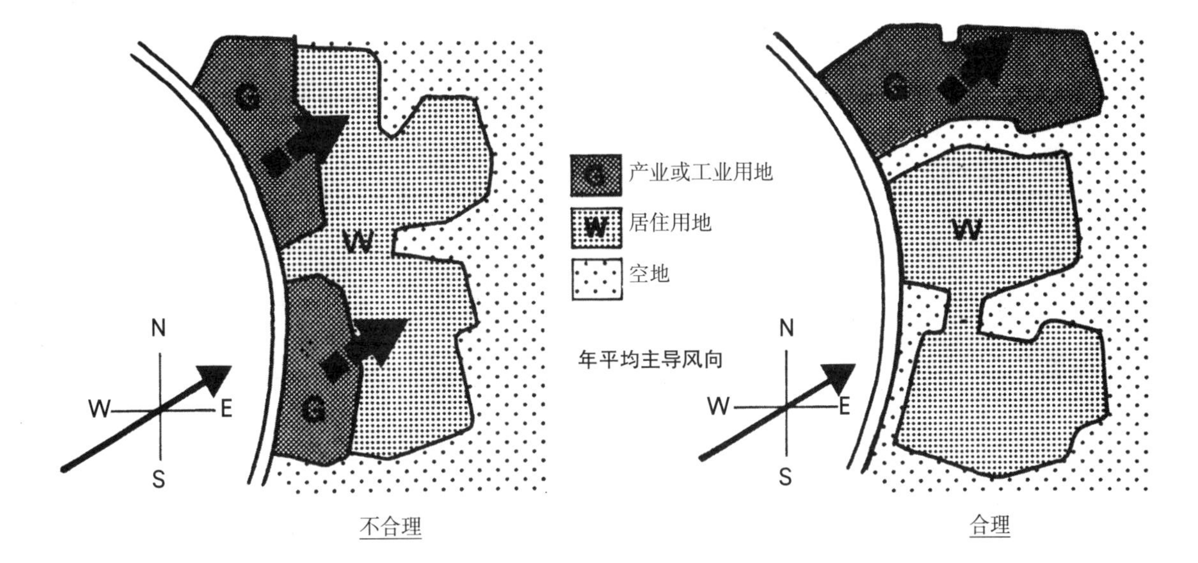

（2）声音源的空间分布

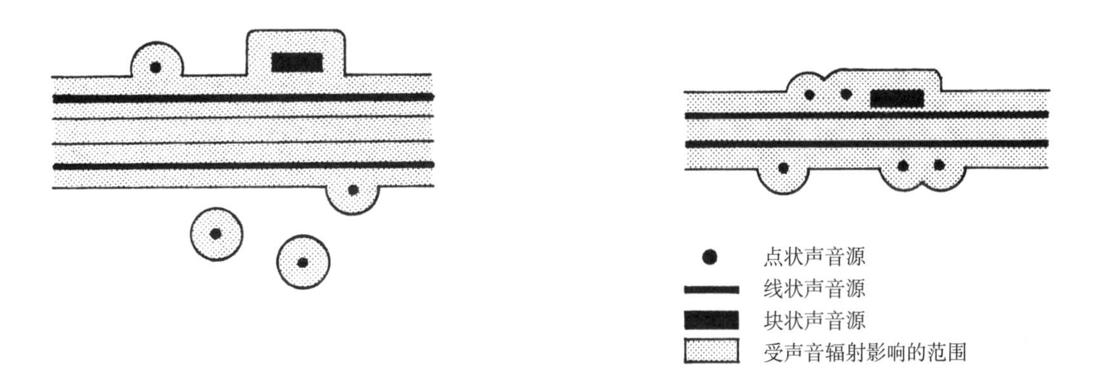

声音源散布的草图：
受声音辐射的影响范围较大

声音源集中的草图：
声音辐射的影响范围较小

（3）路网形态

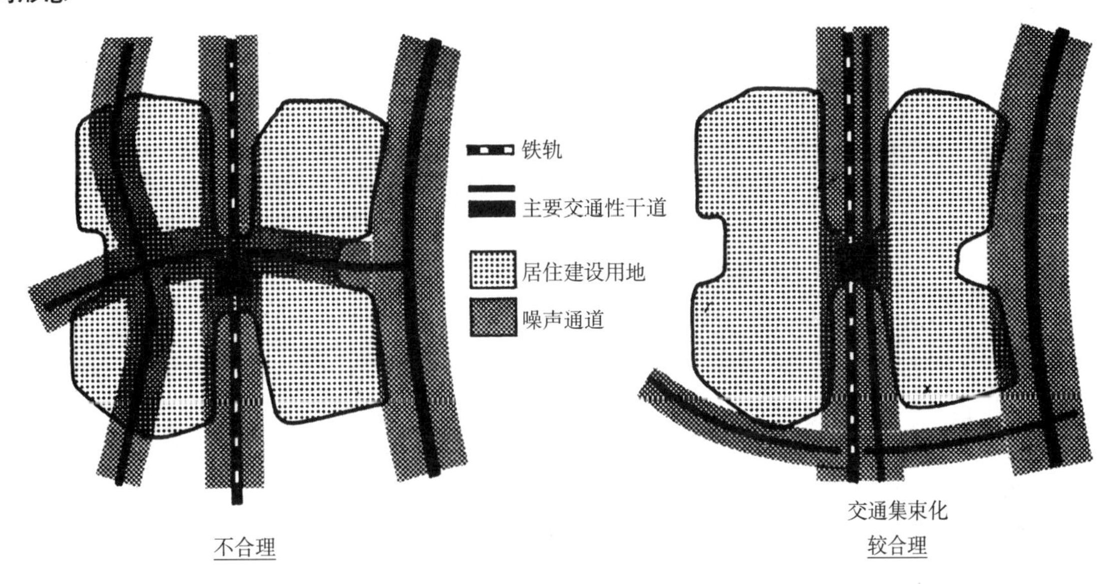

（4）交通性干道旁的居住建筑布局和形态

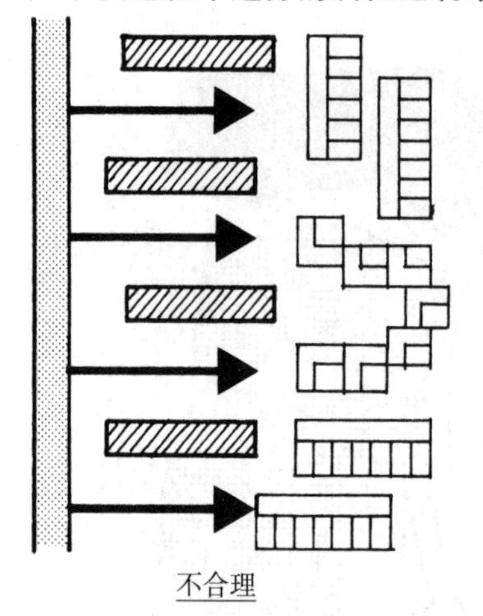

不合理

沿街建筑开敞型布局，声音对居住区渗透深

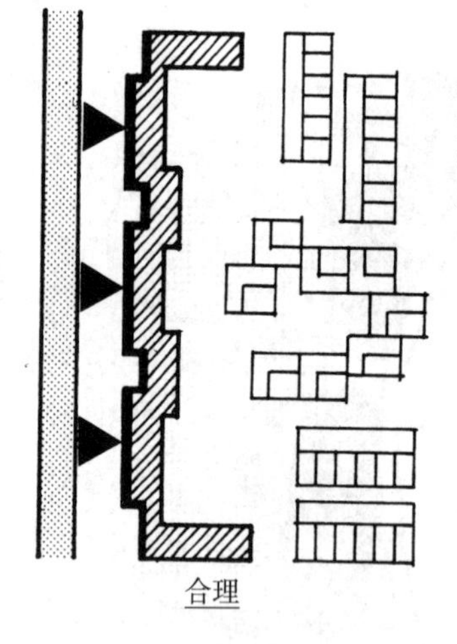

合理

沿街建筑封闭型布局，交通噪声被屏蔽，形成沿街平行建筑线性消声屏障十分必要

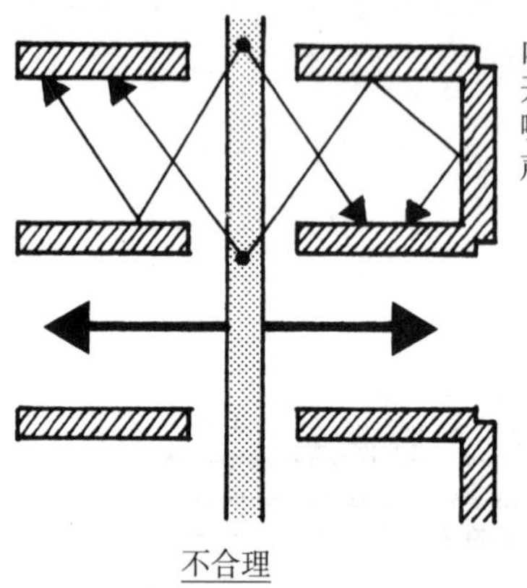

不合理

内院面街＝向噪声源开敞，建筑面之间的噪声反射更加剧了噪声污染

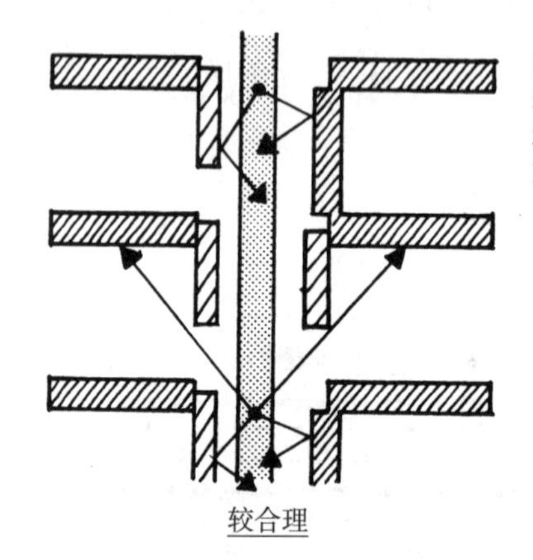

较合理

内院避免面街，或者说被低层侧翼建筑封闭，声音能更大程度避开内院

（5）平面形态

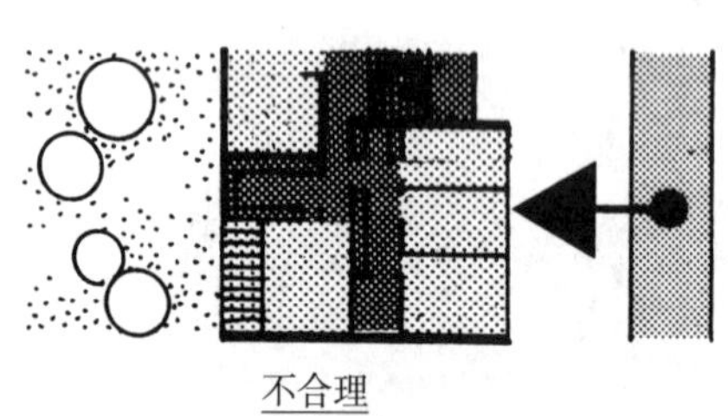

不合理

应在平面造型布局上重视声音侵入，将声音敏感空间从靠街转向内部布置

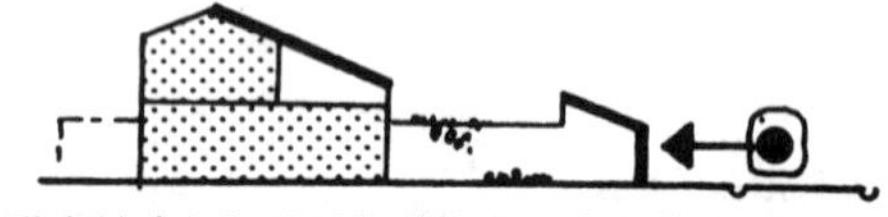

噪声敏感空间避开街道设置，或在其前面布置一些建筑物（停车库，围墙院落空间），形成保护

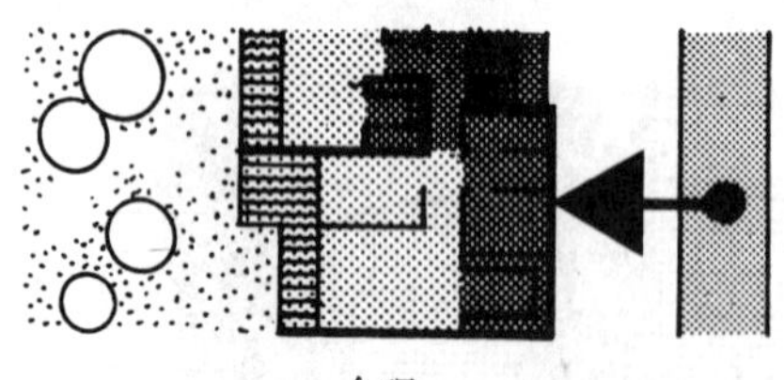

合理

噪声敏感空间（起居室和卧室）

噪声不太敏感空间（附属空间）

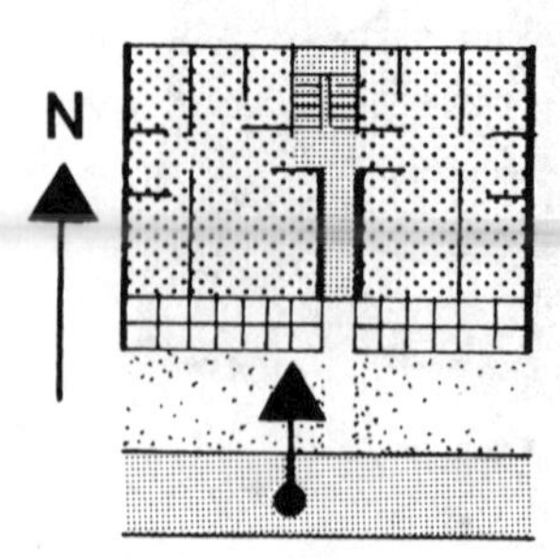

通过前置的温室达到噪声保护

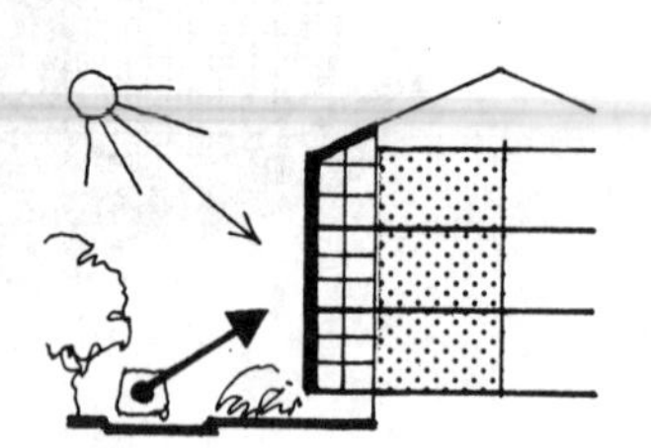

通过起消声作用的阔叶树外廊达到噪声防护

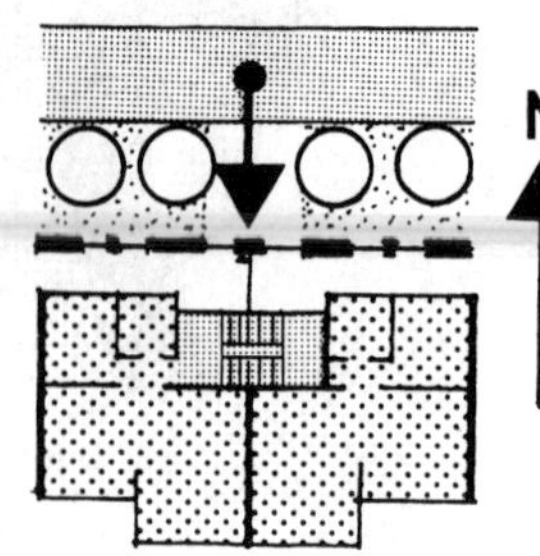

4.8.3 建设区的规划标准等级

允许的噪声污染标准
（只有特殊理由情况可不遵循此标准）

Nr.	建设区 *	规划用标准声级值依据德国工业标准 DIN 18005 “城市建设中的噪声防护”，1987 年	
		日	夜 **
1	纯粹居住区（WR） 周末居住区（WS）	50	35/40
2	一般居住区 （WA） 小型居住区	55	40/45
3	乡村区 （MD） 混合区 （M） 核心区 （MK）	60 60 65	45/50 50 50/45
4	公墓 小花园	55	55
5	工业区 （GI） 手工业区 （GE）	65	55/50
6	特殊区 （SO） 均按利用方式和居住所占比例而定	45–65	35–65

* 建设区符合场地利用原则（建筑使用条例）；
** 夜间时间从 22：00~6：00。

图纸材料	噪声图
鉴定专家，技术顾问	城市规划师和具有相应专门资质的建筑工程师，建筑物理学人员，环境物理学人员
鉴定人或机构	自由职业鉴定人（见上） 建筑物理咨询工作室，技术大学，应用技术大学（专攻研究方向）
有关街道交通噪声的法律 / 规定	联邦噪声侵入防护法（BlmSchG） DIN 18005 城市建设中的噪声防护 RLS90 街道声音防护规定 道路交通法（StVG） 道路交通许可条例（StVO） 道路交通规定（StVO） 联邦远程交通道路法（FStrG）

4.9 道路照明

规划提示：

街道照明设施和形象的技术标准根据德国工业标准（DIN）5044 确定。

照明的照度以“米烛光”计量。

照度和空间照明根据街道和道路的重要性如交通量的大小调整。

路灯的距离根据光源高度和发光体的光技术特性（A，C，D）而定。

对于照度的可能影响：

— 道路铺面（反光材料或者吸光材料）

— 周围环境（植物或者明亮反光的墙面）

特别在周围建筑环境中路灯的位置和形状具有重要的形象意义。（灯杆作为道路的空间造型元素，光源高度根据建筑物高度调节等）。

步行道：

连贯不变的照度只在光顾频率很高的步行道上要求。然而对于重要性较低的道路，路灯的布置与设计也必须保证能避免完全黑暗的路段。

车行道：

为了交通安全，危险点（十字交叉口、丁字交叉口、人行横道线）的照明必须仔细设计，要求充分照亮，并且通过较大的照度（必要时还可改变光的颜色）显示出来。

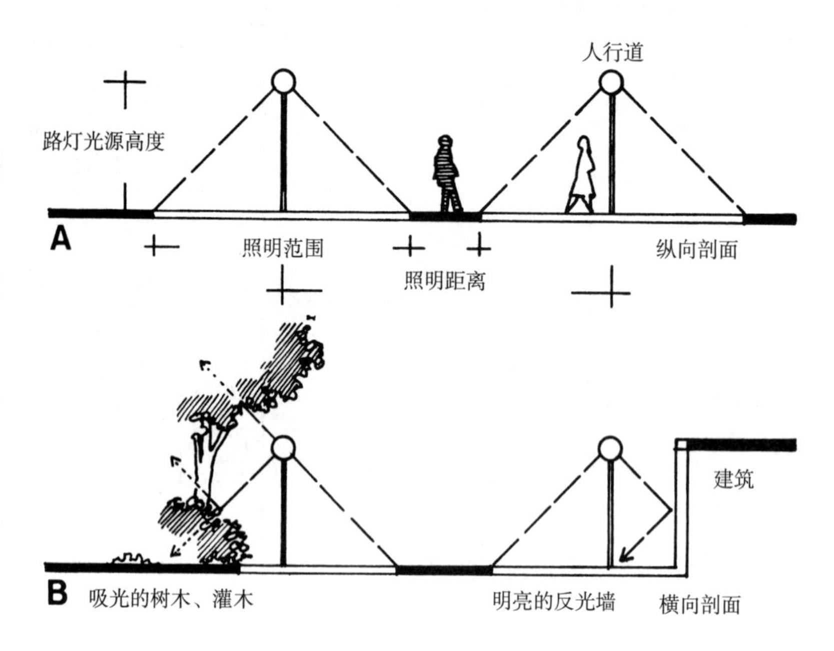

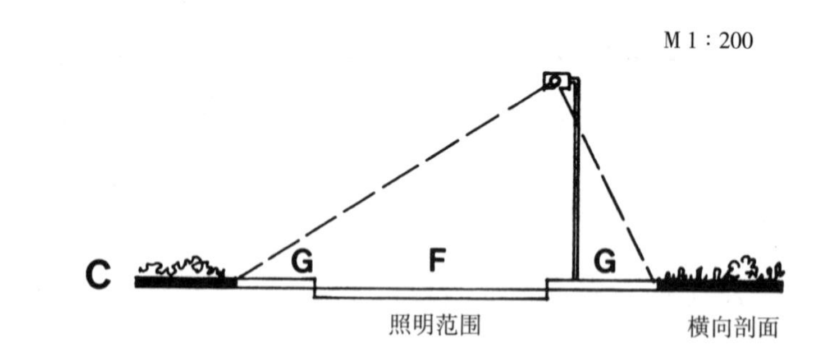

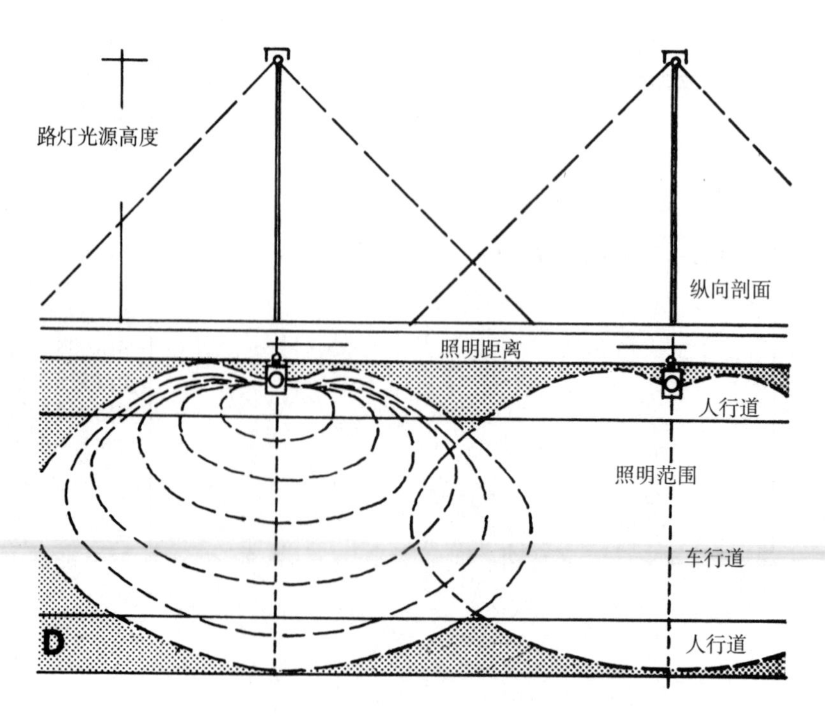

路灯形式：

A. 灯杆顶部灯

B. 灯杆侧头灯

C. 悬挂灯

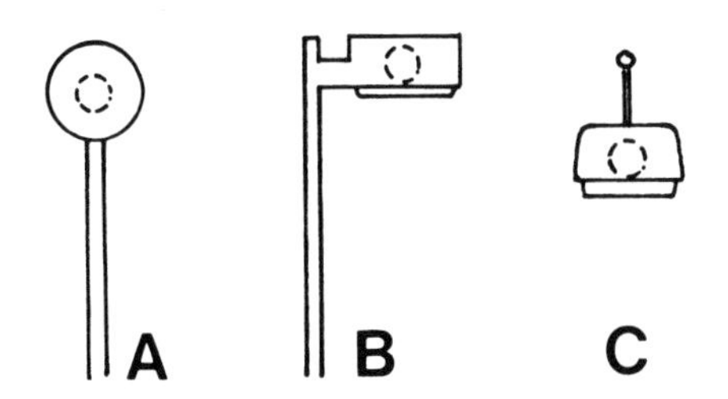

不同截面宽度街道边的典型照明位置

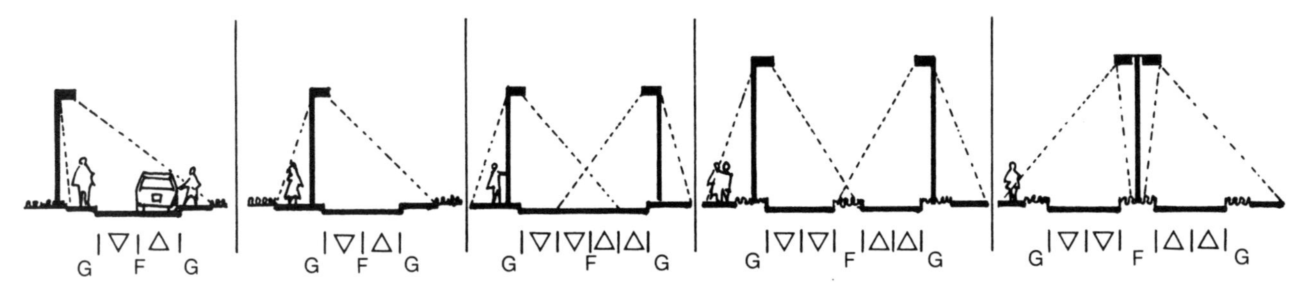

例如：

根据一个居住区的交通联系确定街道照明。

街道照明根据以下要点确定：

a）交通联系体系中单一道路的交通重要性（交通量、道路宽度），通过光源高度、照明距离、发光体，必要时也可通过光照色彩，进行分级。

b）空间情况以及周围建筑环境的尺度（照明距离、灯杆高度、发光体）。

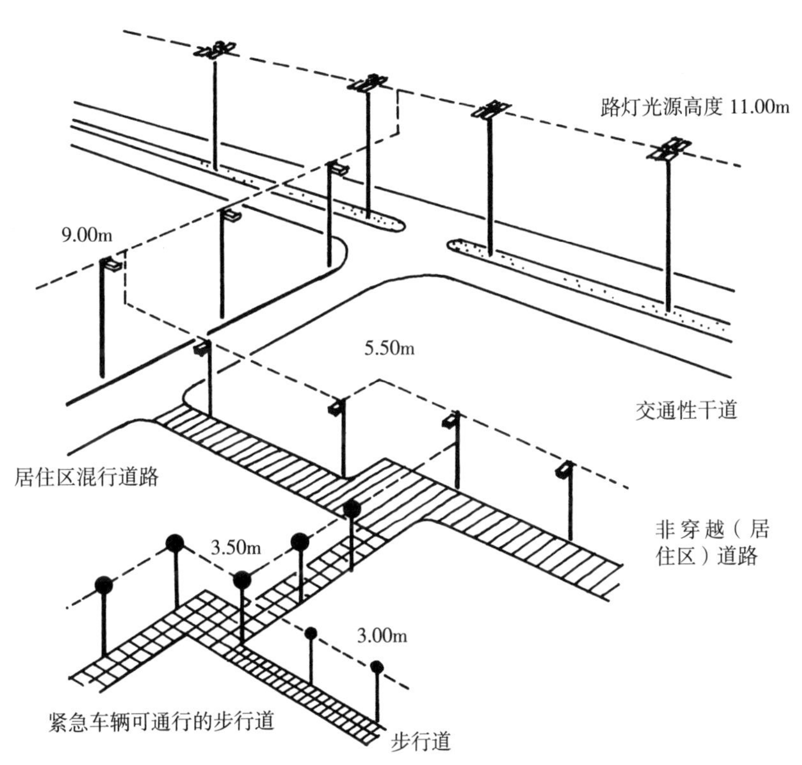

不同的道路类型旁常见的光源高度

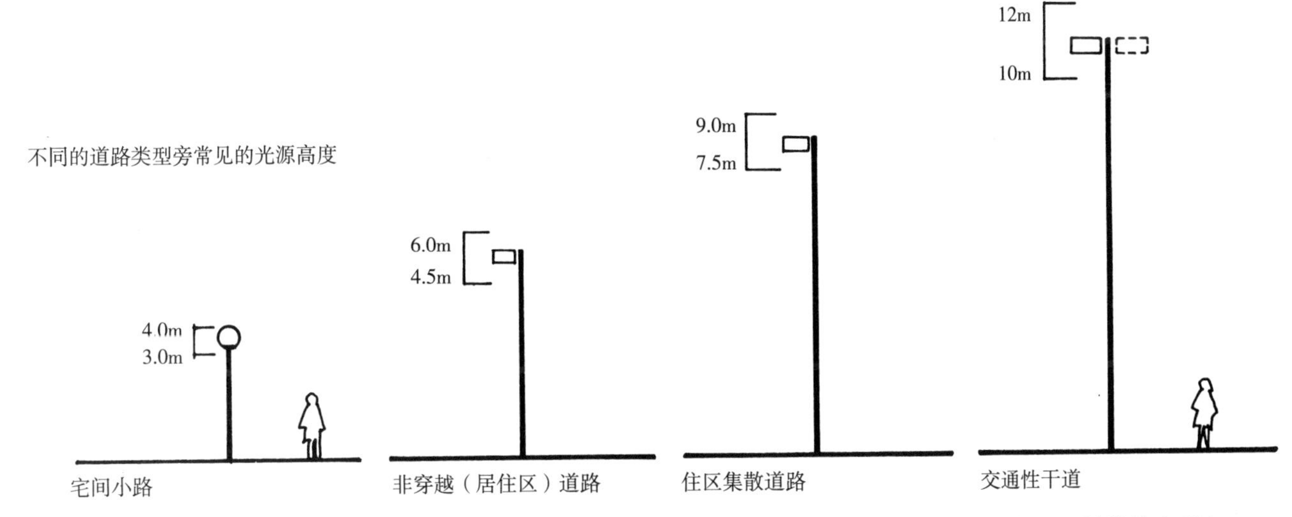

4.10 城市中的开放空间

4.10.1 设计方案中开放空间的重要性

空地和开放空间对于城市的平面图有结构性意义。它的适用性和形态是城市功能能力和城市容貌的明显特征。空地的开敞性与建筑区域的封闭性相对，二者既相互分工，同时又相互联系。空地和开放空间是住宅私密性的公共平衡力量。它们满足了目标（例如作为空间上的联系），是共同的财产，是社交会面的场所以及在其可能的用途和形象多样化中是使用地点和经历地点。它们是历史遗迹、文化与社会的认知区域。住宅可以根据各个时代的要求调换，与之相反，街道与广场是城市永久性的识别标记。

各种不同存在形式与使用形式的空地，从小公园到体育运动场地，从耕地到森林以至水域，它们和城市中的开放空间，即街道、广场与庭院，在生态、经济、社会和美学要求和影响方面分别承载着各自的功能与意义。

城市设计方案必须适用于将一个住宅区用地形态突出的空地发展为用地布局以及线路和地点的构造。开放空间的设计方案必须合理考虑规划区（从场地形式到植被）的现状，创造一个与建设用途（密度）在数量和质量上相适宜的开放空间。景观性空地和城市建设的开放空间相互交织，结合在一起，不仅符合（城市）生态要求，也符合城市居民的使用和体验的需求。

城市设计方案的层面

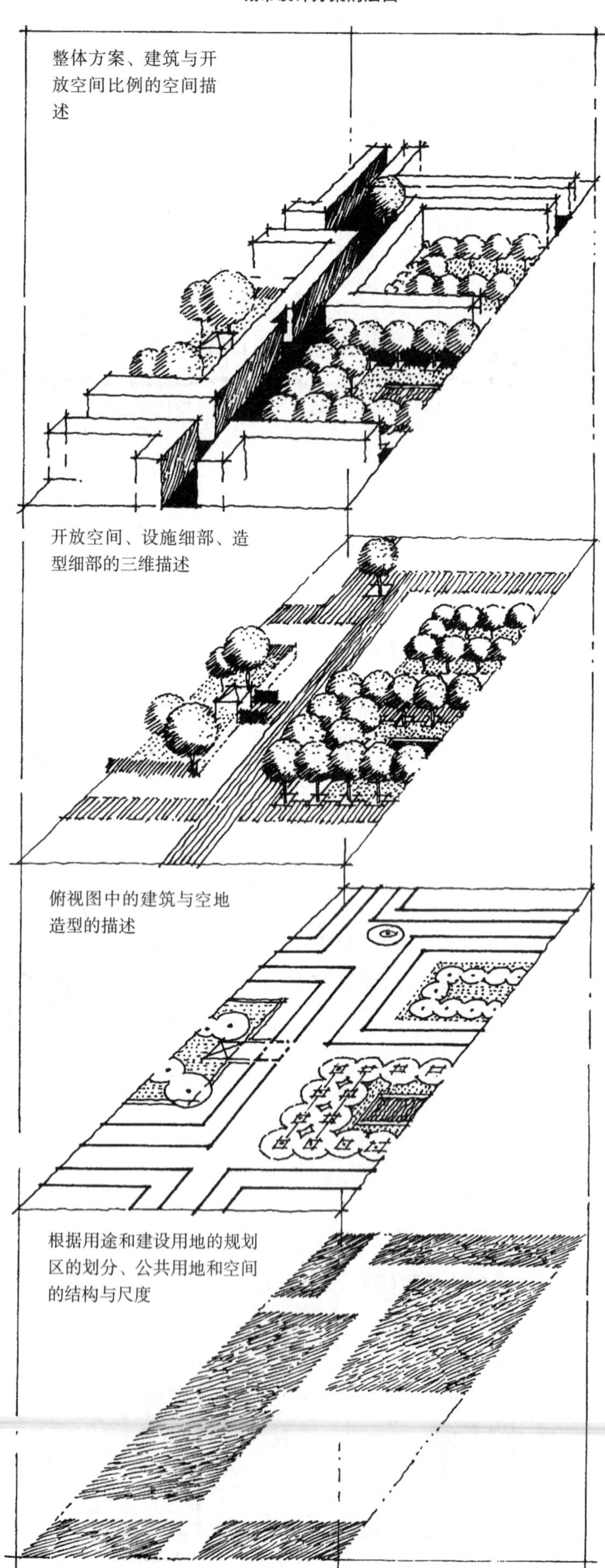

（参见下册 3.6.10，3.10.5）

4.10.1.1 城市及其周边的开放空间功能

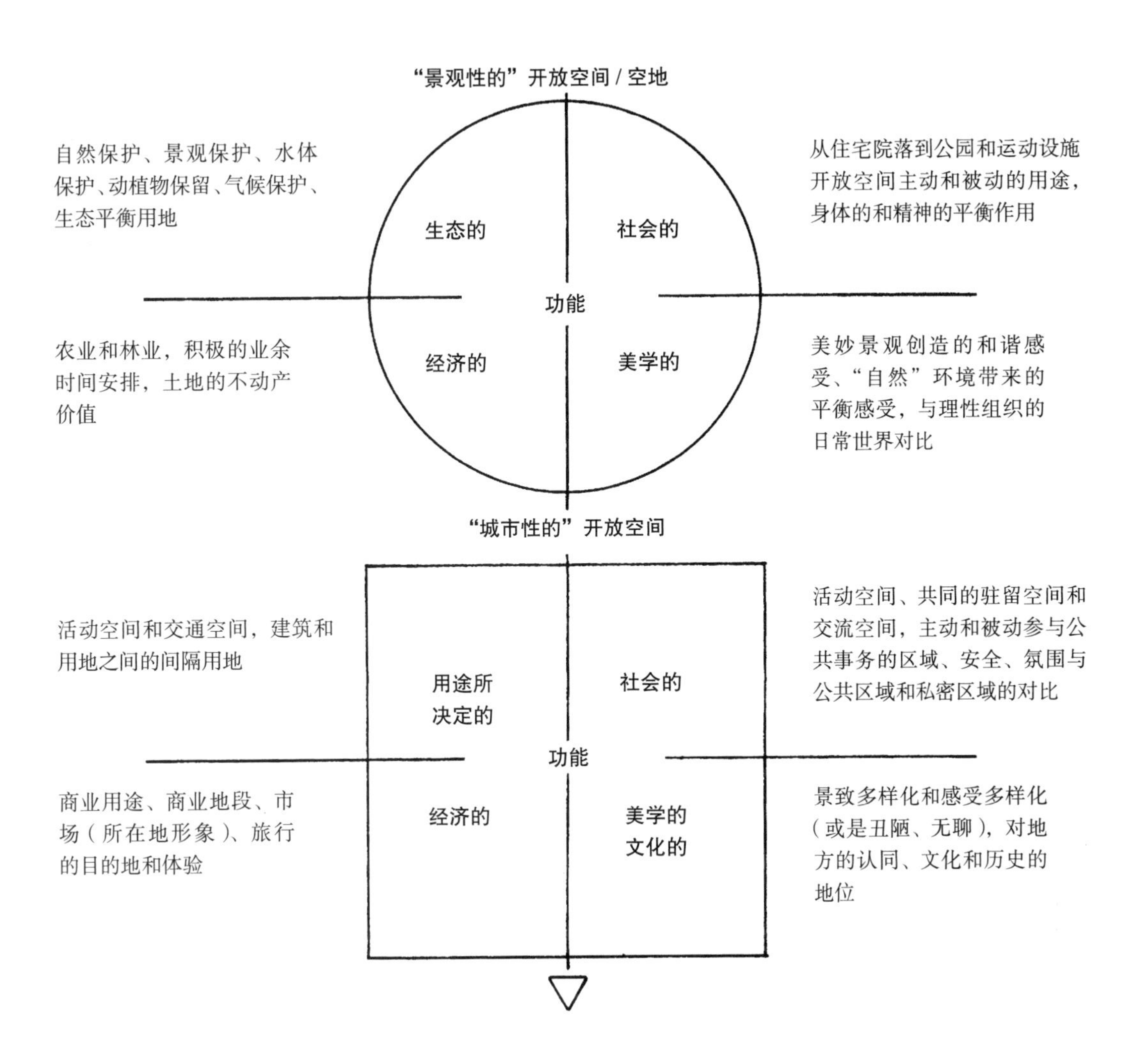

4.10.1.2 规划目标

规划目标 不同形态和用途，但是具有同类的和补充性功能的开放空间布局，以及共同构成一个开放空间体系的重要性。

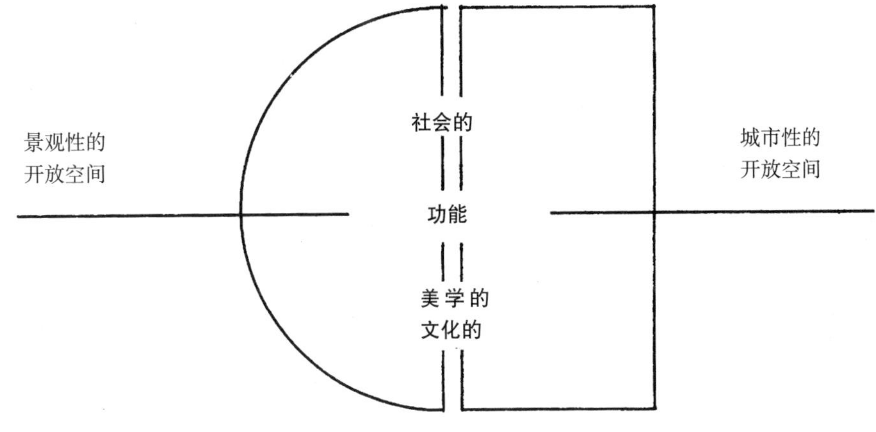

规划目标 “自然景观式的”和“城市性的”空间的相互联系形成结构链

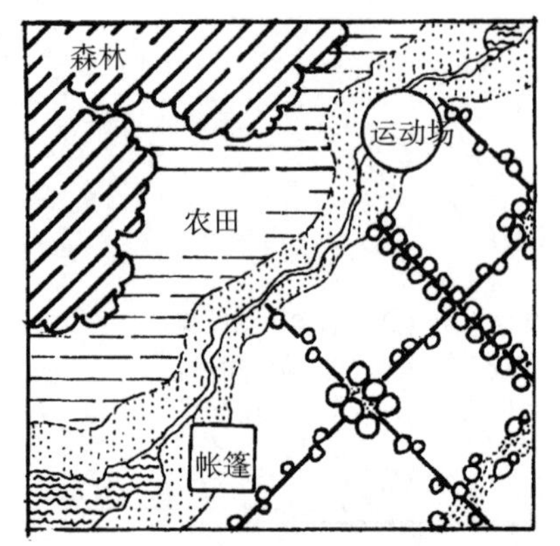

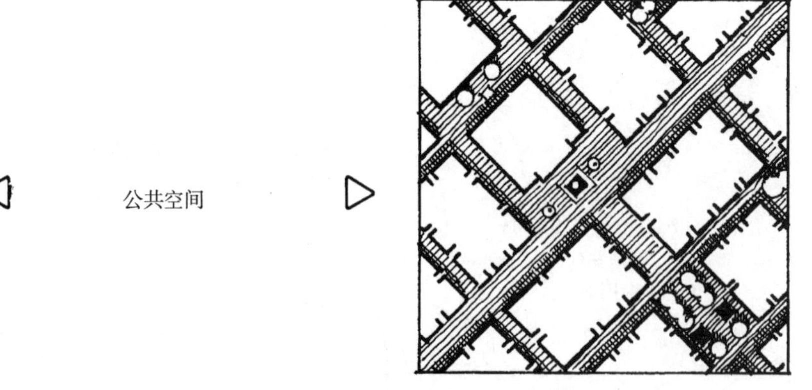

自然景观式的开放用地 / 开放空间的相联结

城市性的（建筑的）空间的相互联结

规划目标 不同形态和氛围的开放空间的联合

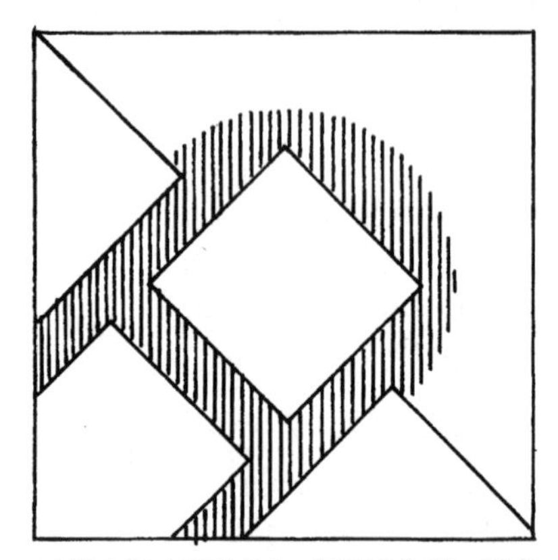

外部空间（开敞的），起联接作用、形成通道（公共的）

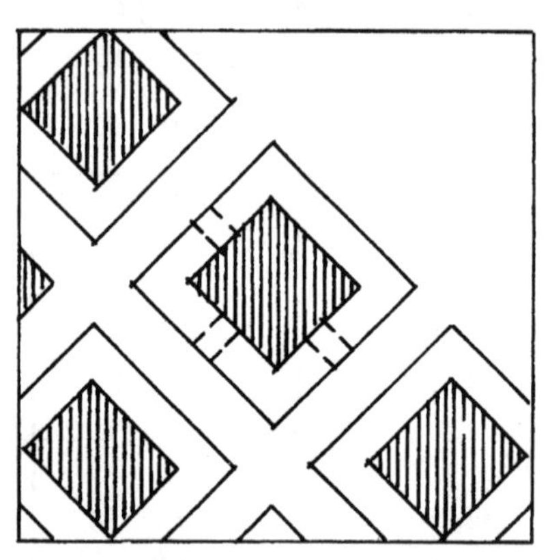

内部空间（限制的）、内向的（私密的）

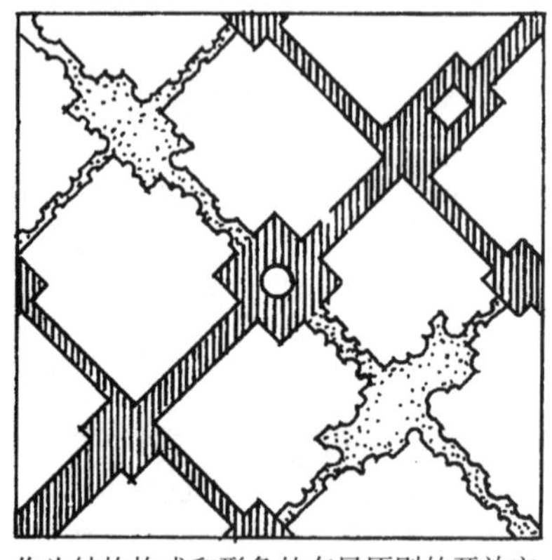

作为结构构成和形象的布局原则的开放空间体系

不同尺度下的“建筑的”和“园林式的”或者“自然景观式的”开放空间以及空间布局

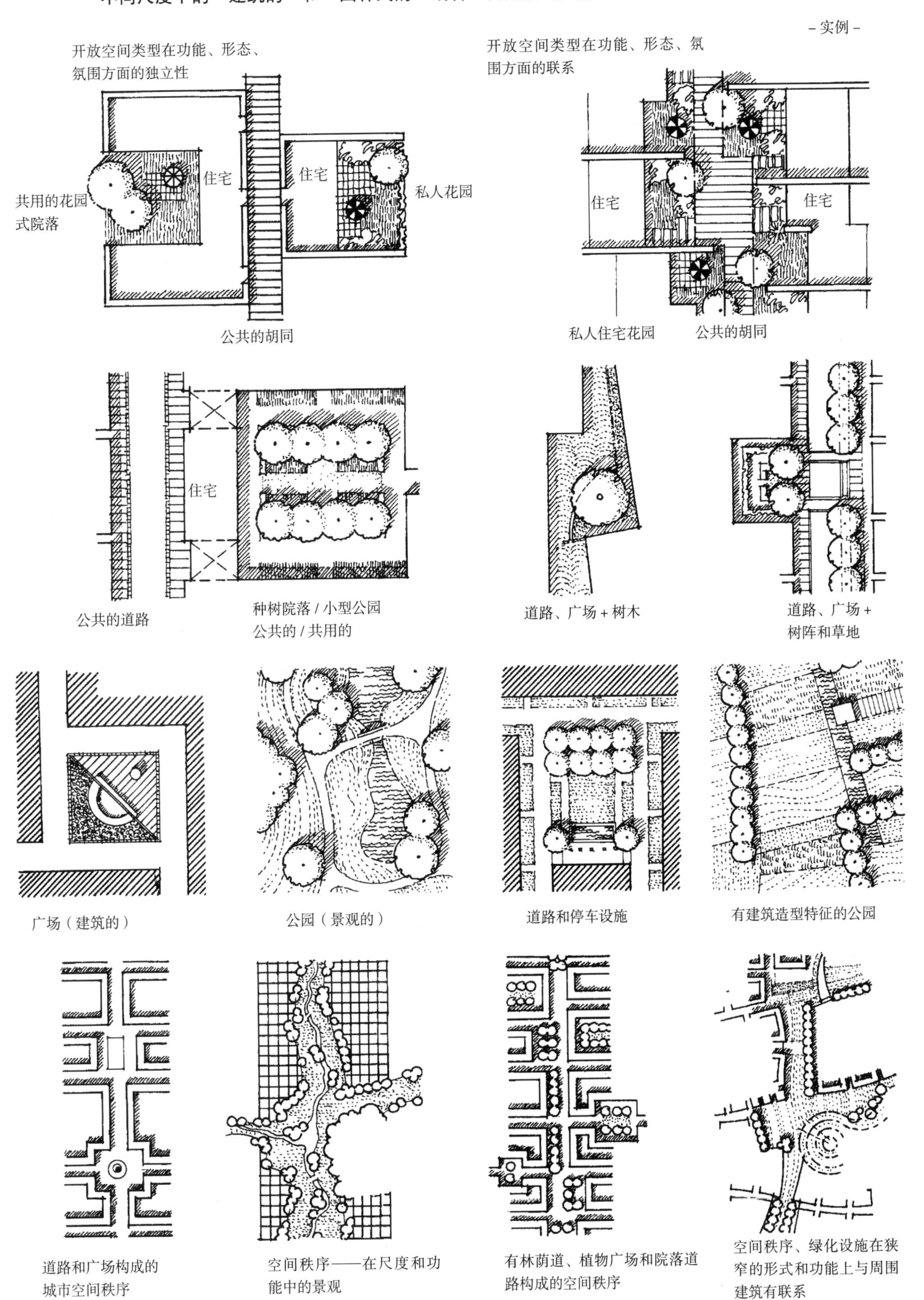

规划目标　联系不同功能和重要性的开放空间

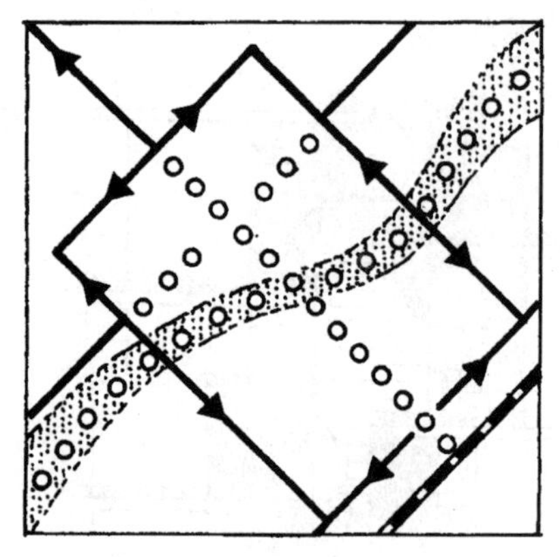
在城市平面图上的运动线路

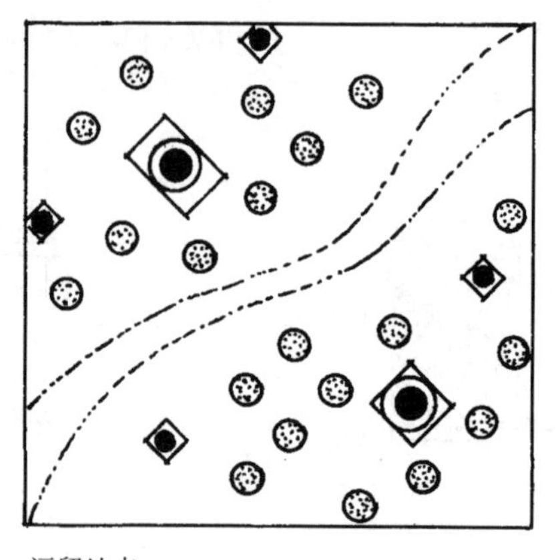
逗留地点
公共的和私密的

运动线路的联系、逗留地点和有深远意义的"事件"（用途、城市容貌、文化特色）

城市的开放空间——城市广场——变化中的日常使用形式、特殊的事件和氛围

- 实例 -

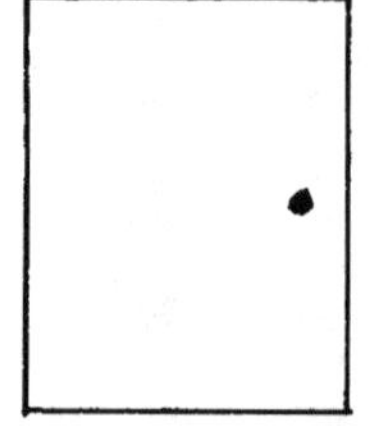
看守人和门房

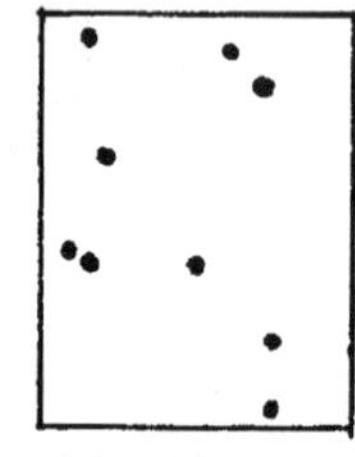
广场开始醒来

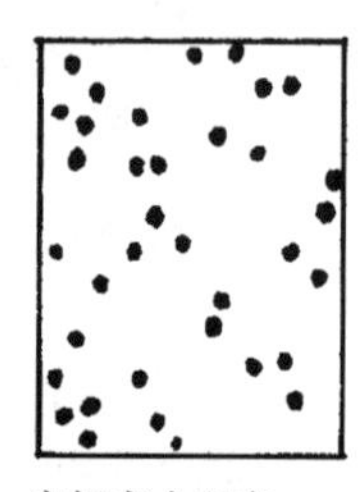
广场完全醒来

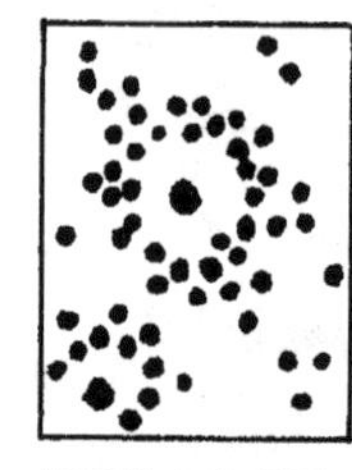
杂耍艺人出现了

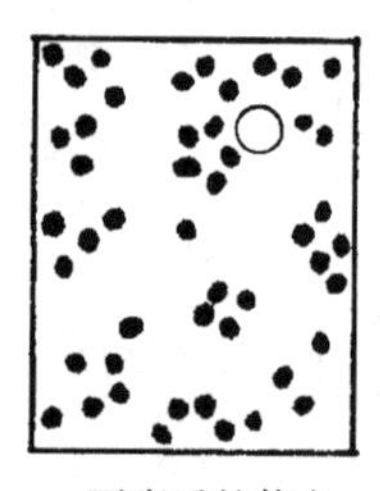
下班后的休息

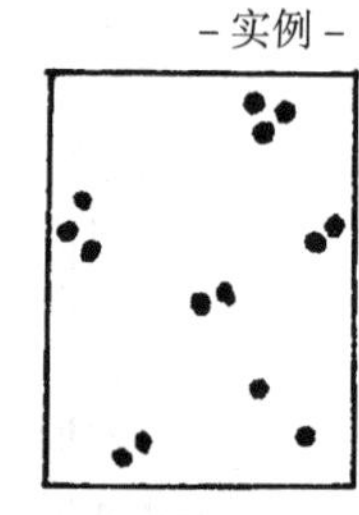
最后的夜游者

日常使用

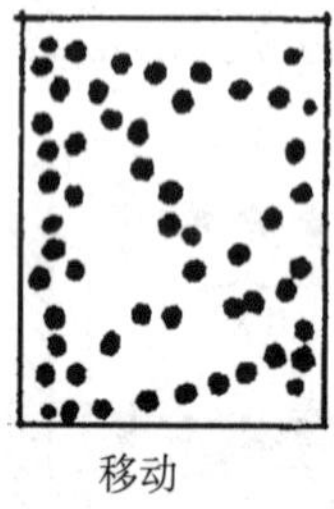
移动

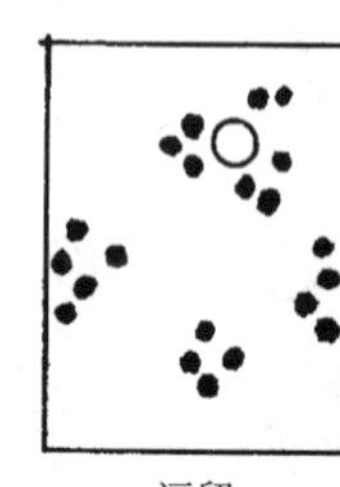
逗留

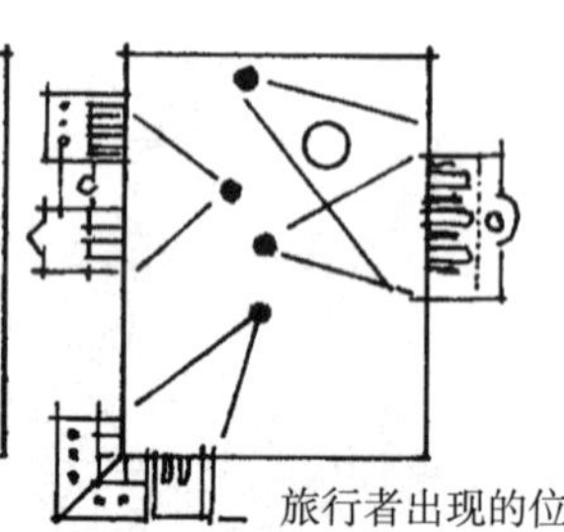
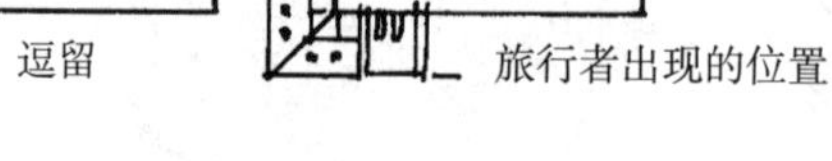
旅行者出现的位置

事件

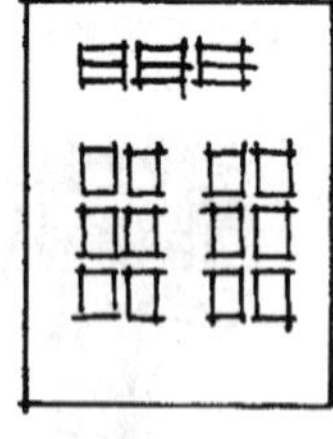
集市日

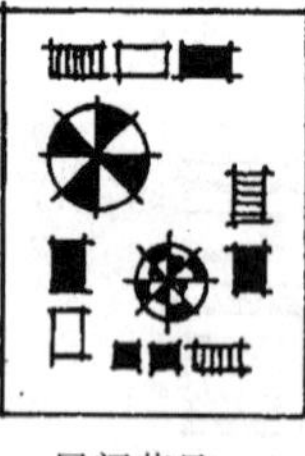
民间节日

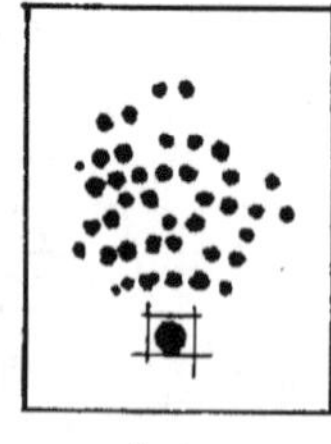
集会

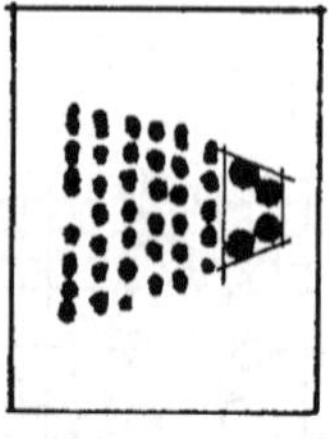
文化事件

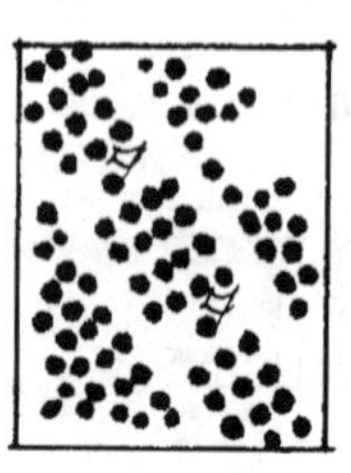
游行

灯光和影子

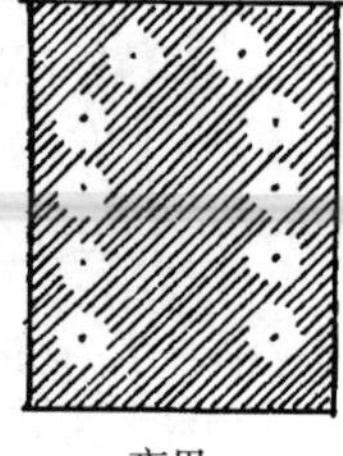
夜里

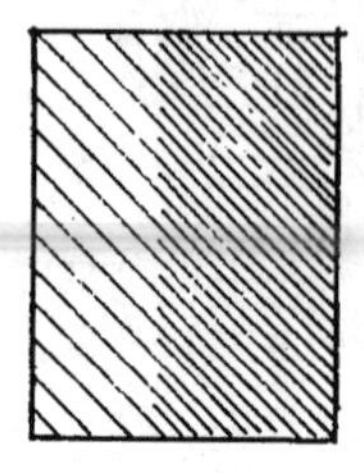
清晨

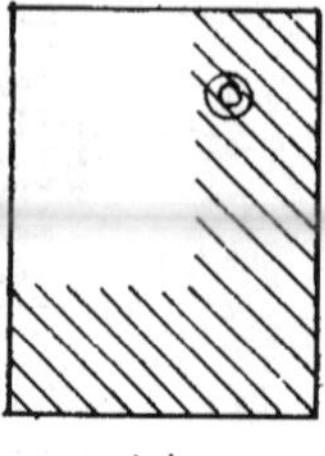
上午

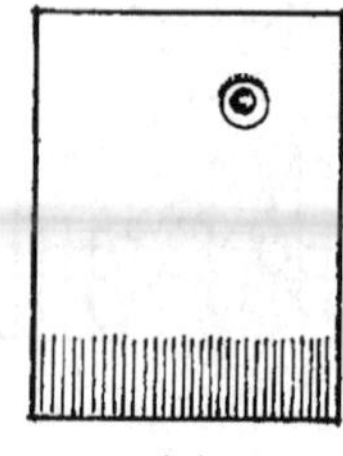
中午

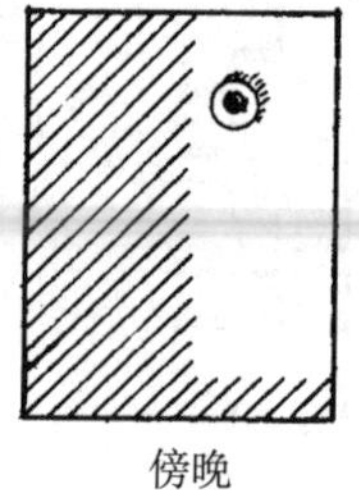
傍晚

规划目标　根据功能、形态和重要性对公共开放空间布局要素的规划平面图的发展

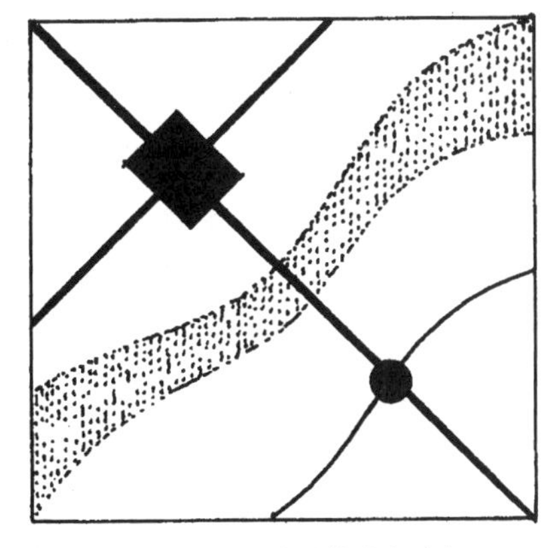
城市平面图　明显的主要线路和地点
一级布局要素

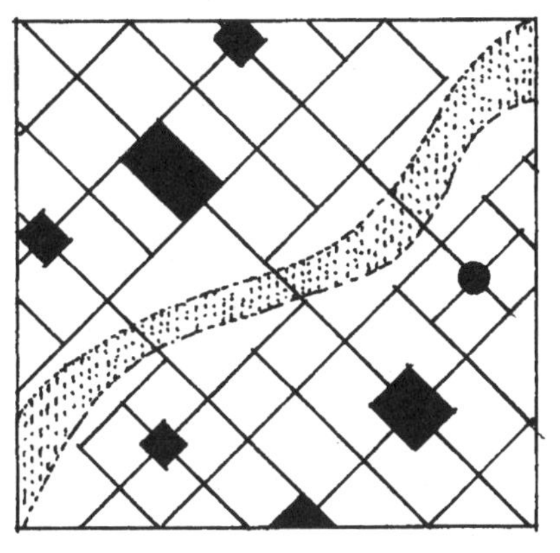
根据功能和尺度划分城市平面图
二级布局要素

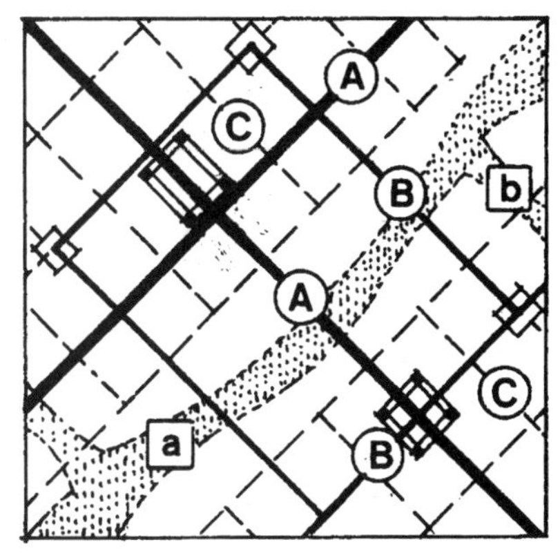

根据功能和重要性确定的开放空间的
等级
识别标记

建筑结构的形状和尺度

开放空间 / 空地的结构和范围

根据城市性 / 景观性或是公共性 / 私密性
区分开放空间

规划目标　从居住区的私密范围到公共范围过渡区域的形态设计

居住区的设计方案必须仔细注意公共区域、共有区域和私密区域的分级 / 分配。私密区域的安全、无干扰的共有区域的布局以及从不明显的界限到清晰的边界的过渡要求仔细规划。

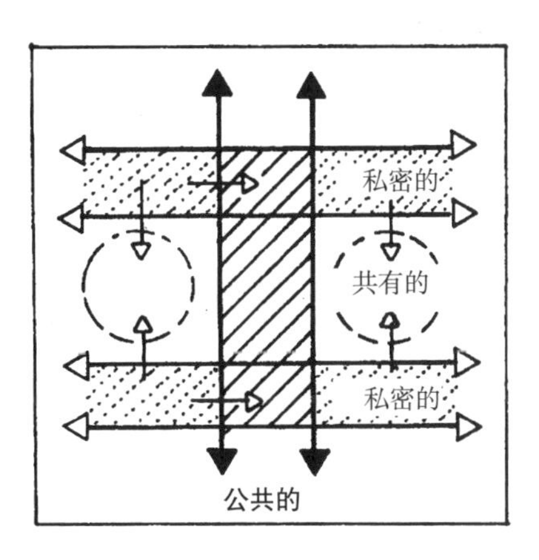

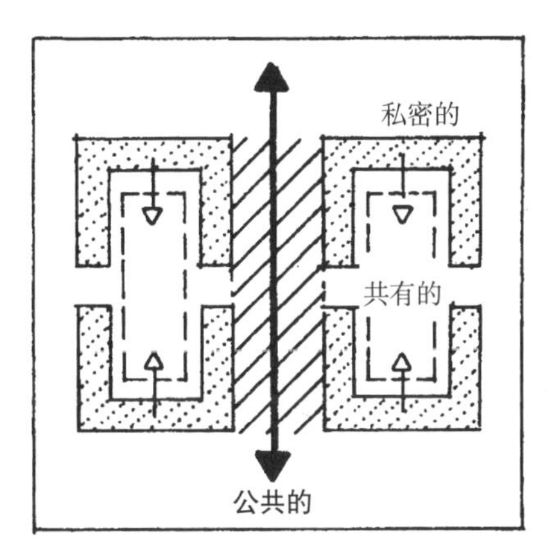

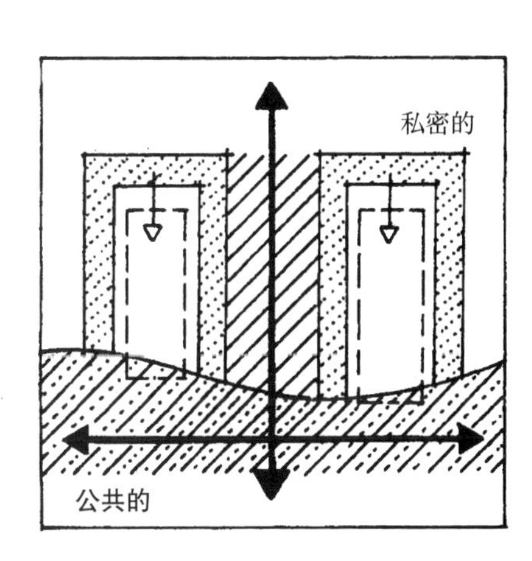

4.10.1.3 设计方法及其影响对比

A. 城市设计的设计方法　　　　B. 建筑设计的设计方法

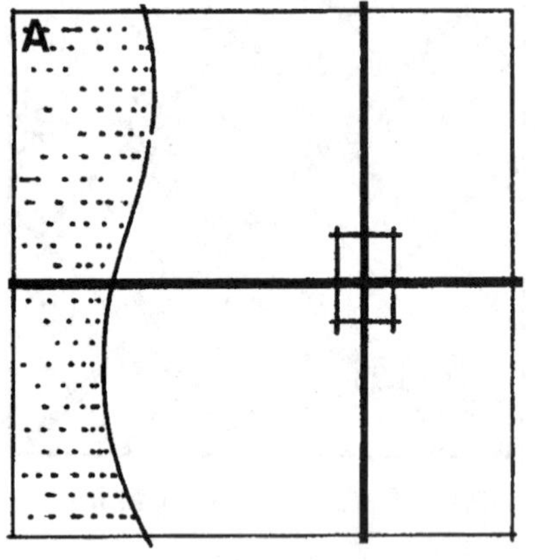

出发点：住宅区用地的结构布局，住宅区重点和界限的定义

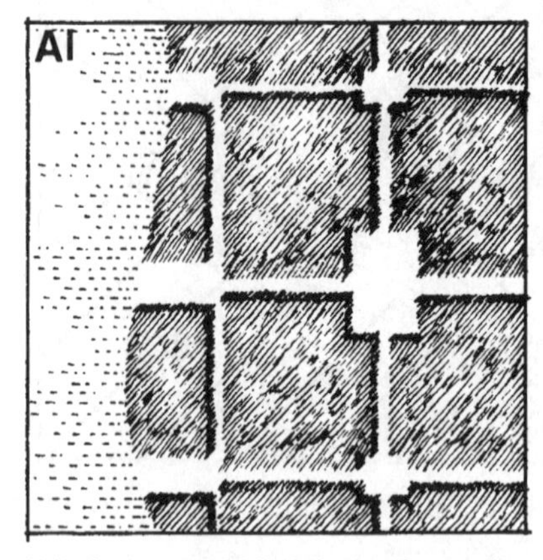

结构成形、用地划分的布局要素，开放空间结构和建设用地

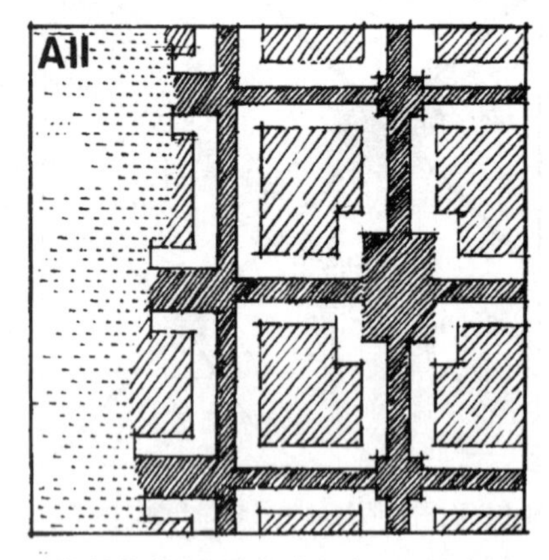

建筑结构中的用地划分的表达，城市性和景观性的区域

公共性和私密性的区域

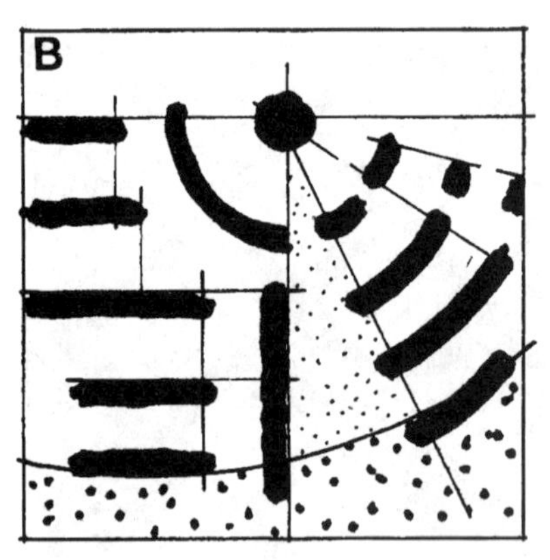

出发点：建筑定型的理念

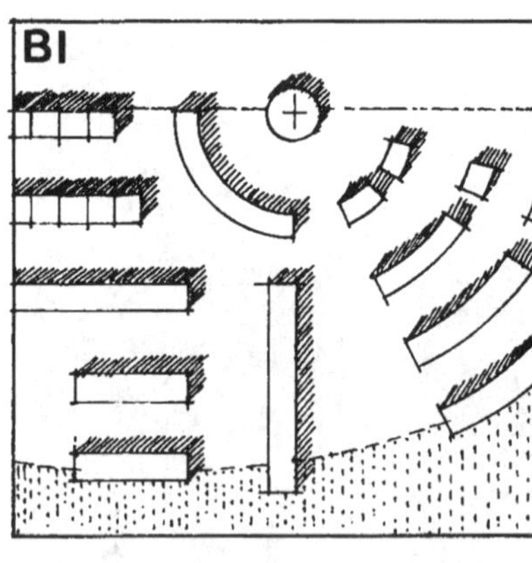

根据建筑形状和类型拟定的建筑理念

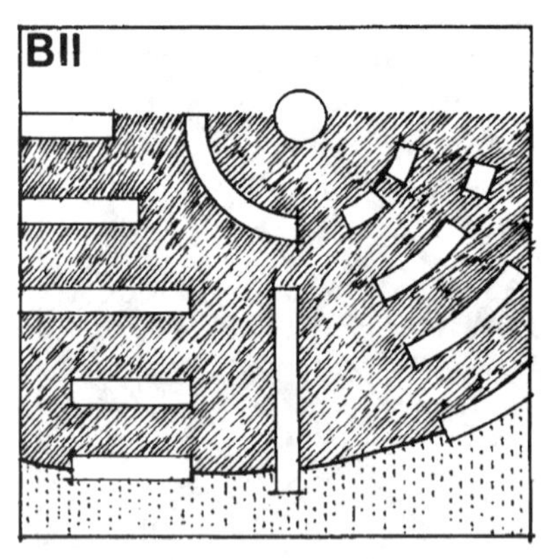

作为建筑方案“副产品”的开放空间

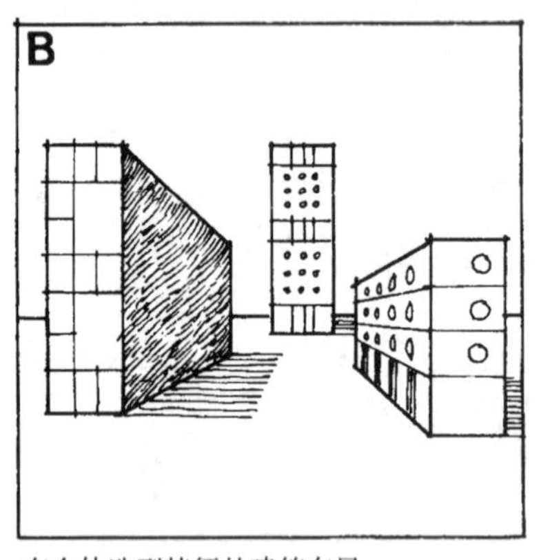

有个体造型特征的建筑布局

没有空间塑造的联系

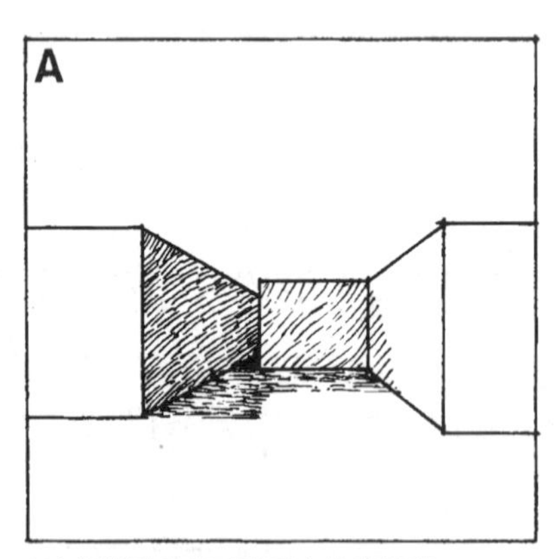

在空间塑造的相互联系中的建筑群

建筑量与空间量协调一致

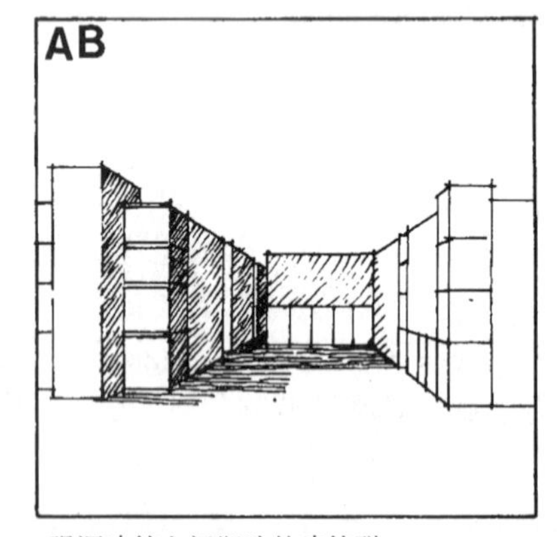

强调建筑空间塑造的建筑群

根据城市设计的情况协调

城市设计方案中的开放空间结构设计有着占支配地位的重要性。它对于用地的功能和形态划分、建筑量和空间量的确定是重要的手段。它定义了界限和重点，规定了景观性和城市性的空地和开放空间的关系及公共性和私密性区域的关系。细心设计的开放空间方案可创造出一些多样化的地点，使它们在功能和意义方面具有不同的特点。与此相应，也就产生了一些多样化的情况，建筑设计可对这些情况做出适当放宽。

以单一建筑形态为出发点的“城市设计”方案与之相反，它使整体上相互联系的、系统的布局几乎无法实现。具体对象形态的重要性规定了设计步骤和解决方法，这常常给功能适合以及追求质量的开放空间方案带来负担。

4.11 居住区

4.11.1 规划的出发点

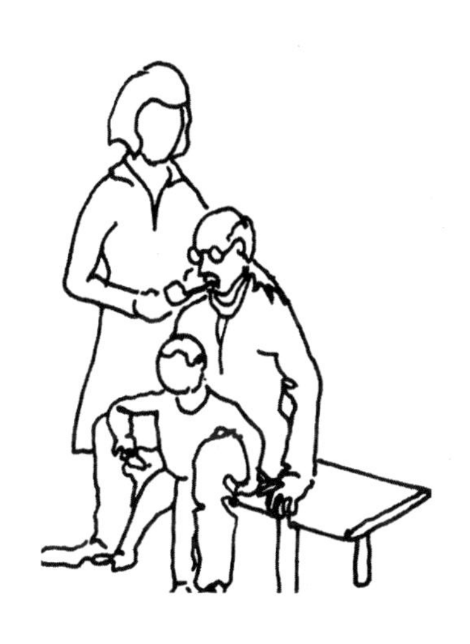

(1) 居民

居住区的规划意味着：借助人性化和契合居民需求的整体设计，具体地为居住者群体提供一个适合其个性化条件的社区环境。

这些居民由大量个体组成，他们的已有条件、需求以及可能性往往存在很大差异，有时甚至相互对立。按照社会的标准，这些不同的需求可以表述为：

– 生命周期
– 受教育程度
– 职业构成
– 富裕程度
– 国籍

如果说在一个住宅的设计中，能够满足一个人或者是一个家庭的特殊需求，那么大范围内的城市设计规划面对一个庞大并且绝大多数是匿名的群体，要求满足众多个体的需求，这是非常困难的。在这其中所需补充的知识必须通过假说和可以类比的经验来代替。在这里存在这样一个问题，即设计师为了满足大多数人的需求，常常在设计中搞一些平均主义，要想纠正平均主义的做法，我们必须做到：

– 尽可能加深对相关居住人群的了解；
– 从社会视角出发的假设必须与相关人群的特殊情况相联系（例如因年龄或性别而产生的特殊需求、因教育程度而产生的要求，或者物质条件等）；
– 规划师必须始终保持他的责任心，不仅要考虑大部分人和强势群体的需要，同时也同样要满足小部分人和弱势群体的期望，符合他们的条件。

一个社会的人性化，正是表现在它能够对少数人的利益也加以考虑。

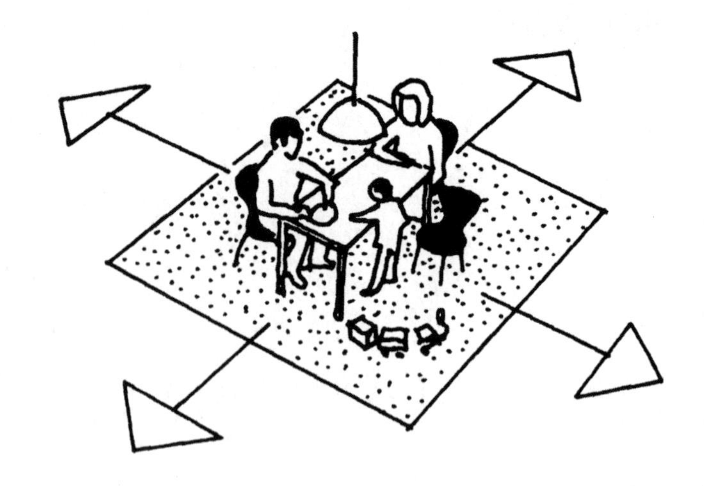

(2) 住宅

住宅是家庭和社会的聚合场所，这里蕴含所有的生活需求和生活内容。住宅是一个生活经历的容器，在这里包容了从婴儿落地到人生最后历程的感受。住宅也是私人的庇护所，“24 小时的玩具”，人们在这里工作和游憩、饮食和休息、自由活动、社会交际、聚集一堂。

住宅会影响人的各个方面——好的和坏的。“人们对一个人的评价也同样会从对其住家的看法上表现出来。”（Zille 说）

如此说来，住宅对于人们是否具有根本上的可比性，我们还必须考虑各个不同方面，考虑影响它们的因素：

- 家庭规模
- 年龄结构
- 社会地位
- 可支配的自由时间
- 居住者的居住行为

从这些特点出发，就会对住宅的形式（大小、位置、设施等）和建筑类型（独户花园住宅，高层住宅等）产生一些特殊的需求，从而提出一些重要的要求。

一个真正能满足这些不同要求的规划设计必须立足于通过不同住宅类型和房屋形式来满足不同人的需求。

不同年龄段的居住需求

不同年龄段的居住需求	需求 \ 年龄	幼儿	少年	青年	中年	退休
	安静	●			●	●
	交际		●	●	○	
	活动（游戏，爱好等）	●	●	●	○	
	对住宅周边环境事务的积极参与	○	●	●	○	○
●重要需求 ○一般需求	消极参与	○	○		○	●

规划的出发点

	需求 \ 年龄	幼儿	少年	青年	中年	退休
提高居住价值的影响 ●重要需求 ○一般需求	对环境的安全需求（社会监控力）	●	○	○	●	●
	住宅和外部的直接联系	●		○	○	●
	对公共开放空间的积极利用	○	●	●		
	私家花园	●		●	●	
	积极的城市环境		●	●	○	○
	安静的自然环境	○			○	○
	良好的室外景观			●	●	●
	住宅外部舒适的游憩设施	○	●	●	●	●
	住宅外部符合需要的功能设施	●	●	●	●	●
	对外界影响的自我保护	●	●	●	●	●

	反面因素	幼儿	少年	青年	中年	退休
居住质量的负面影响因素 ●较大障碍 ○不方便	爬楼梯	○			●	●
	操作电梯	●				●
	看不见地面的事物	●		● 作为父母亲	○	●
	听不见地面的声音	●		●	○	
	不知名的邻居	●	○	○	●	●
	对住宅、花园的维护		●			○
	室内外空间缺少直接联系	●		○	○	●
	受住宅束缚	●	●	●	●	●
	不受欢迎的环境设施	●	●	●	●	●
	住宅内部缺乏活动空间	●	●	●	●	●
	外部噪声，空气污染	●	●	●	●	●

规划的出发点

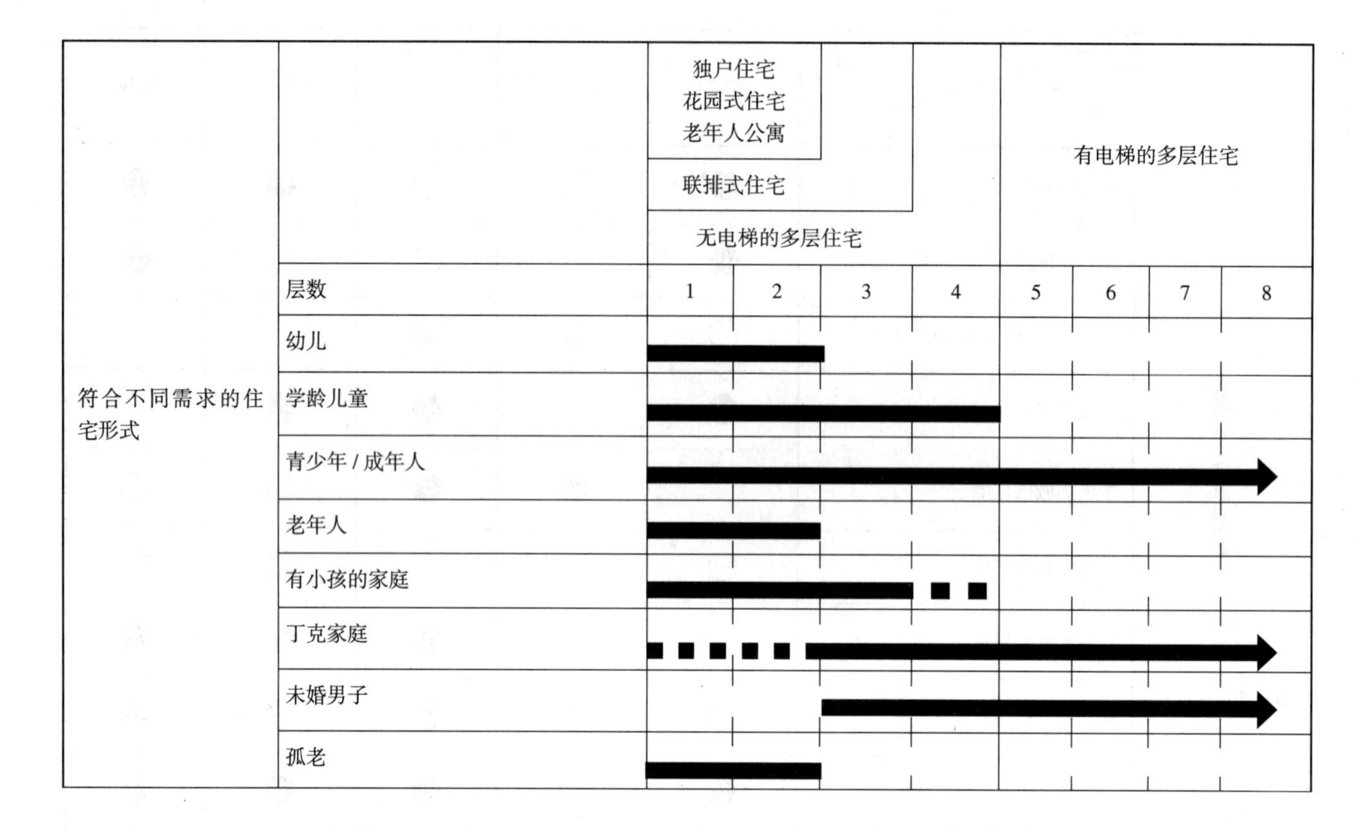

通过分析不同的居住需求并与不同住宅形式特征的匹配，可以看出，哪些住宅形式在理论上最符合其居民的需求。

这一结论无论是对于公共的住宅建筑政策（社会的住宅目标要求和相应的促进措施），还是个人的住宅经济（作为需求导向的建筑活动的基础）都非常重要。这也可作为制定用以治理改造和新建居住区的住宅建设项目的基础（内容包括住宅的数量、大小和类型，以及住宅的形式和各种住宅的配比等等）。

然而，要满足住宅供应需求，以质量为出发点的评估只能作为引导性模板，因为在现实中，仍有一些起着决定性作用的实际情况还没有加以考虑。例如：

- 现有住宅的情况（包括明显的缺失，例如住宅的规模、设施和状况、违法占地、地段、居住区内部布局）。
- 住宅供给依赖于市场法则（即供求关系）条件下的个人或各个社会阶层的物质可能性，这使得根据需求选择住宅的可能性受到收入情况的影响。

4.11.2 住宅与居住环境

符合需求和人性化的居住不仅仅是由住宅本身的性能所保障或影响的，环境在这方面也占有重要的作用。

住宅和住宅环境之间具有功能和意识上的相互关系，即可作为相互增值的补充，或贬值的阻碍，将居住区的质量以“条件总和”的形式表现出来。

住宅和住宅周边环境之间在功能和意识上的联系

例：

住宅和住宅周边环境之间的功能联系

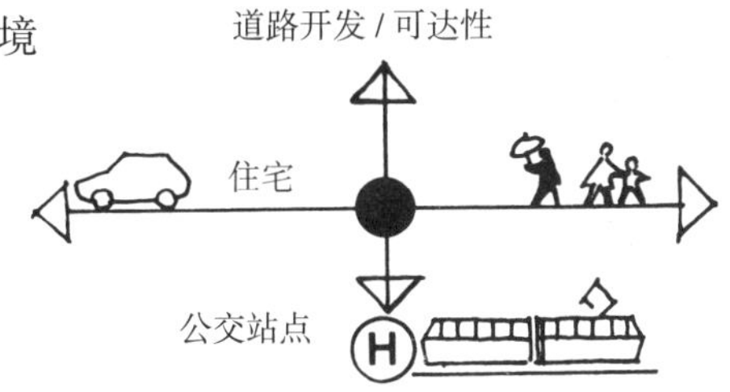

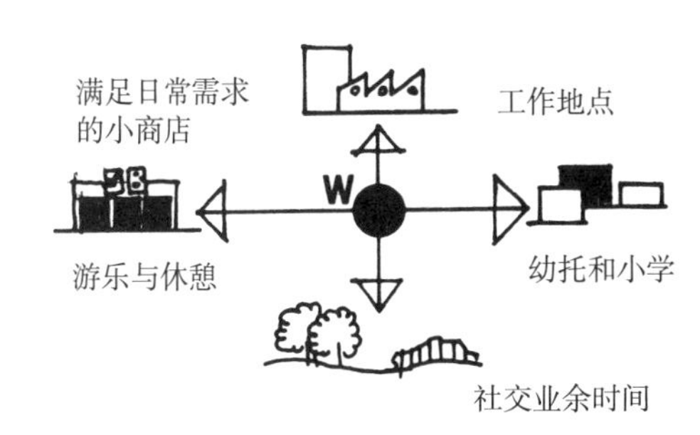

私密性与公共性的差异与互补

住宅作为私人的空间

公共空间作为拓展的活动空间

住宅环境作为拓展的生活空间和体验空间

居民、动物、树木、住宅、道路和广场

环境缺陷造成居住质量下降，或者周边环境的“宜居性”造型提高居住质量

噪声、污染和恶臭

给人冷漠、荒芜的印象

显现细腻、充满感情的典型特点

（参见下册 3.6.3，3.10）

问题描述（图示）

举例说明一个典型的城市居住区在建造中所可能产生的问题。

建造形式、居住密度、面积指标和富裕水平之间的相互关系（依赖性）

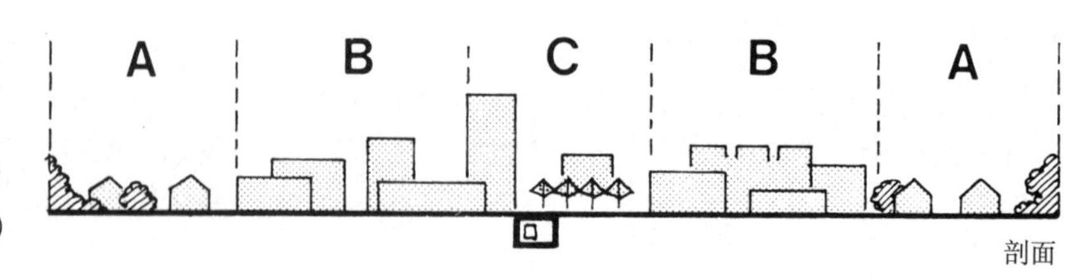

（1）建筑结构（图示说明）

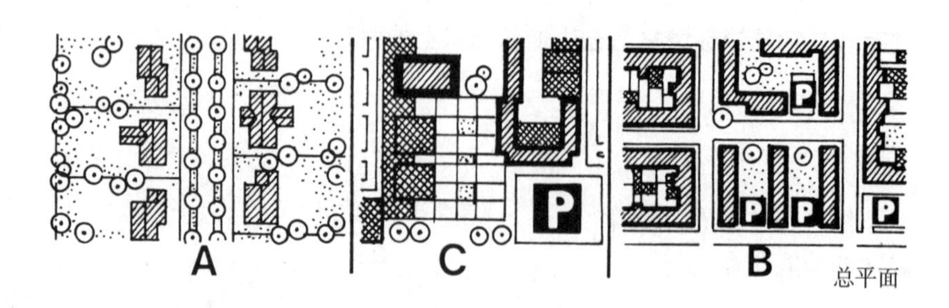

（2）住宅现状

局部地区的典型结构性特征是以住宅为主

A B	C	B A
多层建筑与独户住宅中的家庭住房	为独身的或丁克夫妇建立的住宅	家庭住房

（3）居住密度（毛密度）

局部地区的典型居住密度值

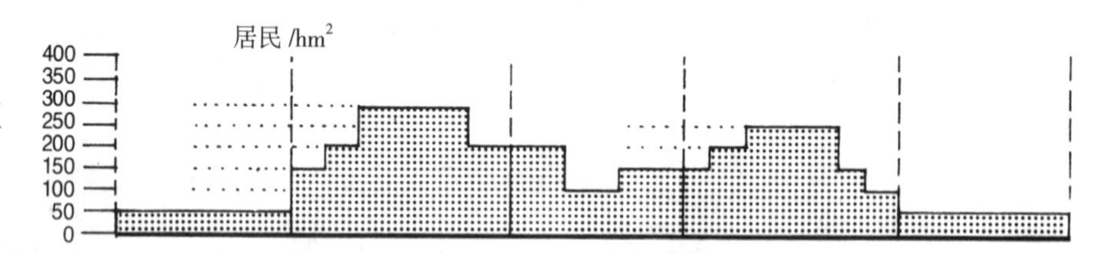

（4）人均实际可支配的居住面积

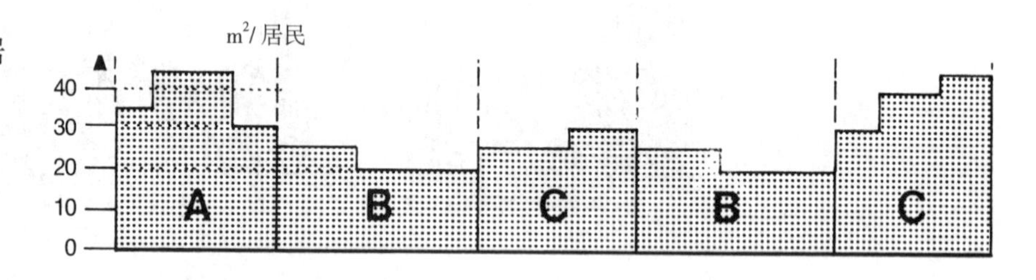

（5）人均可支配的活动面积（居住面积＋私人花园面积＋公共活动开放空间面积）

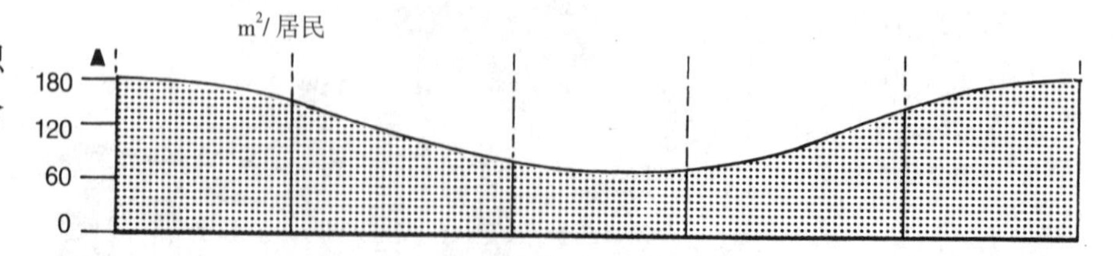

（6）代表地区典型生活水平的收入结构

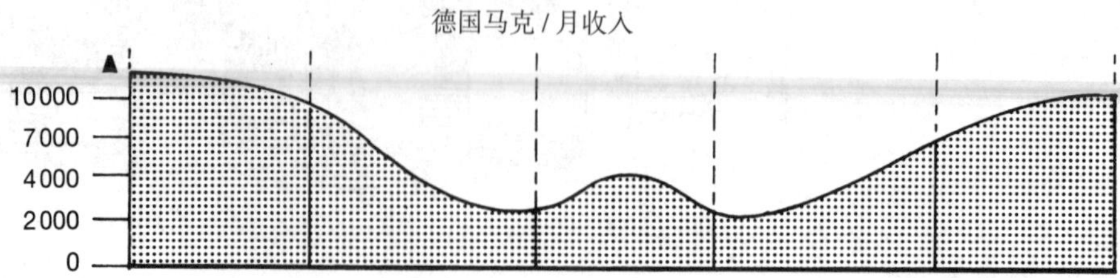

前面我们对各种情况的分析表明：住宅本身和住宅环境的一系列特征都可作为积极或消极的一面叠加。而属于何种叠加首先取决于富裕水平。

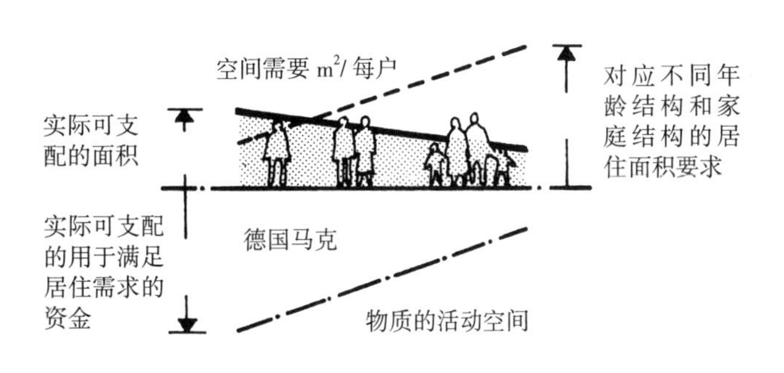

例：

独户住宅区：由于住宅面积大而具有良好的居住价值，并还将通过大面积的开放空间，提升到最高的价值。

城市内部居住区：较低的户均居住面积标准造成的低居住价值，也会因为较为不充裕的开放空间而越发降低。

有一点是肯定的：从社会协调的角度而言，住宅供应量短缺这一问题很难通过住宅周边环境的改善来解决。

解决上面提到的问题，可以说是城市设计任务的重点，城市设计对于住宅尺寸和设施的影响是很有限的。而住宅环境的造型则完全是依靠城市建设者的能力和责任心的。

所以，必须将目标设定为，按照功能上和精神上的观点，精心设计住宅环境，使之成为对住宅短缺以及有限居住条件的“社会性补偿”。

规划时，精力应首先集中于考虑在那些现有住宅短缺或限制最大的居住区（如老式住宅区与大众住宅建筑）。

“社会性补偿”

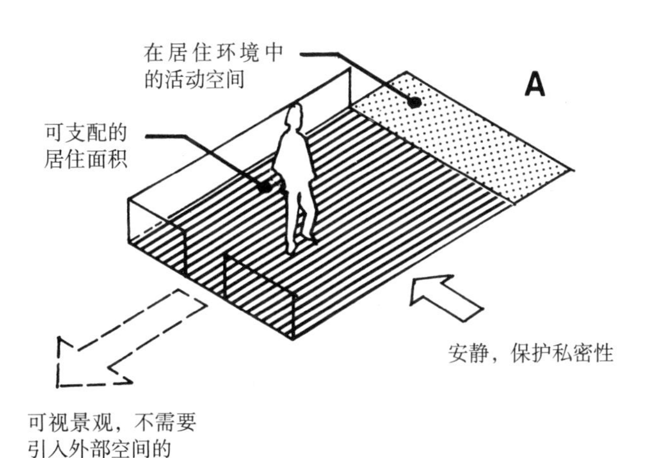

例：

对于一个已经拥有了较大居住面积和庭院面积的独户住宅居民而言，享有对周边环境充足的视线，拥有如此拓展的游憩和绿地面积，从豪华设施的角度来看，都是对居住价值的提升。（图 A）

但对于相对狭小的住宅来说，充足的住宅周边开放空间面积，则从满足需求的最低质量角度而言，是一种必要的补充。

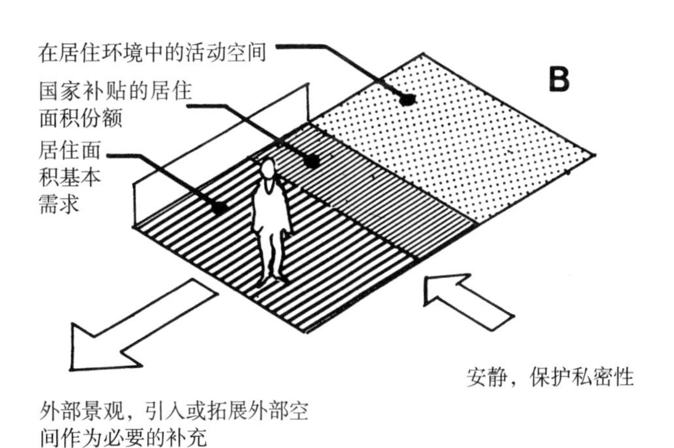

（参见第 143 页“交通疏解”）

一个建筑或者说一个住宅和周边环境（景观、视野和呼叫可及的区域）的关系，一级环境对于该建筑的影响（比如阳光、风、噪声），都对居住价值具有很重要的意义。

住宅和环境之间的联系

住宅

环境的影响

噪声
污染
阴影

阳光，温暖光线

自然环境

雨
风
冷

视线，环境联系

在城市规划的设计中，我们必须致力于处理好建筑与环境之间的关系，使其产生积极作用，并防止出现不良影响。

居住建筑和场地的关系

宽 / 窄

景观阴影

场地形状

邻里街区
临近的住宅

道路网

地形，植被

居住房间的朝向——建筑相对于太阳的位置

“人们永远也不能忘记，享受阳光是最主要的，所有的举措都应以此为准，这也是我们所说的人性化空间的保障……”（雅典宪章，1930 年）

N
W
E
S
A
B
C
100°
200°
300°

四季日照
情况图示

A—100° 冬季最短的日照

B—200° 从春初到秋末的日照

C—300° 夏季最长的日照

图表：住宅房间的朝向

建筑在平面图上的布局包括：

— 朝向
— 交通区位
— 与周边建筑的关系

这些要点都是用以保障建筑在一天时间里始终拥有均衡的日照为前提条件。

这就是建筑设计的职责就在于，通过总图组织保障每个空间组团都获得期望的阳光。

房间的主要用途	主要日照停留时间及期望的日照时间	N W O S
起居室	中午至傍晚	
餐厅	早上至傍晚	
儿童卧室	中午至傍晚	
卧室	夜晚，最好早上有阳光	

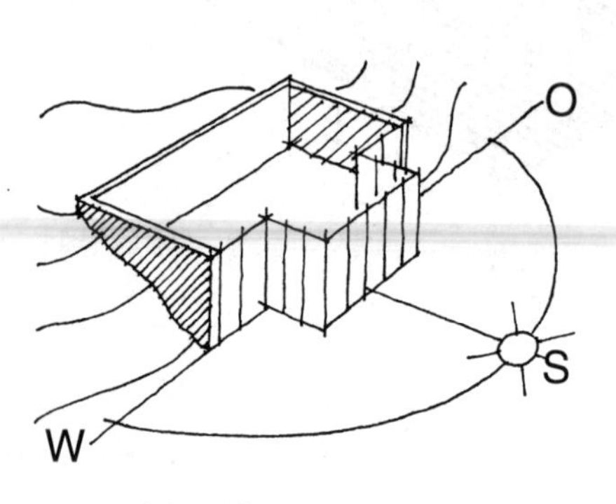

住宅与城市设计和景观设计的联系。

城市设计的地区典型特征，即相邻的住宅、道路、广场或者其他景观，都要求有一个（首先是形态上）可适应的、环境可承受的住宅规划。

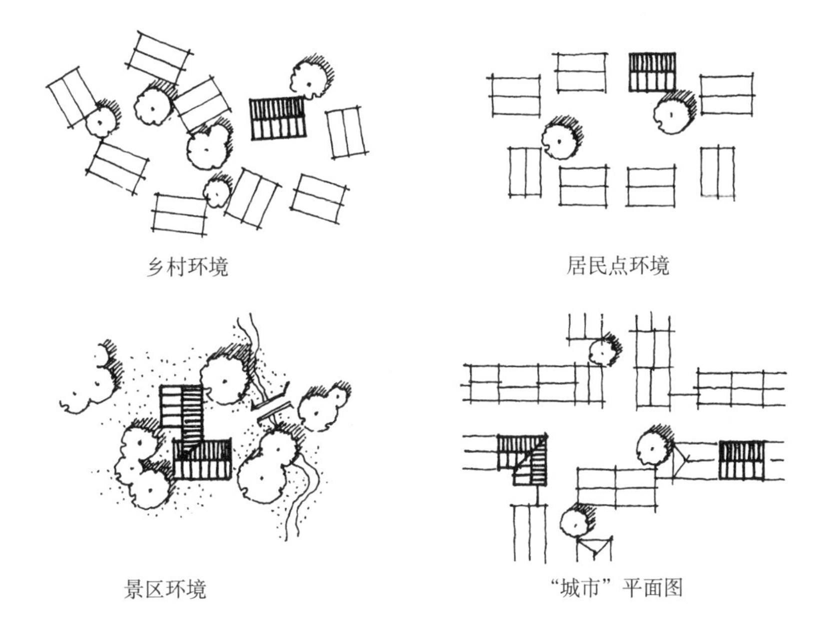

居住建筑及其私家花园的设计与住宅周边城市设计的联系。

建筑设计——比方说——内部和外部空间的形态。

私人的
— 建筑艺术的
— 园林艺术的

私人土地上的设施和形式设计，与建筑设计和临近环境相一致。

— 共用的 / 公共的
— 城市设计的景观设计的

私人和公共的区域在形态塑造和功能上的分类（例如）：
— “宅前”朝向交通网
— “宅后”在花园范围内
A. 住宅花园作为景观衔接
B. 住宅花园的相邻设施，花园道路和共用开放空间

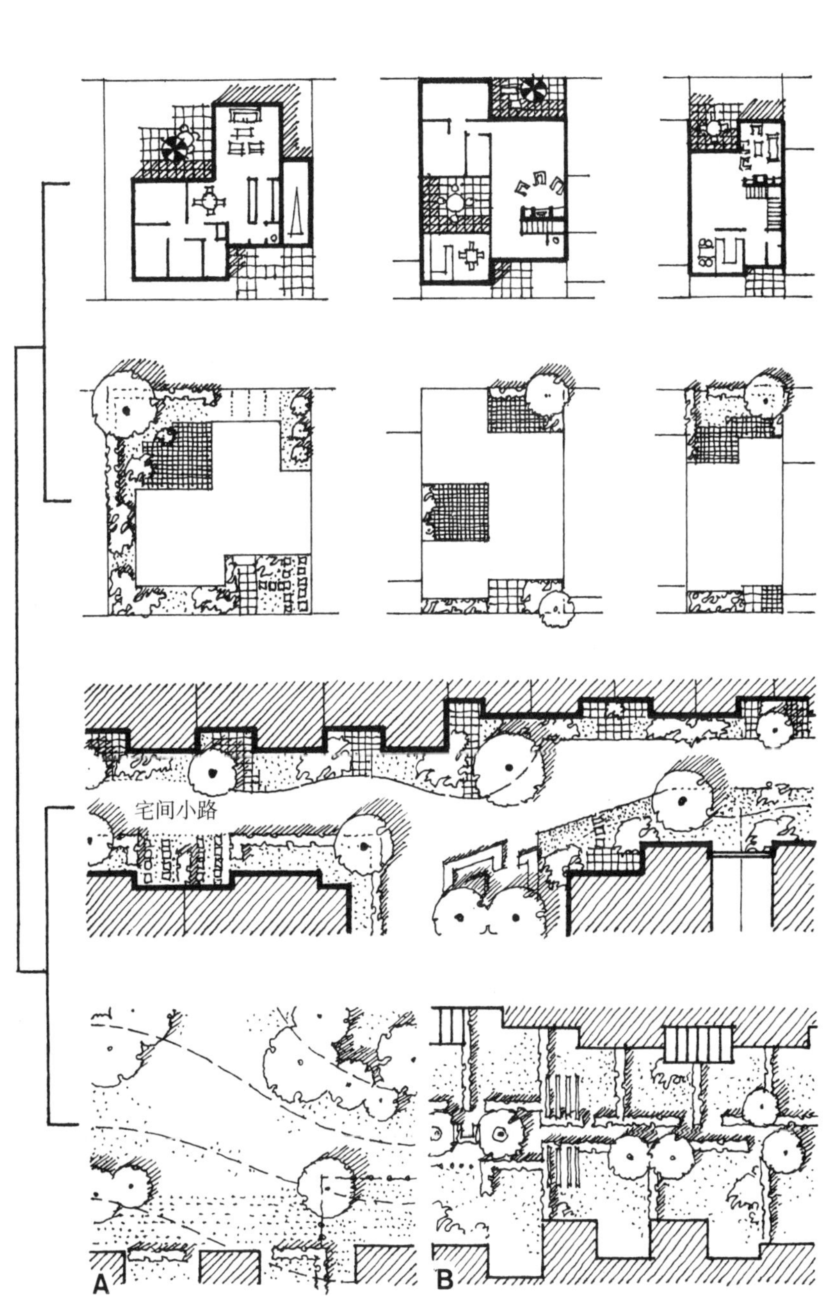

4.11.3 独户住宅

（1）自由布局的独户住宅

特点：

平面布局形态和建筑形式享有最大自由，对地块形状和日照的适应性强。

造型自由也增强了个体个性，即可辨识性，也更具有形象价值。

物质形态上部依赖于周边环境，因而可保证居住行为享有最大自由。

相比较而言，用地面积的需求较大（最低要求总场地面积 500m^2），相应的，用于获得土地以及建造的费用份额占总成本份额较高。

从统一城市形态的角度而言，个体造型的自由可能违背城市设计的形象。

（参见下册 4.1）

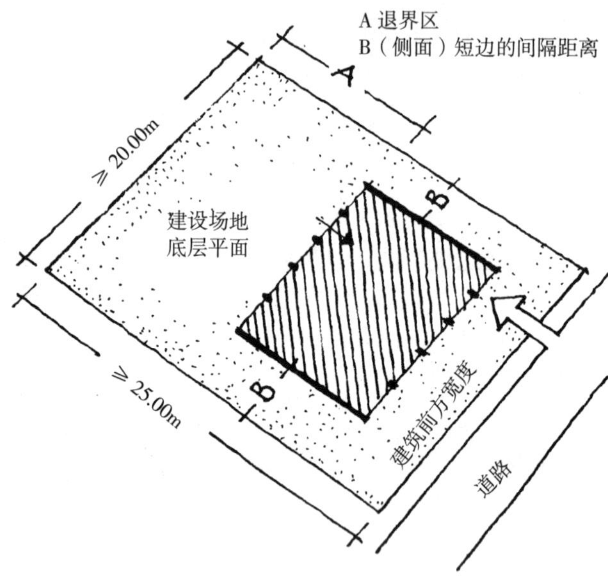

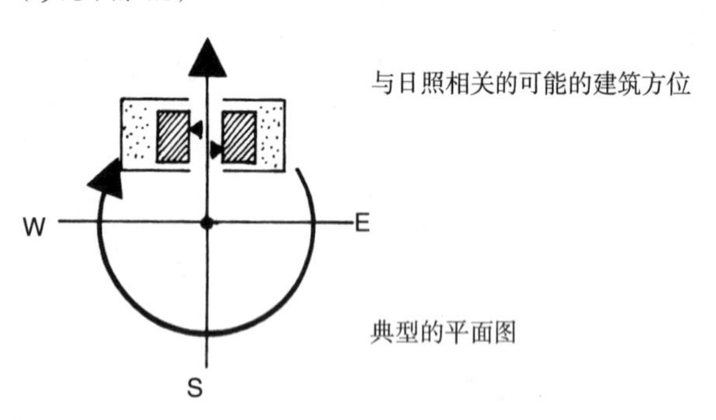

与日照相关的可能的建筑方位

典型的平面图

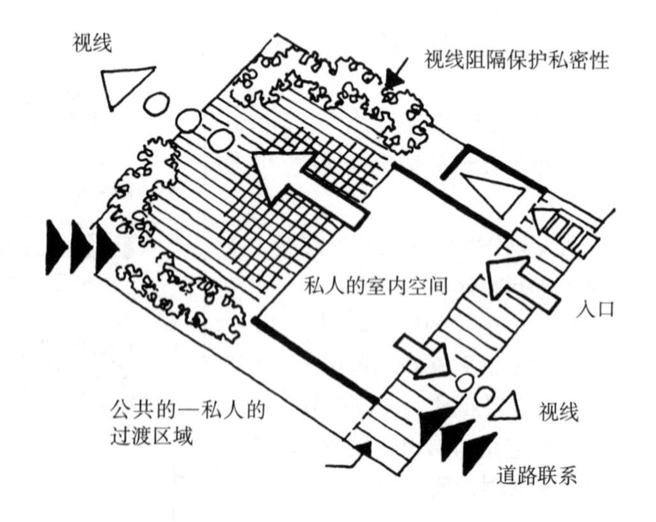

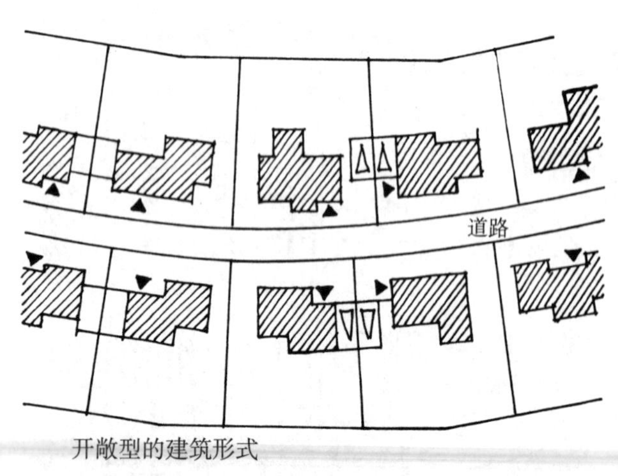

开敞型的建筑形式

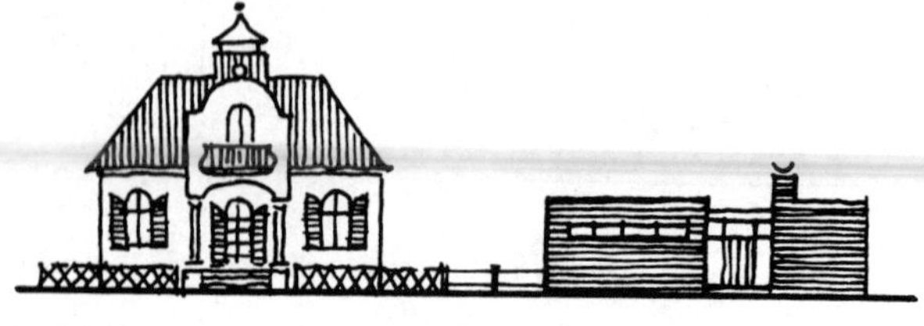
自由的造型

根据建筑使用条例适合纯居住区 / 一般居住区（村庄）

1~2 层

容积率（平均值）：0.2（最大 0.5）

住宅毛密度：5~15 户 /hm^2

（2）两栋独户住宅联体的双拼式住宅

特点：

平面的自由布局及对日照的较大适应性。

相邻两幢建筑的造型必须统一（最低要求建筑立面比例、材料、细部造型和色彩应一致）。

土地面积要求可能减小（最小单户场地面积为 375m^2），相应的土地费用和建造费用也降低了。

这也是一种 20 世纪前 10 年中较受欢迎的居住形式（田园城市）。

（参见下册 4.1）

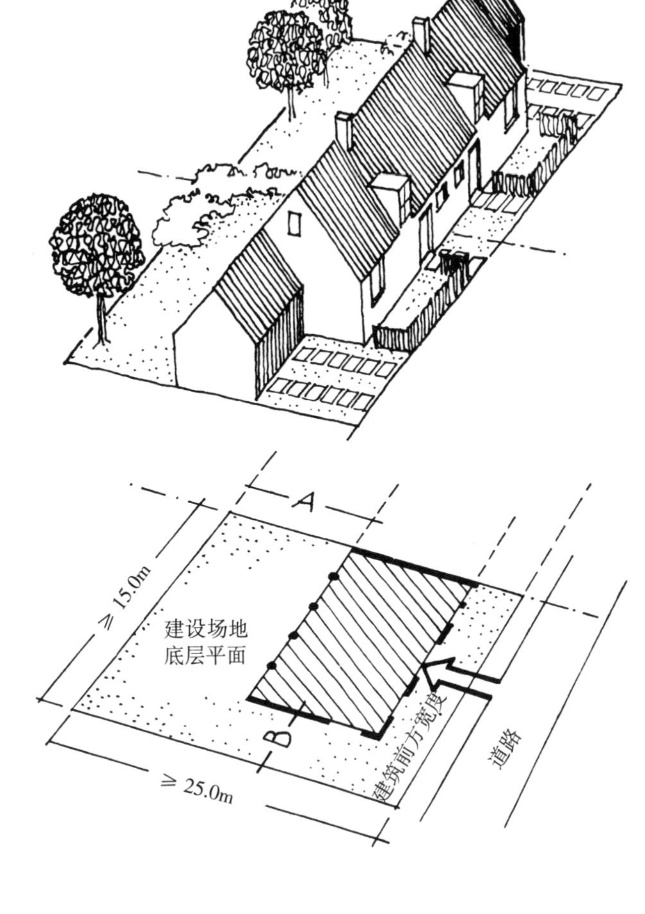

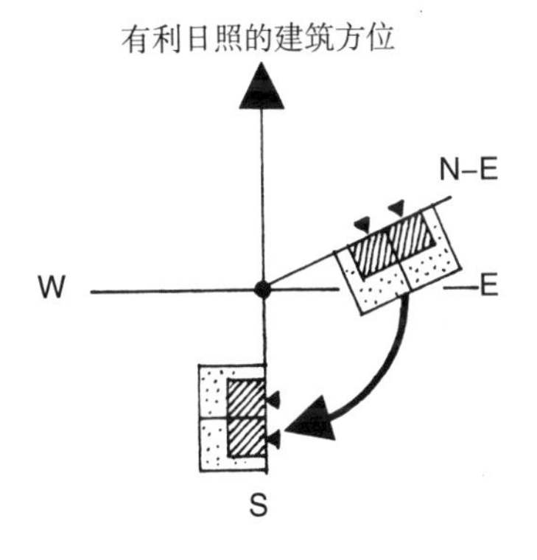

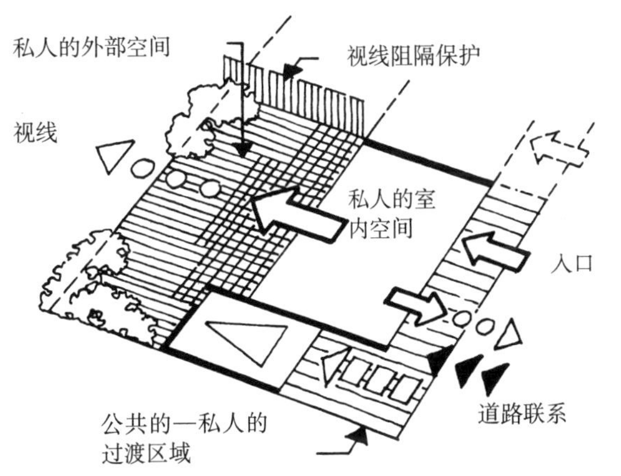

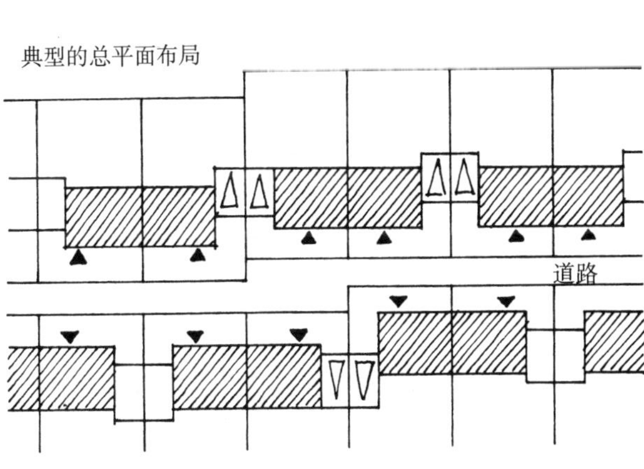

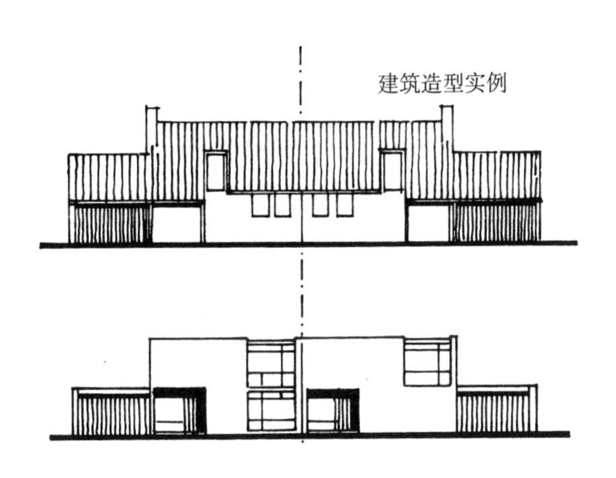

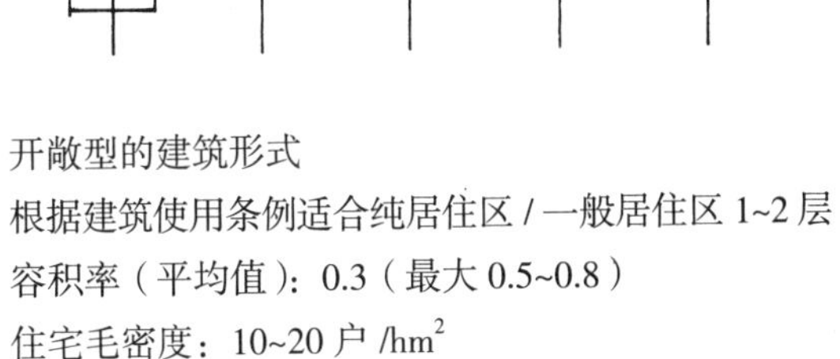

开敞型的建筑形式

根据建筑使用条例适合纯居住区 / 一般居住区 1~2 层

容积率（平均值）：0.3（最大 0.5~0.8）

住宅毛密度：10~20 户 /hm^2

（3）多幢联排的独户住宅组成的联体住宅特点：

集合式建筑形式，统一的建筑平面设计和建筑造型（不同的单栋建筑平面造型设计可能性有限），对日照具有较强的适应性。

这样的联体住宅同样可以使得优秀的建筑平面和有趣的建筑造型方案在相对节省的面积指标下实现（最小的单栋场地面积 225m^2），相应的土地费用和建设费用较少。

从城市设计的角度来看，该住宅形式较为值得推荐，是因为：

— 用合理的居住密度实现较高的居住价值
— 可能实现节约面积和经济的开发方式

（参见下册 4.2）

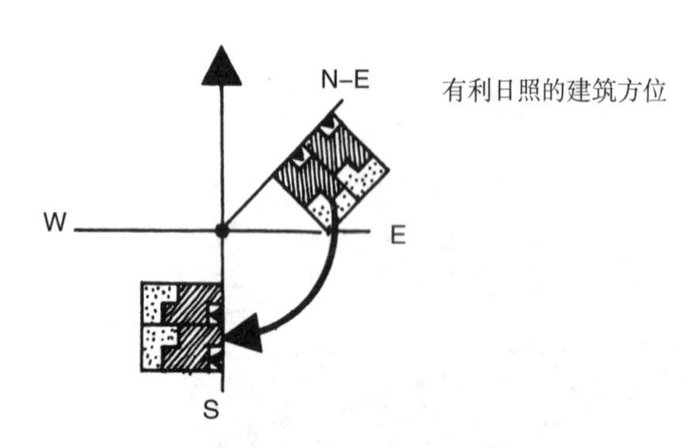

有利日照的建筑方位

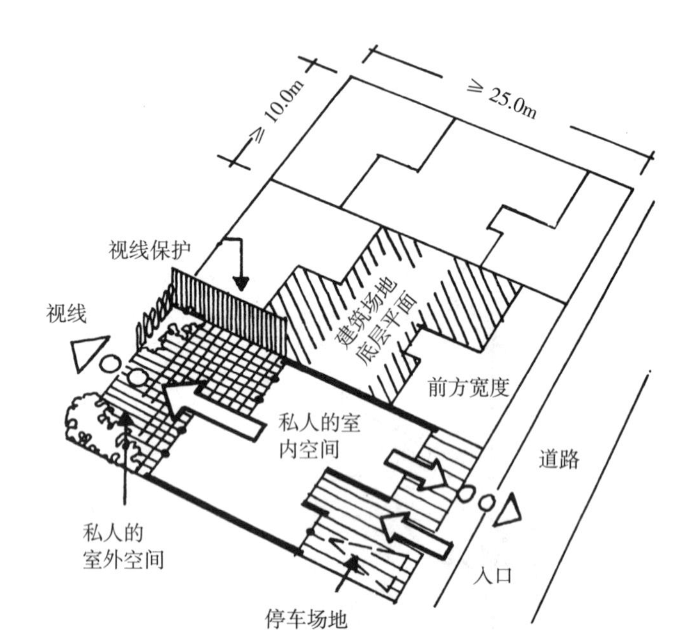

典型的总平面图

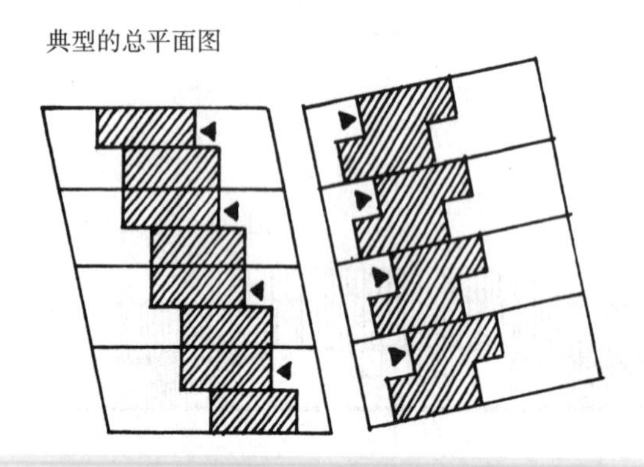

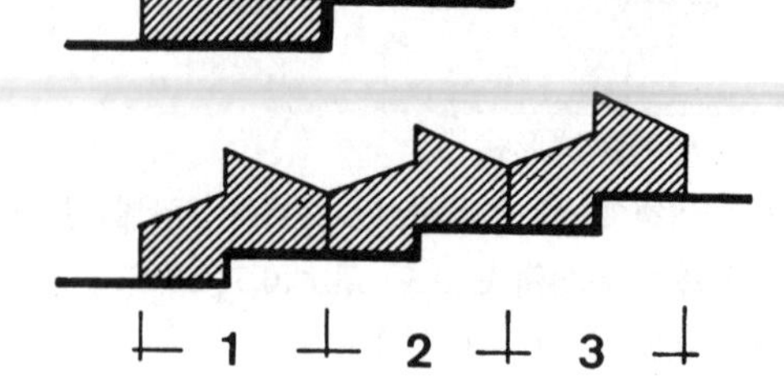

开敞型的建筑形式（建筑长度最长 50m）或者封闭型的建筑形式

根据建筑使用条例适合纯居住区 / 一般居住区 1~2 层

容积率（平均值：0.4（最大 0.8）

住宅毛密度：20~30 户 /hm^2

（4）独户住宅组合构成的庭院式住宅（前院式住宅和曲尺形住宅）

特点：

可以作为集合式建筑形式或者作为单栋建筑的叠加，单栋建筑设计或平面概念设计时布局造型自由，对于日照的适应性较差。

要求统一的建筑形态，包括屋顶形式、材料、细部造型和色彩。

经济的面积需求（最小单元场地面积 270m^2），同时建造也可以很经济。相应的土地获得费用和建造费用较低。

对于城市建设的优点：

— 在保证较高居住价值的前提下实现较高的居住密度

— 经济的建造费用

— 较好的建筑形态可能

（参见下册 4.2）

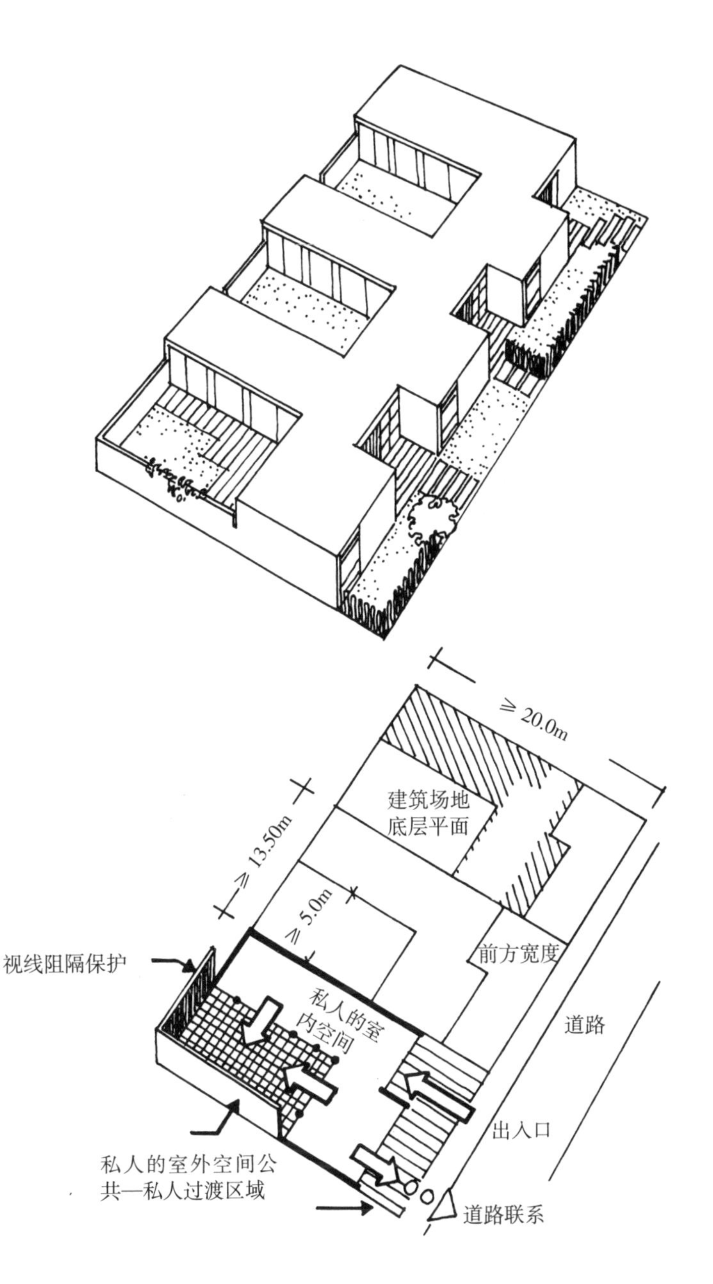

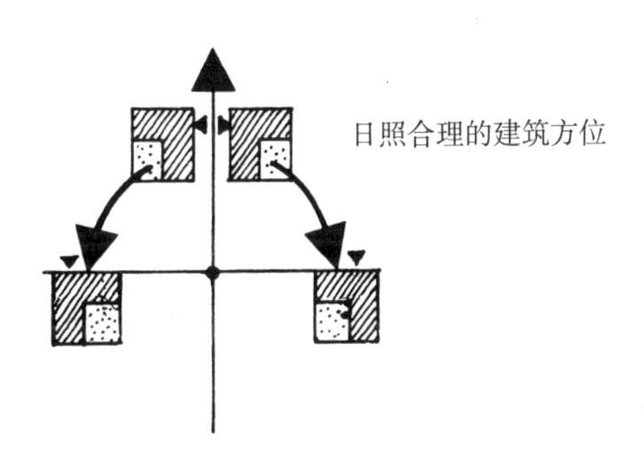

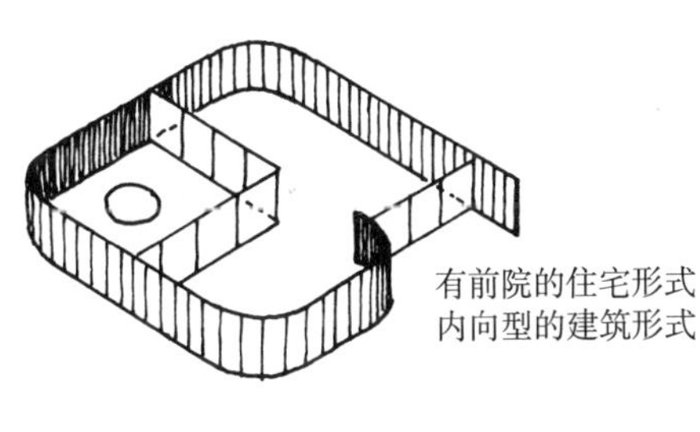

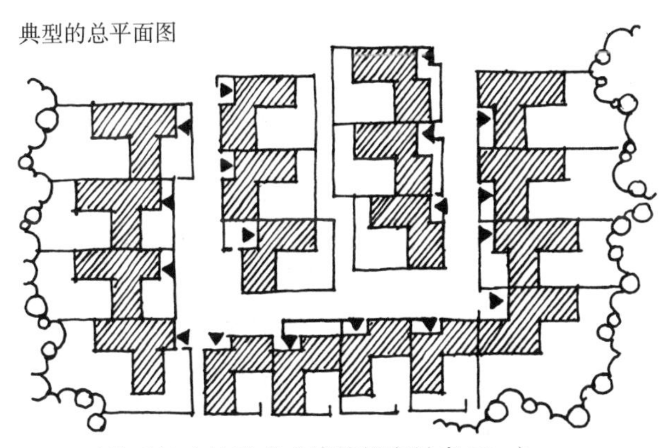

开敞型的建筑形式（建筑长度最多 50m）

或者封闭型的建筑形式

根据建筑使用条例适合纯居住区 / 一般居住区 1 层

容积率（平均值）：0.5（最大 0.6）

住宅毛密度：20~25 户 /hm^2

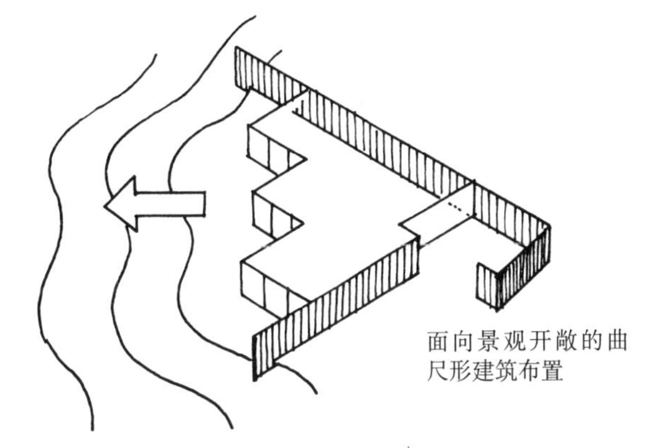

（5）独户住宅组合构成的联排式住宅

特点：

集合式建筑形式，并具有统一的建筑平面概念和建筑造型（个性的平面造型仅限于细部设计），对日照的适应性有限（建筑的底层平面必须按照最有利的满足日照的要求进行设计）。

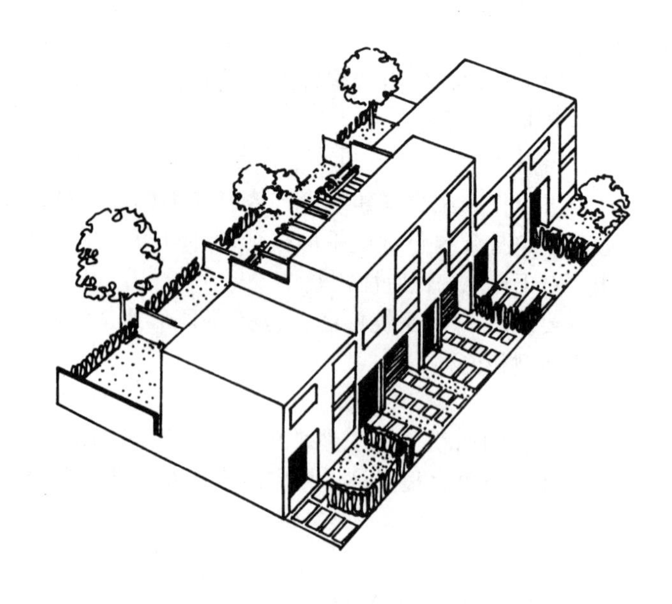

从面积要求上讲是一种非常节约的建筑形式（最小单元场地面积可以是）：

2 层的建筑最小	$162m^2$
加上独立的车库	$30m^2$
3 层的建筑最小	$165m^2$
包括车库	

合理的费用开支包括：

– 建筑材料费用

– 建造费用

这种密集的建筑是一种能很好地满足节约能源的建筑形式。

联排式住宅是在保证较高居住价值（适合家庭居住）的情况下，能够拥有自家花园的最经济的独户住宅形式。

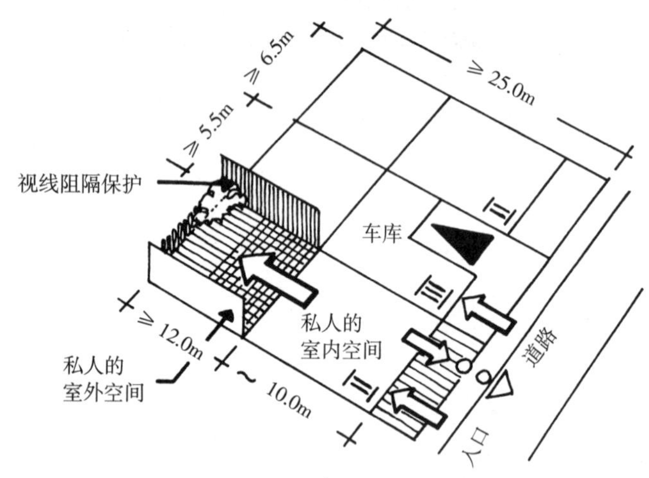

（参见下册 4.2）

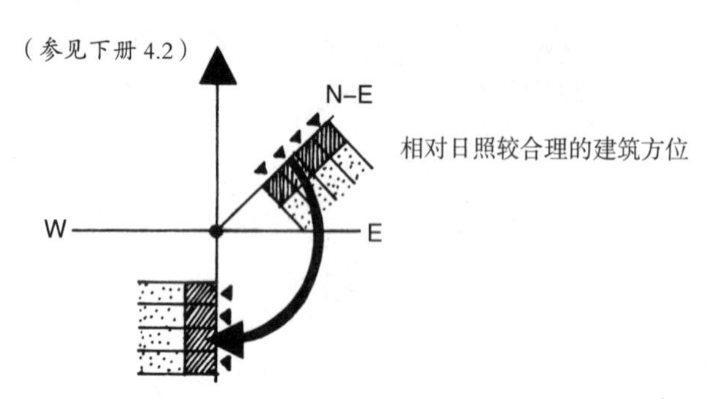

相对日照较合理的建筑方位

典型的总平面图

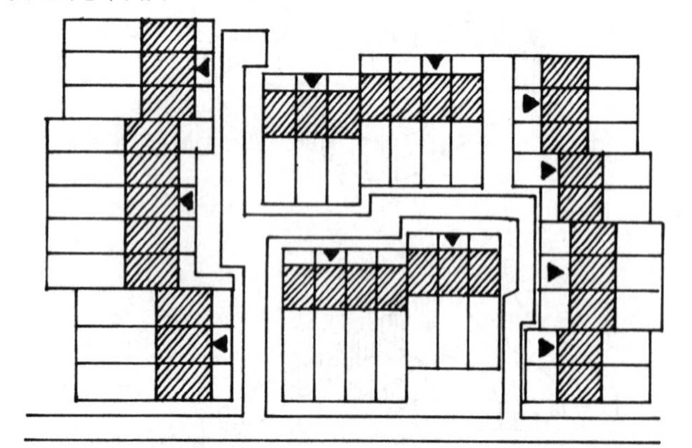

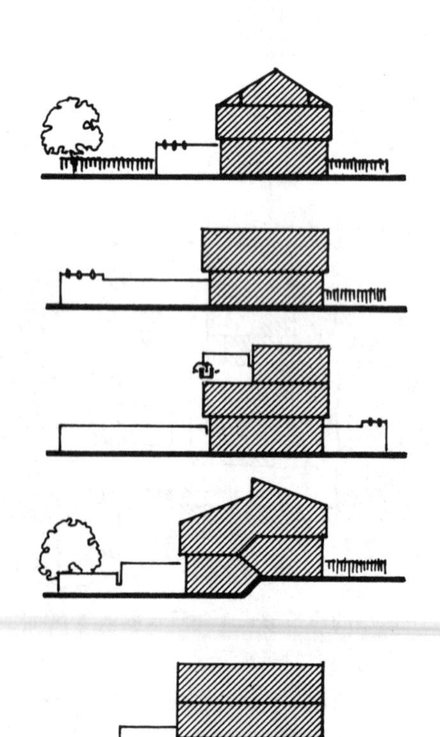

开放型的建筑形式（建筑长度最多 50m）

或者封闭的建筑形式

根据建筑使用条例适合纯居住区 / 一般居住区 2~3 层

容积率（平均值）：0.6（最大 0.8 到 1.0）

住宅毛密度：25~40 户 /hm²

4.11.4 基本概念，密度值

（1）住宅建设场地

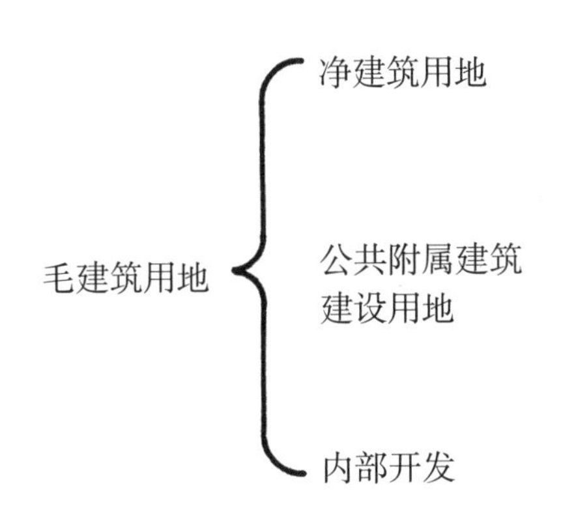

A—有建筑的场地面积部分
B—上部没有建筑的场地面积部分
C—场地内部人口道路
D—场地内部停车位

满足标准区域的各类需求的面积
E—绿地
F—游憩运动场地
G—供给设施

其他面积用于
H—车行交通
I—步行交通
K—静态交通

（2）居住密度

= 人 /hm²
a）毛住宅用地上的人口 = 毛居住密度
b）净住宅用地上的人口 = 净居住密度

（3）人口密度

= 人 /hm²
涉及一个乡镇、一个城市乃至一个区域的总区域面积，包括有建筑的土地，没有建筑的土地，交通面积和配套设施以及景观和树林等占用的土地面积

（4）住宅密度

= 户 /hm²
a）毛住宅用地上的住户 = 住宅毛密度
b）净住宅用地上的住户 = 住宅净密度

（5）居住率

= 人 / 户
共同住在住宅中的人口平均数（家庭大小）

（6）居住面积

= 每户住宅可以计算的底层建筑面积（根据德国工业标准 283 条）
平均每个居住者的居住面积（m^2/ 人）= 该数值可能有很大的不同，主要取决于社会地位、家庭结构、年龄结构及住宅形式等因素
一般建筑面积：20~35m^2/ 人
每层建筑面积：居住面积 +20% 附加交通面积 =24~42m^2/ 人

（7）层高楼面

= 指符合联邦州规定的楼面或者计入层高的楼面（建筑使用条例 § 18）

（8）容积率

= 总建筑面积与所属的场地面积（净建筑用地）的比值（建筑使用条例 § 20）

（9）建筑密度

= 法律条例规定允许建设与不允许建设的用地比例关系（建筑使用条例 § 19）
不同的建筑区和建筑类型的容积率和建筑密度的值在建筑使用条例 § 17 中有明确的规定

4.11.5 独户住宅密度值一览表

底层建筑面积和居住密度

住宅类型	自由布局的独户住宅		双拼式住宅		联体住宅、庭院式住宅		联排式住宅		
建筑及其所属场地地块 / 数值 / 开发	22.0	20.0	20.0	20.0	18.5	17.5	24.0	30.0	25.0
1 最小建筑间距 m	20	20	15	13	13，5	15 (13，5) *1	5.5	5.5	7.5
2 最小地块进深 m (理想的地块进深)	22 (25)	20 (25)	20 (25)	20 (25)	18，5 (25)	17，5 (20)	24 (26)	30	25
3 每块地块的最小面积 m^2	440 (500)	400 (500)	300 (375)	260 (325)	250 (338)	262 (236) *1 (300)	130 (143)	165	188
4 单独车库或停车位面积 m^2	—	—	—	—	—	(30)	30	—	—
5 地块面积 = 净建设面积 (4+5) m^2	440 (500)	400 (500)	300 (375)	260 (325)	250 (338)	262 (266) (330)	160 (173)	165	188
6 通常的建筑楼层数	1	$1\frac{1}{2}$	$1\frac{1}{2}$	2	(1)–2	1	2		
7 平均毛建筑面积 / 幢 m^2	150	160	150	160	150	150	130	130	150
8 计算出的容积率	0.34 (0.3)	0.4 (0.32)	0.5 (0.4)	0.62 (0.5)	0.6 (0.44)	0.57 (0.45)	0.8 (0.75)	0.78	0.79
9 最大允许的容积率 *2	0.5		0.5	0.8	(0.5)–0.8	0.6	0.8		
9 最大允许的建筑密度 *2	0.4		0.4		0.4	0.6	0.4		
10 平均居住率 人 / 户	3.5		3.5		3.5		3.5		
11 住宅净密度最大值 户 /hm^2	22	25	33	38	40	38	62	60	53
11 允许波动范围	20–25		26–38		29–40		50–62		
12 住宅净密度最大值 人 /hm^2	77	88	116	133	140	133	217	210	186
12 允许波动范围	70–90		90–130		100–140		170–210		
13 住宅毛密度平均值 户 /hm^2 *3	17	18	24	28	28	28	42		

无建筑物场地

居住建筑

车库 / 停车场

*1 建筑物场地上无车库

*2 村庄及居住区（根据建筑使用条例 § 19、20）

*3 净建设用地和毛建设用地差约为 20%

4.11.6 案例集锦

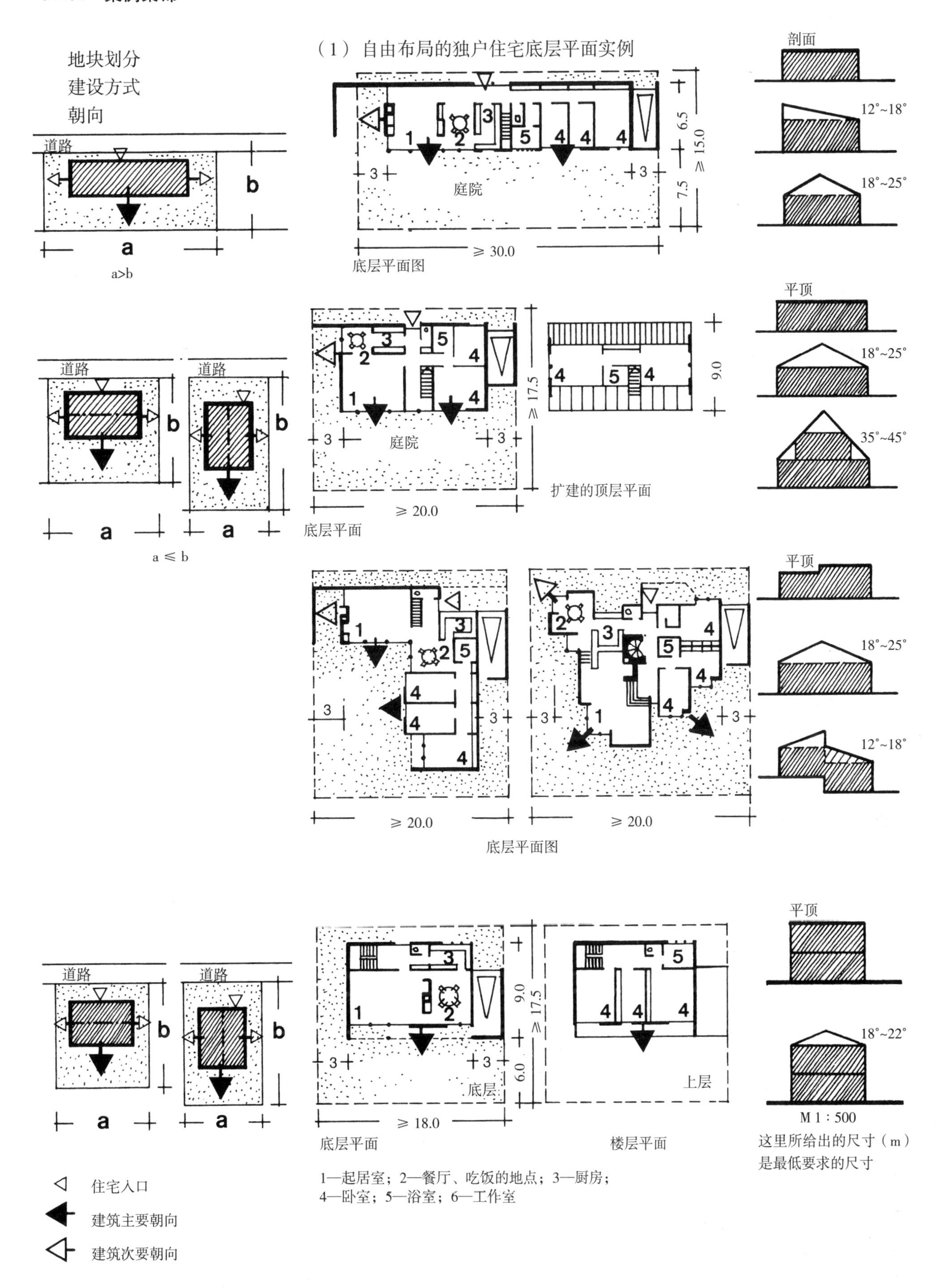

地块划分
建设方式
朝向
(1) 自由布局的独户住宅底层平面实例
道路
b
a
a>b
1
2
3
4
5
庭院
6.5
7.5
≥15.0
≥30.0
底层平面图
剖面
12°~18°
18°~25°
a ≤ b
≥17.5
9.0
≥20.0
底层平面
扩建的顶层平面
平顶
35°~45°
底层平面图
18°~22°
底层
上层
6.0
≥18.0
楼层平面
M 1 : 500
这里所给出的尺寸（m）是最低要求的尺寸
1—起居室；2—餐厅、吃饭的地点；3—厨房；
4—卧室；5—浴室；6—工作室
住宅入口
建筑主要朝向
建筑次要朝向

（2）双拼式住宅（例）

地块划分
建设方式
朝向

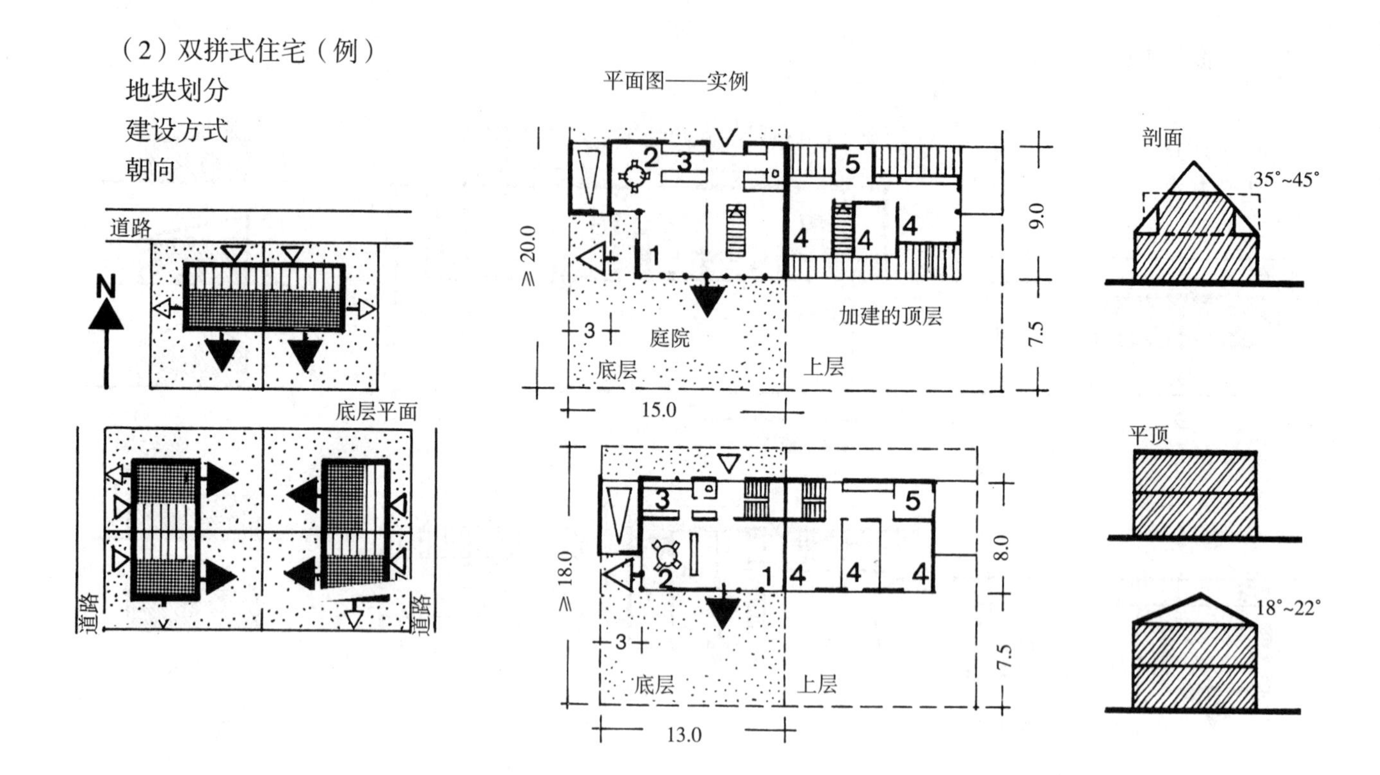

（3）联体建筑（例）

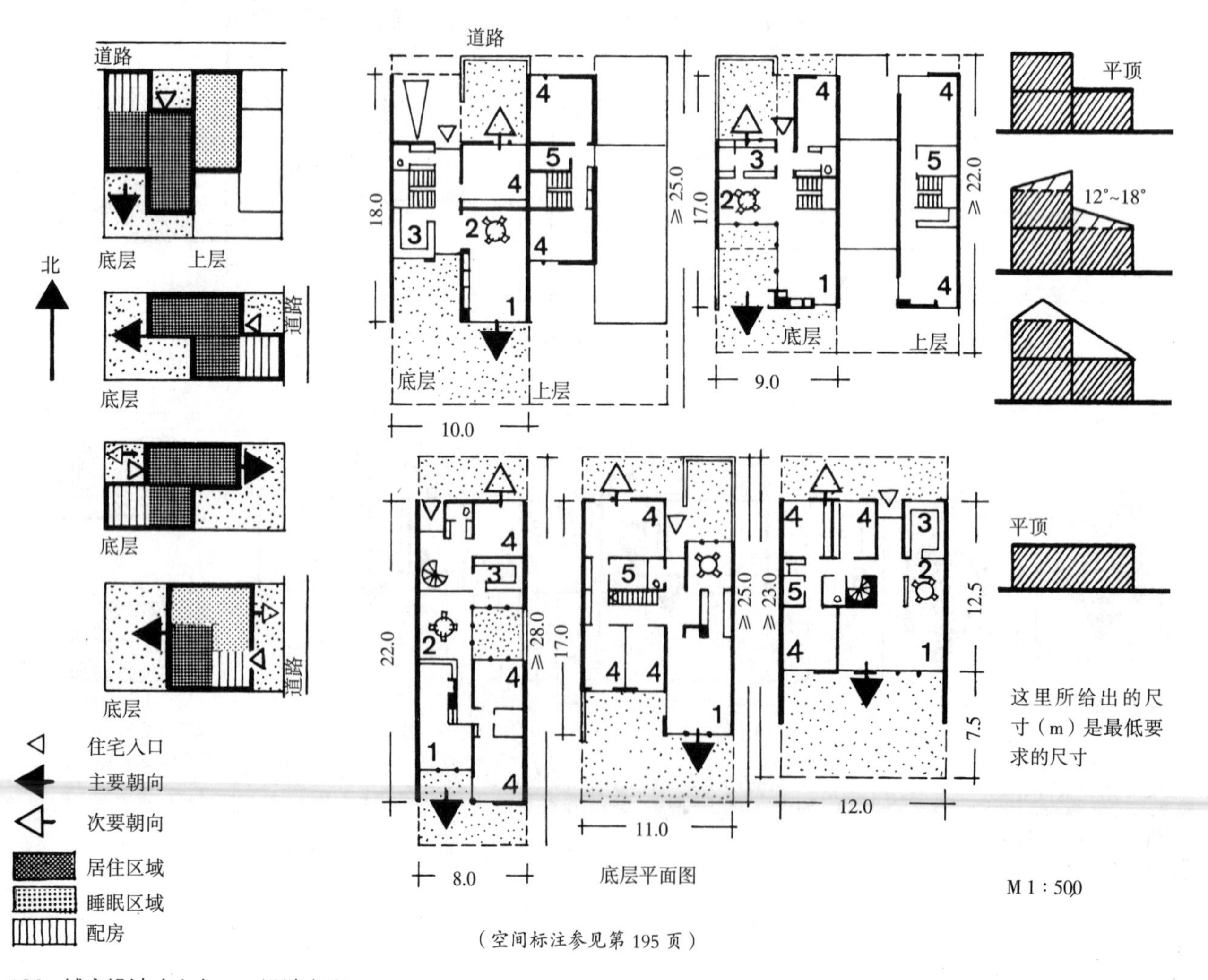

（空间标注参见第195页）

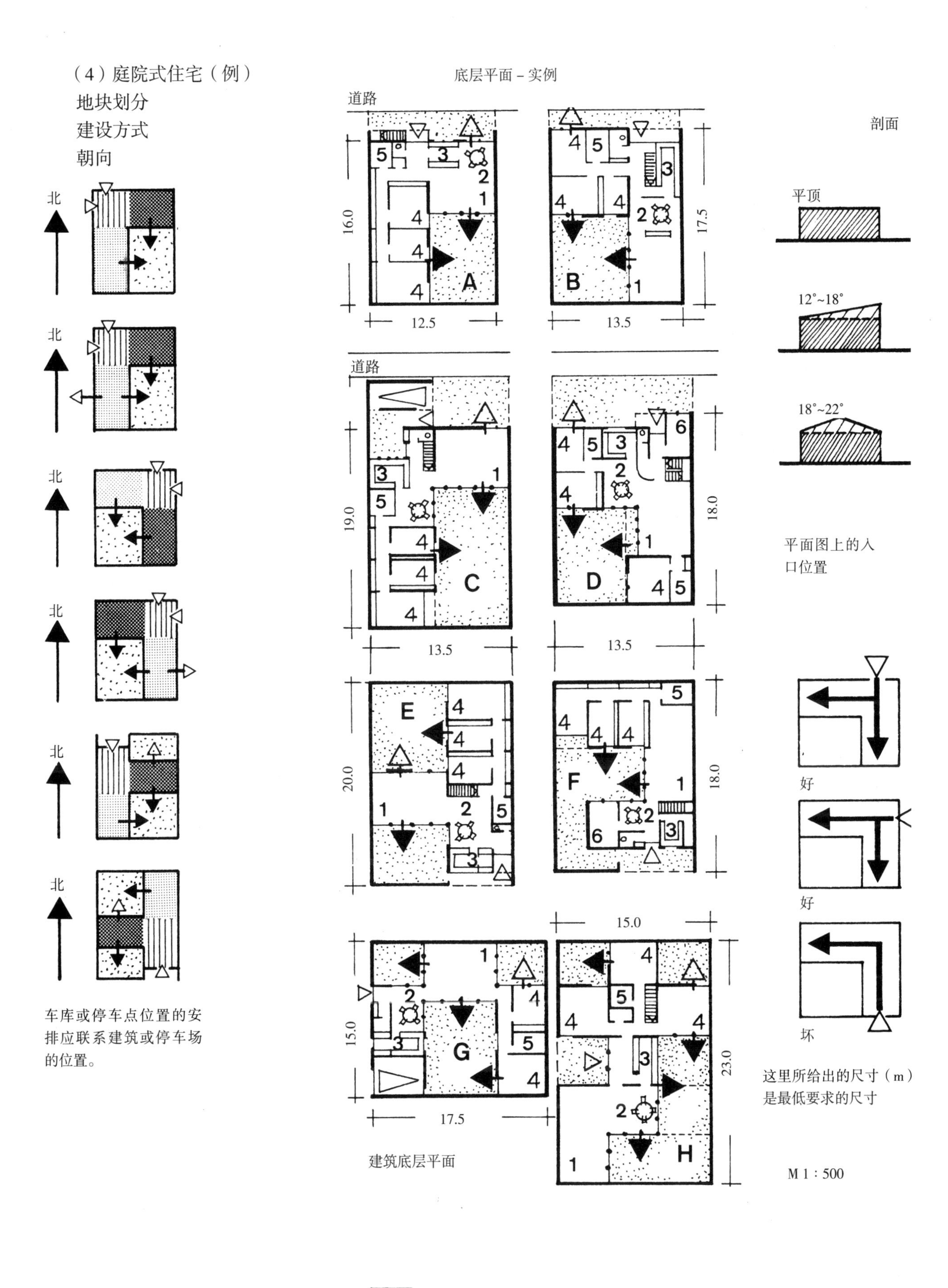

住宅入口

主要朝向

次要朝向

居住区域：　1—起居室；2—餐厅；3—厨房；6—工作室；

配房

睡眠区域：　4—卧室；5—浴室

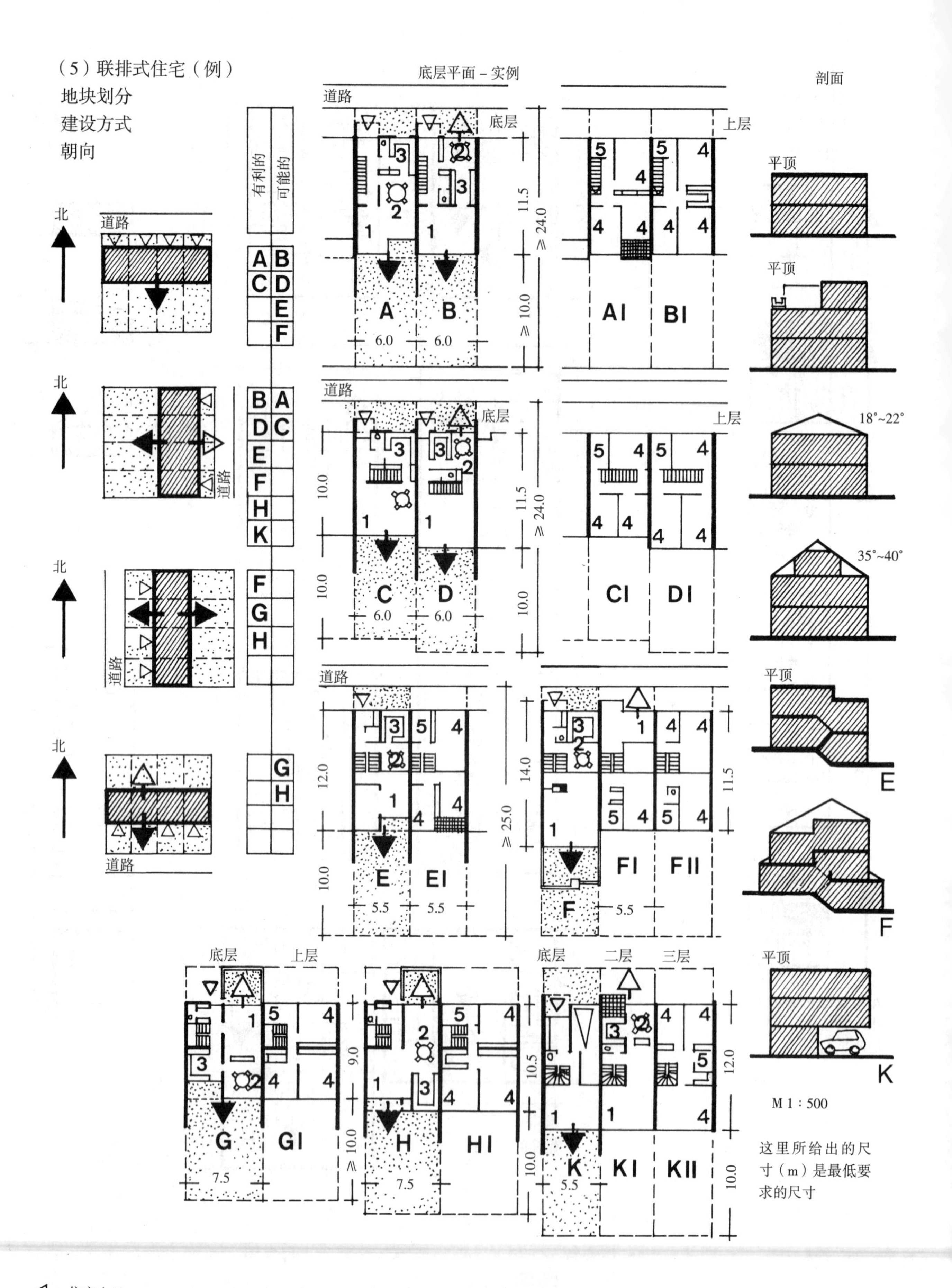

◁ 住宅入口

◀ 主要朝向

◁ 次要朝向

（空间标注参见第195页）

4.11.7 城市设计评估标准

4.11.7.1 自由布局的独户住宅和双拼式住宅

评价 标准	好——很好	中等 对平面形态要求较高	较差——差 对平面形态的要求很高
地块的状况 包括建设方式 朝向 地块划分	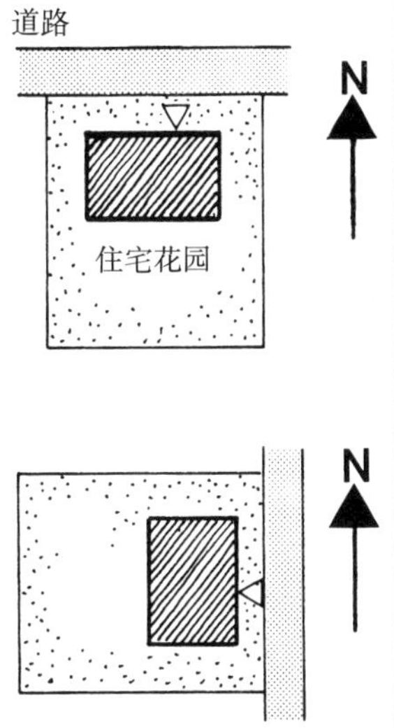 道路 N 住宅花园 N	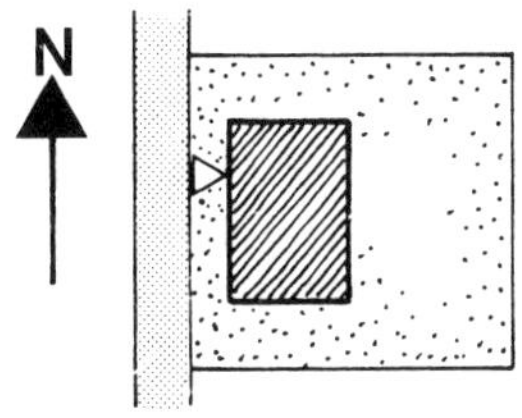 N	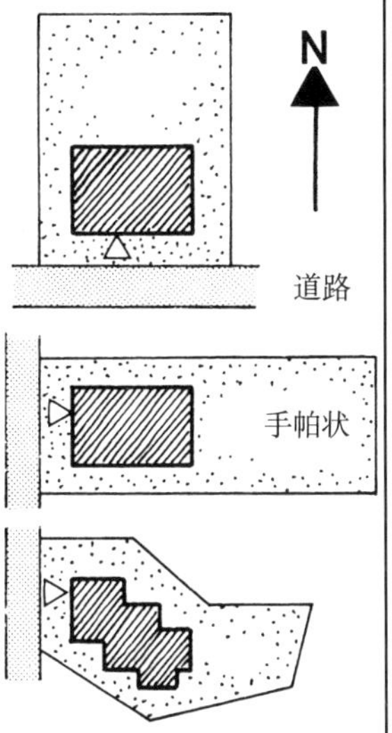 N 道路 手帕状
地块的高程变化对开发方式和朝向的影响	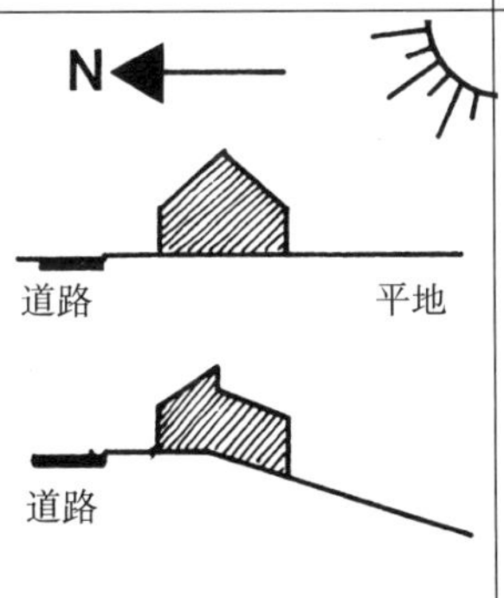 N 道路　平地 道路 较为平缓的坡地	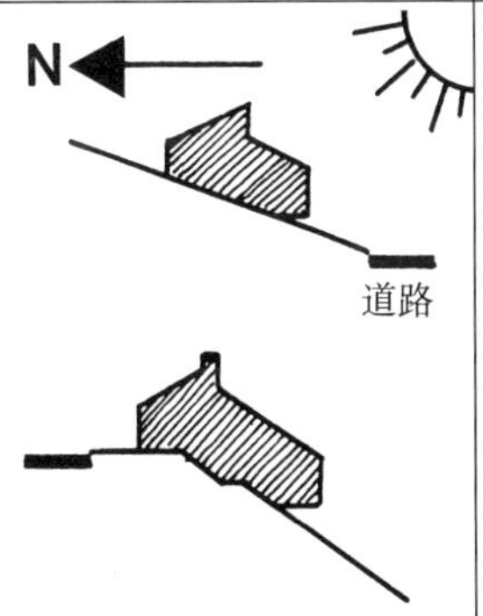 N 道路 较陡的坡	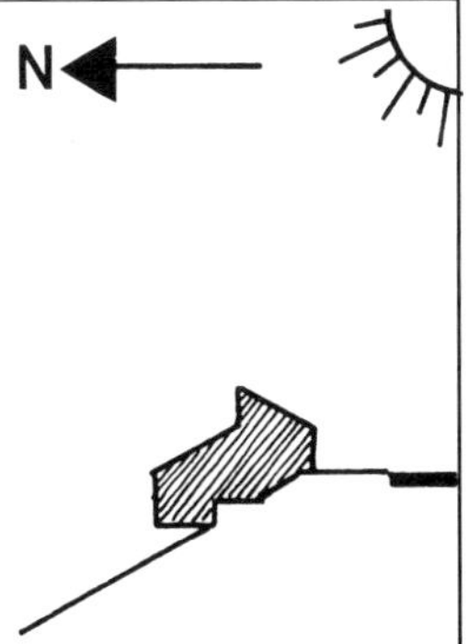 N 北坡
地块环境 包括自然环境和邻近建筑以及朝向	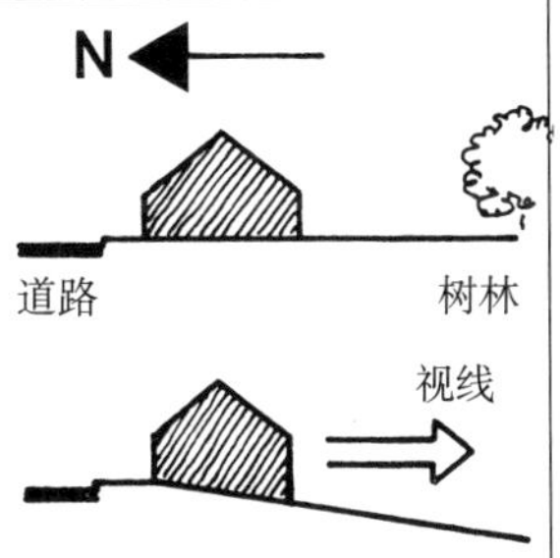 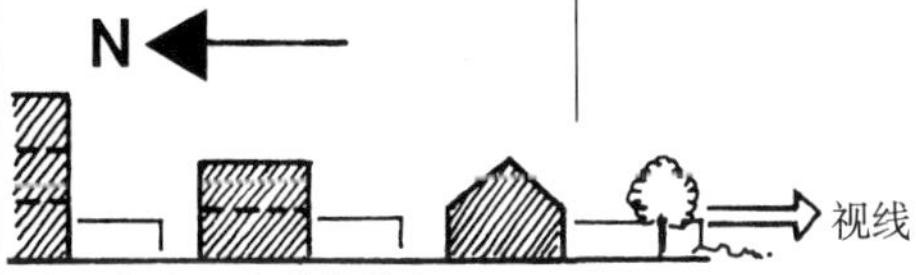 N 道路　树林 视线 N 视线 建筑高度呈阶梯状分布	 N 道路　邻近建筑	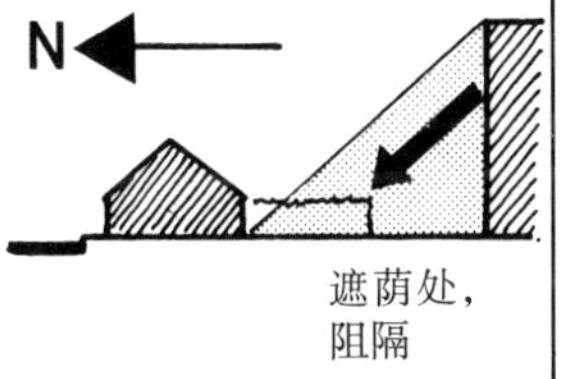 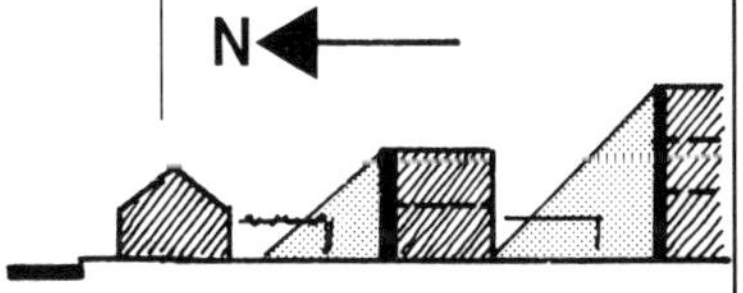 N 遮荫处，阻隔 N
市场价值	价值提升	价值均衡	价值降低

4.11.7.2 联排式住宅、联体住宅、庭院式住宅

	好——很好	较差——差
建筑的布置 住宅和花园的朝向 对相互遮挡的处理（视线，阴影等） 私人领域的保护	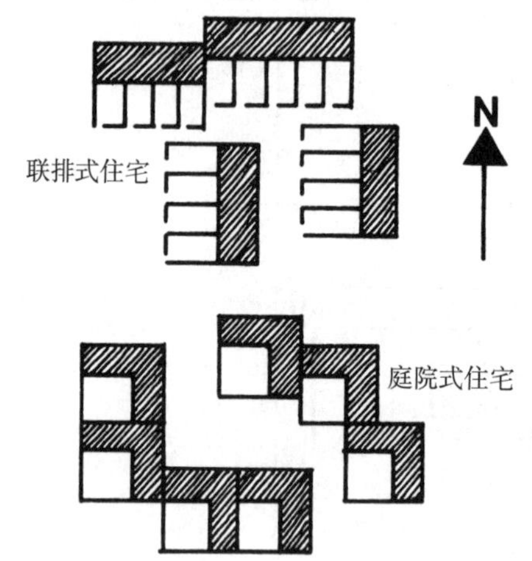 联排式住宅 N 庭院式住宅	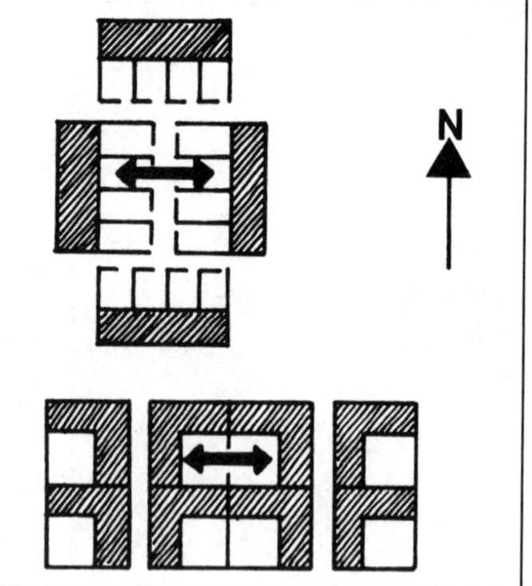 N
在坡地上建筑布置的适应性	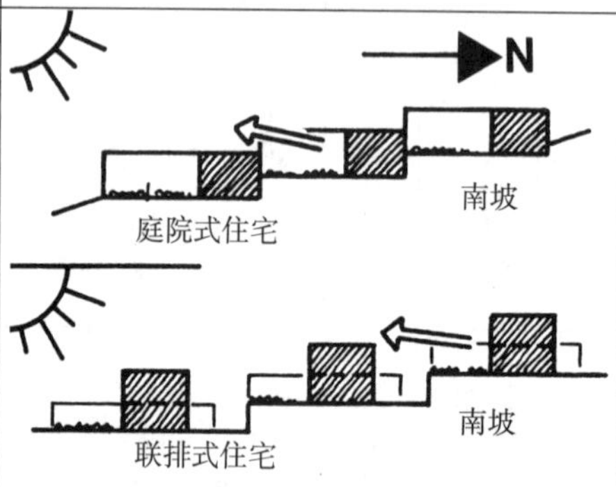 N 南坡 庭院式住宅 南坡 联排式住宅	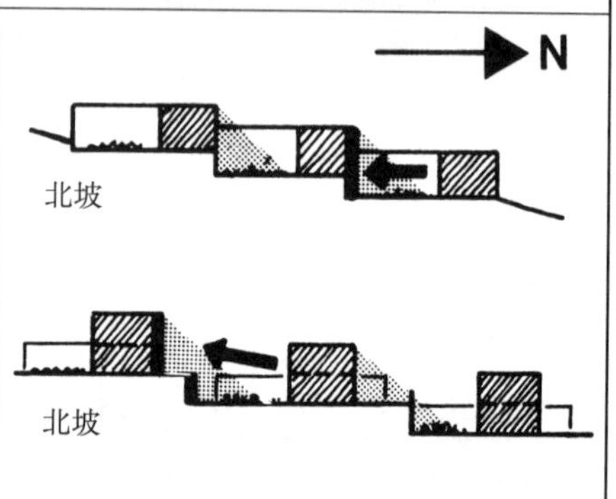 N 北坡 北坡
不同标高上建筑的布置	视线 私家花园从外部是看不见的	N 干扰视线 私家花园可以被外部看见
不同标高上建筑的分级布置	视线	N 视线
建筑群和空间构成的成比例性、易读性	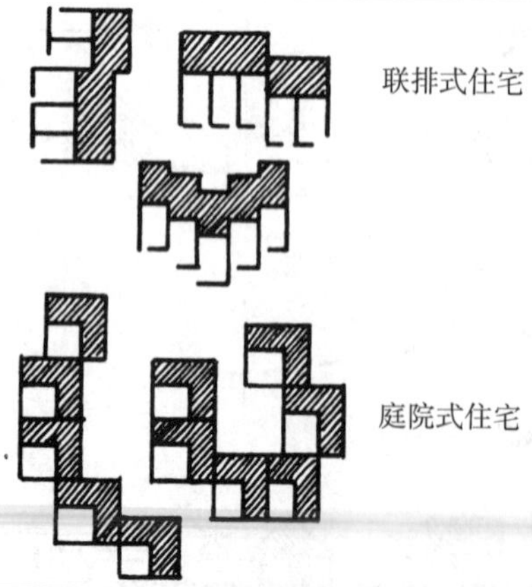 联排式住宅 庭院式住宅	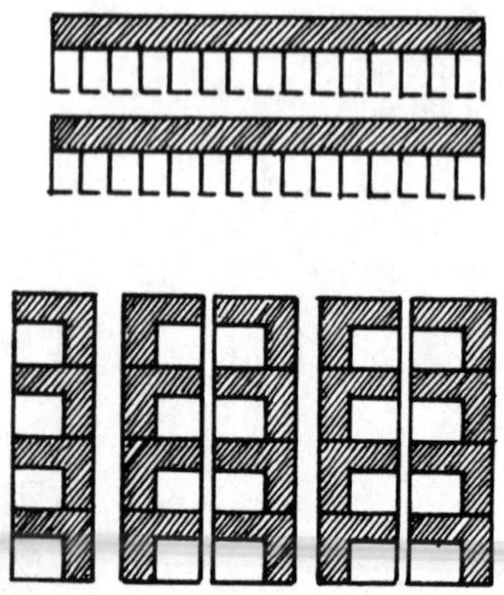
市场价值	价值提升	价值降低

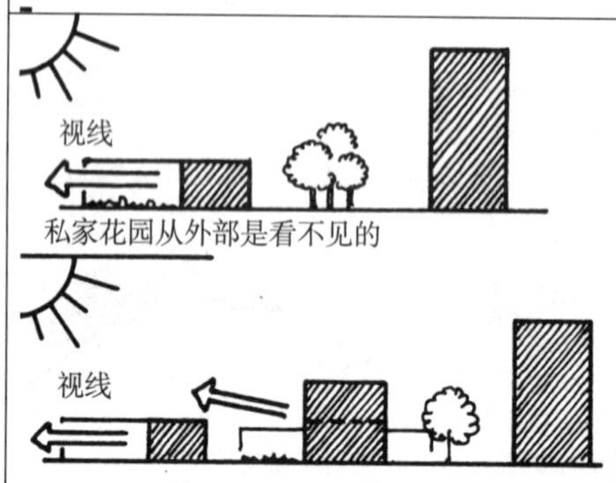

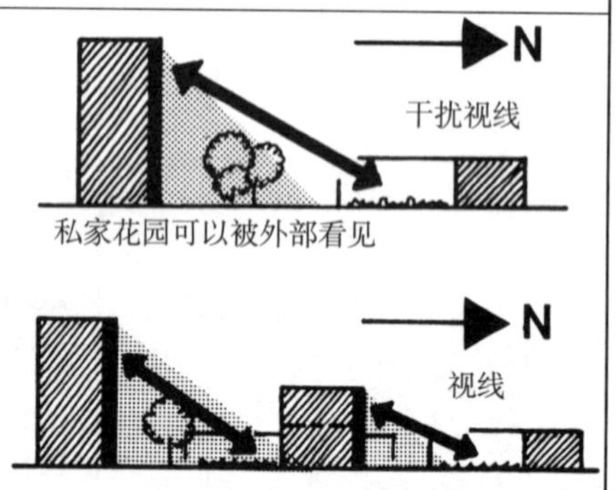

4.11.8 多层公寓住宅——出发点

对建筑高度和居住能力的依赖性

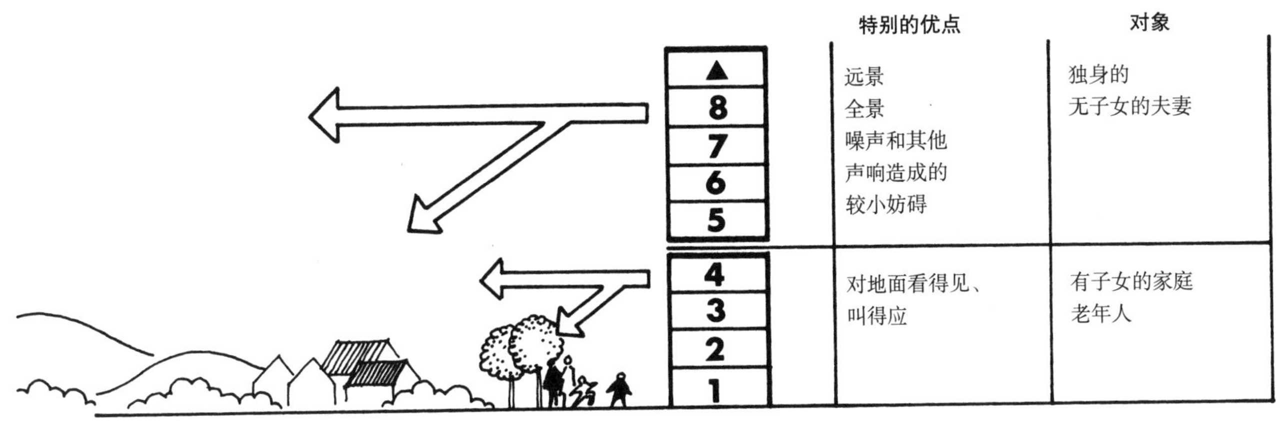

（参见第182页表格）

建筑层数与空地大小的关系

高层建筑的建造方式常常被认为能够在高居住密度的条件下获得最大空地。

正如右侧的图表所清楚表明的，当建筑层数最多为4层时，获得空地才显得较为重要。超出的楼层尽管会带来空地面积的增加，却远不及随之而来的楼层和住宅形式的缺点。

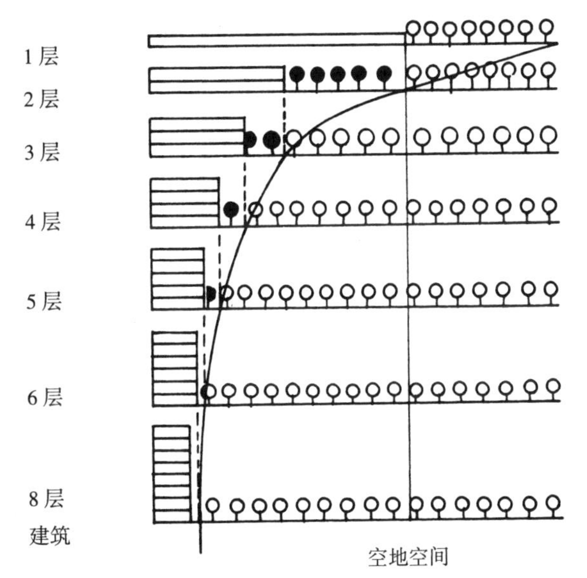

建筑形式和居住密度之间的关系

建筑形式和理想居住密度之间的关系同样表明：建筑密度的增加至多在4~6层的建筑中才有意义。居住密度的增长只能通过特别的建筑形式达到，而无法通过更高的高层建筑方式。

比较考虑不同层数的建筑面积的经济效果时，绝不能受居住密度的经济因素限制。在许多大型居民点所产生的问题都警示性地表明，建筑的层数、建筑密度和人口密度都造成一定社会问题。高居住密度的优势只能在很短的时间内表现，此后就是带来不断的社会冲突、矛盾。只有房屋形式和居住区的社会承受力的长期接受性才能保证用地需求和投资成本的有效性。

住宅形式	层数	居住密度 中间值和最高值 户/hm² 100 200 300 400 500
自由布局的独户住宅	1–2	
自由布局的双拼式住宅	2	
庭院式住宅	1	
联排式住宅	2–3	
集合住宅	2	
	4	
	6	
	8及以上	
点式住宅以及其他多户聚居住宅	6	
	8	
	10及以上	

出于经济的考虑，小体量独立式住宅经历了从最先的联排式集合住宅，发展到现在多层住宅形式。这样的确节省了大量的建造费用和建设用地费用。多层住宅的形式后来发展下去，成为我们所谓的“中密度住宅建筑”，并成为在城区内一种较高密度住宅的标准。

经济范畴的考虑和规划很容易导致忽略人性化居住需求的城市规划和建设。

在考虑我们城市的结构、成本和面积需求时，适当密度的多层住宅是一个较好的合理解决方案。当然，前提在城市建设和建筑造型上要特别留意满足居住质量的要求。

高密度的居住和高速开发的住宅都不是解决住宅质量问题的正确途径。多层住宅本身不可避免的制约因素绝不能由于物质上和心理上的障碍得到消极加强。

多层住宅的居住质量其实是功能、造型和观念上多特点的综合，它超出了建筑艺术的设计范畴，必须在住宅环境的设计中特别小心地加以考虑。

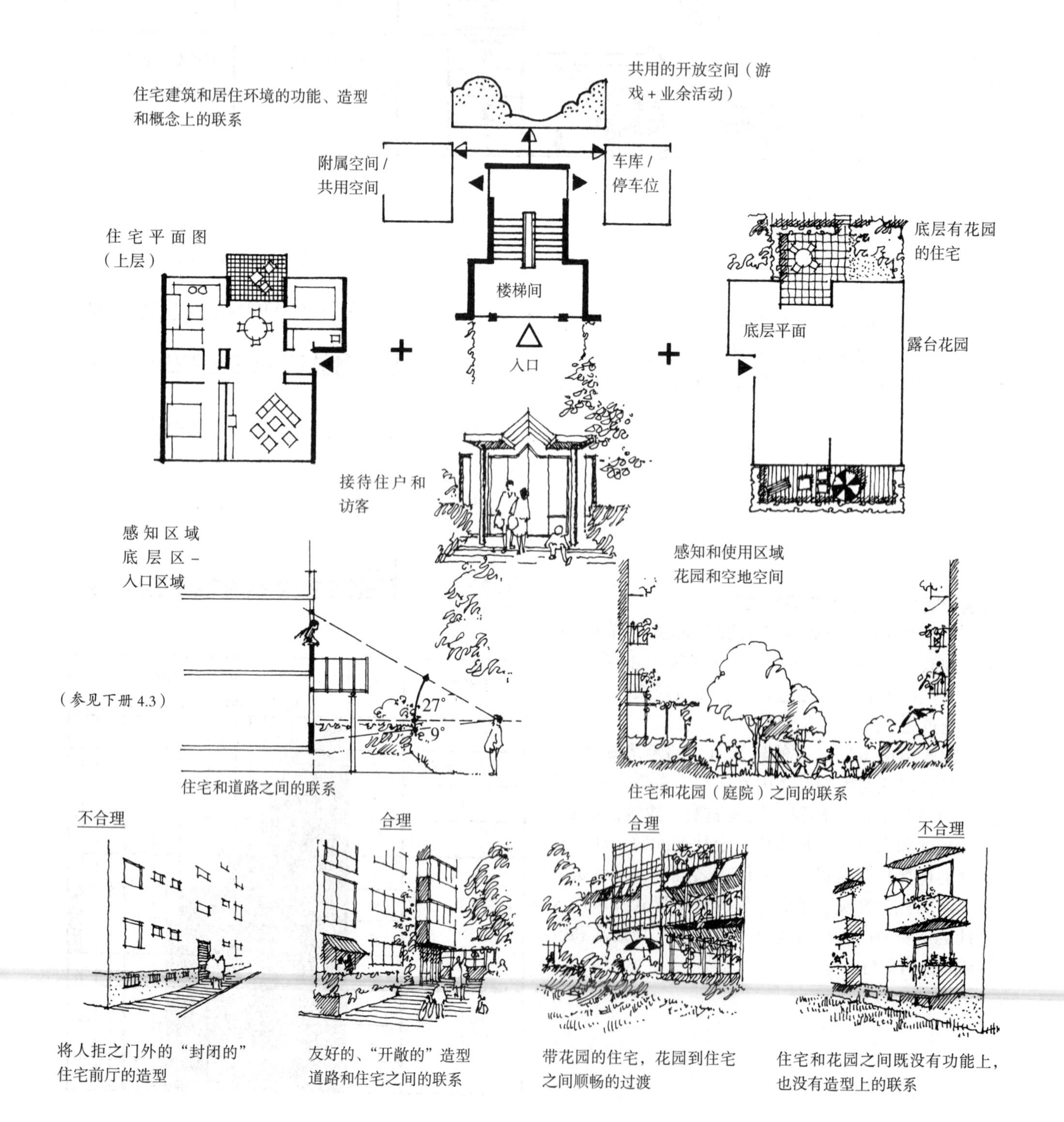

人、树木和空间形态之间的比例关系

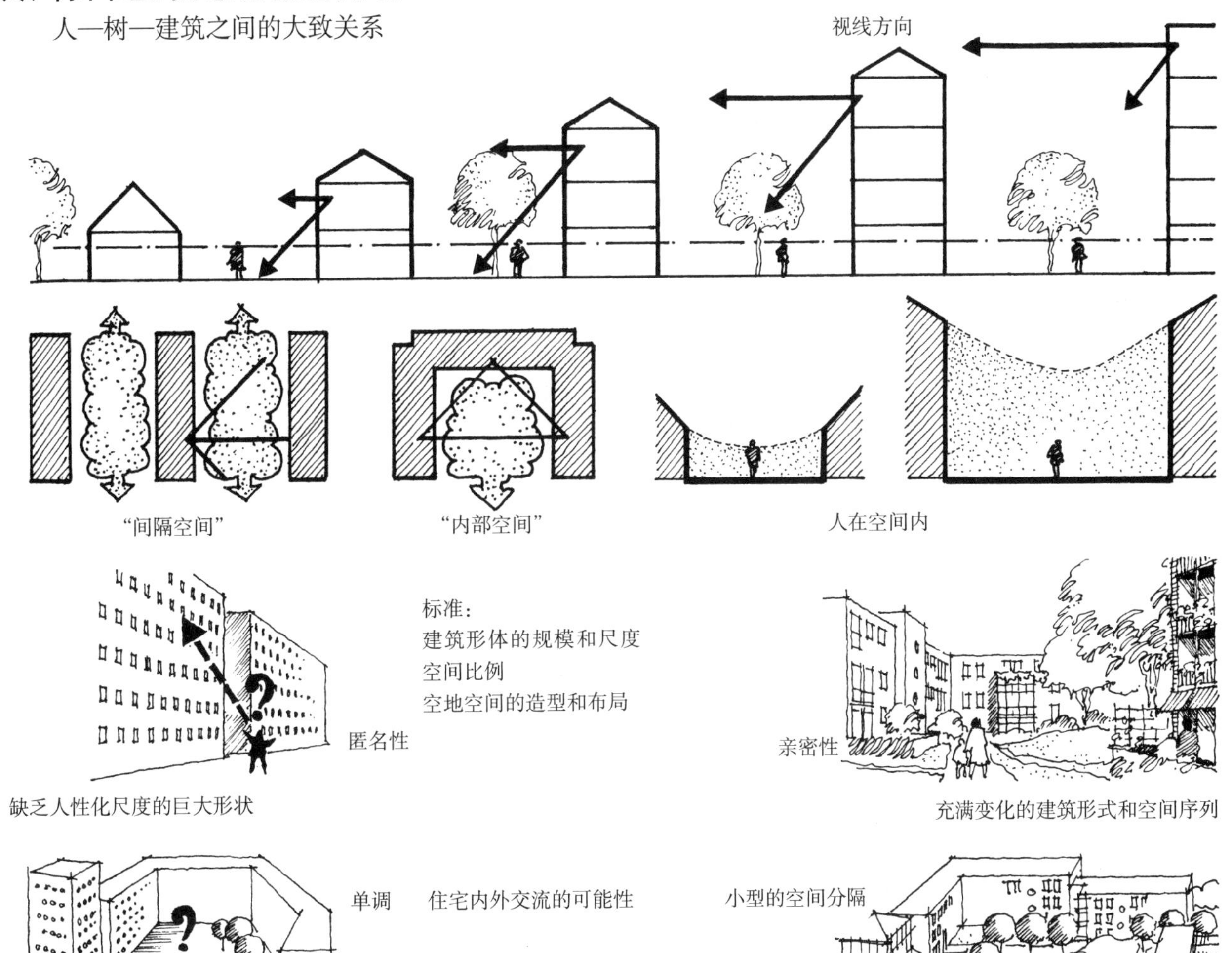

住宅各层的建造模式

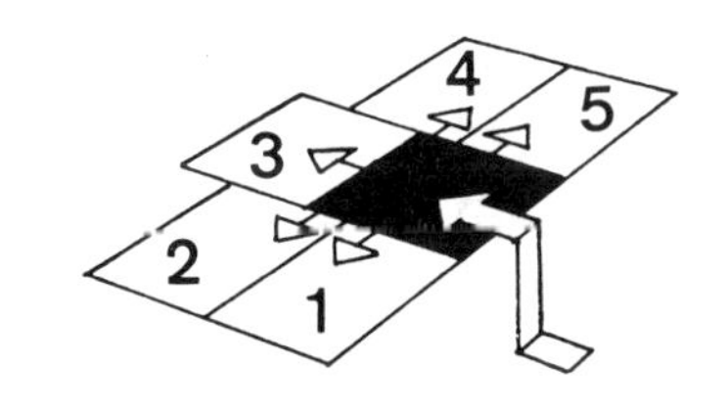

不合理

合理

公共的楼梯间用于每层5户或更多住户。

优点：经济的解决方案

缺点：部分光照不足，住宅通风条件差，相互干扰比较大，匿名性强，人们对公共空间的共同责任感差。

公共的楼梯间用于每层2~4户。

优点：所有住户的光照和通风较好，住户彼此间的干扰较少，单元住户识别性较强，人们对公共空间的共同责任感强。

缺点：住户单元的（建造和运营的）成本支出较高。

4.11.9 各种不同多层建筑方式的案例集锦

（1）一梯一户住宅（例）

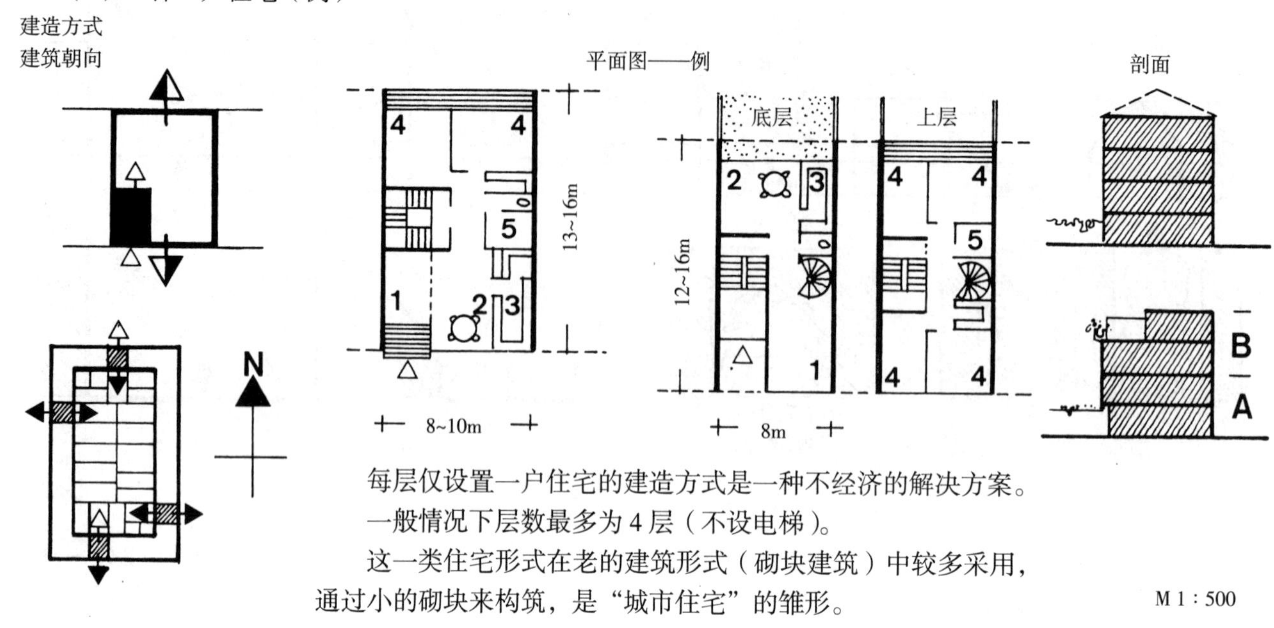

每层仅设置一户住宅的建造方式是一种不经济的解决方案。

一般情况下层数最多为 4 层（不设电梯）。

这一类住宅形式在老的建筑形式（砌块建筑）中较多采用，通过小的砌块来构筑，是“城市住宅”的雏形。

M 1 : 500

（2）一梯双户住宅（例）

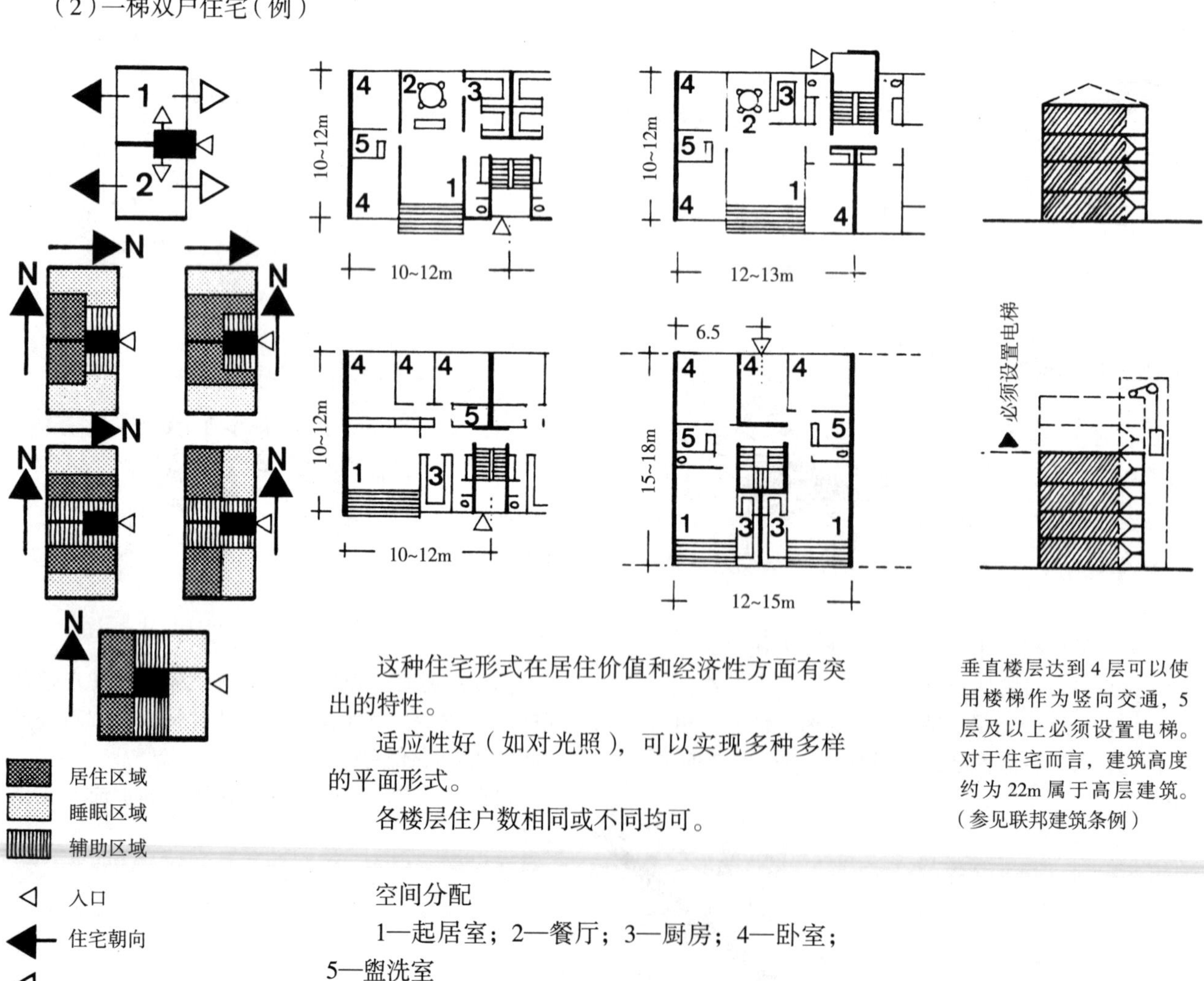

这种住宅形式在居住价值和经济性方面有突出的特性。

适应性好（如对光照），可以实现多种多样的平面形式。

各楼层住户数相同或不同均可。

垂直楼层达到 4 层可以使用楼梯作为竖向交通，5 层及以上必须设置电梯。对于住宅而言，建筑高度约为 22m 属于高层建筑。（参见联邦建筑条例）

空间分配

1—起居室；2—餐厅；3—厨房；4—卧室；5—盥洗室

（3）一梯三户住宅（例）

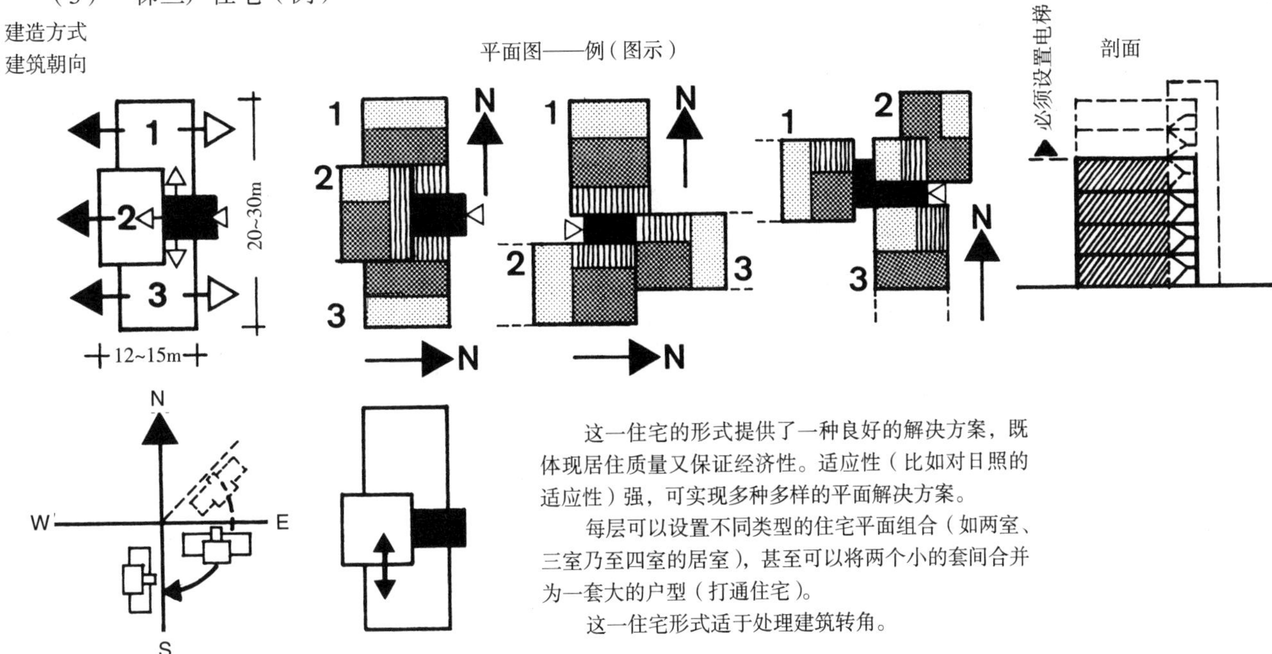

这一住宅的形式提供了一种良好的解决方案，既体现居住质量又保证经济性。适应性（比如对日照的适应性）强，可实现多种多样的平面解决方案。

每层可以设置不同类型的住宅平面组合（如两室、三室乃至四室的居室），甚至可以将两个小的套间合并为一套大的户型（打通住宅）。

这一住宅形式适于处理建筑转角。

（4）一梯四户住宅（例）

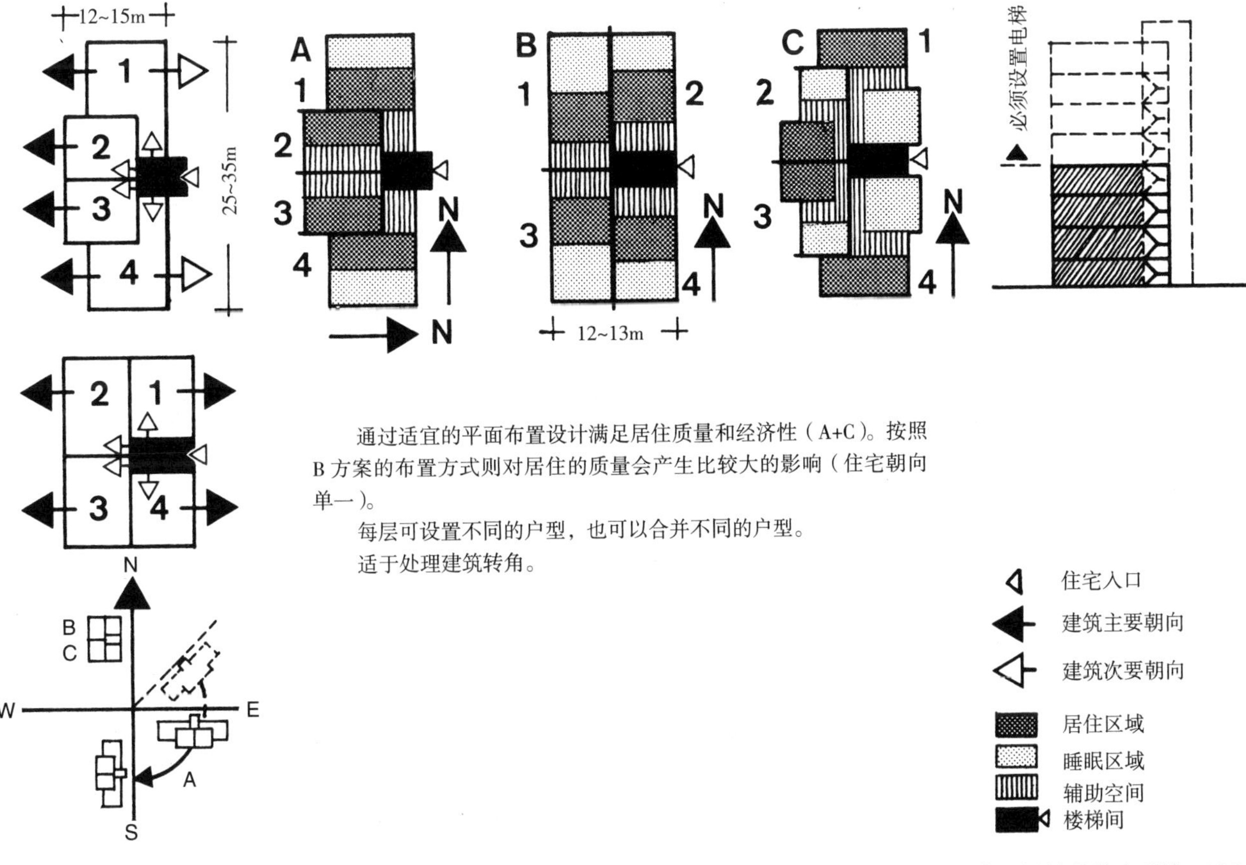

通过适宜的平面布置设计满足居住质量和经济性（A+C）。按照B方案的布置方式则对居住的质量会产生比较大的影响（住宅朝向单一）。

每层可设置不同的户型，也可以合并不同的户型。

适于处理建筑转角。

（5）外廊式（长廊）住宅

建造方式

建筑朝向

平面图——例（图示）

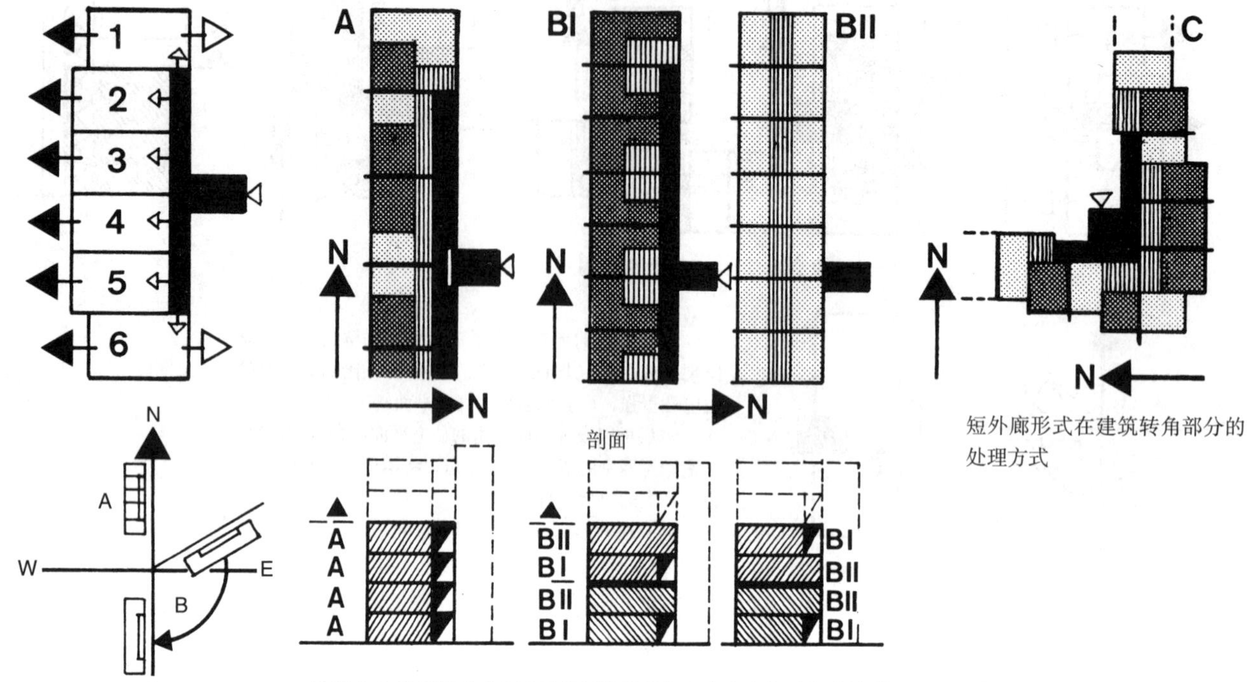

短外廊形式在建筑转角部分的处理方式

这种住宅的建筑形式主要是从经济性的角度来考虑的（每个楼梯间和电梯应服务于尽可能多的住宅）。

住宅的组织形式可以为每层设置外廊（A）或者每两层设置外廊的复式住宅形式（B）。

沿走廊一侧光照不够充分，干扰较大，沿走廊一侧基本只能布置次要附属房间。当然带来的还有日照不充分的问题。

两层的复式公寓住宅（多层建筑通常利用长廊串起来）有其自身的优点，即设计中可以为许多底层住户提供较大面积的私家花园（类似于联排式住宅）。

外廊（长廊）的形态

作为步行廊不好　　作为“宅内小巷”好

长廊的造型和布置对于居住价值、住宅的居住氛围都有着重要的影响（B）。

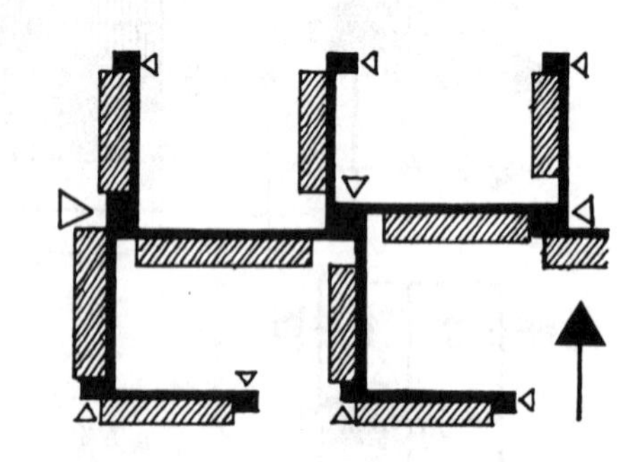

长廊也是一种解决居住建筑中各种复杂的元素的一个联系体（各楼层上的“住宅廊”）。

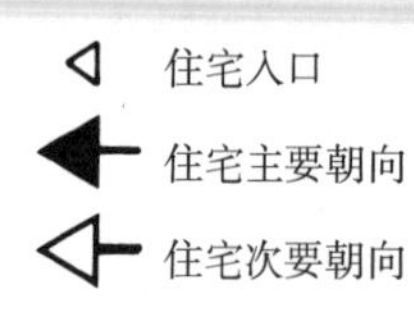

在住宅建设中，长廊的建设方式是一个需要重点考虑的因素，我们希望尽可能缩短长度，并且形成富有活力（比如夜间的灯光照明）的居住空间。此外应该考虑避免产生单元的无识别性和无防卫性（的印象）。

（6）内廊式住宅（例）

建造方式

建筑朝向

平面图——例（图示）

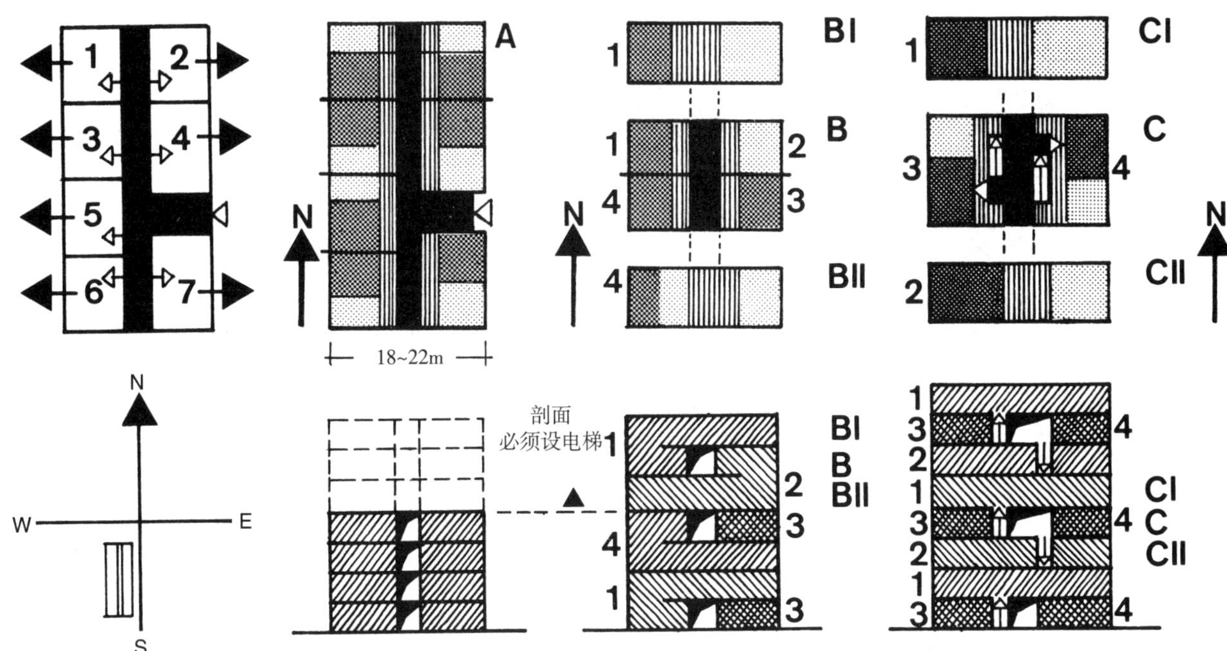

内廊式住宅的设计可以使每层楼梯间和电梯单元达到最大使用效率。

这一住宅形式一般只在高层建筑中采用。

住宅的单一朝向限制了居住价值尤其是期望的日照值。

（7）点式住宅

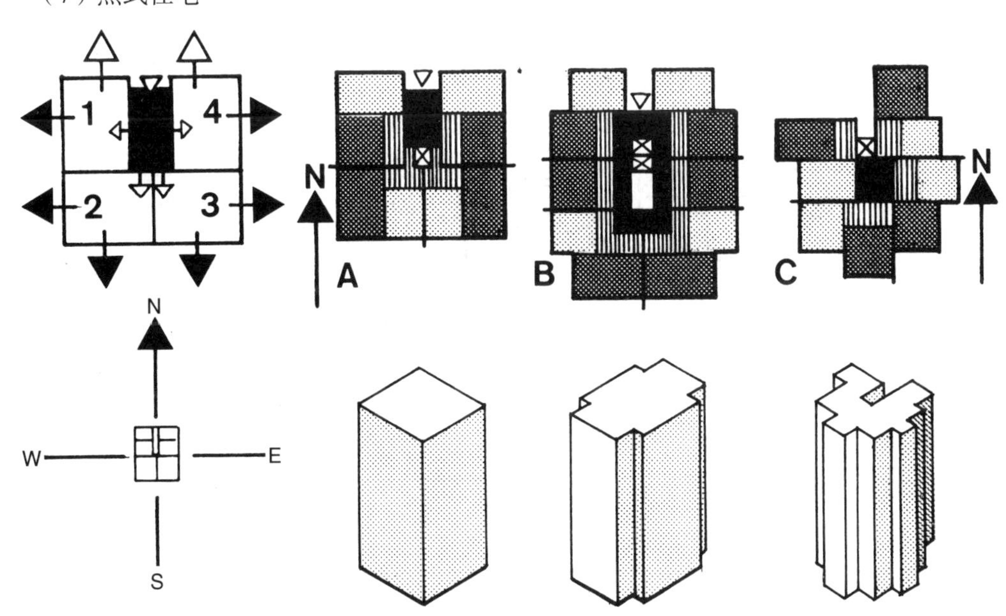

这一住宅平面形式的分隔决定了这一类型住宅的雕塑感。

强有力的分隔线条加强了建筑的垂直感，使得建筑形成修长的、高耸的感觉（如图 C）。

4.11.10 多层住宅密度值一览表

住宅层数		2	3	4~5	6 及以上
1 最大允许容积率（纯住宅区 / 普通住宅区）		0.8	1.0	1.1	1.2
2 每公顷净建设用地和最大建筑总面积	m^2/hm^2	8000	10000	11000	12000
3 人均建筑面积（根据建筑高度和住宅形式有不同）	m^2/ 人	35	35	30	28
参考：中间值		30	30	30	30
4 每公顷居民数，住宅净密度	人 /hm^2	228	285	366	428
参考：中间值		266	333	366	400
5 每户居住人口（根据建筑高度和住宅形式有所不同）	人 / 户	3.2	3.0	2.8	2.6
参考：中间值		2.9	2.9	2.9	2.9
6 每公顷净建设用地户数（根据建筑高度和住宅形式有所不同）	户 /hm^2	71	95	131	165
参考：中间值		92	115	126	138

实例——比较方案		2~3 层的多层建筑形式	5 层的多层建筑形式
尽管根据建筑使用条例 § 21a 可将地下车库面积算入基地面积，但在这两上实例中未仍考虑		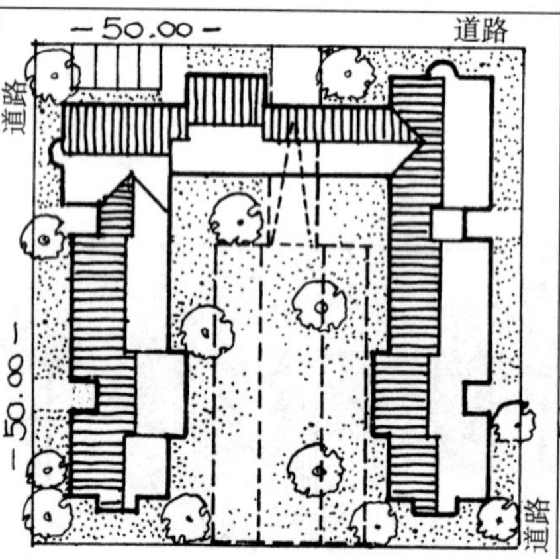	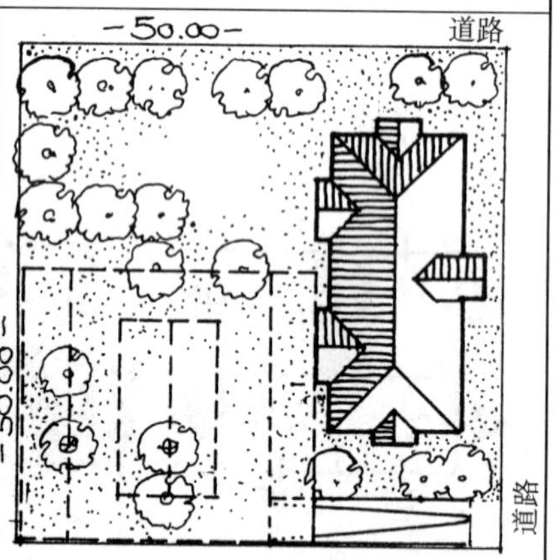
地块面积	m^2	2500	2500
建筑密度	GRZ	0.4	0.4
容积率	GFZ	1.0	1.2
最大建筑基底面积	m^2	1000	1000
最大总建筑面积	m^2	2500	3000
实际建筑基底面积	m^2	980	370
总建筑面积	m^2	2490	2960
住户数（90m^2/ 户）	户	~28	~33
实际停车位		28	33
利用率比较		100%	118%

理论上的不同层高住宅的居住密度值只在一定条件下实现，因为实际建筑利用的尺度可能因为建筑规定（边界间距、退界区、停车面积）而减少。从第 208 页的建筑案例中不同的层高看，我们可以清楚看到，任意一块场地上建筑布局的差异其实都不是很大。规划上对于建筑高度的考虑是从经济性的角度来进行的，并且还要受地块特点、周边环境和住宅需求类型等多方面的因素限制。

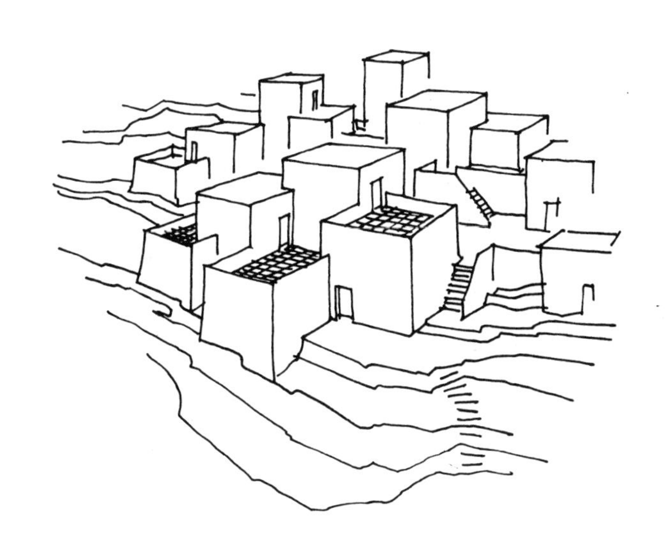

4.11.11 露台式建筑——出发点

“露台式建筑”模式最早是从为充分接受阳光的地中海地区山地村落建筑形态抽象而来的。人们以此为基础，构思出了具有雕塑感和如画景致的住宅形式。建筑依山就势，建造在山坡上。

除了色彩上的联想外，选择露台式建筑还有较实际的原因。

如果其建筑密度从结构和经济上都较有利，露台式住宅的居住阶值超过普遍多层建筑；另外，露台式住宅的建筑形式贴近造价昂贵的建筑形式（独户住宅）所拥有的优势。

这些建筑方式的吸引力在于：与之相应的高端形象和市场价值常常会使得人们感到，它们要么是一种遥不可及的“奢侈品”，要么就降级为“露台陷阱”。

露台式住宅，不仅很好地适应了地形，更是对坡地地形的充分利用。通过这一建筑形式可实现从城市设计角度来看值得追求的建筑空间集中和高密度。

但是从城市设计和景观保护的角度看，这一建筑解决方案也造成了一定的问题因为对于这些特殊的地形，一般而言可能传统的建筑建造方式不适合于在这样的地形上建设。反之，作为自然景观予以保护，现在却用做建筑利用目的。权衡其优劣，这种“露台式住宅的兴盛”正不断减退下来。

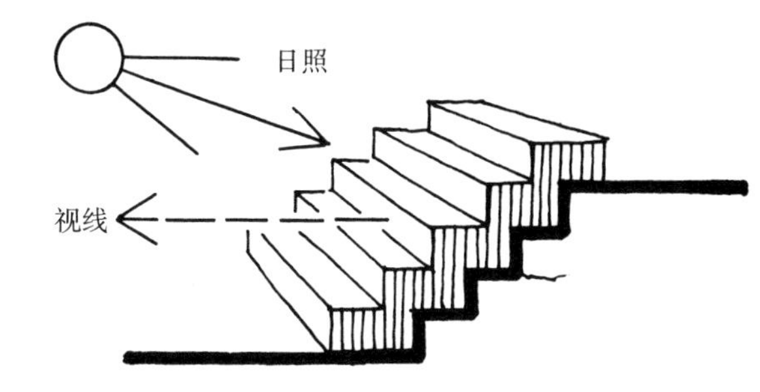

a. 适合于坡地的露台式建筑

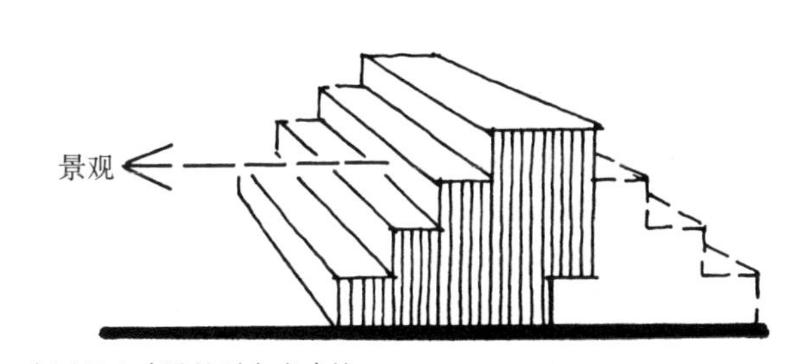

b. 在平地上建设的露台式建筑

重要：有阴影时
对视线的保护

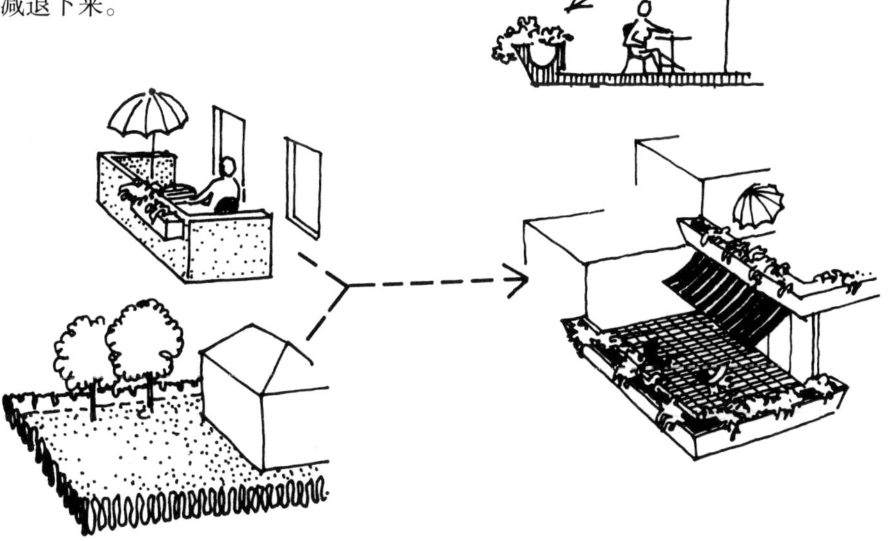

基本想法：
结合多层住宅的优点（密度，经济性）与独户住宅的优点（露天花园作为居住空间）

4.11.12 各种不同露台式住宅形式的案例集锦

（1）建在坡地上的露台式住宅

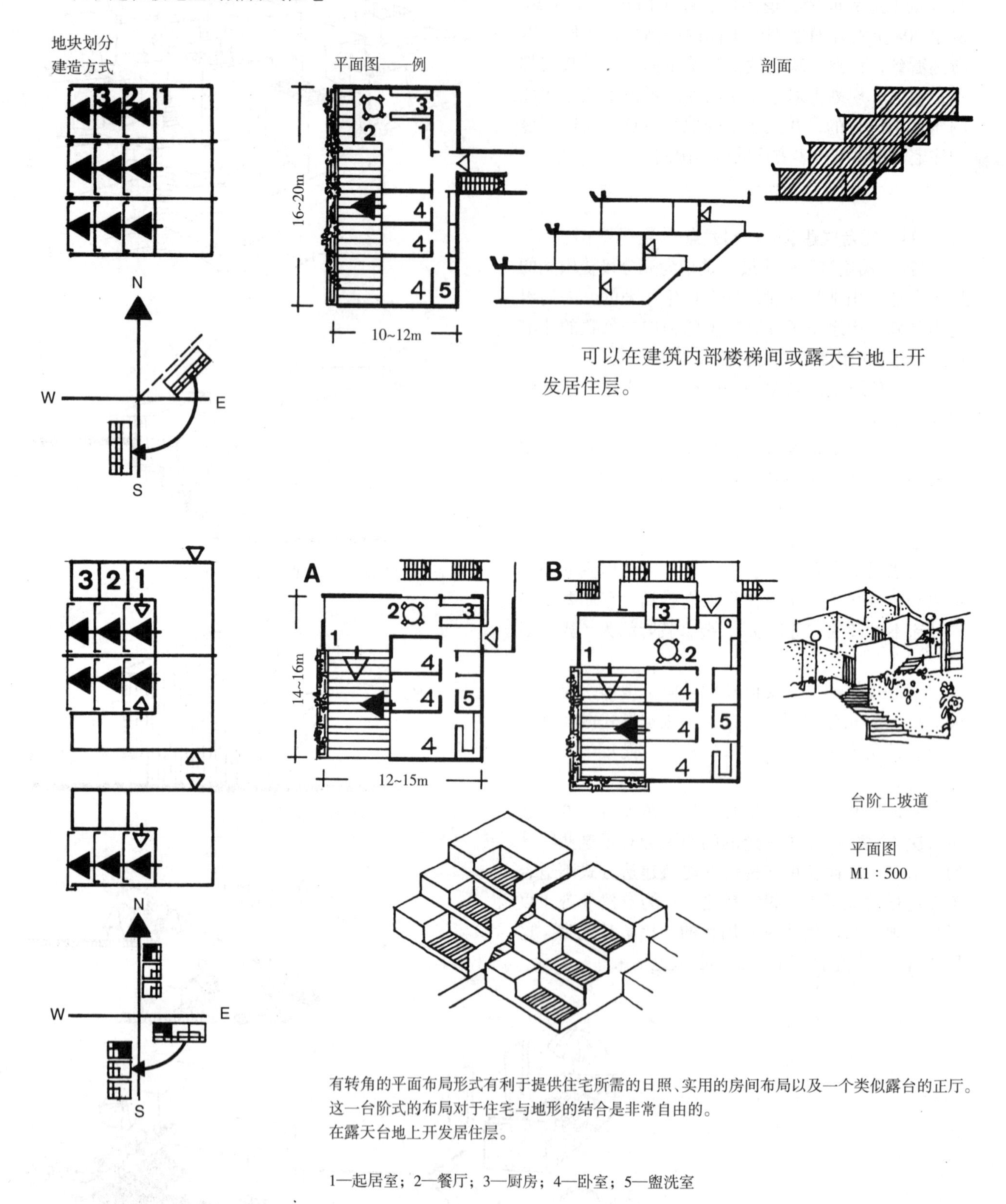

可以在建筑内部楼梯间或露天台地上开发居住层。

有转角的平面布局形式有利于提供住宅所需的日照、实用的房间布局以及一个类似露台的正厅。这一台阶式的布局对于住宅与地形的结合是非常自由的。
在露天台地上开发居住层。

1—起居室；2—餐厅；3—厨房；4—卧室；5—盥洗室

◁ 住宅入口

◀ 主要建筑朝向

◁ 次要建筑朝向

（2）建在平地上的露台式住宅

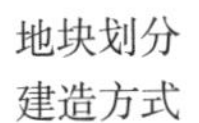

单边阶梯形式的建筑

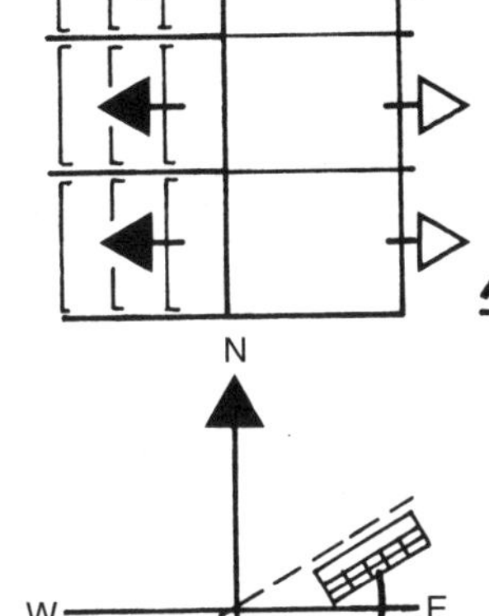

剖面图示

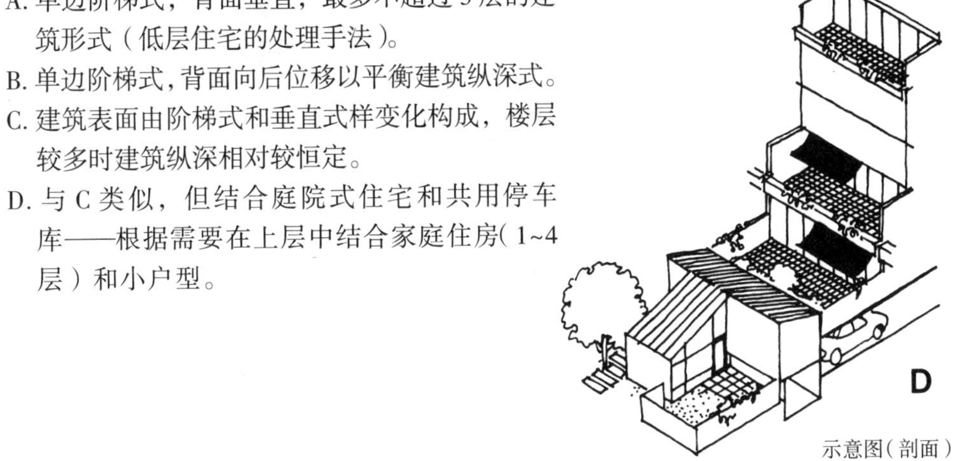

A. 单边阶梯式，背面垂直，最多不超过 3 层的建筑形式（低层住宅的处理手法）。

B. 单边阶梯式，背面向后位移以平衡建筑纵深式。

C. 建筑表面由阶梯式和垂直式样变化构成，楼层较多时建筑纵深相对较恒定。

D. 与 C 类似，但结合庭院式住宅和共用停车库——根据需要在上层中结合家庭住房（1~4 层）和小户型。

示意图（剖面）

建造方式：
可以一梯两户或一梯三户
或通过长廊

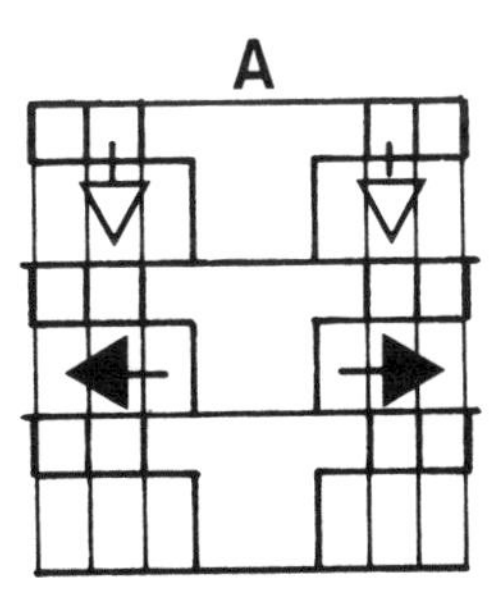

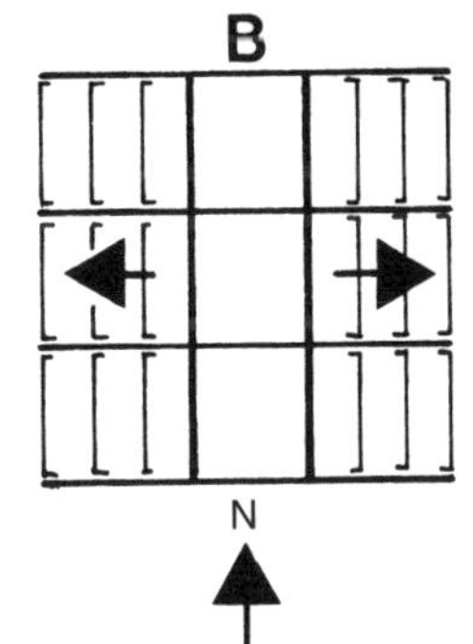

两面阶梯式的“山形建筑”

A. 以角形叠加单层住房，最多为 6 层，房间能够有充足的日照。建筑通过内部廊道和楼梯间上下联系。

B. 叠加两层的复式住房，最多为 6 层，基本只考虑单边朝向。
日照方面的缺陷很明显。
建筑通过内部廊道和楼梯间上下联系。

通过相应的露台式住宅形式可以减少建筑之间的间距（参见联邦建筑条例中关于建筑间距的规定）

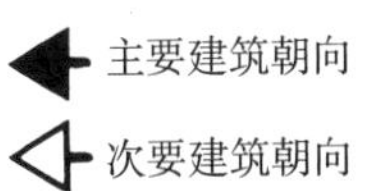

4.12 混合区与产业区

4.12.1 规划的发展前景

在前工业化时期的城市中，工作地点多以从事手工业和零售商业为主，与城市内部的组织结构并无太大的内在联系。在工业化发展的过程中，这些工作地点逐渐在城市总平面中分散开来，并在扩展中根据需要演变为独立的功能区。工业和产业的发展造成的环境负担，使工作地点与居住区及其配套供应区的空间分离显得越来越必要。空间布局（许可的间距）以不同用途区的适宜性分类为目标，通过根据功能划分的城市概念和规划指标，已经并将首先针对居住区进行调整。

技术发展（产业排放的减少），工作岗位不断从工业产业（第二产业）向服务产业（第三产业）转移，改变了企业的要求（例如地点和周边环境）。短时工作和随之改变的雇员(自由)时间安排，以及上下班路途长（通勤者）带来的问题，需要在规划中不仅仅考虑各功能区空间上的间距，也必须注意就近布局和混合布局的可能性。

可以想象，未来交流工具对于城市总平面的工作功能空间划分将造成影响，这种影响目前还不能作为规划目标加以评估。同样，从生产过程和货物运输的变化得出的城市设计结论，也无法评估。

4.12.1.1 产业和服务业空间——功能分类的设计标准

1. 不同用途上的若干典型分类

（实例详见第 213~216 页）

— 建筑内部功能混和使用 / 相邻建筑功能混和使用

— 街区内部功能混和使用 / 城区或整个城市层级的功能混和使用（根据 Wiegand 标准）。

2. 根据《建筑使用条例》第 1–11 条，以及规划与建筑退界间距规定（间距表），对产业用地进行空间分类。

相关的规划指标遵循根据不同用途类型的原则，以及根据不同干扰影响程度或承载力设定的间距。(根据《建筑使用条例》“用途类型”一览表）

（参见下册第 6 章）

例——从平面上分类

居住区　　混合区　　产业区

居住区　　绿地　　产业区

退界区 / 不同级别限制

对所许可的企业类型采用的噪音防护措施（分区）

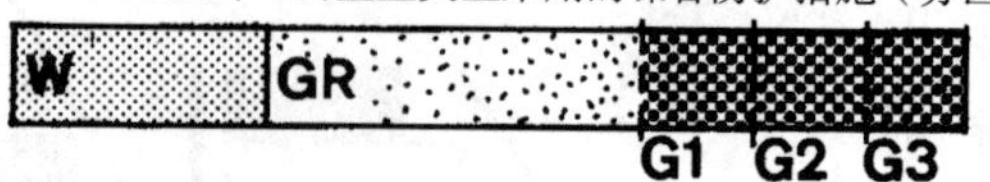

例——不同楼层配置

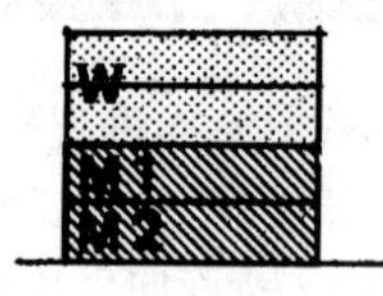

居住区——较高楼层

混和区 1——2 层

混和区 2——底层

（用途受限制）

特殊区	产业区	核心区	混和区	特殊居住区	一般居住区	不同的用途类型 基础： 按《建筑使用条例》第 4–11 条	
		○	○	○	○	住宅建筑	允许的功能
			○	○	○	配套供应服务区。例如：商店，餐饮店，干扰较小的手工业作坊	
		○	○	○	○	宗教、文化、社会、医疗以及体育设施	
		○	○	○		旅馆业	
		○	○	○		其他的（没有明显干扰的）行业	
	○	○	○	○		商业 / 办公建筑，管理部门	
		○	○	○		零售业，餐饮业	
		○	○			娱乐设施	
		○				监管人员 / 值班人员公寓，企业业主 / 主管公寓	
	○					各种类型的工商企业，仓库 / 堆场，公共服务机构	
	○					体育运动设施	
○						购物中心	
○						大型（零售）商业	
					○	旅馆业	特殊情况下允许的功能
					○	其他干扰较小的行业	
				○	○	（中央）管理机构	
	○	○	○	○		娱乐设施（主要为企业服务的娱乐设施）	
	○					监管人员 / 值班人员公寓，企业业主 / 主管公寓	
	○					宗教、文化、社会、医疗设施	

3. 货物、劳动力、访客的可达性

- 与道路网系统相连，货物运输交通不会对居住区和休闲区产生负担和影响。
- 企业大运量货物交通运输中转轨道，或企业的某个场地临近货物转运道路—轨道。
- 为了雇员和外来访客，与公共客运交通网络相连。
- 工作地点和居住区及其配套供应服务区之间的步行道与自行车道联系。

4. 功能上互补的用途 / 设施，及与周边环境形态的相邻性

- 工作地点在空间上临近服务设施和供应设施。
- 在空间上临近休闲用地 / 休闲场地设施。
- 在空间上临近住宅。
- 产业企业与同类或相互补充行业之间的相邻性。
- 公共空间的分类，同类或相似企业 / 设施可能拥有的外部影响和识别性（场所的特殊意象品质）。
- 公共领域的城市形态品质，产业建筑的建筑造型要求，及其配置设备的造型。

（参见下册第 5 章）

5. 在城市设计和建筑设计中对生态要求的考虑。

- 通过大型廊道和网络化的开放用地以及建筑造型措施（例如屋顶绿化），对用地耗损（用地封处理）进行补偿。
- 引导屋顶积水流入水域面积和水体设施（稳固地下水，改善气候）。
- （共用的）的废品回收和重复利用设施。
- 节能型的建筑技术措施。

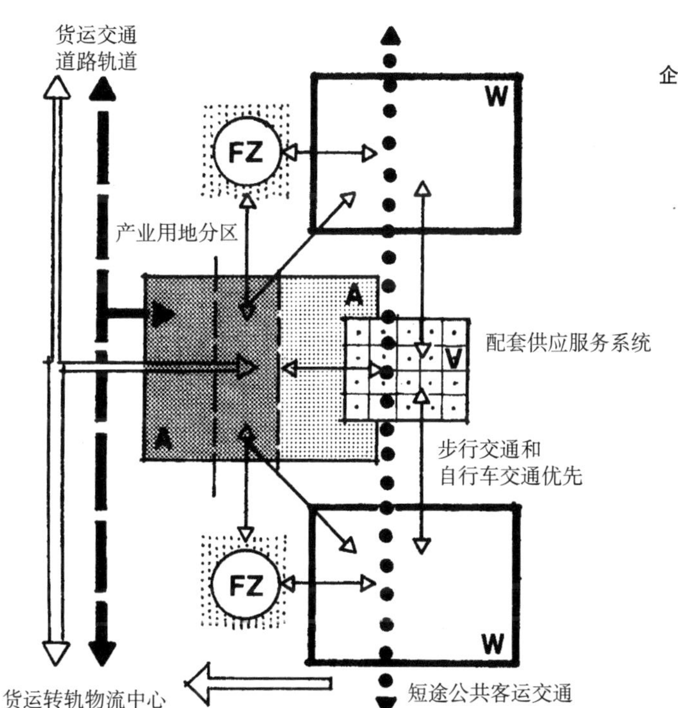

结构示意
- 功能的空间分布
居住—供应服务—工作—业余休闲
- 开发的规划指标

W 居住	FZ 业余休闲
V 供应服务	A 工作

企业位置与工厂位置的要求

从企业的角度
- 满足功能的
- 经济实用的
- 法律保障的
- 场所的形象价值
- 有合适的劳动力供应

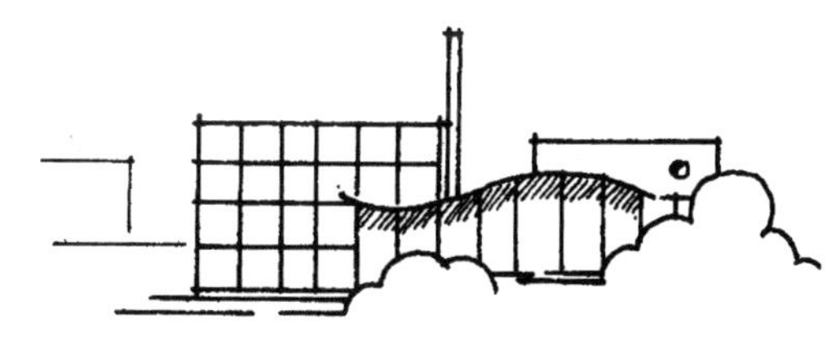

从社会公众的角度
- 与周边环境协调的
- 环境可容纳的
- 有利于健康的工作条件
- 可以提供可靠的工作岗位
- 形态适宜

在建设指导规划（建筑退界间距规定）的框架下工业区或企业区与居住区之间的间距

4.12.1.2 规划实例

例：建筑内部的产业用地复合分布

特征：居住、供应服务、业余休闲、工作四大功能在空间上紧凑分布；各种功能之间的可达性和交流很好。

这一模式对于服务业（自由职业）和行政管理限制较大。

（考虑承受能力和投资）实施的难度也比较大。

功能的转换也存在比较多的适应性困难（由于随着时间的改变，建筑的功能适宜性也不是一成不变的）。

图示：不同用途的垂直分布

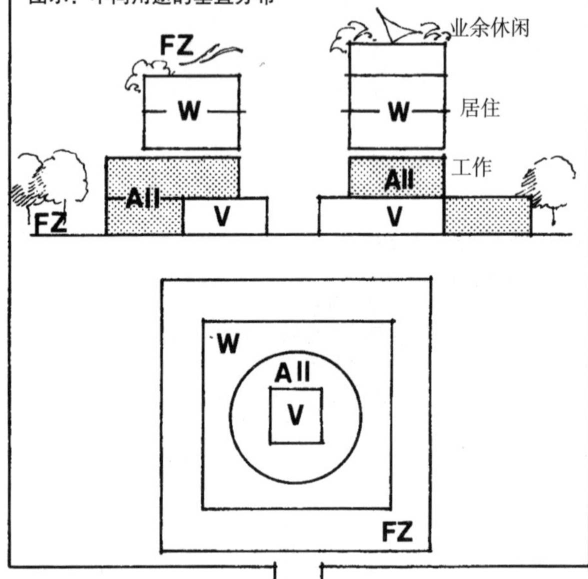

例：街区内部产业建筑的空间分布

特征：居住、供应服务、业余休闲与服务业及行政办公中的工作岗位之间有着密切的空间联系。而并非那些干扰性大的企业之间需要空间分段。

所有功能区的便捷可达性。

第二产业有明确限制，只有规定许可的企业可以入驻。

中心区混和使用的功能独立性受到限制(建筑物的形态和用途)。

图示：各种用途的空间分布

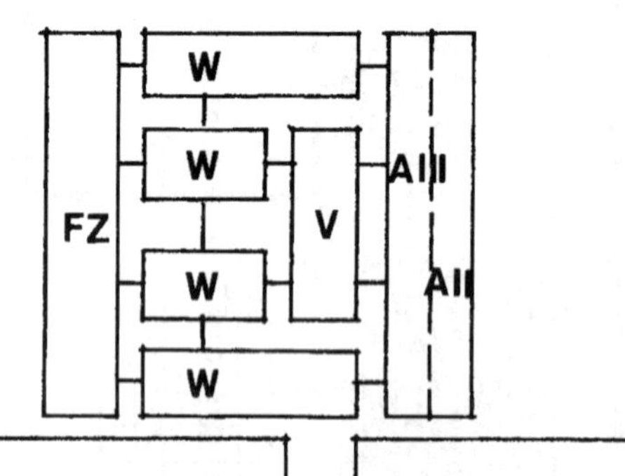

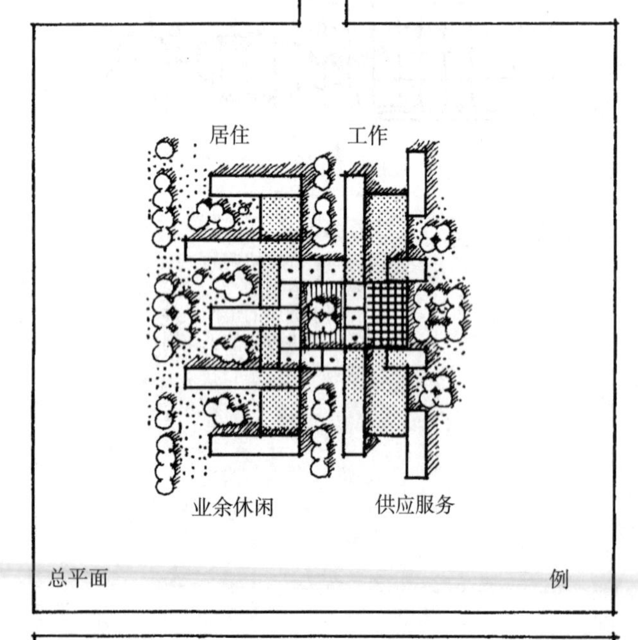

总平面　　例

第三产业　　管理、会展、零售商业

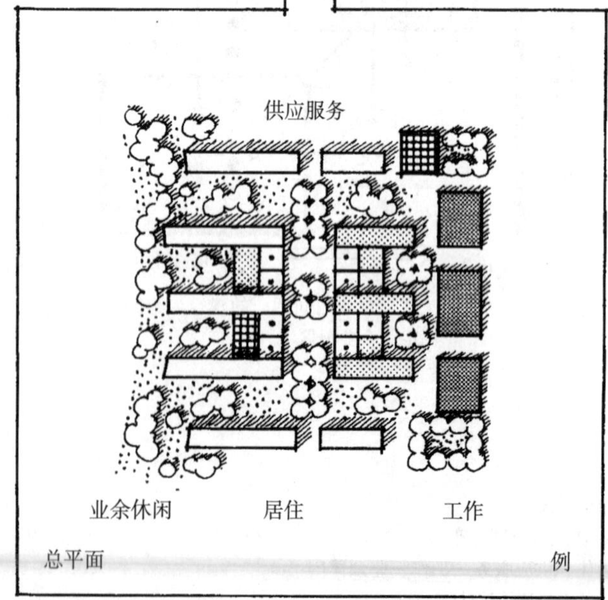

总平面　　例

居住建筑　　休闲娱乐建筑

商店，服务业　　产业建筑

例：城区层面的产业空间分布

标志：居住、供应服务、业余休闲和工作四个功能区的空间分离；

所有功能区都拥有便捷充分的可达性；

供应服务区和业余休闲区作为居民和职工之间的交叉点。

产业（第二产业 / 第三产业）的分区可能性；每个分区相对独立和满足一定的实施和功能需求。

图示：各种用途的空间分布

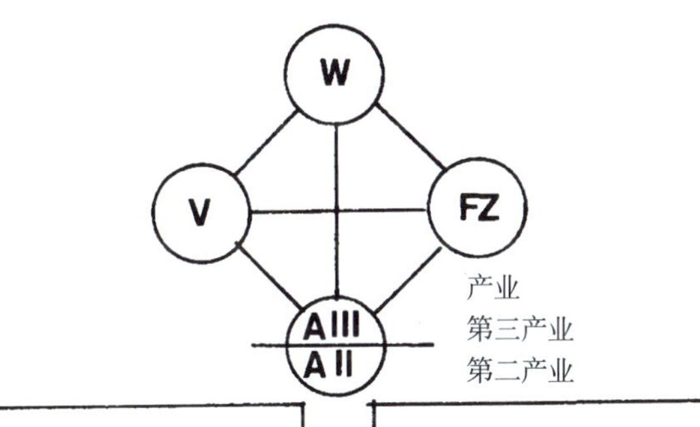

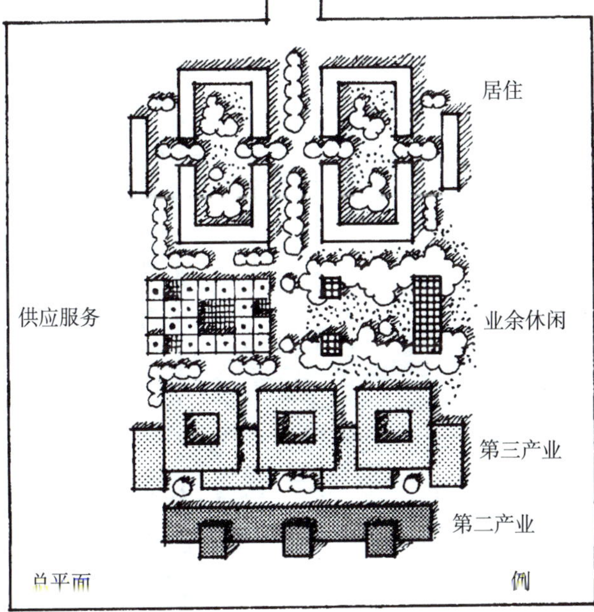

总平面　例

W 居住　FZ 业余休闲

V 供应服务，社会基础设施　A 工作

例：整个城市或城区层面的产业区空间分布

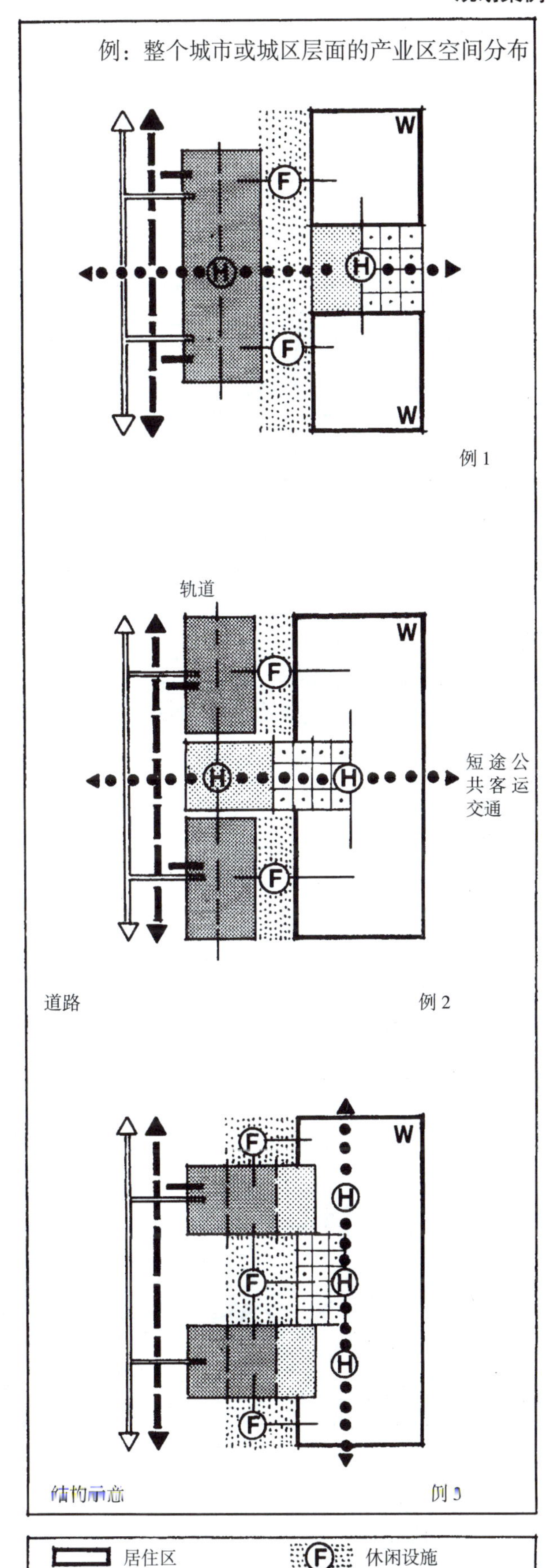

规划案例

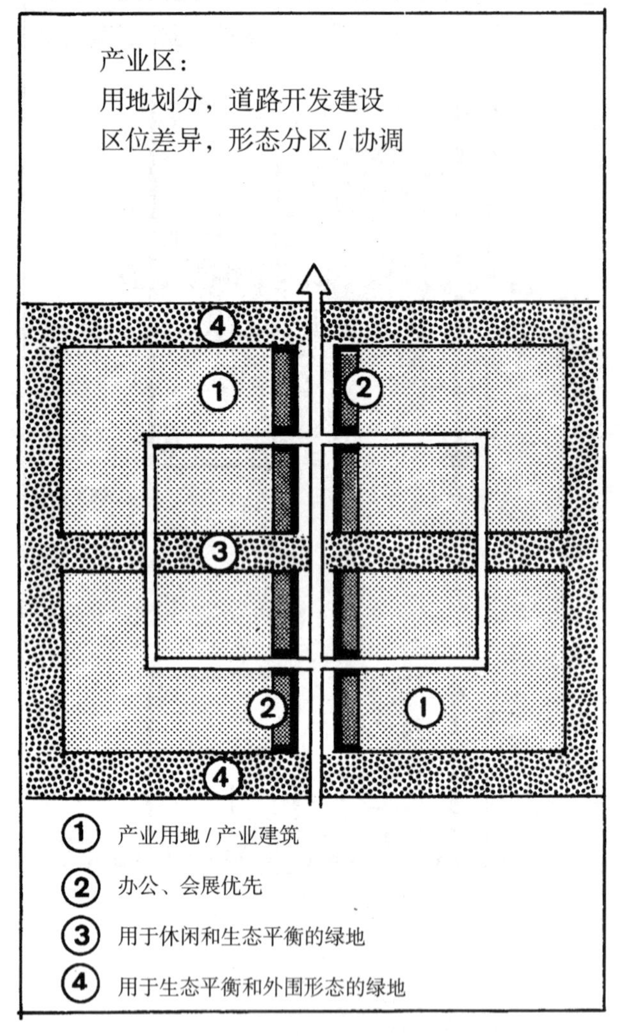
产业区：
用地划分，道路开发建设
区位差异，形态分区 / 协调
④
①
②
③
②
①
④
① 产业用地 / 产业建筑
② 办公、会展优先
③ 用于休闲和生态平衡的绿地
④ 用于生态平衡和外围形态的绿地

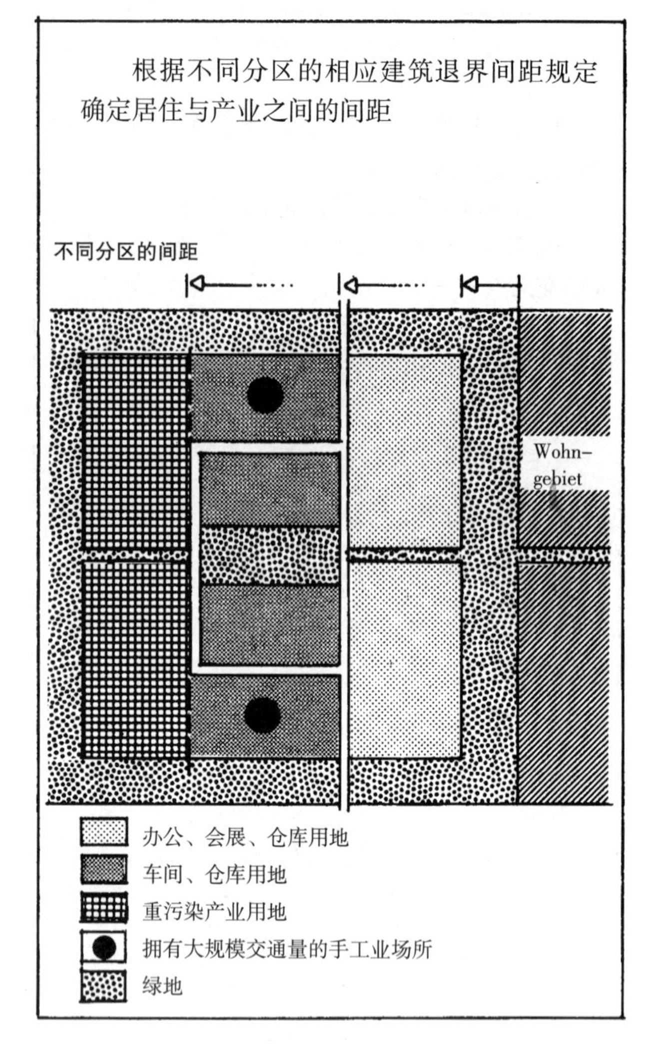
根据不同分区的相应建筑退界间距规定确定居住与产业之间的间距
不同分区的间距
Wohn-
gebiet
办公、会展、仓库用地
车间、仓库用地
重污染产业用地
拥有大规模交通量的手工业场所
绿地

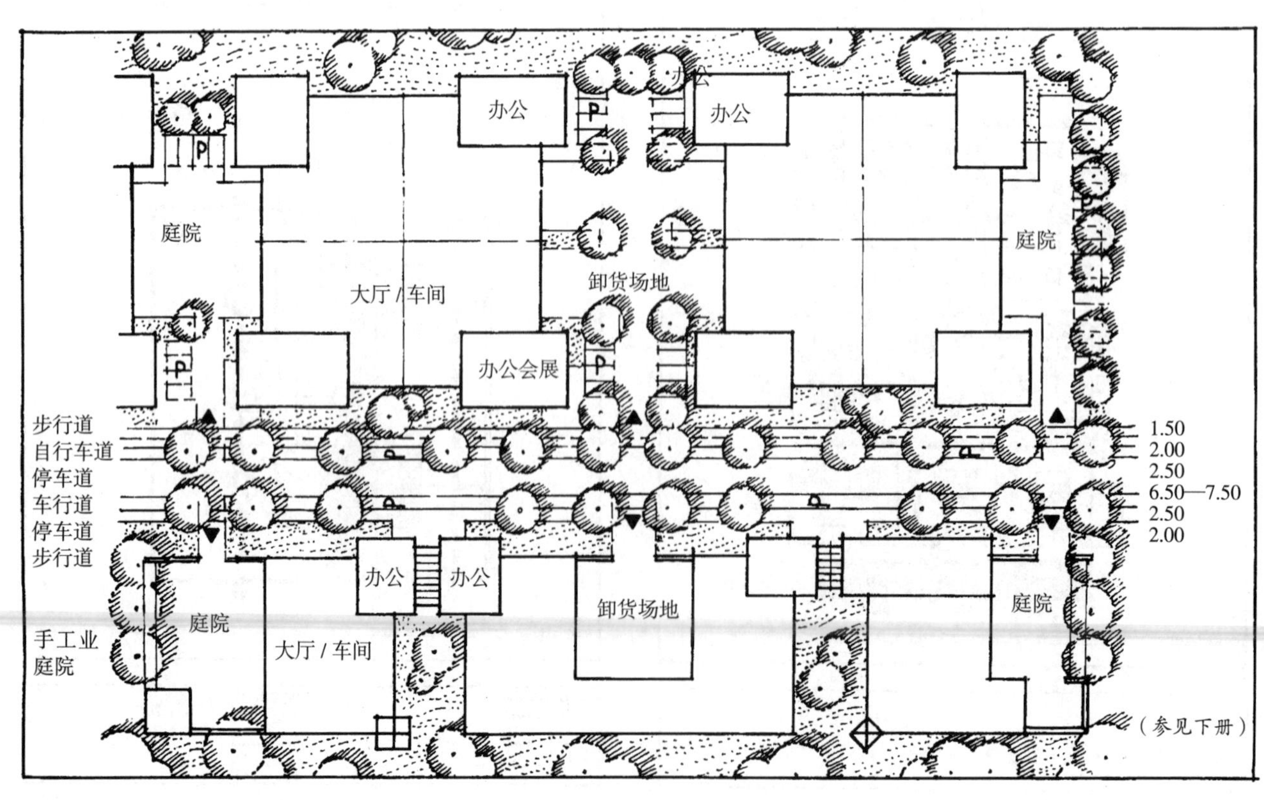
办公
办公
庭院
大厅 / 车间
卸货场地
庭院
办公会展
步行道
自行车道
停车道
车行道
停车道
步行道
1.50
2.00
2.50
6.50—7.50
2.50
2.00
办公
办公
卸货场地
庭院
庭院
手工业
庭院
大厅 / 车间
（参见下册）

4.13 社会文化设施一览表

供应服务领域	设施类型	适用范围					法规、条例和准则
		住宅街区 居民数 1500~2500 人	城区 居民数 10~15000 人	城市行政区 居民数 80~120000 人	整个城市范围	区域范围	
老年和青少年服务设施	老年人住宅	+					州老年人规划（例如 NRW（78））
	老年人居民点			+	+		
	老年公寓	+					
	老年人宿舍						联邦社会救助法 / 退休人员法
	老年人之家		↕ +				
	老年人护理院		+	+			
	养老院					+	联邦社会法
	老年人日常活动场所 / 老年人活动场所		+				
	老年人看护站		+				
	老年人医院		+			+	地方性老年人规划，州建设条例
	社会救济站中的老年人活动中心		+				
	儿童日常活动设施						州青少年规划 例如 NRW 青少年保护法 幼儿园法 儿童日常设施准则
	托儿所	+					
	幼儿园	+					
	学龄前儿童学校	+					
	学童日间托管所	+	+				
	游戏活动点	+					
	儿童村					+	州建设条例
	特殊儿童幼儿园					+	
	青少年活动设施						
	青少年业余活动之家（半开敞，全开敞）		+				
	青少年培训中心		+	+			
	青年旅馆					+	
	运动场地						德国奥林匹克委员会金牌规划（1967 年）
	低龄儿童游戏场	+					
	儿童游乐场	+					运动场法 例如 NRW 州建设条例
	青少年游乐场（足球场）	+	+				
	冒险乐园		+				
	儿童之家（社会福利性的住宅形式）	+					场所章程 运动场章程（地方性法规）
	儿童村 青年旅馆						
	青少年业余活动中心			+	+		
	青少年工作室				+		

2

供应服务领域	设施类型	适用范围					法规、条例和准则
		居民数 1500~2500 人 住宅街区	居民数 10~15000 人 城区	居民数 80~120000 人 城市行政区	整个城市范围	区域范围	
医疗卫生设施	流动门诊设施						德国医生公会
	开业医生	+					
	儿童医生、牙科医生	+	+				
	耳、鼻、喉医生		+				
	矫形外科医生		+				
	其他专项医生		+	+			
	补充服务机构	+	+				
	卫生用品商店，药店	○	+				
	按摩		+				
	放射治疗设施		+	+			
	医疗诊所						
	固定的服务设施						
	医院（基本服务）		+				医院法 例如：NRW 医院规划
	医院（常规服务）			+			
	诊所（核心服务）				+		医院建筑条例
	诊所（大型服务）					+	
	紧急事故处理医院				+	○	医院财政法
	一般的健康保障服务						
	健康机构教员培训工作	○	○	+			
	一般的疾病预防和愈后护理 / 恢复			+	+		
	社会心理健康治疗机构			+	+		
	兽医机构				+		
	长期疗养服务						
	疗养地的高级旅馆、疗养院					+	
	残障儿童医疗卫生教育 / 身体机能恢复机构			○	+	○	
	智障者护养院				+	+	
	救护站		○	+		+	

+ 主要的　　○经常的

3

供应服务领域	设施类型	适用范围					法规、条例和准则
		居民数 1500~2500 人住宅街区	居民数 10~15000 人城区	居民数 80~120000 人城市行政区	整个城市范围	区域范围	
教育培训机构	惯常的学校阶段设置						联邦框架法
	小学	+					州教育法 / 州学校建筑建设程序
	中级教育阶段 1（中学）						学校建筑准则 学校建筑财政法
	普通中学		+				
	实用中学		+				地方学校发展规划
	高级中学		+				
	（可能在都育中心或完全学校中整合设置）						公共集会场所准则（LBauO）
	职业培训学校			+	○		
	特殊教育学校			+			
	中级教育阶段 2						
	高级中学的高年级		+	○			
	专科（中等）学校			○	+		
	第三阶段						
	综合性大学					+	
	高等专科学校					+	
	大学					+	
	工业技术大学					+	
	特殊教学机构（体育 / 音乐）		○	+			
	研究院					+	
	私立学校 / 网络学校					+	
	业余大学		○	○	+		
教会机构	教会机构		+	○			
	老年人及青年人护理机构	○	+				
	一般管理机构						
	（集会空间，图书馆等）		+	+			
	墓地				+	+	
文化娱乐设施及市民自助管理机构	市民之家	○	+				
	剧院			+	+	○	
	电影院			○	+		
	博物馆				+	○	
	展览馆			+	+	○	

+ 主要的　　○经常的

4.14 供应服务设施一览表

需求等级	适用领域 —例—	供应范围				
		直接供应住宅环境	住宅街区	城区	整个城市	区域
日常生活所需	没有时间限制 （商店关闭法） 邮筒 自动取款机 24 小时便利店	●	○	○	○	
	与营业时间有关 食品 邮政支局 储蓄所 垃圾收集站 餐饮店		●	○		
周期性的生活需要 （例如：每周所需）	食品和享乐品 家务用品 供应特殊食品的专门商店 图书馆 小型百货公司 邮政局 餐馆 咖啡馆 兴趣及园艺用品			●	○	○
较长时间出现的较高的生活需求	衣服 鞋子 皮具 家务用品 家用设备 电影和摄影用品 较高生活要求的特殊专业商业 百货公司 风味餐馆 邮政总局			○	●	○
●单项供应发生的最高频率						

索引

A

B

D

E

F

G

I

K

L

M

N

O

P

Q

R

S

T

U

V

W

Z

Herzlichen Dank für ihre Unterstützung und Beiträge zu diesem Band den Herren
感谢以下各位对本册的支持和贡献

Dipl.–Ing. Engel（Natur und Landschaft，自然景观）
Prof. Dr. Drösemeier（Altlasten，残污）
Dipl.–Volkswirt F. Lang+（sozio–ökonomische Grundlagen）社会 – 经济基础
Prof. Dr.–Ing. W. D. Knop（Schallschutz，噪声防护）
Prof. Dipl.–Ing. W. Kurth（technische und soziale Infrastruktur，市政与社会基础设施）
Dr.–Ing. J. Söngen（Verkehrssysteme，交通系统）
Prof. Dipl.–Ing. H. Zimmermann, Dipl.–Ing. A. Willems（Planungsbeispiel III，规划案例）

1 残污（Altlasten）：再开发用地因原先的用途，例如工业等，长年累积并遗留在土地或地下水中的污染。根据法律，土地再开发前政府有关机构必须对此类污染的分布和类型进行调查，使开发业主明确其修复清理成本。而根据最新的法律中，前业主必须在清理修复这些污染后才能废弃该用地。

2 建设指导规划（Bauleitplanung）：德国城乡空间规划的总称，参见吴志强，《德国城市规划的编制过程》，《国外城市规划》，1998.2：30–34，意指所有指导建设的规划，一般包括非约束性的（unverbindlich）土地使用规划（Flächennutzungsplan, F–Plan）和约束性的（verbindlich）法定控制性规划 [Bebauungsplan,B–Plan] 两个层面

3 见缝插建（Baulückenschließung）（相邻地块已建成的情况下，对中间的空隙用地进行填充式开发建设）

4 建筑形式（Bauweisen）：建筑群体之间布局与配置的形式，一般分为开敞型和封闭型。开敞型，相邻建筑间隔充分且呈开敞性布局，如独立式住宅区；封闭型，建筑密集且外部空间狭窄呈封闭性布局，如行 列式住宅区。

5 控制引导性规划（Bebauungsplan）：属于城市规划的开发实施管理层面，反映城市土地利用规划在每一小块城市用地上的具体落实。是美国区划和国内控制性详细规划的鼻祖，由历史上的 Zonenplanung 演变而来，在城市中，相对战略性的土地使用规划 Flächennutzungsplan 而言，具有法定约束性。内容上分为控制性与引导性两大方面，牵涉到 74 大项内容。日本在导入此规划类型时，用了 B–Plan，与 F–Plan 相对。参见吴志强，《德国城市规划的编制过程》，《国外城市规划》，1998.2：30–34

6 地面封 / 渗处理（Bodenver–/entsiegelung）：因新开发建设的需要，减少土壤裸露面积，对土壤进行压实或覆以密集排列的石块或混凝土等非透水性铺面处理的方法，以及在新开发建设中采用的增加土壤透水性的补偿性处理措施

7 开发（Erschließung）：一种是交通系统和道路工程的开发，本书译为“道路开发”，另一种是指给排水、电力、电话、网络、热力等工程设施的开发，本书译为“设施开发”

8 邻接道路（Anliegerstraßen）：仅限于在道路沿线的建筑中居住的居民和工作的人，使用的道路，必须避免外部的穿越交通进入

9 住区集散道路（Wohnsammelstraßen）：连接 Anliegerstraßen 和 Verkehrstraßen 的道路，强调聚集和疏散沿线居民出行交通

10 宅间小路（Wohnwege）：德国语境中的宅间小路与中国所指略有不同，强调的是住宅建筑之间连接各住宅入口的道路，通常不通行车辆，但宽度可以通行紧急需要时的消防车、救护车或搬家时所需的货车等，可以位于住宅之间，也可位于宅后。

11 开发计划（Vohaben–nnel Erschließungsplan）：是法定约束性的建设指导规划（Banleitplang）的一种特殊形式，可以视为控制引导性规划，（Bebauungsplan）的前期计划，其建设和设资责任通常由开发商承担。

译后记

本书是德国大学的《城市设计》教科书，分为上、下两册。为了帮助读者理解，对于部分德国城市规划设计中特有的专用名词，在索引部分做了加注。

在翻译过程中，我组织成立了一个译制小组，上册参加翻译的人员包括：吴志强、干靓、朱嵘、易海贝和董一平；由我和干靓、冯一平完成校对。下册参加翻译的人员包括：吴志强、干靓、冯一平、蒋薇、许晓、孙雅楠、申顾璞；由我和董楠楠、蔡永洁、曲翠松、干靓、冯一平、蒋薇负责校对。干靓做了大量工作，朱嵘前期的工作也极为认真，申硕璞和田丹承担了文稿整理的工作。我在此对译制小组同事们的辛勤工作表示感谢！

上海同济城市规划设计研究院的德籍总工 Bernd SEEGERS 先生为我的译制小组的成员进行了专用名词释疑指导，特此致谢！

感谢中国建筑工业出版社以及董苏华编审给我时间，衷心感谢这样的大出版社给了我耐心，为本书的翻译、校对和审定前后用了 4 年的时间，出版所付出的辛勤工作！

最后要感谢许多学界的前辈，他们对城市设计的求实态度，对翻译工作的严谨作风一直在影响着我的整个工作过程。

虽然几经校对和反复推敲，两国的文化和专业发展背景的差异，以及我和译制组成员的水平局限，还有一些值得再推敲的词语可以研究，苦于出版时间的约定，先呈印制。敬请同行指教。

吴志强

2009 年初夏同济园